宽禁带半导体前沿丛书

宽禁带半导体核辐射探测器

Wide Band Gap Semiconductor Nuclear Radiation Detector

张玉明　郭　辉　张金风　编著
钱驰文　参编

西安电子科技大学出版社

内 容 简 介

本书较全面地介绍了两种典型宽禁带半导体材料在核辐射探测器中的应用，主要论述了宽禁带核辐射探测器制备及应用中的相关基础理论。本书首先介绍了近年来碳化硅、金刚石这两种颇具代表性的宽禁带半导体材料用于核辐射探测的新进展，然后介绍了辐射源、射线与探测介质相互作用的基础知识以及碳化硅、金刚石核辐射探测器的基本工作原理与结构，最后着重论述金刚石、碳化硅核辐射探测器的制备过程与辐射响应。

本书可作为从事核探测方面工作的技术人员的参考书，也可作为半导体核探测相关方向的研究生的教材。

图书在版编目(CIP)数据

宽禁带半导体核辐射探测器/张玉明，郭辉，张金风编著. —西安：西安电子科技大学出版社，2022.10
ISBN 978-7-5606-6284-8

Ⅰ. ①宽…　Ⅱ. ①张…　②郭…　③张…　Ⅲ. ①禁带—半导体—应用—核辐射—辐射探测器　Ⅳ. ①TL81

中国版本图书馆 CIP 数据核字(2022)第 079424 号

策　　划　马乐惠
责任编辑　马晓娟
出版发行　西安电子科技大学出版社(西安市太白南路 2 号)
电　　话　(029)88202421　88201467　　邮　　编　710071
网　　址　www.xduph.com　　电子邮箱　xdupfxb001@163.com
经　　销　新华书店
印刷单位　陕西精工印务有限公司
版　　次　2022 年 10 月第 1 版　2022 年 10 月第 1 次印刷
开　　本　787 毫米×960 毫米　1/16　印张 21　彩插 2
字　　数　353 千字
定　　价　128.00 元
ISBN 978-7-5606-6284-8/TL
XDUP 6586001-1

“宽禁带半导体前沿丛书”编委会

“宽禁带半导体前沿丛书”出版说明

当今世界，半导体产业已成为主要发达国家和地区最为重视的支柱产业之一，也是世界各国竞相角逐的一个战略制高点。我国整个社会就半导体和集成电路产业的重要性已经达成共识，正以举国之力发展之。工信部出台的《国家集成电路产业发展推进纲要》等政策，鼓励半导体行业健康、快速地发展，力争实现“换道超车”。

在摩尔定律已接近物理极限的情况下，基于新材料、新结构、新器件的超越摩尔定律的研究成果为半导体产业提供了新的发展方向。以氮化镓、碳化硅等为代表的宽禁带半导体材料是继以硅、锗为代表的第一代和以砷化镓、磷化铟为代表的第二代半导体材料以后发展起来的第三代半导体材料，是制造固态光源、电力电子器件、微波射频器件等的首选材料，具备高频、高效、耐高压、耐高温、抗辐射能力强等优越性能，切合节能减排、智能制造、信息安全等国家重大战略需求，已成为全球半导体技术研究前沿和新的产业焦点，对产业发展影响巨大。

“宽禁带半导体前沿丛书”是针对我国半导体行业芯片研发生产仍滞后于发达国家而不断被“卡脖子”的情况规划编写的系列丛书。丛书致力于梳理宽禁带半导体基础前沿与核心科学技术问题，从材料的表征、机制、应用和器件的制备等多个方面，介绍宽禁带半导体领域的前沿理论知识、核心技术及最新研究进展。其中多个研究方向，如氮化物半导体紫外探测器、氮化物半导体太赫兹器件等均为国际研究热点；以碳化硅和Ⅲ族氮化物为代表的宽禁带半导体，是近年来国内外重点研究和发展的第三代半导体。

“宽禁带半导体前沿丛书”凝聚了国内20多位中青年微电子专家的智慧和汗水，是其探索性和应用性研究成果的结晶。丛书力求每一册尽量讲清一个专题，且做到通俗易懂、图文并茂、文献丰富。丛书的出版也会吸引更多的年轻人投入并献身到半导体研究和产业化的事业中来，使他们能尽快进入这一领域进行创新性学习和研究，为加快我国半导体事业的发展做出自己的贡献。

“宽禁带半导体前沿丛书”的出版，既为半导体领域的学者提供了一个展示他们最新研究成果的机会，也为从事宽禁带半导体材料和器件研发的科技工作者在相关方向的研究提供了新思路、新方法，对提升“中国芯”的质量和加快半导体产业高质量发展将起到推动作用。

编委会

2020年12月

前　言

与常规气体探测器和闪烁体探测器相比，半导体核辐射探测器具有探测效率高、线性范围宽、结构简单、体积小、响应快、能量分辨率高等优点，在α、β、γ射线以及中子的辐射探测方面得到了越来越广泛的应用。但常规半导体中子探测器的本征材料性质决定了其探测性能将随着温度升高和辐射强度增大而急剧下降，因此不适用于反应堆堆芯、高能物理研究和深空研究等极端环境。研制出新型耐高温抗辐射的高性能半导体探测器不仅有助于促进我国核科学与试验技术、粒子物理学和天体物理学的发展，对工业应用、隐藏核材料探测、核医学及临床诊断、核电站安全检测系统、环境检测系统等众多领域也会产生深远的影响。为了能在保持半导体探测器优良性能的同时将其应用于极端环境，半导体材料必须同时具备宽禁带、高原子离位阈值、高热导率、高质量的单晶材料等特性，因而作为近年来第三代宽禁带半导体典型代表的碳化硅材料以及被誉为“终极半导体”的金刚石材料将是极具潜力的核辐射探测器材料。

碳化硅与金刚石材料在辐射探测上的研究都可以追溯到20世纪中期，但由于当时材料工艺水平的限制，一直得不到发展。近年来随着材料的商品化以及器件工艺的成熟，宽禁带核辐射探测器得到了广泛研究且获得丰富的实验结果，部分实验结果显示，宽禁带核辐射探测器就探测性能而言，已经达到了目前较为成熟的商用硅基、碲锌镉基探测器的性能，进一步被证实其有望用于极端环境的核辐射监测。

本书的编写目的在于介绍核辐射探测原理、探测器的制备和探测信号的产生等基本理论知识；着重从宽禁带半导体目前的材料工艺与器件工艺方面入手，介绍探测器设计、优化、制备的要点；通过对探测器仿真模型的介绍，使读者学会将探测器的仿真输出与实验响应相结合，为器件优化设计以及器件失效分析提供理论支持。本书共6章：第1章主要介绍宽禁带核辐射探测器在极端环境与强辐射场应用的作用以及其发展历程与研究现状；第2章主要介绍各种核辐射粒子的基本性质，不同核辐射粒子与探测介质相互作用的不同机理与半导体核辐射探测器对于粒子的响应原理；第3章全面介绍了金刚石材料的生长与表征，金刚石核辐射探测器的制备与表征以及其对不同核辐射粒子、射线的响应；第4、5章全面介绍了碳化硅材料的生长与表征，碳化硅核辐射探测器的制备与表征以及其对不同核辐射粒子、射线响应的建模仿真与实验分析；第6章介绍了碳化硅核辐射探测器的材料缺陷与辐射退化对其性能的影响。

本书可作为半导体核探测相关方向的研究生教材，也可供从事核探测方面工作的技术人员阅读参考。希望本书能为相关从业者、研究人员与学生提供半导体核辐射探测方面的理论知识与完整的设计、优化、制备相关知识，为不同的应用需求提供理论支撑与技术参考。

注：因为采用黑白印刷，一些图的效果受到了影响，所以我们把书中的一些彩图以章为单位，放置于每章前的二维码中，以便读者查阅。

编著者

2021年10月

目　录

第 1 章

绪　　论

1.1 核辐射探测在极端环境与强辐射场应用中的作用

核电装置、空间装备、科研与医学辐射装置是当前重点发展的关键领域，而核辐射探测则广泛应用于这些领域。太空探测需要对宇宙射线进行全天候监测和强脉冲即时预警，新型同步辐射光源等国家大科学装置需要能够长期耐受高剂量辐照和高温环境的辐射探测器，新一代核能开发以及核医学应用也对辐射探测器的电荷收集效率、抗辐照特性、能量和位置分辨率、时间响应等性能提出了新的要求。这些应用涵盖的范围包括基础科学层面的宇宙起源演化、物质基本结构、新材料等，关乎国计民生的可持续发展能源产业和核医学技术以及关乎国家安全的新型装备技术等，成为当今世界各国竞相追逐的重大战略方向。

深空探测活动已经成为彰显国家科技实力的标志。由于深空辐射环境探测周期长、辐照强度大，因而迫切需要抗辐照能力更强的核探测器。除此以外，我国的登月计划、空间站计划、各种在轨卫星以及空间高能物理探测装置也对探测器核心部件的在轨使用寿命提出了更高的要求，以便为更好地探索宇宙提供强有力的保障。

随着核科学技术的不断发展，下一代裂变、聚变反应堆，同步辐射光源，大型强子对撞机，中子散裂源以及超快脉冲场的监测都对探测器的性能提出了更高的要求。暗电流、饱和电荷收集效率、能量分辨率、脉冲响应上升时间以及抗辐照性能是未来核探测器最为重要的参数指标。欧洲核子中心(CERN)的大型强子对撞机(LHC)升级到超级大型强子对撞机(SLHC)后，粒子束流将会更强，最大能量将会达到 13 TeV，这对探寻宇宙起源奥秘，发展高能物理学具有重要的意义，也对核探测器的抗辐照性能以及时间响应提出了很高的要求；我国的惯性约束核聚变装置、东方超环(EAST)磁约束聚变实验装置、散列中子源等大科学装置的核辐射强度极大，在宽动态范围内进行可靠和精确的中子探测是上述应用研究的核心关键技术问题之一，这就对核探测器的强度、能量分布和时间特性提出了更高的要求，例如在等离子体聚变研究中，中子辐射率从氘氘运行时的 10^8 n/s 到氘氚反应时的 10^{20} n/s，比现有的中子标定源的强度高出大约 10^{10}

倍，而且中子诊断提供的测量精度应当优于10%，探测器不能出现明显的性能退化；新一代同步辐射光源已经能够将X射线聚焦到零点几微米，要求准确测量光束相对于样品的位置，实现光束线的原位测量，对X射线位置监视探测器提出新的挑战，新型同步辐射光源的光通量可高达10^{12}光子/脉冲以上。

因此，在极端环境与强辐射场下对射线的准确探测，不仅关乎未来科学技术的发展，也关乎国家的战略发展，这就要求核探测器能够适应上述环境中的目标探测，为未来的核技术进步做好基础保障。

1.2 核辐射探测器的发展简介

核探测器的发展主要经历了气体探测器、闪烁体探测器以及半导体探测器三个阶段，其中闪烁体探测器和半导体探测器都可以归为固体探测器。

在许多辐射探测应用中，使用固体探测器具有很大的优势。对于高能电子或伽马射线的测量，由于固体密度约为气体密度的数百倍，因此探测器尺寸比等效的气体探测器小得多。气体探测器的另一个缺点是电离能比半导体探测器的要大得多，空气电离室中产生一对电子空穴对的平均电离能可达到33.8 eV，其他气体探测器，比如Ar、He、H_2、N_2、O_2等气体探测器的平均电离能也分别达到了26.4 eV、41.3 eV、36.5 eV、34.8 eV、30.8 eV。这意味着同样的辐射能量，气体探测器得到的信号强度更弱。其他方面，由于气体探测器受温度、压强、器件密封特性的影响，在不同辐射环境下器件本身的变动较大，展现出了能量分辨率不高、响应速度有限等明显缺点，越发不适应核探测技术的发展。

闪烁体探测器是通过辐射被闪烁体吸收后，闪烁体发出光子，经过一系列的电路系统处理后转换为电信号进行间接探测的。过长的系统链路使得闪烁体探测器通常要集成光电倍增管等其他配套电子器件，不能够单独使用。对于闪烁体而言，也存在平均电离能过大的问题，通常产生一个光电子所需能量在100 eV量级，因此，统计学上涨落造成的波动性严重影响了器件的能量分辨率，在对0.662 MeV的伽马射线进行探测时，能量分辨率只有6%。

使用半导体材料制备核探测器具有显著的优势，其更低的平均电离能能够产生更大量的非平衡载流子，这样能够提高能量分辨率性能。除了优越的能量分辨率性能外，半导体核探测器还具有许多其他理想的特性，其中包括紧凑的结构、相对快速的时间特性和可根据应用要求更改有效灵敏厚度等。硅和锗材料制作的核探测器目前是核探测器的主要类型，硅基材料的平均电离能只有大约 3.62 eV，远远小于气体和闪烁体探测器。硅、锗材料制备的核探测器的缺点是因辐射损伤造成其性能退化严重，对环境变化有相对较高的敏感性，这些都不利于在极端环境、强辐射场以及更高性能探测领域的应用。近年来，宽禁带半导体，如碳化硅、金刚石由于具有更强的抗辐照特性、更高的载流子迁移率及饱和速度、更优异的极端环境生存能力，得到了各国科研机构的广泛关注。该类技术的快速发展，使得利用宽禁带半导体制备核探测器成为可能，各国科研人员和相关研究机构都有针对性地进行研究，这也是本书关注的主要内容。

1.3 宽禁带半导体核辐射探测器总体进展综述（研究现状）

与常规气体探测器和闪烁体探测器相比，半导体探测器具有探测效率高、线性范围宽、结构简单、体积小、响应快、能量分辨率高等优点，在 α、β、γ 射线以及中子的辐射探测方面得到了越来越广泛的应用。但常规半导体探测器的本征材料性质，决定了其探测性能将随着温度升高和辐射强度增大而急剧下降，因此不适用于反应堆堆芯监测、高能物理和深空研究等具有极端环境的应用。要克服常规半导体探测器抗辐照能力低、性能随温度变化敏感等缺点，就必须寻求原子离位阈值更大、禁带宽度更宽的半导体材料以替代常规硅/锗材料。以碳化硅（silicon carbide，SiC）、金刚石等为代表的第三代宽禁带半导体材料，具有禁带宽、临界击穿电场高、载流子饱和漂移速度快、抗辐照性能优等特性，因而近年来，SiC、金刚石基的各类探测器受到了广泛的关注和研究。

1.3.1 金刚石核辐射探测器的发展及应用

1. 金刚石制作核探测器的优势

核技术在宇宙航行、空间物理、受控核反应、国防、边防、医学、生物防

护、卫生防疫、食品检测中应用十分广泛。核探测器利用射线与物质的相互作用产生的测量信号来反映射线剂量、强度、时变特性等信息，是核测量装置的核心部件。以半导体材料结合微电子技术制作的半导体核探测器具有体积小、能量分辨率高、线性度大、脉冲响应快等优点，使其成为核探测学术研究和实际应用的最主要对象，在科学和工程领域中发挥着重要的作用。

随着科学技术的不断发展，核电装置、空间装备、科研与医学辐射装置已成为当前重点发展的关键领域，核电站、空间探测、辐射装置等对各种核探测器性能提出了更为严格的要求。以硅、锗等半导体材料制作的传统半导体核探测器已经不能满足目前科学发展的需求，急需研究开发新型核探测器。

金刚石具有优异的物理特性，成为下一代强辐射场核探测器的理想材料，表1.1所列为金刚石与其他典型半导体材料特性的对比[1]。金刚石的原子序数 Z 为6，较低的原子序数降低了高能物理实验过程中由高能级联及多重散射引起的辐照损伤。由于金刚石的原子序数接近人体肌肉与组织的原子序数($Z\approx7.5$)，即金刚石的辐照损伤特性比较接近人体的辐照损伤特性，也即具有较好的人体等效性，因而适合于医学剂量学测量；金刚石禁带宽度(E_g)高达5.47 eV，意味着金刚石具有超强的抗辐照特性和极低的本征载流子浓度(本征金刚石室温下电阻率高达 10^{16} Ω·cm)，可以获得很低的暗电流，对于低强度的辐射可以展现很高的灵敏度和信噪比；金刚石载流子迁移率分别达到4500 cm^2/(V·s)(μ_n，电子)和3800 cm^2/(V·s)(μ_p，空穴)，相对介电常数(ε_s)仅为5.7，相同尺寸下寄生电容仅为硅的一半、碳化硅的60%，可以获得皮秒级的超快时间响应，在信号读出过程中也可以获得更低的噪声；金刚石热导率(K)达到了22 W/(cm·K)，为常规散热材料铜/银的4倍，作为探测器材料可以不受热效应困扰；金刚石的电离能(w)较大，产生一对电子空穴对所需的能量比其他半导体大，但可以通过读出电子学系统放大信号解决。除上述材料性能以外，金刚石熔点高达3550～4000℃，略高于钨，具有最高的莫氏硬度(10)，热膨胀系数仅为 0.8×10^{-6}/K；金刚石还具有很强的化学惰性，不受酸碱腐蚀，这意味着金刚石能够经受恶劣的环境冲击；金刚石体积小，几乎不影响辐射场，无毒性，不会对人体造成伤害。通过上述分析，可以看出，金刚石与硅(Si)、锗(Ge)、砷化镓(GaAs)、碳化硅(SiC)及氮化镓(GaN)等材料相比，具有明显的优势，是未来研制核探测器的理想材料。

表 1.1　主要半导体材料的材料参数

材料	原子序数 Z	禁带宽度 E_g/eV	相对介电常数 ε_s	电子迁移率 $\mu_n/(\mathrm{cm^2 \cdot V^{-1} \cdot s^{-1}})$	空穴迁移率 $\mu_p/(\mathrm{cm^2 \cdot V^{-1} \cdot s^{-1}})$	临界击穿场强 E_{BR}/(MV/cm)	饱和漂移速度 v_{sat}/(cm/s)	热导率 $K/(\mathrm{W \cdot cm^{-1} \cdot K^{-1}})$	质量密度 $\rho/(\mathrm{g/cm^3})$	原子离位阈值 E_d/eV
Si	14	1.12	11.8	1350	480	0.3	1×10^7	1.5	2.33	13～20
Ge	32	0.66	16	3900	1900	0.1	5×10^6	0.6	5.35	16～20
GaAs	31，33	1.4	12.8	8500	400	0.4	2×10^7	0.5	5.32	8～20
4H－SiC	14，6	3.26	9.66	1000	120	3.0	2×10^7	4.5	3.2	22～35
6H－SiC	14，6	3.0	10	500	40	2.4	2×10^7	4.5	3.2	22～35
GaN	31，7	3.39	9	900	30	3.3	2.5×10^7	1.3	6.1	17～23
金刚石	6	5.47	5.7	4500	3800	＞10	3×10^7	22	3.5	40～50

CVD(化学气相沉积)金刚石材料生长技术的进步以及微电子工艺水平的快速发展促进了金刚石核探测器的研发。利用人工合成金刚石制作核探测器的研究始于20世纪90年代，为了应对未来高能物理的发展，CERN装备的下一代LHC对核探测器的性能提出了苛刻的要求，包括：核探测器要能经受总注量高达$10^{15}\ cm^{-2}$的重离子轰击，能承受高达$10^{7}\ cm^{-2}\cdot s^{-1}$的注量率，能够提供小于10 μm的位置分辨能力，时间响应要小于25 ns[2]。硅基器件面临的最大问题是辐照损伤带来的器件性能衰退甚至损坏。为了克服硅基器件在强辐射场下由于辐照损伤引起的漏电流增大、信号衰退、时间响应变差等问题，RD42研究小组基于CVD多晶金刚石开发了核探测器，该组织的大部分人员来自美国和欧洲国家。其他研究机构还包括英国的King's College London、Imperial College，美国的Los Alamos国家实验室、Lawrence Livermore实验室、Ohio State University，意大利材料物理研究院(INFM)，欧洲原子能共同体(EURATOM)，法国原子能委员会电子与信息技术研究所(CEA-LETI)等，他们对金刚石核探测器的发展做出了重要贡献。国内研究比国外起步晚，并且主要是利用多晶金刚石进行初步的探索，无论是研究水平还是器件性能都与国外有较大差距。核探测器的能谱特性(电荷收集效率与能量分辨率)、电流电压(I-V)特性及时间响应特性是最为重要的性能参数，针对这些方面，国内外开展了很多研究。

2. 国外发展现状

1) 金刚石核探测器对不同射线的响应

(1) 带电粒子的响应研究。金刚石核探测器的电荷收集效率(CCE)与能量分辨率通常利用带电粒子作为辐射源进行研究。带电粒子包括α粒子、β粒子、质子、重离子等，其中α粒子是最常见的带电粒子。α粒子能量大，可达几兆电子伏，但是由于其质量大、穿透性弱，开展实验安全性高，可以很方便地通过同位素源获得α辐照源，因此国际上利用α粒子开展金刚石核探测器的能谱研究最为广泛。

1996年，RD42研究小组在开展金刚石核探测器的研究过程中采用了α粒子与β粒子，该探测器厚度达到了300 μm，电荷收集距(CCD)约为60 μm，换算成CCE约为20%[2]。1997年，美国布鲁克海文国家实验室分别利用MPCVD金刚石、DCCVD金刚石以及天然金刚石制作了三种核探测器，利用α粒子测试探测器性能，发现MPCVD金刚石制作的核探测器性能最高，该探测器厚度为30 μm，CCD为10 μm，CCE约为33%，迁移率寿命积为$3\times10^{-8}\ cm^2/V$[3]。

2002 年，法国 CEA - LETI 实验室利用 MPCVD 分别外延了厚度为 20 μm 与 150 μm 的金刚石，利用 α 粒子与 2 MeV 质子作为粒子源，测得的探测器 CCE 分别为 50%与 30%，能谱半高宽超过 50%，能量分辨率参数无意义，不具备能谱测量能力[4]。以上研究都采用了 CVD 多晶金刚石制造核探测器，多晶的晶粒边界、不一致性以及材料缺陷限制了多晶金刚石的能谱应用，而且金刚石体内的极化效应也导致能谱峰位随时间发生偏移，恶化了金刚石核探测器的性能，但是多晶金刚石核探测器面积大，可以做到 2 英寸甚至 4 英寸以上，能进行粒子计数测量。2004 年，RD42 研究小组利用元素六公司提供的 CVD 单晶金刚石，采用 β 粒子第一次研究了金属-本征半导体-金属(MiM)结构的 CVD 单晶金刚石核探测器的性能，通过与 CVD 多晶金刚石以及 HPHT Type Ⅰb 单晶金刚石的性能进行对比，发现 CVD 单晶金刚石性能明显更优，其 CCD 可以超过 400 μm，但是该报道并没有给出能谱分析的全部结果，能量分辨率不明[5]。2012 年，日本北海道大学联合日本产业技术综合研究所(AIST)在 HPHT Type Ⅱa 衬底上外延了 4 片 CVD 单晶金刚石，外延层厚度分别为 37 μm、44 μm、67 μm 以及 178 μm，利用 α 粒子测试的空穴 CCE 最高为 98%(样品厚度 44 μm)，最低为 5.4%(样品厚度 178 μm)；电子 CCE 最高为 92%(样品厚度 44 μm)，最低为 5.2%(样品厚度 178 μm)；能量分辨率方面，44 μm 样品的能量分辨率达到了 3.8%[6]。2014 年，西班牙韦尔瓦大学利用 α 粒子测试了 50 μm 厚的商业金刚石核探测器性能，测得能量分辨率为 19～21 keV，而一同参与实验的硅基探测器的能量分辨率为 34～38 keV[7]。2016 年，CERN 利用石墨电极实现了全碳结构的金刚石核探测器，利用超级质子加速器产生的 120 GeV 的束流测试了该探测器，测得该探测器的 CCE 达到了(42±4)%[8]。2017 年，日本科学家 Sato 等人利用 26 MeV O^{5+} 粒子与 45 MeV Si^{7+} 粒子测试了其研制的 50 μm 厚的金刚石核探测器，测得该探测器的空穴 CCE 为 86.2%，载流子迁移率寿命积为$(1.8\pm0.2)\times10^{-6}$ cm^2/V；电子 CCE 为 60.4%，载流子迁移率寿命积为$(6.4\pm0.8)\times10^{-7}$ cm^2/V[9]。同年，法国的 Tallaire 等人分别研究了不同衬底生长出的 CVD 金刚石核探测器性能，发现利用 HPHT Type Ⅱa 衬底得到的 CVD 金刚石性能比 HPHT Type Ⅰa 衬底的 CCE 高约 10%[10]。2018 年，日本国立材料研究所(NIMS)开展了 P - N 结型的金刚石核探测器研究，发现该探测器不能实现 α 粒子能量的全吸收，能量分辨率达到了 30%[11]。同年，意大利的 Verona 等人报道了 P - i - M 肖特基型金刚石核探测器，该核探测器用于微型剂量率计，可以探测 ^{1}H、^{4}He、^{7}Li、^{12}C、^{16}O 等带电粒

子，该核探测器本征层厚度约为0.8 μm，CCE约为7%[12]。2019年，德国亥姆霍兹重离子研究中心与意大利、法国多名科学家联合开展了CVD异质外延单晶金刚石核探测器的研究，利用4英寸的Ir/YSZ/Si(100)衬底生长了CVD单晶金刚石并制作了数十只核探测器，其中最优结果为空穴CCE达到95%，能量分辨率约为0.3%，然而对电子的CCE则降低为40%[13]。

(2) X射线响应研究。利用X射线研究金刚石核探测器的性能通常可以分为三个方面。第一是作为X射线监视探测器，这是由于金刚石核探测器具有出色的位置灵敏性和高度稳定性，对X射线具有较低的吸收系数，可以实现X射线的位置、通量的原位测量。第二是由于金刚石具有较好的人体等效性，可以作为医学剂量率计应用在放射性治疗中，在这类应用中主要关注器件的I-V特性，包括暗电流、信噪比、剂量率线性度(dose rate dependence and linearity)、响应度(responsivity)、灵敏度与特征灵敏度(sensitivity and specific sensitivity)、光电导增益、重复性(reproducibility)等[14]。第三是由于金刚石响应速度较快，因此可以用于X射线的脉冲测量，主要的参数有脉冲响应上升时间、脉冲宽度、下降时间等。

2012年，Marinelli等人在英国Harwell同步辐射光源上研究了P-i-M型金刚石X射线位置监视探测器(XBPM)的特性，发现其具有出色的位置灵敏性和高度稳定性[15]。2014年，Desjardins等人基于金刚石剥离工艺在法国SOLEIL同步辐射光源上研究了金刚石超薄型XBPM，发现其对1.3 keV的X射线透过率超过了50%，信噪比超过了10^5，位置分辨率小于1 μm，采样率大于1 kHz[16]。近年来，一些研究团队又开发了氮耦合超纳米晶接触的金刚石X射线位置与通量探测器[17]、X射线双横向位置灵敏探测器[18]以及辨别时间达到100 ps的快X射线束探测器[19]。

在X射线的剂量测量方面，2009年，美国布鲁克海文国家实验室研究了利用脉冲偏置技术减轻电荷陷阱效应对金刚石核探测器探测性能的影响，发现在电场强度为4×10^5 V/m、频率为100 Hz、占空比为98%～99%的偏置条件下，其对0.25～7 keV软X射线的响应度达到了0.064 A/W[20]。2010年，该组研究人员又研究了金刚石核探测器在软X射线(50 eV～6 keV)辐照下的电子增殖现象和收集特性，发现陷阱、复合中心以及电极对电荷输运中的电子增殖具有显著影响，对空穴的响应度可达0.065 A/W，而对电子的响应度已经接近10 A/W，远远超过单位增益下的0.075 A/W[21]。2011年，英国萨里大学利用50 kV的X射线管，研究了不同电极金属对5.45 cGy/min和26 cGy/min

剂量率下的 X 射线响应特性，发现 Pt 电极与 Al/Pt 电极结构的核探测器信噪比超过 1000，线性度分别达到 0.975 和 0.968，灵敏度分别达到 735 与 600 nC/Gy，重复性达到 0.268%与 0.345%[14]。2017 年，南非自由州大学研究了应用于乳房 X 射线照相术(26～30 kVp)的金刚石核探测器的性能，调查材料缺陷对其性能的影响，发现该核探测器的特征灵敏度为 0.4～6.7 nC/(Gy·mm^3)[22]。2019 年，意大利科学家开始研制用于临床剂量学的 3D 金刚石核探测器，这为未来金刚石核探测器在 X 射线成像方面的应用开了先河[23]。在 X 射线的脉冲测量中，金刚石核探测器也展现出了极快的时间响应，对 8.5 keV 的脉冲 X 射线，其脉冲响应上升时间仅为 90 ps[24]。

(3) 伽马(γ)射线响应研究。利用 γ 射线，一方面可以进行抗辐照特性研究，另一方面可以进行对脉冲以及稳态伽马射线的响应特性研究。2001 年，法国 CEA－LETI 实验室的 Brambilla 等人开展了在强辐射环境下的金刚石探测器对伽马射线的剂量率响应实验，剂量率为 1 mGy/h～1 kGy/h，总剂量达到 5×10^5 Gy，工作温度从 25℃上升到 250℃，证明了在强剂量率下，金刚石探测器依然能稳定工作[25]。2007 年，Gastélum 等人研究了金刚石薄膜的剂量率效应，表明金刚石薄膜具有优良的剂量率线性特性[26]。2016 年，Baranova 等人研究了金刚石探测器在脉冲模式下剂量率为 10^{-3}～0.4 Gy/h 以及在电流模式下剂量率为 10^{-1}～2×10^4 Gy/h 时对伽马射线的响应，其非线性特征维持在 10%以内，获得的研究结果表明金刚石探测器可以用来防止核电站发生紧急事故以及核电站日常控制监控[27]。2017 年，金刚石对 2～7 MeV 16.8 ns 超快伽马射线脉冲的研究在美国杜克大学展开[28]。以上研究都证明了金刚石对伽马射线有较好的探测效果。

(4) 中子响应研究。金刚石对中子的探测主要分为快中子探测与热中子探测。快中子具有很小的反应截面，当进行探测时，只有很小的能量沉积(淀积)，大部分能量被热核反应散射。利用 MiM 结构制造的金刚石中子探测器已经能成功测量 14.8 MeV 的快中子[29]和 17～34 MeV 的快中子[30]。为了探测慢中子，需要用到转换层，该转换层要具有大的吸收反应截面，然后将中子反应转换为带电粒子。常用的金刚石中子探测器转换层材料有 ^{6}LiF、^{10}B、^{235}U 同位素。如今，已经成功制造了 ^{10}B 转换层的金刚石热中子探测器[31]以及含 ^{6}LiF 转换层的探测器[32]。目前，金刚石中子探测器对阿尔法粒子和中子的能量分辨率最好结果分别为 0.4%和 2.9%，电荷收集效率最高可接近 100%。然而，已报道的高性能金刚石中子探测器占比很低，还需要对高性能金刚石核探测器的关键技术进行研究。

2）抗辐照特性研究

金刚石抗辐照能力强，当用高注量率/吸收剂量率的高能粒子、X/γ射线、中子等时，金刚石核探测器依然能维持最低工作状态。CERN 的研究表明，金刚石核探测器在大剂量辐照条件下，可以稳定工作至少 10 年(由于金刚石极大的位移阈能使其经受 10^{15} 质子/cm^2、250 Mrad 光子辐照以及 3×10^{15} 中子/cm^2 辐照时，探测性能只有轻微的变化[33])。表 1.2 为近年来金刚石核探测器对不同粒子在不同辐照剂量下的性能变化对比，可以看出，金刚石抗辐照性能极强，远远高于硅基器件的抗辐照强度，特别适合超强辐射场的探测。

表 1.2 辐照剂量对金刚石核探测器的性能影响

粒子种类	能量范围	总剂量	性能变化	文献
γ射线(^{60}Co)	1.25 MeV	100 kGy	无	[34]
电子	2.2 MeV	1 MGy	无	[34]、[35]
质子	500 MeV	10^{14} cm^{-2}	无	[36]
质子	24 GeV	10^{15} cm^{-2}	无	[37]
质子	24 GeV	3×10^{15} cm^{-2}	衰减 10%	[37]
质子	24 GeV	5×10^{15} cm^{-2}	衰减 40%	[38]
中子	1 MeV	3.2×10^{14} cm^{-2}	无	[39]
中子	1 MeV	8×10^{14} cm^{-2}	衰减 15%	[40]
中子	1 MeV	10^{15} cm^{-2}	衰减 20%	[41]
中子	1 MeV	1.35×10^{15} cm^{-2}	衰减 40%	[38]
中子	超热中子	10^{16} cm^{-2}	衰减 90%	[42]
α粒子	5 MeV	10^{13} cm^{-2}	无	[34]
α粒子	5 MeV	10^{15} cm^{-2}	衰减 80%	[34]

3）探测器结构设计

金刚石核探测器的结构设计也是国际研究热点。在垂直结构方面，可以分为 MiM 结构、P－i－N 结构、P－M 结构、P－i－M 结构。除此以外，还有平面结构的金刚石核探测器以及可以探测粒子位置的微条探测器[43]。近年来，随着辐照成像需求的增加，已经开始发展金刚石像素阵列核探测器[44]，这对金刚石探测器的尺寸、像素点密度、均一性以及后端采样系统提出了新的要求。现阶段，金刚石像素阵列探测器只有探测器单元采用了金刚石材料[45]，后端信号的存储与放大读出均采用外接设备实现，不能发挥金刚石抗辐照、响应速度快的优势。这需要在金刚石 MOSFET 等方面继续进行研究，开发出全集成的金刚石单片像素阵列核探测器。

4）温度特性研究

金刚石禁带宽度大，热激发的本征载流子浓度极低，可以获得很好的暗电流特性。由于金刚石材料本身熔点高，具有很强的化学惰性，因此适合在极端环境下应用。高温环境对硅基探测器的损伤极大，强辐射场环境通常也伴随着极端的温度环境，而金刚石材料的优良特性可以克服硅基器件的缺点。2015 年，日本北海道大学研究了单晶金刚石在高温下的 CCE 特性，发现在 573 K 下，探测器的 CCE 依然能达到 93.8%，能量分辨率为 2.6%[46]。2017 年，印度原子能研究中心针对国际热核聚变反应堆计划(ITER)实验的 300～500℃条件对中子进行探测的要求，研究发现在 300℃环境温度下，Al 电极、Cr/Au 电极金刚石核探测器对 α 粒子的能量分辨率约为 2%，对 14 MeV 快中子的 8.5 MeV 峰的能量分辨率为 3.5%[47]。2019 年，意大利 Angelone 等人研究了 300～625 K 温度下金刚石核探测器对 ^{60}Co 同位素放射出的 γ 射线的电流响应，发现探测器的响应电流受载流子饱和速度影响，当温度达到 600 K 时，响应电流开始发生饱和，同时，探测器的 I－V 特性具有很好的线性度[48]。

3. 国内发展现状

随着我国综合国力的快速提升和经济的飞速发展，对关乎国民经济和科学技术发展的诸多领域都有了更高的要求。核电装置、空间探测、科研与医学辐射装置已经成为国家向更高水平发展的关键领域。行星探测计划、登月计划、空间站计划、在轨卫星对各种半导体材料和器件提出了严格的抗辐照要求。太空探测需要对宇宙射线进行全天候监测和强脉冲即时预警。我国的一批大科学装置，如新型同步辐射光源、东方超环(EAST)、神光Ⅲ、强流氘氚聚变中子发生器(HINEG)、中国散列中子源等需要能够长期耐受高剂量辐照和高温环境的核探测器。新一代核能开发以及核医学应用也对核探测器的电荷收集效

率、抗辐照特性、能量和位置分辨率、时间响应等性能提出了新的要求。这些需求促进了国内对金刚石核探测器的研究开发。

1997年，兰州物理研究所利用HFCVD金刚石制作探测器，研究了探测器对α粒子的响应特性，但是并没有报道能谱特性[49]。1998年，中国工程物理研究院利用天然Type Ⅱa型金刚石测量了软X光辐射功率[50]；随后，2010年至2018年，中国工程物理研究院进行了CVD金刚石核探测器对X射线能谱[51]、时间响应[52-55]、灵敏度[56]的研究，研究发现金刚石探测器对X射线的平均灵敏度可达1.196×10^{-5} C/J，响应时间小于1 ns。2005年至2015年，上海大学利用CVD金刚石开展了金刚石核探测器的研究，包括对α粒子的能谱特性研究[57-58]、对X射线I-V响应特性研究[58]、对中子探测研究[59]以及核探测器的欧姆接触研究[60]，研究发现CCE为45.1%，能量分辨率达到3.3%，对X射线的响应电流为16.8 nA，暗电流为16.3 nA。2006年至2017年，西北核技术研究所也开展了CVD金刚石核探测器对^{60}Co伽马射线的响应研究，研究发现输出响应电流为3.31 nA，对飞秒脉冲紫外激光的响应上升时间为560.4 ps[61]；开展了对α粒子的能谱特性研究，研究发现CCE可达33.5%[62]；开展了对γ射线的能谱特性以及中子探测的研究，研究发现CCE达到55.47%[63]；还研究了金刚石核探测器对快脉冲X射线以及脉冲电子的响应特性，研制的多晶金刚石核探测器的响应上升时间为5 ns[64]，比Si-PiN探测器快两倍，研制的单晶金刚石核探测器脉冲响应上升时间为1.0 ns[65]。2017年，哈尔滨工业大学利用石墨电极结构开发了CVD单晶金刚石核探测器，其能量分辨率达到了3.5%[66]；2019年，武汉大学研制的单晶金刚石核探测器的CCE达到97%，能量分辨率为3.7%[67]；2020年，北京科技大学的报道称金刚石核探测器的能量分辨率最优值为2.25%[68]。

在金刚石核探测器领域，国内已经开展了基于α粒子、γ射线、X射线、中子的能谱特性、I-V特性、时间响应特性的研究，但是与国际水平还有较大的差距。目前国内对金刚石核探测器的研究以测量性研究为主，对器件响应机理研究较少；在金刚石材料方面，国内在金刚石领域的各大研究机构目前主要关注金刚石大尺寸生长与掺杂技术的研究，并没有开发出“探测器”级的金刚石材料生长工艺，也没有建立适用于金刚石核探测器的材料筛选方法；在高性能金刚石核探测器研制方面，国内相关机构更是鲜有报道，还需针对金刚石核探测器的器件结构、工艺、材料生长、材料表征方法以及器件物理机理继续进行深入的研究。

1.3.2 SiC 核辐射探测器的发展及应用

基于第三代半导体的材料特性，以 SiC 制作的半导体探测器有望解决高温与强辐射下的核辐射探测问题。进入 21 世纪以来，随着硅半导体在功率器件领域已逐渐逼近其材料的理论极限，第三代半导体材料越来越受到业界的关注，国内外厂商与研究机构纷纷投入到 SiC 材料与器件的研究与生产中，推动了高质量、大尺寸 SiC 晶体材料的商品化以及外延层生长技术与器件制备工艺的发展，从而进一步推动了 SiC 核辐射探测器的研制。

1. SiC 核辐射探测器的材料基础

为了满足在高温、强辐射等恶劣环境下的高性能探测要求，作为核辐射探测器关键的半导体材料必须满足以下特性[69]：

(1) 宽禁带：材料即使在高场下也能获得非常低的反向漏电流。低漏电流是低噪声的必要条件，是制造低能量辐射下具有高能量分辨率探测器的关键。

(2) 足够小的电子空穴对生成能 ε：确保在给定的电离辐射下产生的电子空穴对数目足够大，以获得较高的信噪比。应该强调的是，ε 与禁带宽度呈正比，故条件(1)与(2)需要进行折中考虑。

(3) 低介电常数：使探测器具有较低的工作电容，从而减少前端电子器件的噪声成分，以获得更高的能量分辨率。

(4) 高纯度、均匀、无缺陷的单晶材料：材料的均匀性和低缺陷密度保证了电荷的收集效率、低漏电流和更高的能量分辨率，而单晶材料则避免了晶界和其他扩展缺陷的有害影响。

(5) 高本征载流子迁移率寿命积：载流子迁移率寿命积用 $\mu \cdot \tau$ 表示，其中 μ 代表载流子迁移率，τ 代表载流子寿命。探测器一般工作于较高电场条件下，此时载流子发生速度饱和，因此 $\mu \cdot \tau$ 用 $L_d = \nu_d \cdot \tau$ 来表示更为合理。其中，ν_d 为载流子的漂移速度；L_d 为载流子的平均漂移长度(捕获长度)，表示了载流子在被捕获之前被电场扫过的距离的平均值。高 L_d 值确保了高电荷收集效率与较高的能量分辨率。

(6) 高原子离位阈值：由辐射引起的某些晶格损伤可以作为载流子的俘获中心，导致电荷收集不完全和能量分辨率降低。其中 β 粒子或者 X 与 γ 射线产生的损伤相对较小，而中子以及重带电粒子可能造成严重的损伤。高能粒子轰击产生的主要缺陷是空位(V)、间隙(I)、弗伦克尔对(V+I)和反位。缺陷的产生必须发生原子由晶格结点的位移，因而原子离位阈值 E_d 是描述材料辐射损

伤的重要参数，表示形成上述任一缺陷时，碰撞粒子传递给晶格原子所需能量的最小值。因此具有高离位阈值的材料，例如金刚石（$E_d \approx 40 \sim 50$ eV）与SiC（$E_d \approx 22 \sim 35$ eV），也应具有高的辐射抗性。

（7）高热导率：提高探测器抗辐射能力的方法之一是冷却探测器本身，这需要使用具有良好冷却性能的材料。此外，当前端电子元件与探测器本身相邻甚至接触时，高导热系数有助于控制系统的工作温度。

表1.1列出了当前被广泛研究的半导体材料的主要参数[1]。考虑到上述要求，可以发现传统的Si、Ge以及砷化镓(Gallium Arsenide，GaAs)材料的本征材料性质，决定了其探测性能将随着温度升高和辐射强度增大而急剧下降，因此不适用于反应堆堆芯、高能物理研究和深空研究等极端环境，而以SiC为代表的第三代宽禁带半导体材料则完全符合恶劣环境下用于辐射探测的需求。例如对比4H-SiC与Si，发现4H-SiC的禁带宽度明显更大，这意味着其工作温度将得到显著提高，漏电流将得到显著减小。对于Si，不考虑结温升高等情况，其工作温度极限不会超过300℃，而SiC的理论极限工作温度为1240℃[70]。同时，更大的临界击穿场强和饱和速度意味着SiC器件更适于高频工作且能够测量更窄的脉冲，更高的热导率意味着更好的自冷却能力与高温操作特性，从而减小了体积与成本，减弱了使用环境的限制。更小的介电常数意味着更小的电容，进一步减小了探测过程中的附加电容。更大的原子离位阈值E_d确保了SiC更强的抗辐照特性，延长了探测器的使用寿命。以裂变碎片的监控为例，SiC器件的工作寿命约是Si器件的4倍[71]。另外相较于GaN等其他第三代半导体以及金刚石等下一代半导体材料，若仅以材料特性而言，SiC的电学性能并不特别突出。但是较之热导率低、衬底尺寸偏小且昂贵的GaN材料和仍然不成熟的金刚石材料，高品质、大尺寸的SiC材料已达到产业化水平，更有利于大尺寸器件的制备；同时，SiC器件的制造工艺与Si工艺的兼容性相比GaN和金刚石更好，且制备工艺更加成熟，使之更容易推广和量产。

综上，SiC被认为是极具潜力的核辐射探测器材料之一，近年来，SiC基的各类探测器得到了广泛的关注和研究。同时，Si、Ge以及GaAs等传统半导体材料由于自身材料特性的限制，使其在功率器件应用中的性能已接近理论极限，单纯地依靠优化Si基器件及其相应模块的设计、工艺、整合来进一步挖掘其性能潜力，已经无法满足当今电力电子技术在高效率低能耗方面的要求。作为第三代半导体材料的典型代表，近年来SiC材料和器件的长足发展也为高性能SiC核辐射探测的研制打下了坚实的基础。

2. SiC 核辐射探测器研究现状

早在 1957 年，Babcock 等人[72]就首次制备了第一台 SiC 辐射探测器并研究了其对 α 粒子的探测性能，发现该探测器在零偏压下就可对 α 射线产生响应信号，并一直持续到 700℃高温条件下。1972 年，Tikhomirova 等人[73]制造了 Be 掺杂的 6H－SiC PN 结辐射探测器，得到了在 1～10 V 偏压下 α 粒子(4.8 MeV)的能量分辨率为 9%，泄漏电流为几十纳安，测量结果显示其可抗通量为 $5\times10^{13}/cm^2$ 的中子辐照与 $7\times10^8/cm^2$ 的裂变碎片轰击，并通过研究发现，在同样的辐射条件下，SiC 探测器的性能要优于 Si 基表面势垒探测器。这些早期的研究结果受当时 SiC 材料和器件工艺水平的限制，并不能完全反应 SiC 材料的优良性质，并且在之后的几十年时间内，因 SiC 单晶生长、化学和机械处理水平的限制，SiC 核辐射探测器没有得到进一步的发展；直到 20 世纪 90 年代，随着高纯 SiC 材料的商品化以及器件工艺(如氧化、金属-半导体接触、掺杂和封装等)的日渐成熟，基于 SiC 的粒子辐射探测器的研究逐渐重新活跃起来。各国科研团队对 SiC 粒子辐射探测器的制备、不同场景下的探测能力以及探测器损伤和性能退化情况进行了广泛研究，得到了丰富的实验结果。

1) 国外研究现状

目前，国际上关于 SiC 核辐射探测器的大量成果来自美国的 F. H. Ruddy、A. R. Dulloo 及其相关团队。该团队的研究较为全面，且具有较强的连贯性[1]。

1998 年，该研究团队率先采用化学气相淀积(chemical vapor deposition，CVD)外延生长法制造了 SBD 型和 PN 结型两种 SiC 核辐射探测器[74]，其 N 型外延层掺杂浓度(也称掺杂密度)为 $1\times10^{15}\ cm^{-3}$，结构如图 1.1 所示。测试结果为 SBD 型探测器对 α 粒子(294 keV)的能量分辨率为 5.8%，PN 结型探测器对 α 粒子(260 keV)的能量分辨率为 6.6%。制备的探测器在 22～89℃内，工作温度对探测器性能无影响，并且对 γ 射线有很强的甄别能力，适用于高温、高辐射场的应用环境。2002 年，该团队报道了结合 ^{6}LiF 中子转换层的相同结构器件在模拟核反应功率上的应用[75]。经过强辐照(快中子剂量为 $1.7\times10^{17}\ cm^{-2}$，同时氚(^{3}H)粒子辐照剂量为 $1.1\times10^{15}\ cm^{-2}$)以后，器件依然可以工作。如此辐照剂量，已远超传统的 Si 或 Ge 探测器的承受上限，并且探测器能够在大跨度的中子通量范围内保持一致的探测效率，如图 1.2 所示。2006—2009 年，该团队利用制备得到的 N 型低掺杂($<2.5\times10^{14}\ cm^3$)厚外延层(100 μm)开展了一系列研究：

(1) 测定了 4H－SiC PiN 二极管探测器对 14 MeV 中子的响应，得到了次级粒子能量与道址数之间很好的线性相关性，证实其适用于裂变/聚变核反应、核燃料监测[76]；

（2）报道了高能量分辨率的 α 粒子探测器的研究成果，制备出外延层厚度为 100 μm 的 SBD 型探测器，该探测器对 5.499 MeV 的 α 粒子的能量分辨率为 0.37%[77]；

（3）用 6 mm 直径、100 μm 耗尽层厚度的 SiC 二极管测量极低中子注量率以模拟对隐藏核材料的探测，得到的背景分辨率达到 2000n/γ，完全适合用于裂变/聚变核反应、核燃料监测[78]。

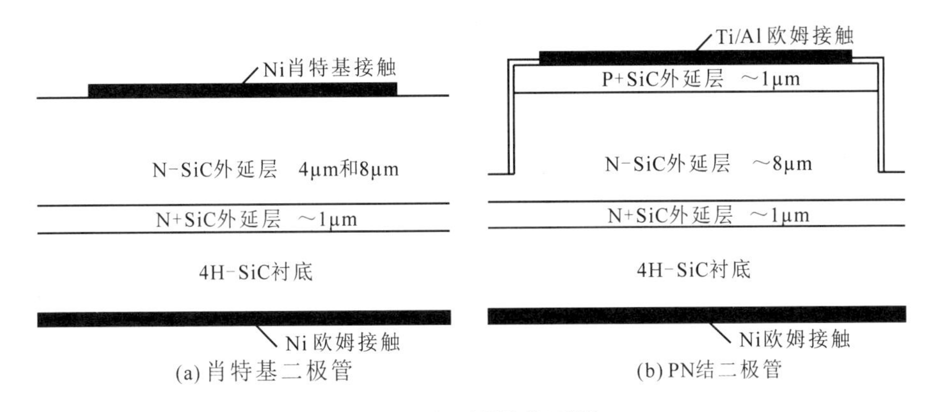

图 1.1 探测器结构图[74]

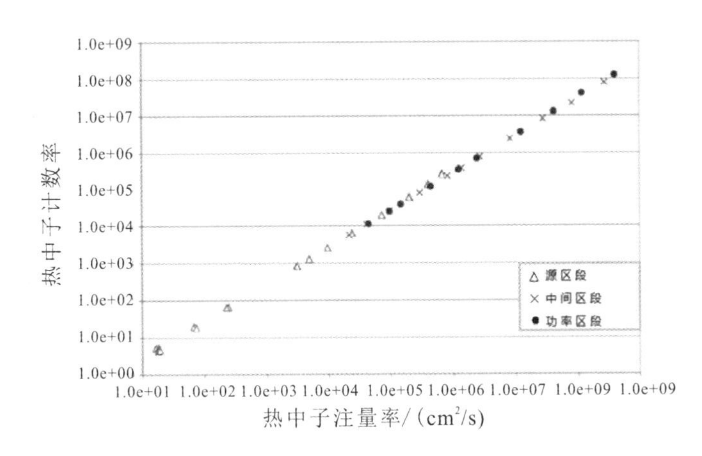

图 1.2 三种不同热中子通量下热中子计数率随通量的变化[75]

国际上还有很多其他团队也对 SiC 核辐射探测器的工作性能及相关应用开展了许多较为全面的研究[1, 79-81]。

在带电粒子探测方面，俄罗斯的 A. M. Ivanov，E. V. Kalinina 和 N. B. Strokan 等人[82]于 2009 年研制了在 375℃高温下可正常探测 α 粒子的外延式 SiC 半导体探测器，并测量了 5.8 MeV α 粒子的能谱响应。结果表明，能量分辨率可达 1.35%。2012 年，美国南卡罗来纳大学的 Chaudhuri 等人[83]在厚度为 50 μm，掺杂浓度 1.1×10^{15} cm^{-3}的 4H－SiC 外延层表面沉积 10 nm 厚的 Ni 电极（12 mm^2），制备出 4H－SiC SBD 型探测器。在反向电压为 100 V 时，探测器的漏电流为 0.2 nA，对 5.486 MeV 的 α 粒子的能量分辨率达到 2.7%。2013 年，该研究团队[84]将 4H－SiC SBD 型探测器的外延层厚度减小到 20 μm，掺杂浓度降低到 2.4×10^{14} cm^{-3}；在反向电压为 110 V 条件时，探测器的漏电流为 14 pA，对 5.486 MeV 的 α 粒子的能量分辨率达到 0.29%，低微管密度（<1 cm^{-2}）和外延层有效掺杂浓度的降低大幅度提高了探测器的性能。2014 年，该研究团队[85]在 SiC 表面采用 PECVD 方式分别沉积厚度为 400 nm 的 SiO_2 和 Si_3N_4 薄膜，与未表面钝化的探测器相比较，通过表面钝化降低了表面漏电流，在反向电压为 200V 时，经表面钝化的探测器的漏电流从 5nA 分别减少到 86 pA（SiO_2）和 71 pA（Si_3N_4），能量分辨率分别为 0.38%和 0.39%。2015 年，斯洛伐克学院的 Zat'ko 等人[86]将外延层掺杂浓度降低到 1.0×10^{14} cm^{-3}，采用15 nm的 Ni/Au（0.3 mm^2）作为肖特基电极，反向电压为 700 V 时，探测器的漏电流仅为 2 pA，对 5.486 MeV 的 α 粒子的能量分辨率达到 0.25%，达到世界先进水平。2017 年，意大利墨西拿大学的 Torrisi 等人[70]在厚度为25 nm，掺杂浓度为 1.0×10^{14} cm^{-3}的 4H－SiC 外延层上沉积 20 nm 厚的 Ni_2Si 作为肖特基电极，制备出 4H－SiC SBD 探测器，其对 5.15 MeV 的 α 粒子能量分辨率为 0.85%；SiC 核辐射探测器可以监测单层或多层金属靶材产生的能量范围在 300～600 keV 的低能 α 粒子，与 Si 探测器具有相近的能量分辨率。SiC 核辐射探测器可以取代传统 Si 探测器应用在高温、强光和高剂量电离辐照等恶劣环境条件下，并可以满足长时间监测的需求。

在中子探测方面，意大利的 Manfredotti 等人[87-88]于 2005～2007 年研制了可在 250 V 偏压条件下工作的大面积（7 mm^2 和 20 mm^2）超热中子探测器。工作状态下，50 μm 外延层全耗尽，报道的探测效率达 3‰，能量分辨率为 1.2%。韩国 Ha 等人[89]在 2009 年研制了利用内部强电场工作的金属/n/N＋自偏压式快中子探测器，如图 1.3 所示，其功耗低、耐辐照，在 0V 偏压下电荷收集效率（CCE）在 80%以上，在偏压大于 20 V 时 CCE 达 100%；同时用 Am－Be 中子源测量了 5.0 MeV，1.1×10^6 $n/cm^2\cdot s$ 的中子响应谱，得出了加转换层比不

加转化层探测效率高4倍的结论。在2011年，Ha[90]又制作了四层结构的PiN 4H-SiC中子探测器，在室温、零偏压、自给能条件下，5.0 MeV中子的绝对探测效率为5.1×10^{-4}。Ko等人[91]在2009年研制了由几十个肖特基接触集成在SiC基体上组成的二极管探测阵列，经10 MeV、2.75×10^{11} n/cm^{2}中子辐照后，肖特基势垒高度、泄漏电流、理想因子均保持不变，为提高探测器的抗辐照能力、探测灵敏度和探测效率提供了很好的方法。2013年，Szalkai等人[92]提出了一个将SiC中子探测器作为国际热核聚变实验反应堆(International Thermonuclear Experimental Reactor，ITER)中中子探测器的备选方案，并报道了该探测器的使用结果。对比如图1.4所示的14 MeV快中子仿真结果和器件实测结果，实测能谱的某些核反应的特征峰并没有仿真所得那么明显，但是整体吻合度，尤其是$^{12}C(n, \alpha)^9Be$反应的特征峰吻合得较好。

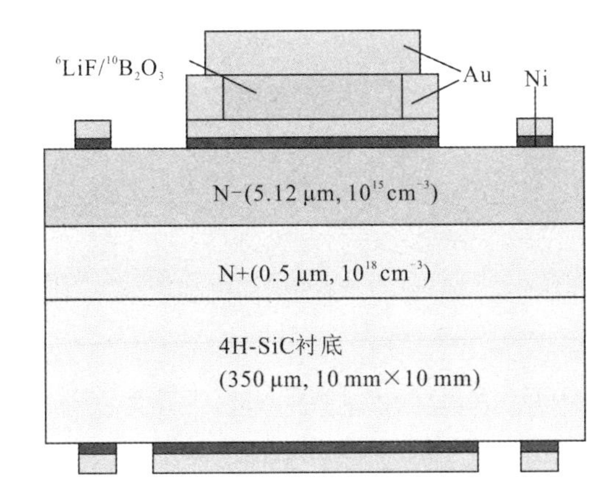

图1.3 自偏压SiC基SBD型中子探测器示意图[89]

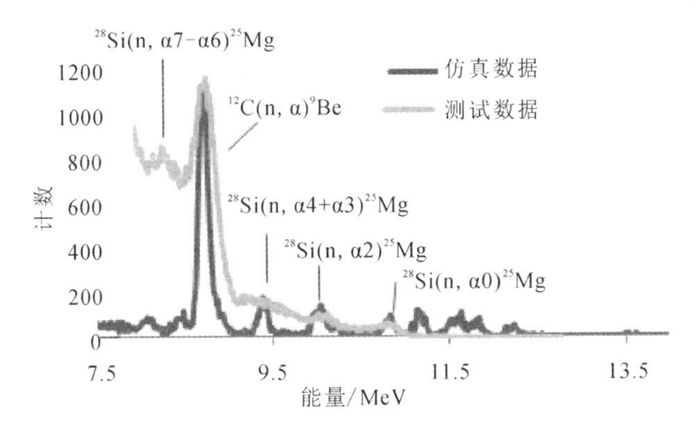

图1.4 仿真结果和实测结果在几个特征峰位置的比较[92]

在X、γ射线探测方面，2009年，Bertuccio等人[93]在2英寸4H-SiC衬底上外延生长了厚度达115 μm的非故意掺杂高纯外延层，N型残余掺杂浓度极低，达3.7×10^{13} cm^{-3}。在22℃条件下，制备得到的肖特基结探测器(如图1.5所示)在200 V反偏电压下漏电流密度低至1 pA/cm^2，低于同期最先进的Si探测器两个量级以上。该研究团队同时制备了像素大小为400×400 μm^2的4×4阵列探测器，如图1.6(a)所示；图1.6(b)显示了该阵列探测器在能量为3～30 keV的X射线辐照下获得的能谱图。测量结果显示该阵列探测器的等效噪

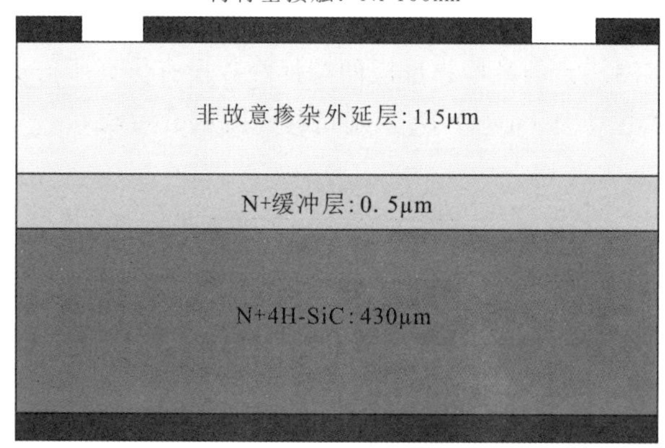

图1.5 SBD型探测器结构图，辐照入射窗口位于肖特基电极侧[93]

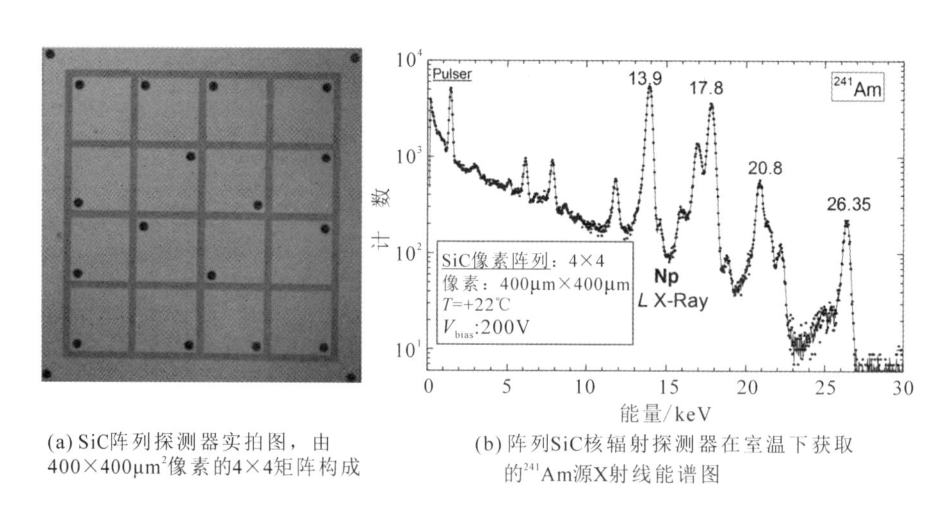

(a) SiC阵列探测器实拍图，由400×400μm²像素的4×4矩阵构成

(b) 阵列SiC核辐射探测器在室温下获取的²⁴¹Am源X射线能谱图

图1.6 阵列探测器及其X射线能谱图[93]

声能量为 195 eV FWHM(半高宽)，对应的等效噪声电荷为 10.6electrons r. m. s.(电子均方根)，这是同期发表的在室温下工作的化合物半导体探测器的最佳性能。2013 年，Mandal C K 等人[94]在 4H－SiC 外延层上制备得到的 SBD 辐射探测器对软 X 射线的探测性能明显优于同期商用成品 SiC UV 二极管，对 γ 射线的探测结果如图 1.7 所示，其对 59.5 keV γ 射线的能量分辨率达 2.1%(1.2 keV FWHM)，可以与高质量的 CdZnTe 探测器相媲美。

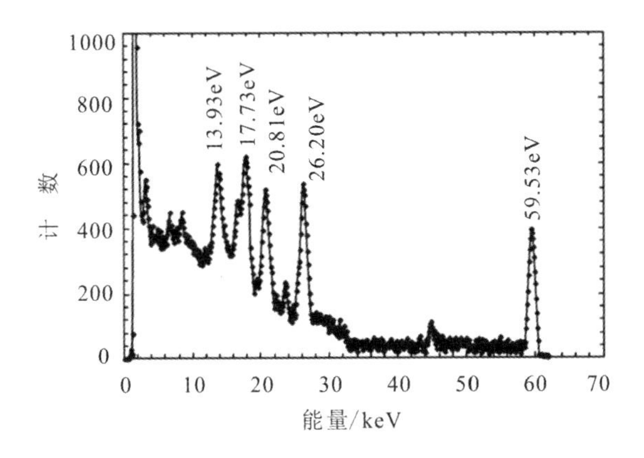

图 1.7 300 K,250 V 偏置下获得的 ^{241}Am 源能谱图[94]

在辐照损伤和抗辐照特性方面，SiC 核辐射探测器在实验条件下面临的辐照损伤主要来自以下几个方面[1]：

(1) γ 射线：反应堆级别的 γ 射线对 SiC 核辐射探测器基本不会造成任何影响。

(2) α 射线：关于 α 射线损伤的文献普遍认为 α 辐照对器件的影响有限。

(3) β 射线(电子束)：Nava 等人[69]相继对不同能量的 β 射线进行了报道。最终在 2～8 MeV 的能量范围内得到的结论为只有在能量达到 8 MeV 且注入剂量达到 $9.5\times10^{14}/cm^2$ 时，才能观察到显著的载流子补偿现象，而这种补偿现象源于电子辐照引入的深能级缺陷。

(4) 质子：对于仅有质子辐照的情况，目前研究的能量范围为 6.5 MeV～24 GeV，辐照剂量为 $10^{11}\sim1.4\times10^{16}$ cm^{-2}，大量的研究分析给出了如下结论：① 辐照缺陷的各个参数，如电离能，俘获截面及缺陷结构等，与高能 β 射线辐照情况相近；② 质子能量大小基本不影响产生的缺陷结构，但对深缺陷能级的产生率有至关重要的影响，质子能量增大，Si 原子和 C 原子的俘获截面变小，缺陷能级产生率降低；③ 任何能量水平的质子(6.5 MeV～24 GeV)，只要辐照剂量

足够，深能级中心浓度增加而少子扩散长度 L_p 和电荷收集效率(CCE)显著下降。

(5) 中子：中子辐照的损伤效果较之质子辐照更加明显。图 1.8 显示了经过 24 GeV/1.4×10^{16} cm^{-2} 质子或是等效 1MeV/7×10^{15} cm^{-2} 的中子辐照后，SiC SBD β 粒子探测器的 CCE 情况。

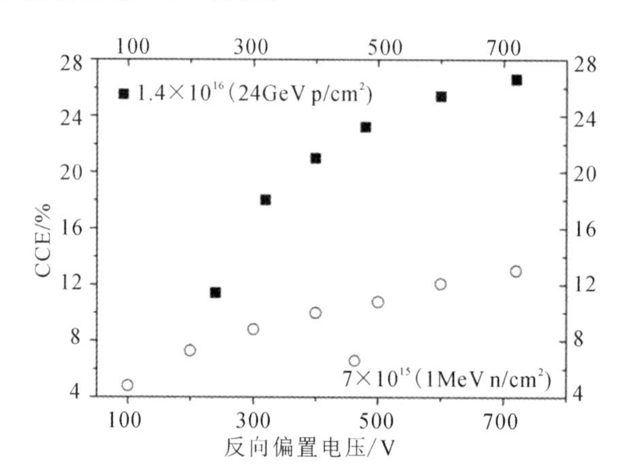

图 1.8　经过同工同类型和剂量的辐照的器件 CCE 比较[69]

综上所述，在大剂量 α/β/γ 射线，或是 8 MeV 质子剂量小于 3×10^{14} cm^{-2}，又或者是等效 1 MeV 中子剂量小于 5×10^{13} cm^{-2} 条件下，器件的电荷收集效率不会有明显退化。上述的辐照剂量对应(2～3)×10^{12} cm^{-3} 的缺陷浓度。只要辐照剂量不超过上述阈值，材料的导电特性就不会出现补偿，且 CCE 能在辐照以后保持在 95%的水平。由于大剂量辐照下产生的缺陷能级中心在材料生长的过程中也会出现，于是下一代质量更好的 4H－SiC 应当有更高的阈值，进而确保将近 100%的 CCE。

2）国内研究现状

受材料工艺、器件工艺等各方面的限制，我国对 SiC 材料与器件的研究起步较晚。直到 20 世纪 90 年代中，国内只有西安电子科技大学、中科院半导体所、中电 55 所等少数科研单位从事 SiC 材料和器件方面的研究工作。近年来国家开始逐步加大对宽禁带半导体技术，特别是 SiC 电力电子器件技术发展的支持力度。目前，国内初步形成了 SiC 单晶、外延生长、器件设计、器件制造以及应用推广等产学研全面发展的布局。多家科研院校研究并掌握了 4H－SiC 低掺外延生长、肖特基/欧姆接触制备、氧化退火、高压保护等关键技术，为研制 SiC 半导体探测器提供了坚实基础。

2013 年，四川大学的陈雨等人[95]以 SiC 肖特基二极管和中子转换材料 ^{6}LiF为基础，研制了夹心结构的中子探测器，其中肖特基二极管对 5.486MeV α 粒子的能量分辨率最佳可达 3.4%。图 1.9 所示的夹心中子探测器对由临界装置产生的热中子响应良好，计数率与临界装置功率呈线性关系。研究表明，对于 SiC 二极管，降低肖特基接触金属的厚度，可以减少入射粒子进入灵敏区前的能量损失，有利于低能带电粒子的探测，有助于能量分辨、探测灵敏度及探测效率的提高；增大外延层的厚度，可以提高入射粒子能量在灵敏区的损失，甚至是将其能量完全损失在灵敏区；提高外延层和衬底的品质，可以减少载流子在灵敏区被俘获、复合的概率，进而可以提高能量分辨率。因而可将 SiC 二极管用于带电粒子能量测量。结合 SiC 二极管耐辐照特性，可将镀^{6}LiF 膜的 SiC 核辐射探测器研制成新型的，用于反应堆中子监测的中子探测器。2015 年，中国工程物理研究院的吴建、蒋勇研究团队[96]利用制备的如图 1.10 所示

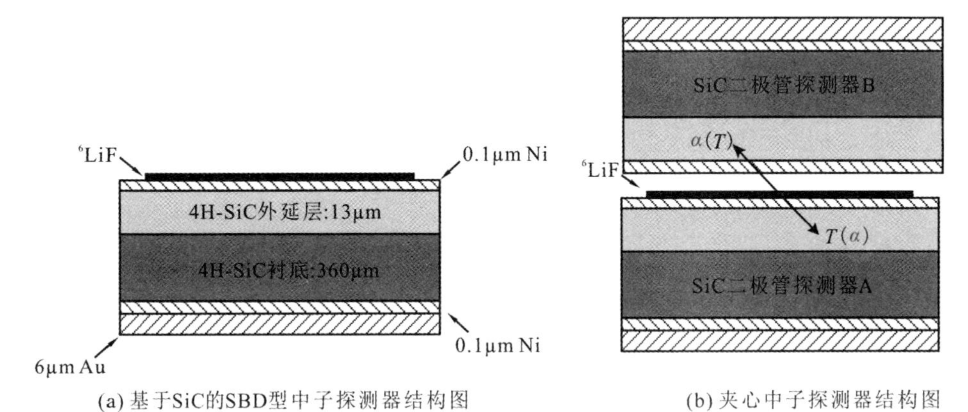

(a) 基于SiC的SBD型中子探测器结构图　　(b) 夹心中子探测器结构图

图 1.9　SiC 基中子探测器的结构及原理[95]

钝化层1: 0.1μm Si_3N_4
钝化层2: 0.1μm SiO_2
肖特基接触: 0.1μm Ni
N-4H-SiC外延层: 120μm, N_d=2.0×10^{13}cm^{-3}
N+缓冲层: 1μm
N+4H-SiC衬底: 360μm
欧姆接触: 0.1μm Ni
6μm Au

图 1.10　4H－SiC 肖特基二极管截面示意图[96]

的 SiC 核辐射探测器对 4.8～7.7 MeV 能量范围内的 α 粒子进行了测量，其能量分辨率为 0.61%～0.90%，与国际上报道的高分辨 SiC α 粒子探测器的能量分辨率相一致。2016 年，中国物理学院高能物理研究所的杜园园等人[97]应用如图1.11所示的 4H-SiC SBD 型探测器对镅-241(^{241}Am)产生的 59.5 keV γ 射线进行了测量，结果表明，该探测器具有良好的工作特性，同时，反偏电压为 300 V 时，能量分辨率小于 10%。

肖特基接触：0.1μm Ni

4H-SiC外延层：100μm，N_d=2.9×10^{14}cm^{-3}

4H-SiC缓冲层：1μm，N_d=1×10^{18}cm^{-3}

4H-SiC衬底：360μm，N_d=1×10^{18}cm^{-3}

欧姆接触：0.1μm Ni/6μm Au

(a) 截面示意图

(b) 封装的探测器照片

图 1.11　SiC 肖特基二极管结构示意图和封装好的 SiC 核辐射探测器[97]

总体而言，世界各国都投入了较大的人力与物力针对 SiC 核辐射探测器开展了各方面的研究。得益于 SiC 材料工艺与器件工艺的不断进步，SiC 核辐射探测器的性能也得到了不断的提高，同时也正是受限于 SiC 材料工艺与器件工艺，目前 SiC 核辐射探测器结构相比于 Si 辐射探测器还比较单一。随着 SiC 技术的日渐成熟，有理由相信，SiC 核辐射探测器还有巨大的潜力有待开发。就国内而言，近年来对 SiC 核辐射探测器的研究成果也较为丰富，已逐渐开始追赶国际先进水平。

参 考 文 献

[1]　黄海栗. SiC 粒子辐照探测器性能及其性能退化的研究[D]. 西安：西安电子科技大学，2019.

[2]　BAUER C，BAUMANN I，COLLEDANI C，et al. Recent results from the RD42 Diamond Detector Collaboration[J]. Nuclear Instruments and Methods in Physics Research Section A：Accelerators，Spectrometers，Detectors and Associated Equipment，1996，

383(1): 64 - 74.

[3] SOUW E K, MEILUNAS R J. Response of CVD diamond detectors to alpha radiation [J]. Nuclear Instruments and Methods in Physics Research Section A: Accelerators, Spectrometers, Detectors and Associated Equipment, 1997, 400(1): 69 - 86.

[4] BRAMBILLA A, TROMSON D, BERGONZO P, et al. Thin CVD diamond detectors with high charge collection efficiency[J]. IEEE Transactions on Nuclear Science, 2002, 49(1): 277 - 280.

[5] BERDERMANN E, CIOBANU M, CONNELL S, et al. Charged particle detectors made of single-crystal diamond[J]. physica status solidi (a), 2004, 201(11): 2521 - 2528.

[6] KANEKO J, FUJITA F, KONNO Y, et al. Growth and evaluation of self-standing CVD diamond single crystals on off-axis (001) surface of HP/HT type Ⅱa substrates [J]. Diamond and Related Materials, 2012, 26: 45 - 49.

[7] DUENAS J A, De La TORRE PEREZ J, MARTIN SANCHEZ A, et al. Diamond detector for alpha-particle spectrometry[J]. Appl. Radiat. Isot., 2014, 90: 177 - 180.

[8] De FEUDIS M, CARICATO A P, CHIODINI G, et al. Characterization of surface graphitic electrodes made by excimer laser on CVD diamond[J]. Diamond and Related Materials, 2016, 65: 137 - 143.

[9] SATO S-I, MAKINO T, OHSHIMA T, et al. Transient current induced in thin film diamonds by swift heavy ions[J]. Diamond and Related Materials, 2017, 75: 161 - 168.

[10] TALLAIRE A, MILLE V, BRINZA O, et al. Thick CVD diamond films grown on high-quality type IIa HPHT diamond substrates from New Diamond Technology[J]. Diamond and Related Materials, 2017, 77: 146 - 152.

[11] SHIMAOKA T, KOIZUMI S, TANAKA M M. Diamond photovoltaic radiation sensor using pn junction[J]. Applied Physics Letters, 2018, 113(9): 093504.

[12] VERONA C, MAGRIN G, SOLEVI P, et al. Toward the use of single crystal diamond based detector for ion-beam therapy microdosimetry[J]. Radiation Measurements, 2018, 110: 25 - 31.

[13] BERDERMANN E, AFANACIEV K, CIOBANU M, et al. Progress in detector properties of heteroepitaxial diamond grown by chemical vapor deposition on Ir/YSZ/Si(001) wafers[J]. Diamond and Related Materials, 2019, 97: 107420.

[14] ABDEL-RAHMAN M A E, LOHSTROH A, SELLIN P J. The effect of annealing on the X-ray induced photocurrent characteristics of CVD diamond radiation detectors with different electrical contacts[J]. physica status solidi (a), 2011, 208(9): 2079 - 2086.

[15] MARINELLI M, MILANI E, PRESTOPINO G, et al. X-ray beam monitor made by thin-film CVD single-crystal diamond[J]. J Synchrotron Radiat, 2012, 19(6): 1015 - 1020.

[16] DESJARDINS K, POMORSKI M, MORSE J. Ultra-thin optical grade scCVD diamond as X-ray beam position monitor[J]. J. Synchrotron Radiat., 2014, 21(6): 1217 - 1223.

[17] ZOU M, GAO W M, ZHOU T, et al. An all-diamond X-ray position and flux monitor using nitrogen-incorporated ultra-nanocrystalline diamond contacts[J]. J. Synchrotron Radiat., 2018, 25(Pt 4): 1060 - 1067.

[18] DESJARDINS K, BORDESSOULE M, POMORSKI M. X-ray position-sensitive duo-lateral diamond detectors at SOLEIL[J]. J. Synchrotron Radiat., 2018, 25(2): 399 - 406.

[19] Di FRAIA M, De SIO A, ANTONELLI M, et al. Fast beam monitor diamond-based devices for VUV and X-ray synchrotron radiation applications[J]. J. Synchrotron Radiat., 2019, 26(2): 386 - 392.

[20] KEISTER J W, SMEDLEY J. Single crystal diamond photodiode for soft X-ray radiometry [J]. Nuclear Instruments and Methods in Physics Research Section A: Accelerators, Spectrometers, Detectors and Associated Equipment, 2009, 606(3): 774 - 779.

[21] KEISTER J W, SMEDLEY J, DIMITROV D, et al. Charge Collection and Propagation in Diamond X-Ray Detectors[J]. IEEE Transactions on Nuclear Science, 2010, 57(4): 2400 - 2404.

[22] ADE N. An investigation of the role of defect levels on the radiation response of synthetic diamond crystals when used as sensors for the detection of mammography X-rays[J]. Appl. Radiat. Isot., 2017, 127: 237 - 244.

[23] KANXHERI K, AISA D, ALUNNI SOLESTIZI L, et al. Intercalibration of a polycrystalline 3D diamond detector for small field dosimetry[J]. Nuclear Instruments and Methods in Physics Research Section A: Accelerators, Spectrometers, Detectors and Associated Equipment, 2020, 958: 162730.

[24] LYOUSSI A, GALLIN-MARTEL M L, ABBASSI L, et al. A large area diamond-based beam tagging hodoscope for ion therapy monitoring[J]. EPJ Web of Conferences, 2018, 170: 09005.

[25] BRAMBILLA A, TROMSON D, ABOUD N, et al. CVD diamond gamma dose rate monitor for harsh environment[J]. Nuclear Instruments & Methods in Physics Research Section a-Accelerators Spectrometers Detectors and Associated Equipment, 2001, 458(1 - 2): 220 - 226.

[26] GASTÉLUM S, CRUZ-ZARAGOZA E, FAVALLF A, et al. Dose rate effects on the thermoluminescence kinetics properties of MWCVD diamond films[J]. Physica Status Solidi(a), 2007, 204(9): 3053 - 3058.

[27] BARANOVA M A, BOYKO A V, CHEBYSHEV S B, et al. Development of wide-ranged

diamond-based detector unit for gamma radiation measurement[J]. J Phys.: Conf. Ser., 2016, 675(4): 042003.

[28] WILLIAMS T, MARTENS A, CASSOU K, et al. Novel applications and future perspectives of a fast diamond gamma ray detector[J]. Nuclear Instruments and Methods in Physics Research Section A: Accelerators, Spectrometers, Detectors and Associated Equipment, 2017, 845: 199-202.

[29] BALDUCCI A, MARINELLI M, MILANI E, et al. Synthesis and characterization of a single-crystal chemical-vapor-deposition diamond particle detector[J]. Applied Physics Letters, 2005, 86(21): 213507.

[30] MAJERLE M, ANGELONE M, KRÁSA A, et al. The response of single crystal diamond detectors to 17-34 MeV neutrons[J]. Nuclear Instruments and Methods in Physics Research Section A: Accelerators, Spectrometers, Detectors and Associated Equipment, 2020, 951: 163014.

[31] JAGANNADHAM K, VERGHESE K, BUTLER J E. Neutron transmutation of ^{10}B isotope-doped diamond[J]. Applied Physics Letters, 2001, 78(4): 446-447.

[32] MARINELLI M, MILANI E, PRESTOPINO G, et al. High performance ^{6}Li F-diamond thermal neutron detectors[J]. Applied Physics Letters, 2006, 89(14): 143509.

[33] PERNEGGER H. High mobility diamonds and particle detectors[J]. physica status solidi (a), 2006, 203(13): 3299-3314.

[34] BAUER C, BAUMANN I, COLLEDANI C, et al. Radiation hardness studies of CVD diamond detectors[J]. Nuclear Instruments & Methods in Physics Research Section a-Accelerators Spectrometers Detectors and Associated Equipment, 1995, 367 (1-3): 207-211.

[35] HAN S. New developments in photoconductive detectors (invited)[J]. Rev. Sci. Instrum., 1997, 68(1): 647-652.

[36] MEIER D, ADAM W, BAUER C, et al. Proton irradiation of CVD diamond detectors for high-luminosity experiments at the LHC[J]. Nuclear Instruments & Methods in Physics Research Section a-Accelerators Spectrometers Detectors and Associated Equipment, 1999, 426(1): 173-180.

[37] GRILJ V, SKUKAN N, JAKSIC M, et al. Irradiation of thin diamond detectors and radiation hardness tests using MeV protons[J]. Nucl. Instrum. Methods. Phys. Res., Sect. B, 2013, 306: 191-194.

[38] ADAM W, BAUER C, BERDERMANN E, et al. Review of the development of diamond radiation sensors[J]. Nuclear Instruments & Methods in Physics Research Section a-Accelerators Spectrometers Detectors and Associated Equipment, 1999, 434

(1): 131 - 145.

[39] HUSSON D, BAUER C, BAUMANN I, et al. Neutron irradiation of CVD diamond samples for tracking detectors [J]. Nuclear Instruments & Methods in Physics Research Section a-Accelerators Spectrometers Detectors and Associated Equipment, 1997, 388(3): 421 - 426.

[40] WEILHAMMER P, ADAM W, BAUER C, et al. Recent results on CVD diamond radiation sensors[J]. Nuclear Instruments & Methods in Physics Research Section a-Accelerators Spectrometers Detectors and Associated Equipment, 1998, 409(1 - 3): 264 - 270.

[41] FRIEDL M, ADAM W, BAUER C, et al. CVD diamond detectors for ionizing radiation[J]. Nuclear Instruments & Methods in Physics Research Section a-Accelerators Spectrometers Detectors and Associated Equipment, 1999, 435(1 - 2): 194 - 201.

[42] SPIELMAN R B, RUGGLES L E, PEPPING R E, et al. Fielding and calibration issues for diamond photoconducting detectors[J]. REV SCI INSTRUM, 1997, 68(1): 782 - 785.

[43] BAUER C, BAUMANN I, COLLEDANI C, et al. Recent results from diamond microstrip detectors-Diamond detectors collaboration (RD42)[J]. Nuclear Instruments & Methods in Physics Research Section a-Accelerators Spectrometers Detectors and Associated Equipment, 1995, 367(1 - 3): 202 - 206.

[44] MURARO A, GIACOMELLI L, NOCENTE M, et al. First neutron spectroscopy measurements with a pixelated diamond detector at JET[J]. Rev. Sci. Instrum., 2016, 87(11): 11D833.

[45] CLAPS G, MURTAS F, FOGGETTA L, et al. Diamondpix: A CVD Diamond Detector With Timepix3 Chip Interface[J]. IEEE Transactions on Nuclear Science, 2018, 65(10): 2743 - 2753.

[46] TSUBOTA M, KANEKO J H, MIYAZAKI D, et al. High-temperature characteristics of charge collection efficiency using single CVD diamond detectors [J]. Nuclear Instruments & Methods in Physics Research Section a-Accelerators Spectrometers Detectors and Associated Equipment, 2015, 789: 50 - 56.

[47] KUMAR A, KUMAR A, TOPKAR A, et al. Prototyping and performance study of a single crystal diamond detector for operation at high temperatures[J]. Nuclear Instruments and Methods in Physics Research Section A: Accelerators, Spectrometers, Detectors and Associated Equipment, 2017, 858: 12 - 17.

[48] ANGELONE M, CESARONI S, LORETI S, et al. High temperature response of a single crystal CVD diamond detector operated in current mode[J]. Nuclear Instruments &

Methods in Physics Research Section a-Accelerators Spectrometers Detectors and Associated Equipment, 2019, 943: 162493.

[49] 孙亦宁, 李敬起, 郭晚土, 等. 金刚石膜高能粒子探测器[J]. 真空科学与技术, 1997, (05): 336-339.

[50] 王红斌, 孙可煦, 唐道源. 利用金刚石探测器测量软X光辐射功率[J]. 原子与分子物理学报, 1998, (01): 3-5.

[51] 侯立飞, 李芳, 袁永腾, 等. 化学气相沉积金刚石探测器测量软X射线能谱[J]. 物理学报, 2010, 59(02): 1137-1142.

[52] 李芳, 侯立飞, 苏春晓, 等. 快响应化学气相沉积金刚石软X射线探测器的研制[J]. 强激光与粒子束, 2010, 22(06): 1404-1406.

[53] 侯立飞, 李芳, 刘慎业, 等. 化学气相沉积金刚石X射线探测器[J]. 强激光与粒子束, 2011, 23(07): 1873-1876.

[54] 余波, 陈伯伦, 侯立飞, 等. 化学气相沉积金刚石探测器测量辐射驱动内爆的硬X射线[J]. 物理学报, 2013, 62(05): 470-475.

[55] 侯立飞, 杜华冰, 车兴森, 等. 新型CVD金刚石X射线探测器时间性能初步研究[J]. 光学学报, 2018, 38(07): 39-43.

[56] 侯立飞, 李志超, 袁永腾, 等. 化学气相沉积金刚石X射线探测器相对标定[J]. 强激光与粒子束, 2012, 24(08): 1871-1873.

[57] 王林军, 楼燕燕, 苏青峰, 等. 金刚石薄膜探测器的器件结构研究[J]. 激光与光电子学进展, 2005, 42(12): 32, 30.

[58] 刘健敏, 夏义本, 王林军, 等. CVD金刚石膜X射线探测器的研制及性能研究[J]. 核电子学与探测技术, 2006, 26(05): 669-672.

[59] 沈沪江, 王林军, 黄健, 等. 基于(100)定向金刚石薄膜的辐射探测器研究[J]. 无机材料学报, 2009, 24(06): 1254-1258.

[60] PAN Z, QIN K, ZHOU J, et al. The diamond radiation detector with an Ohmic contact using diamond-like carbon interlayer[J]. Materials Research Innovations, 2015, 19(5): 828-831.

[61] 欧阳晓平, 王兰, 范如玉, 等. 金刚石膜探测器研制[J]. 物理学报, 2006, 55(05): 2170-2174.

[62] 雷岚, 欧阳晓平, 曹娜, 等. 化学气相沉积金刚石薄膜探测器对α粒子的电荷收集效率[J]. 强激光与粒子束, 2009, 21(07): 1083-1087.

[63] LIU L Y, OUYANG X P, ZHANG Z B, et al. Polycrystalline chemical-vapor-deposited diamond for fast and ultra-fast neutron detection[J]. Sci. China Technol. Sci., 2012, 55(9): 2640-2645.

[64] LIU L Y, OUYANG X P, ZHANG J F, et al. Polycrystalline CVD diamond detector:

Fast response and high sensitivity with large area[J]. AIP Advances, 2014, 4(1): 017114.

[65] LIU L Y, OUYANG X P, ZHANG J F, et al. Properties comparison between nanosecond X-ray detectors of polycrystalline and single-crystal diamond[J]. Diamond and Related Materials, 2017, 73: 248 - 252.

[66] BOLSHAKOV A P, ZYABLYUK K N, KOLYUBIN V A, et al. Thin CVD diamond film detector for slow neutrons with buried graphitic electrode[J]. Nuclear Instruments and Methods in Physics Research Section A: Accelerators, Spectrometers, Detectors and Associated Equipment, 2017, 871: 142 - 147.

[67] LIU J W, CHANG J F, ZHANG J Z, et al. Design, fabrication and testing of CVD diamond detectors with high performance[J]. AIP Advances, 2019, 9(4): 045205.

[68] GUO Y Z, LIU J L, LIU J W, et al. Comparison of α particle detectors based on single-crystal diamond films grown in two types of gas atmospheres by microwave plasma-assisted chemical vapor deposition[J]. International Journal of Minerals, Metallurgy and Materials, 2020, 27(5): 703 - 712.

[69] NAVA F, BERTUCCIO G, CAVALLINI A, et al. Silicon carbide and its use as a radiation detector material[J]. Meas. Sci. Technol., 2008, 19(10): 102001.

[70] TORRISI L, FOTI G, GIUFFRIDA L, et al. Single crystal silicon carbide detector of emitted ions and soft x rays from power laser-generated plasmas[J]. Journal of Applied Physics, 2009, 105(12): 463.

[71] TIKHOMIROVA V A, FEDOSEEVA O P, BOL'SHAKOV V V. Silicon carbide detectors as fission-fragment counters in reactors[J]. Measurement Techniques, 1973, 16(6): 900 - 901.

[72] BADBCOCK R R S, SCHUPP F, SUN K. Miniafure neutron detecfors[R]. Pittsburgh: Westing house Electrical Corp. Materials Engineering Report, 1957.

[73] TIKHOMIROVA V A, FEDOSEEVA O P, KHOLUYANOV G F. Properties of silicon-carbide counters of highly ionizing radiations produced by beryllium diffusion [J]. Fiz. Tekh. Poluprov., 1972, 6(5): 957 - 959.

[74] RUDDY F H, DULLOO A R, SEIDEL J G, et al. Development of a Silicon Carbide radiation detector[J]. IEEE Transactions on Nuclear Science, 1998, 45(3): 536 - 541.

[75] RUDDY F H, DULLOO A R, SEIDEL J G, et al. Nuclear Reactor Power Monitoring Using Silicon Carbide Semiconductor Radiation Detectors[J]. Nuclear Technology, 2002, 140(2): 198 - 208.

[76] RUDDY F H, DULLOO A R, SEIDEL J G, et al. The fast neutron response of 4H silicon carbide semiconductor radiation detectors[J]. IEEE Transactions on Nuclear ence, 2006, 53(3): 1666 - 1670.

[77] RUDDY F H, SEIDEL J G, SELLIN P. High-resolution alpha spectrometry with a thin-window silicon carbide semiconductor detector[C]// Nuclear Science Symposium Conference Record. IEEE, 2009: 2201 - 2206.

[78] RUDDY F H, FLAMMANG R W, SEIDEL J G. Low-background detection of fission neutrons produced by pulsed neutron interrogation[J]. Nuclear Instruments & Methods in Physics Research, 2009, 598(2): 518 - 525.

[79] 王莎. 4H - SiC PiN 二极管中子探测器的研究[D]. 西安：西安电子科技大学，2018.

[80] 胡青青. SiC 中子探测器的研究[D]. 长沙：国防科学技术大学，2012.

[81] 叶鑫. 4H - SiC 肖特基结型 α 粒子探测器的制备与性能研究[D]. 大连：大连理工大学，2018.

[82] IVANOV A M, KALININA E V, STROKAN N B, et al. 4H - SiC Nuclear Radiation p-n Detectors for Operation up to Temperature 375℃[J]. Materials Science Forum, 2009, 615 - 617: 849 - 852.

[83] CHAUDHURI S K, KRISHNA R M, ZAVALLA K J, et al. Schottky barrier detectors on 4H - SiC n-type epitaxial layer for alpha particles[J]. Nucl. Instrum. Methods Phys. Res., Sect. A, 2013, 701(11): 214 - 220.

[84] CHAUDHURI S K, ZAVALLA K J, MANDAL K C. High resolution alpha particle detection using 4H - SiC epitaxial layers: Fabrication, characterization, and noise analysis[J]. Nucl. Instrum. Methods Phys. Res., Sect. A, 2013, 728(11): 97 - 101.

[85] NGUYEN K V, SANDEEP K C, KRISHNA C M. Investigation of low leakage current radiation detectors on n-type 4H - SiC epitaxial layers[C]// Hard X-Ray, Gamma-Ray, and Heutron Detector Physics. SPIE, 2014: 189 - 198.

[86] ZAT'KO B, DUBECKY F, ŠAGÁTOVÁ A, et al. High resolution alpha particle detectors based on 4H - SiC epitaxial layer[J]. Journal of Instrumentation, 2015, 10(04): C04009.

[87] MANFREDOTTI C, LO GIUDICE A, FASOLO F, et al. SiC detectors for neutron monitoring[J]. Nuclear Instruments and Methods in Physics Research Section A: Accelerators, Spectrometers, Detectors and Associated Equipment, 2005, 552(1 - 2): 131 - 137.

[88] GIUDICE A L, FASOLO F, DURISI E, et al. Performances of 4H - SiC Schottky diodes as neutron detectors[J]. Nuclear Instruments & Methods in Physics Research, 2007, 583(1): 177 - 180.

[89] HA J H, KANG S M, PARK S H, et al. A self-biased neutron detector based on an SiC semiconductor for a harsh environment[J]. Applied Radiation & Isotopes, 2009, 67(7 - 8): 1204 - 1207.

[90] HA J H, KANG S M, KIM H S, et al. 4H - SiC PiN-type Semiconductor Detector for Fast Neutron Detection[J]. Progress in Nuclear Sci ence and Technology, 2011, 1: 237 - 239.

[91] KO G, KIM H Y, BANG J, et al. Electrical characterizations of Neutron-irradiated SiC Schottky diodes[J]. Korean Journal of Chemical Engineering, 2009, 26(1): 285 - 287.

[92] SZALKAI D, ISSA F, KLIX A, et al. First tests of silicon-carbide semiconductors as candidate neutron detector for the ITER Test Blanket Modules [C] // International Conference on Advancements in Nuclear Instrumentation Measurement Methods & Their Applications. IEEE, 2013: 1 - 4.

[93] BERTUCCIO G, CACCIA S, NAVA F, et al. Ultra Low Noise Epitaxial 4H - SiC X-Ray Detectors[J]. Materials Science Forum, 2009, 615 - 617: 845 - 848.

[94] MANDAL C K, MUZYKOV P G, CHAUDHURI S K, et al. Low Energy X-Ray and γ-Ray Detectors Fabricated on n-Type 4H - SiC Epitaxial Layer [J]. IEEE Transactions on Nuclear Science, 2013, 60(4): 2888 - 2893.

[95] 陈雨，蒋勇，吴健，等. SiC 基中子探测器对热中子的响应[J]. 强激光与粒子束，2013，(10)：2711 - 2716.

[96] 吴健，蒋勇，甘雷，等. 基于 4H - SiC 的高能量分辨率 α 粒子探测器[J]. 强激光与粒子束，2015，(1)：151 - 154.

[97] 杜园园，张春雷，曹学蕾. 基于 4H - SiC 肖特基势垒二极管的 γ 射线探测器[J]. 物理学报，2016，65(20)：216 - 223.

第 2 章

宽禁带半导体核辐射探测器的探测原理

半导体材料具有短的脉冲上升时间，远优于气体介质的辐射阻止能力，也远低于气体介质的平均电离能，这使得半导体探测器具有很好的能量分辨率、宽的能量线性范围、快速的时间响应以及小的体积等优点。自20世纪60年代半导体材料开始作为辐射探测介质以来，半导体探测器广泛应用于各种辐射探测领域，在精密能谱测量方面明显优于气体探测器与闪烁体计数器，缺点在于抗辐照损伤能力较弱，性能对温度敏感并且大多需要在低温下使用。如1.3节所述，对半导体探测器而言，原始材料的选择是非常关键的因素之一，采用宽禁带半导体材料作为辐射探测介质有望在保持传统Si半导体探测器优良特性的同时提高其耐高温、抗辐照性能。SiC与金刚石探测器作为半导体探测器，与常用的Si基辐射探测器的基本原理相同，即在粒子辐照探测中，辐射粒子通过探测器时产生反应、激发、电离等过程，最后以电信号的形式输出并被探测系统测量分析，这些信号包含辐射粒子的各种特性信息，包括辐射粒子数目、强度、能量、方向等。半导体探测器的种类繁多，常用的器件结构包括结型、无结型和金属-绝缘体-半导体（Metal-Insulator-Semiconductor，MIS）型。根据半导体材料的特性和不同的应用需求可以选择不同的结构。对于宽禁带材料而言，目前见诸报道的主要为结型和无结型。考虑到结型器件采用的是外延材料，其质量通常优于无结型器件采用的半绝缘体材料，缺陷更少，少子寿命更长，更有利于载流子收集，且在外延材料上制备电极的工艺较之半绝缘材料简单，也更为成熟，因此SiC材料首先考虑结型结构制备探测器。而对于金刚石，其本身电阻率极高又难以掺杂，因此通常会应用无结型结构。

2.1 核辐射的基本性质

核辐射通常称为放射线，存在于所有的物质之中，是原子核从一种结构或一种能量状态转变为另一种结构或另一种能量状态过程中所释放出来的微观粒子流。核辐射也称为电离辐射，其与物质相互作用引起物质的电离或激发是辐射探测的基础。电离辐射又分直接致电离辐射和间接致电离辐射。直接致电离辐射包括质子等带电粒子。间接致电离辐射包括光子、中子等不带电粒子。习惯上将核辐射归纳为如下四大类[1]：

带电粒子辐射 $\begin{cases} \text{重带电粒子：}\alpha\text{ 粒子、裂变碎片等} \\ \text{轻带电粒子：快电子、}\beta\text{ 粒子(电子)等} \end{cases}$

非带电粒子辐射 $\begin{cases} \text{X 射线、}\gamma\text{ 射线等} \\ \text{中子} \end{cases}$

(1) α 粒子是核衰变时放出的重带电粒子，由两个质子及两个中子组成，不带任何核外电子，故带两个正电荷，亦即等同于 He 的原子核 ^{4}He。α 粒子是带正电的高能粒子，它在穿过介质后迅速失去能量，不能穿透很远。最常用的 α 粒子源是 ^{241}Am。

(2) 快电子包括衰变中发射的 β 粒子、正电子或负电子以及其他过程产生的具有相当能量的电子，如光电子。在 β 衰变中放出的电子称为 β 粒子。β 射线的能量是连续的，一般小于 2 MeV，其能量低于 α 粒子，但由于 β 粒子质量小，因此它的速度远高于 α 粒子。

(3) X 辐射和 γ 辐射都是电磁辐射，γ 辐射是原子核跃迁退激时或粒子湮灭过程中发出的射线，是波长短于 0.001 nm 的电磁波；X 辐射是核外电子跃迁或韧致辐射过程中发出的射线，是波长介于 0.001～10 nm 之间的电磁波，其中原子核特定轨道的电子从高能级跃迁到低能级时发射的辐射称为特征 X 射线。

(4) 中子(Neutron)是组成原子核的核子之一，在自由状态下是不稳定的，会衰变成质子、电子和反中微子，其半衰期为 10～25 min，所以自然界不存在自由中子，大量的中子是由反应堆和加速器产生的，实验室内也有放射性同位素中子源。

2.2　粒子与物质的相互反应

1. 中子

中子不带电，不受库仑斥力影响，在通过物质时也不会直接引发电离效应，因此对中子的探测乃是通过中子与原子核的强相互作用，即核反应，产生带电粒子或光子，而后探测这些次级粒子实现的。可以利用的相互作用包括：① 中子与原子核发生核反应释放带电粒子；② 中子与原子核碰撞发生弹性散射，引发原子核的反冲；③ 中子被俘获后引发核的激活；④ 引发核裂变。

针对不同能量的中子，由于其发生各类相互作用的概率不同，例如慢中子或热中子进入原子核易被俘获，而快中子与原子核主要发生弹性碰撞，与更重的原子核相互作用可引起非弹性散射，产生 γ 射线等，因而需要采用不同的探测方法。例如，通常采用核反应的方法测量慢中子通量，采用核反冲的方法探测能量大于 0.3 MeV 的快中子。此外，还有核裂变法用于强 γ 环境下的中子通量测量、核活化法测量中子注量率等其他测量手段。

2. 带电粒子

质量远大于电子的带电粒子，通常称为重带电粒子，其与物质相互作用并损失能量的主要途径是与物质原子的壳层电子发生库仑作用，消耗自身能量使壳层电子电离和激发。此时，重带电粒子沿其径迹的能量损失变化曲线称为 Bragg 曲线。图 2.1 所示为 α 粒子的 Bragg 曲线。通常单个粒子的 Bragg 曲线与相同粒子的粒子束 Bragg 曲线之间会略有差异。重带电粒子的电离能量损失率 $-\mathrm{d}E/\mathrm{d}x$（单位距离内损失的能量）由 Bethe-Bloch 公式[2]给出：

$$-\left(\frac{\mathrm{d}E}{\mathrm{d}x}\right)=Kz^2\frac{Z}{A}\frac{1}{\beta^2}\left[\frac{1}{2}\ln\frac{2m_{\mathrm{e}}c^2\beta^2\gamma^2T_{\max}}{\varepsilon^2}-\beta^2-\frac{\delta(\beta\gamma)}{2}\right] \tag{2-1}$$

其中，m_{e}为电子质量；$K=4\pi N_{\mathrm{A}}r_{\mathrm{e}}^2m_{\mathrm{e}}c^2(r_{\mathrm{e}}=e^2/4\pi\varepsilon_0m_{\mathrm{e}}c^2)$，$N_{\mathrm{A}}$为阿伏伽德罗常数；$T_{\max}=\dfrac{2m_{\mathrm{e}}c^2\beta^2\gamma^2}{1+2\gamma\dfrac{m_{\mathrm{e}}}{m_0}+\left(\dfrac{m_{\mathrm{e}}}{m_0}\right)^2}$，为单次碰撞最大能量转移，$m_0$为入射粒子质量，若 $m_{\mathrm{e}}\ll m_0$，低能时 $2\gamma m_{\mathrm{e}}/m_0\ll1$，近似有 $T_{\max}=2m_{\mathrm{e}}c^2\beta^2\gamma^2$；$Z$ 为介质原子的原子序数；z 为入射粒子电荷数；A 为介质原子的原子数；ε 为介质原子平均电离激发能；δ 为密度修正效应；$\beta=$粒子速度$/c$；$\gamma=(1-\beta^2)^{-2}$。

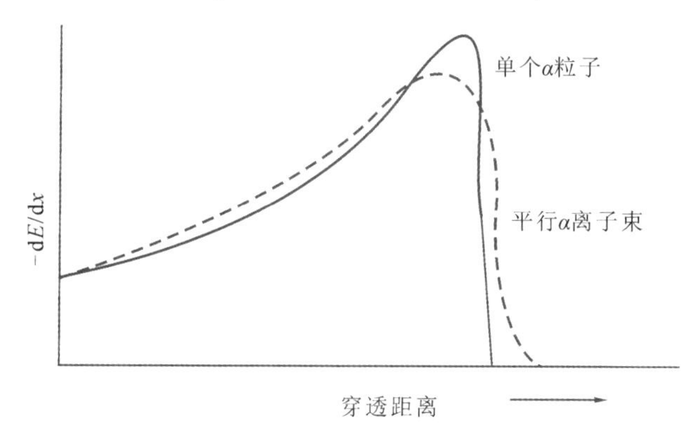

图 2.1　能量损失率沿 α 粒子路径的变化[1]

相较之下，轻带电粒子，如电子、正电子等的情况就复杂得多。不仅有电离能量损失，还有辐射能量损失。其中电离能量损失与重带电粒子的情况类似，只是由于轻带电粒子的质量几乎与被碰撞的粒子(通常为壳层电子)相同，单次作用就可能损失相当部分的能量，并且入射粒子的运动方向也会显著改变；辐射能量损失则是指轻带电粒子与物质原子的原子核发生非弹性碰撞时造成的能量损失。在轻带电粒子接近原子核的过程中，由于库仑力的作用，使其运动的速度和方向发生变化，同时向外发射电磁波。需要提到的是，由于该部分能量损失与入射粒子质量的平方呈反比，因此对于重带电粒子，该部分总是可以忽略不计。

另外，$Z>2$ 的失去了部分电子的正离子，称为重离子。前述重带电粒子(质子、α 粒子等)属于快速轻离子，它们与物质的相互作用主要是轻离子的原子核与靶物质原子中的电子和原子核之间的库伦作用。而对于重离子来说，除了入射离子的原子核与靶物质原子中的电子和原子核之间的库伦作用外，还有入射离子中的束缚电子与靶核之间的库伦作用。只有当重离子速度很慢时，重离子的束缚电子与靶核之间的库伦作用才对阻止本领有贡献，当重离子速度快时，主要还是通过电离激发靶物质中的沉积能量。重离子在物质中的能量损失机制与质子、α 粒子等轻离子的能量损失机制并无本质区别。重离子与轻离子能量损失机制的不同在于重离子的内层电子束缚很紧，一般不能使重离子的轨道电子全部剥离，并且当重离子穿过靶物质时，离子的电荷态要发生变化，因此原来在轻离子与物质相互作用中，如电荷交换、核阻止作用等被忽略的一些因素在重离子与物质相互作用中不仅不能被忽略，而且起着重要的作用。

3. 光子(X/γ 射线)

X/γ 射线不带电，不能直接使物质原子电离或激发，因而需要首先和物质原子发生一次相互作用，将部分或是全部光子能量传递给吸收物质中的某个电子，再由该电子引发电离和激发，从而实现探测。光子与物质原子发生的相互作用，包括光电效应、康普顿效应和电子对效应。三种效应相互竞争，可能同时存在，它们的相对重要性与光子能量及物质原子序数有关，如图 2.2 所示。

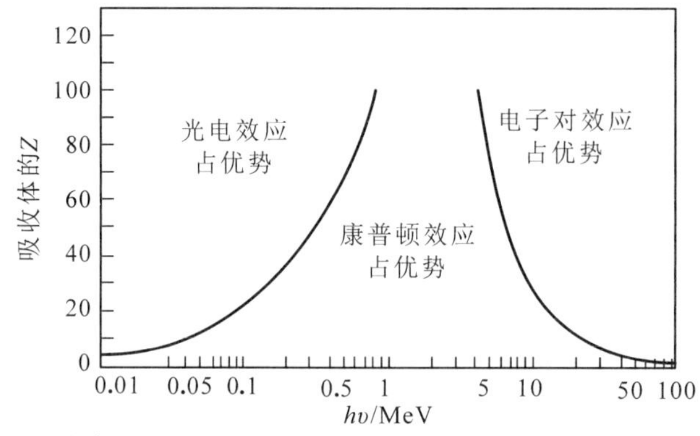

曲线表示两种相邻的效应的概率正好相等时Z和$h\upsilon$的值

图 2.2　电磁辐射吸收方式与光子能量 $h\nu$ 以及物质原子序数 Z 的关系

2.3　宽禁带半导体核辐射探测器的基本结构和工作原理

半导体探测器多采用结型与无结型半导体材料结构，且为了得到探测器级的高质量半导体材料，用于制备半导体探测器的 SiC 与金刚石晶体一般通过 CVD 外延得到。对于 SiC 材料而言，外延生长过程中易于得到高质量的 P 型或 N 型掺杂，且外延材料制备电极的工艺较之半绝缘材料制备电极的工艺简单也更为成熟，因此容易形成结型半导体结构；另外，结型半导体材料结构空间电荷区的整流特性与内建电场的存在有利于得到低暗电流、高收集效率与高时间特性的高性能半导体核辐射探测器，因此，往往首先考虑采用 SiC 结型结构制备探测器。对于金刚石而言，虽然 CVD 金刚石材料可以通过掺杂硼(B)元素形成 P 型金刚石，掺杂磷(P)元素形成 N 型金刚石，但是 N 型金刚石材料大都不稳定，P 型金刚石的受主能级对于室温操作比较困难，因此，结型 CVD 金刚石材料制作难度大；另外，本征金刚石电阻率已经足够大($>10^{11}$ Ω·cm)，且击穿场强足够高(10^7 V·cm^{-1})，满足了均匀型半导体探测器的参数要求，用其制作的探测器与 Si 等其他半导体探测器相比，噪声电流小得多，而本征金刚石材料的使用，也可以避免因结的老化而带来的探测器寿命的减少，因此，一般采用 CVD 金刚石无结型器件制备探测器。

2.3.1　探测器结构与工作原理

1. 半导体结型探测器

结型半导体结构一般可分为肖特基结和 PN 结。这里以 PN 结型探测器为例，简单介绍半导体探测器的工作原理(如图 2.3 所示)。可以将肖特基结类比为 P 型层厚度极薄且掺杂浓度极高的特殊 PN 结。

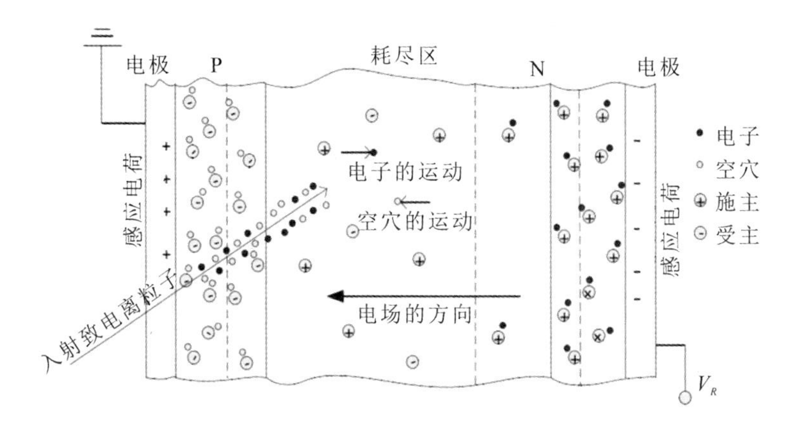

图 2.3　PN 结型探测器工作原理示意图[3]

当半导体材料从 N 型过渡到 P 型时，由于两侧载流子浓度不同，可自由迁移的载流子必然发生从高浓度区到低浓度区的净扩散，即 N 区的多子电子向 P 区扩散，同时 P 区的多子空穴向 N 区扩散。与此同时，带正电的施主离子和带负电的受主离子却无法移动，从而感生出由 N 区指向 P 区的内建电场。该内建电场区域几乎不存在可自由移动的电荷，被称为空间电荷区或是耗尽区。热平衡条件下，内建电场恰好足够阻止载流子的净扩散，从而建立动态平衡的电荷分布。假设半导体从 N 型过渡到 P 型的形式是突变的并且掺杂均匀，则热平衡状态即零偏时，空间电荷区宽度 W 为

$$W=\sqrt{\frac{2\varepsilon_s\varepsilon_0}{e}\left(\frac{N_a+N_d}{N_aN_d}\right)\left(\varphi_{bi}-\frac{2kT}{e}\right)} \tag{2-2}$$

$$\varphi_{bi}\approx\frac{kT}{e}\ln\left(\frac{N_aN_d}{n_i^2}\right) \tag{2-3}$$

其中，k 为玻尔兹曼常数，T 为开氏温度，ε_s 为半导体材料的相对介电常数，φ_{bi} 为内建电势，N_d 和 N_a 分别为 N 区和 P 区的掺杂浓度，n_i 为本征载流子浓度。此时，给 N 区施加一个相较于 P 区的正电压 V_R，即反偏，则 W 可进一步

写作

$$W=\sqrt{\frac{2\varepsilon_s\varepsilon_0}{e}\left(\frac{N_a+N_d}{N_aN_d}\right)\left(\varphi_{bi}+V_R-\frac{2kT}{e}\right)} \tag{2-4}$$

PN结型探测器通常就工作在这种反偏状态下。当各种辐射粒子与半导体材料相互作用损失能量时，若能量损失发生在耗尽区，则激发产生的过剩载流子(电子空穴对)在内建电场的作用下向两极漂移；若能量损失发生在电中性区，则过剩载流子逐渐开始向四周扩散。过剩载流子的运动引起两极上感应电荷的变化，在输出回路中形成脉冲信号。以上的工作原理称为漂移-扩散理论。

由于耗尽层中的电场较大，使得产生的电子和空穴迅速分离，减少了复合损失，因此其中产生的载流子的收集效率较之于基本没有电场的中性区更高。所以通常不会直接采用PN结构的探测器，而是采用其扩展结构的PiN，即在P区和N区之间夹一层厚度较大且掺杂浓度极低的i层。由于i层掺杂极低，因此在两端加上反偏后，i层迅速耗尽且电场基本集中在i层。i层的厚度较之于一般PN结耗尽层更厚，因而可以使器件得到更高的电荷收集效率。

2. 匀质体电导探测器

金刚石匀质体电导探测器是无结器件，属于固体探测器一类，它可以探测任何能够在金刚石中产生自由载流子(电子空穴对)的粒子或射线，如紫外线、X射线、γ射线、带电粒子、中子、介子和其他高能粒子。其辐射探测不依赖于辐射粒子，只要其能量大于金刚石的禁带宽度即可。金刚石探测器的原理和结构如图2.4所示[4]。其结构简单，呈三明治形状，高电阻率的金刚石夹在2个金属电极中间，通过金属电极施加外加电压在金刚石中形成电场。当一束高能粒子通过探测器时，沿入射路径会产生大量的电子空穴对，这些自由电荷在外加电场的作用下向两极移动，产生的电信号经放大后得到。电荷收集效率(charge collection efficiency，CCE)定义为探测电量和产生电量的比值。由于金刚石膜中存在杂质和缺陷，大大缩短了载流子的平均漂移距离，减少了电荷收集，因此金刚石膜探测器的CCE<100%。电荷收集距离 L_d 是指自由载流子在被捕获之前漂移的平均距离。引起载流子捕获的因素有杂质、缺陷和与材料本身性质有关的参数，如载流子动量和迁移率等。另外，多晶金刚石膜由于晶粒边界可引起高密度缺陷，因此生长大晶粒的金刚石膜可以减少晶粒边界密度和降低杂质浓度。通过反复改进工艺参数，可获得大晶粒高质量的金刚石膜，以得到大的 L_d 值。

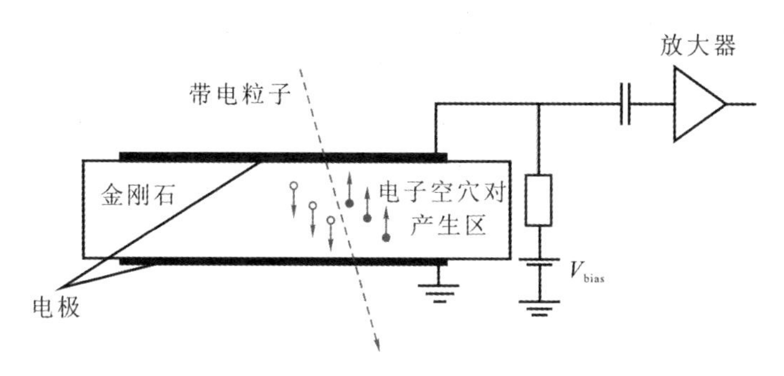

图 2.4　金刚石探测器原理示意图[4]

3. 电荷的输运

如前所述，半导体探测器从接收核辐射粒子到电信号的产生应包括载流子产生和载流子输运两个过程，这两个过程决定了探测器探测核辐射粒子的性能。其中，载流子的产生机理与反应截面的影响因素已在第 2.2 节中进行了详细的叙述，其决定了核辐射粒子在探测器介质中的能量沉积大小与载流子的产生数量。另一方面，载流子的输运过程决定了这些辐照产生的载流子最终被两电极收集的比例以及渡越到电极所需的时间，这一过程对探测器灵敏度、时间特性等有着重要的影响，可以用电荷收集效率(CCE)表征。如上所述，CCE 定义为探测器外电路收集到的电荷电量(Q_c)与辐射致载流子电荷电量(Q_g)之比：

$$\mathrm{CCE}=\frac{Q_c}{Q_g} \tag{2-5}$$

电荷收集效率的高低受到载流子迁移率、陷阱密度、电场强度等多方面因素的影响。

1）载流子的散射与漂移速度

载流子在半导体中运动时，会不断地与热振动着的晶格原子以及杂质原子碰撞，发生散射。载流子速度大小、方向等不断地发生变化[5]。图 2.5 显示了半导体中电子的无规则热运动，在无电场时，载流子在宏观上没有沿着一定的方向流动，因而并不构成电流，即无法被探测器电极所收集，形成输出信号。当有电场作用时(外加电场或内建电场)，载流子一方面受到电场作用而沿着电场力方向运动，另一方面仍不断地发生散射，使其运动方向不断改变，如图 2.6 所示。这样，由于电场作用获得的漂移速度便不断地散射到各个方向上去而不能无限地积累起来，载流子在电场力作用下的加速运动只有在两次散射之间才存在，经过散射后，它们又失去了获得的附加速度。从而，在电场力和散射的双重作用下，载流子以一定的平均速度沿力的方向漂移。因此，载流子的漂移速度取决于载流子在半导体中受到的各种散射作用的大小。散射对载流子漂移速度的影响可以用载流子在半导体中的迁移率 μ 表示，其定义为单位场强下电子的平均漂移速度，因此可以得到载流子的漂移速度为

$$v\mathrm{d}=\mu(E)E \tag{2-6}$$

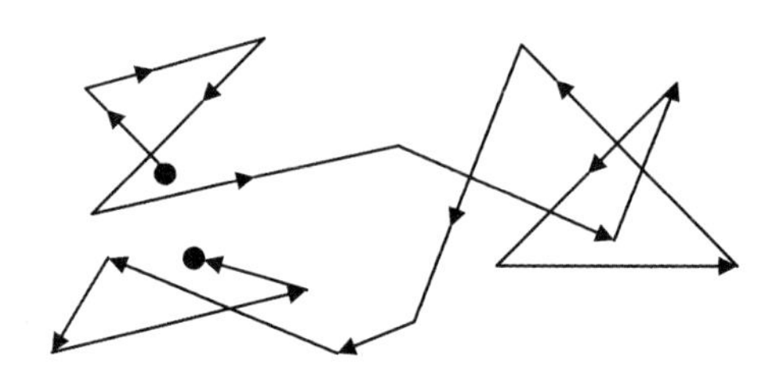

图 2.5　载流子热运动示意图

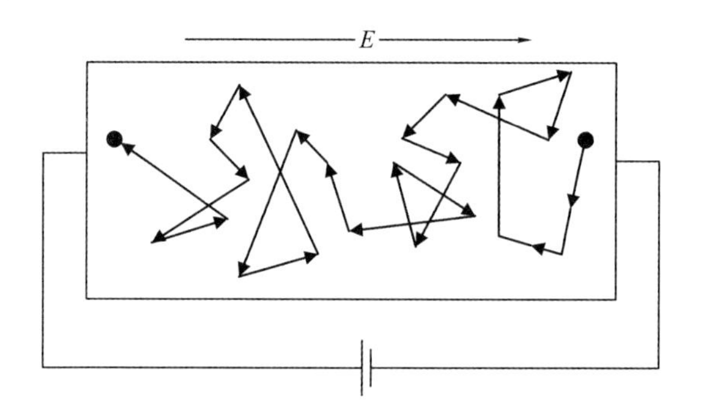

图 2.6　电场作用下电子的漂移运动

半导体中常见的散射机制有电离杂质散射、晶格振动散射以及其他因素引起的散射。各种不同的散射机制均可以得到其单独作用下载流子的迁移率，载流子在半导体中的总迁移率 μ 为

$$\frac{1}{\mu}=\sum\frac{1}{\mu_i} \tag{2-7}$$

其中，μ_i表不同散射机制下的迁移率。另外，当电场逐渐增强时，载流子获得的能量将增多，使得载流子的平均能量高于晶格能量，获得的能量越高，其平均自由时间越小，迁移率降低。当电场增强到可以和光学声子能量相比时，开始通过发射光学声子损失能量，于是载流子获得的能量大部分又损失，因而平均速度可以达到饱和，即高电场下，载流子漂移速度不会无限制增加，存在饱和速度。

2）载流子的复合

辐照在半导体中产生的载流子称为非平衡载流子，非平衡载流子的复合过程大致可以分为直接复合、间接复合和俄歇复合[6]。直接复合是指电子在导带和价带之间的直接跃迁引起的电子和空穴的直接复合。间接复合，即借助复合中心(半导体中的杂质或者缺陷中心)的复合。通常把位于禁带中央并且具有几乎相等的电子俘获截面与空穴俘获截面的缺陷能级称为复合中心。大多数情况下，电子和空穴是借助这样的复合中心来复合的，通常用 SHR 模型来描述这种借助复合中心的复合，如图 2.7 所示。SRH 模型首先假设在禁带中存在一个深受主能级 E_t，并且存在中性或者带一个单位负电这两种荷电状态(0/－)。同理，深施主能级荷电状态为(＋/0)。热平衡状态下，可用以下四个基本过程来描述载流子在缺陷能级上的跃迁：① 导带电子被缺陷能级俘获；② 电子从复合中心热激发回导带；③ 电子从复合中心落入价带与空穴复合；④ 空的复合中心被价带电子填充。由辐照产生的非平衡载流子经过复合作用，并不立刻全部消失，它们在导带和价带中有一定的生存时间，非平衡载流子的平均生存时间称为非平衡载流子的寿命，用 τ 表示。

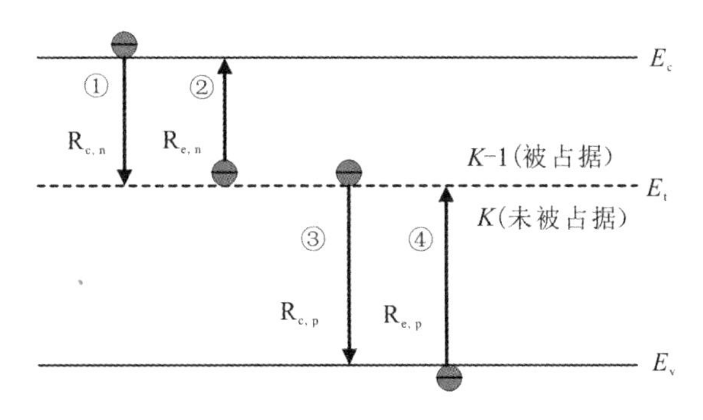

图 2.7　SRH 复合模型

3）载流子的俘获

俘获中心的存在对载流子输运过程有直接的影响。当非平衡载流子在晶体内部运动时，载流子会被俘获中心俘获。半导体中，某些较深的缺陷能级具有较大的俘获截面和较长的去俘获时间，称其为陷阱中心。对于禁带中的杂质和缺陷能级而言，如果能级上被陷载流子热激发成自由载流子的概率大于被陷载流子在激发前和异号载流子复合的概率，那么该能级主要起陷阱作用(反之则为前述的复合中心作用)。载流子发生俘获(即被深能级陷阱俘获)，探测器输出的脉冲幅度会有所损失。如果载流子去俘获得慢，被俘获的电荷会产生内建电场，从而产生极化效应。对于去俘获时间 t_d 比载流子渡越时间 t_r 短的俘获过程，俘获的主要影响表现为有效载流子迁移率的降低。

4）空间电荷效应

由于半导体中深能级具有相对较长的去俘获时间，载流子被深能级俘获后容易在晶体内部产生空间电荷。空间电荷对内电场的分布存在一定影响。例如匀质体电导探测器电极附近的空间电荷效应产生的附加电场会抵消部分外电场，严重时可能导致电极无法正常收集辐照产生的载流子，从而使探测器无法正常工作。

5）电荷的收集

当匀质体电导探测器的内部为匀强电场时，辐射在半导体中激发出的电子、空穴在电场作用下分别向正、负两电极漂移，通过感应在探测器的两电极引发电荷信号。半导体探测器信号的形成过程，与气体电离室输出信号的产生过程类似，设探测器两电极距离为 L，每个电子空穴对相对移动距离为 $x(x<L)$，则在探测器两极板累计感应出的电量为

$$Q=\frac{ex}{L} \tag{2-8}$$

对其关于时间求导即为极板上产生的感应瞬态电流。若电子-空穴对最终全部漂移至两电极，即 $x=L$，则在探测器两极板累计感应出的电量等于电子电量 e。当电子、空穴在相对移动 x' 时被复合或被陷阱俘获，且在相对较长的时间内没有被释放，则其不再对探测器电信号的形成贡献电荷。电荷收集距离的概念正是描述了 x' 的平均值。显然，如前所述的载流子迁移率、载流子的复合、载流子的俘获均会对电荷收集距离产生影响，从而影响探测器对电荷的收集。电荷收集距离 L_d 可以表示为

$$L_d=(\mu_e\tau_e+\mu_h\tau_h)E=(v_e+v_h)E \tag{2-9}$$

对于更一般的情况，1938 年，Shockley[7] 和 Ramo[8] 详细研究了带电粒子在空间运动时引起的系统电势能的变化，提出 Shockley-Ramo 原理：在平行板电容器中，当一个电极为单位电势，即电极外加偏压为 1 V，另一电极接地时，空间电荷的运动在单位电势的电极上产生的感应瞬态电流为[9]

$$i=E_vqv \tag{2-10}$$

式中，i 是由于电荷运动在电极上收集到的瞬态电流，q 是电荷电量，v 是电荷

运动的瞬时速度，E_v是电荷瞬时电场在电荷运动速度方向上的分量。

继续引申，对于如图2.8所示的结型探测器结构[10]，其中$W_1 \sim W_2$为耗尽区，可以得到在dt时间内探测器两极板累计感应出的电荷量Q为

$$dQ = i dt = q \frac{dx}{W_2 - W_1} \tag{2-11}$$

其中，dx为dt时间内载流子在耗尽区移动的距离，t时刻瞬时感应电流为

$$i(t) = \frac{q}{W_2 - W_1} v[x(t)] \tag{2-12}$$

其中漂移速度$v[x(t)] = dx(t)/dt$。对于耗尽区外的体区中产生的载流子，只有当其通过扩散进入耗尽区时才会产生感应电流。

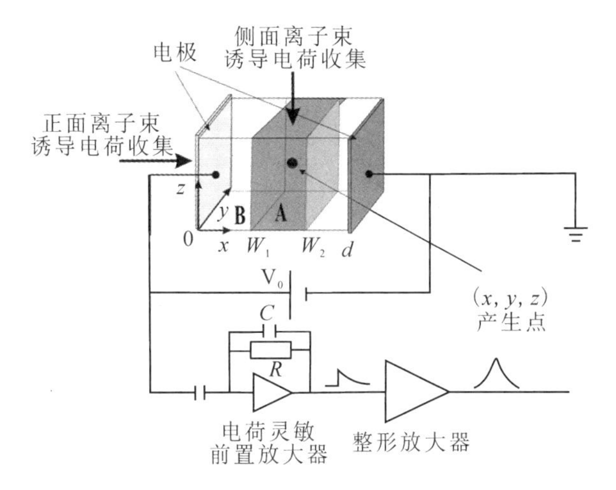

图2.8　结型探测器电荷收集模型[10]

4. 粒子辐射探测器的关键参数

对于不同结构、不同功能的粒子辐射探测器，用于评估衡量其性能的参数各有不同。其中较为通用的指标有探测效率、CCE、漏电流、能量分辨率、响应时间等[3]。

1）探测效率

探测效率通常有两种，即绝对探测效率ε_{abs}和本征探测效率ε_{int}。ε_{abs}指的是有效脉冲计数量和辐射源发射的粒子总量之比：

$$\varepsilon_{abs} = \frac{\text{有效脉冲计数量}}{\text{辐射源发射的粒子总量}} \tag{2-13}$$

而 ε_{int} 指的是有效脉冲计数量和入射探测器的粒子总量之比：

$$\varepsilon_{int}=\frac{\text{有效脉冲计数量}}{\text{入射探测器的粒子总量}} \tag{2-14}$$

探测效率的主要影响因素包括探测器材料性质及结构参数，辐射粒子的种类及能量和探测器与辐射源之间的位置关系。另外，有效脉冲计数量通常小于总脉冲计数量，这是因为噪声总是存在的，任何探测系统特别是能谱探测系统都要求设置一个阈值以便排除那些由噪声引起的脉冲。

2）CCE

CCE（电荷收集效率）定义为探测器输出电荷量与辐射粒子在探测器内所激发产生的电荷总量之比：

$$\text{CCE}=\frac{\text{探测器输出电荷量}}{\text{探测器内激发的电荷总量}} \tag{2-15}$$

影响 CCE 的主要因素包括探测器材料的载流子迁移率、载流子寿命、缺陷密度以及探测器的工作状态（偏压）。在实际应用的过程中，由于探测器输出电荷量难以直接测量，通常会采用两个电压的比值代表 CCE。这两个电压值分别是探测器输出的脉冲电流经过后续放大成形电路输出的脉冲电压幅度 V_{pulse} 和某种理想条件下，包含了已知电荷量的电流脉冲经过相同放大成形电路输出的脉冲电压幅度 V_{ideal}。

$$\text{CCE}=\frac{V_{pulse}}{V_{ideal}} \tag{2-16}$$

3）漏电流

对于半导体器件而言，漏电流总是或多或少存在的。它不仅包括了结型器件的反向饱和电流，也包括隧穿漏电、表面漏电等一系列非理想情况造成的漏电电流。漏电流增大不仅影响探测器的能量分辨率，更有可能影响探测器的工作状态和工作安全。对于长期工作在强辐照环境下的探测器，漏电流的变化情况往往可以表征该探测器的辐照损伤程度。

4）能量分辨率

能量分辨率通俗地说就是分辨相近能量的谱线的能力。其定义如图 2.9 所示，为半高全宽（Full Width at Half Maximum，FWHM）与峰位（该极大值所在横坐标值 X_0）的比值：

$$\text{能量分辨率}=\frac{\text{FWHM}}{X_0} \tag{2-17}$$

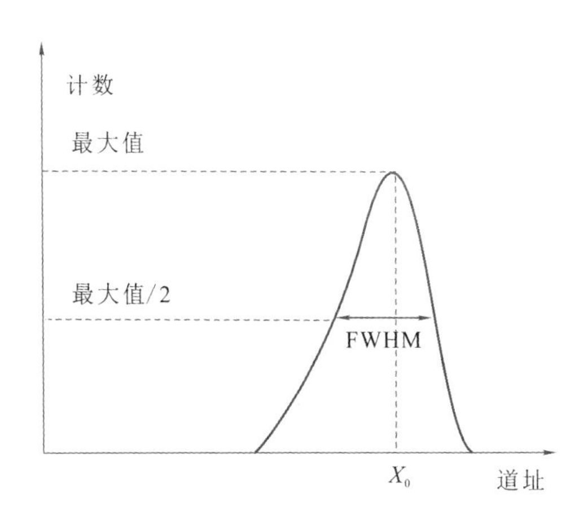

图 2.9　能量分辨率定义示意图

FWHM 指的是谱线中，计数值为最大计数值的一半的道址之间的差。能量分辨率通常以百分数表示，分辨率数值越小，分辨相近能量的谱线的能力越强。半导体探测器能量分辨率主要受以下三个方面的因素影响：

(1) 被探测粒子损失能量产生电子空穴对时存在的统计涨落；

(2) 电子学系统与探测器漏电等现象引发的噪声；

(3) 其他因素，例如，入射阻挡层引起的粒子偏转和能量损失的变化。

5) 响应时间

响应时间反映了探测器跟随输入信号能力的强弱。探测器的响应时间可分为两部分，即上升时间和下降时间。上升时间通常被定义为输出脉冲的幅度由其峰值的 10%上升至 90%所需的时间；而下降时间恰恰相反，通常定义为输出脉冲的幅度由其峰值的 90%下降至 10%所需的时间。

2.3.2　基本辐射探测系统

1. 能谱测量系统

测量能谱谱线是研究辐射特性的常用方法。通过分析入射粒子的能量分布，结合理论推导，可以有效地反应辐射源的情况。由于探测器输出的信号通常为脉冲信号且比较微弱，因此需要进行放大、成形等处理，以便后续的保存分析。

辐射能谱测量装置通常由探测器和信号处理系统组成。前者吸收辐射并将之转变为电信号；后者将电信号积分、成形并进行数字化处理和记录，最终实现粒子数目记录、射线能量测定以及粒子种类鉴别等功能。该流程的原理图如2.10所示。

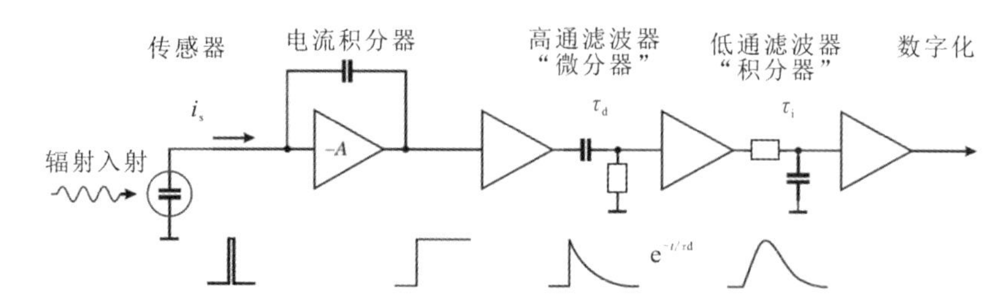

图 2.10　脉冲成形的原理流程图

通常探测器输出的电荷总量正比于入射粒子的能量，于是粒子入射时，激发探测器产生脉冲电流，该电流中包含的电荷量与探测器产生的总电荷量成正比。脉冲电流流向电荷灵敏放大器的电容(图2.10中的电流积分器)，完成对探测器脉冲电流信号的积分，产生一个阶跃的电压信号，该阶跃电压的大小正比于脉冲电流中包含的电荷总量(通常该积分电容还会并联一个阻值较大的电阻进行缓慢放电，以防止电容损坏，此时电容两端的电压信号将随时间缓慢衰减)。为了防止这些信号堆积，将上述信号通过高频滤波器，在保证信号幅度基本不变的前提下，加速电压信号的衰减，效果如图2.11所示。而后，为了便于信号数字化，需要输出的电压脉冲在其最大值附近相对平滑。常用的办法是将信号输入低通滤波器，在确保信号放大倍数基本不变的前提下，获得类高斯型的输出信号。最终得到的电压信号的幅度在原则上正比于入射粒子的能量。

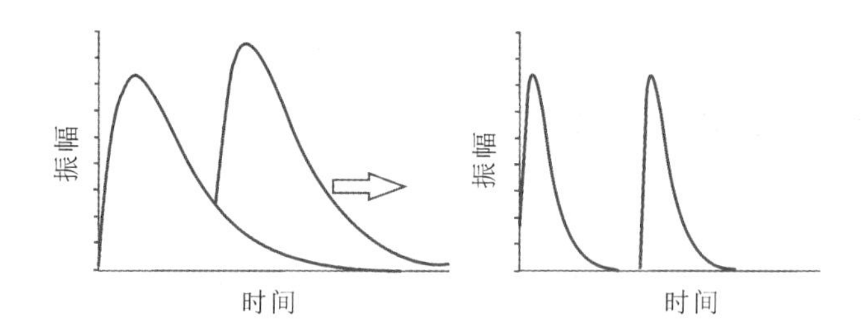

图 2.11　信号堆积现象及信号衰减时间优化

最终，这些信号经过数字化采集，在多道分析系统中被筛选(确定当前脉冲幅度(高度)所在的电压区间并加以统计)。最终随着统计结果的不断累积，产生输入辐射的能谱谱线，即脉冲幅度(高度)谱。

2. 瞬态脉冲测量系统

脉冲辐射的时间宽度往往在 ps 至 μs 量级，但强度往往远超稳态或准稳态辐射源。以散裂中子源、脉冲反应堆、加速器脉冲辐射源等为例，瞬间产生的辐射粒子强度高达 $10^{21}\,s^{-1}$；而核爆炸脉冲辐射源场，其中子、γ 辐射强度更是高达 $10^{32}\,s^{-1}$。

面对这类剧烈的瞬态过程，当今的电子学系统无法区分个体粒子并对其特征加以研究，因此只能通过测量群体粒子的共同作用进行研究。相对于能谱测量在给出单个粒子能量信息的同时忽略其时间信息的特征，瞬态脉冲测量将详细记录辐照的时间过程，而粒子的能量信息则被平均处理。针对脉冲辐射的特殊性，需要脉冲测量系统：

（1）在探测、信号传输和信号记录的过程中设法减小乃至最大限度消除信号的时间畸变，真实再现脉冲过程的时间特性；

（2）脉冲辐射探测器具有高耐辐照性能；

（3）脉冲辐射探测器的输出电流在较大的辐射场强动态范围内跟随辐射强度线性变化；

（4）脉冲辐射探测器本身或其组成部分具有一定粒子分辨能力。

参 考 文 献

[1] 丁洪林. 核辐射探测器[M]. 哈尔滨：哈尔滨工程大学出版社，2010.

[2] OLIVE K A，AGASHE K，AMSLER C，et al. Passage of particles through matter [J]. 中国物理 c：英文版，2014，38(9)：398 - 412.

[3] 黄海栗. SiC 粒子辐照探测器性能及其性能退化的研究[D]. 西安：西安电子科技大学，2019.

[4] 李建国，刘实，李依依，等. 金刚石膜辐射探测器的研究进展[J]. 材料导报，2005，19(003)：7 - 9.

[5] 刘恩科，朱秉升，罗晋生. 半导体物理学[M]. 4 版. 北京：国防工业出版社，2010.

[6] 郭榕榕. 探测器用 CdZnTe 晶体载流子输运过程的研究[D]. 西安：西北工业大学，2015.

[7] SHOCKLEY W. Currents to Conductors Induced by a Moving Point Charge[J]. Journal of Applied Physics，1938，9(1)：635 - 636.

[8] RAMO S. Currents Induced by Electron Motion[J]. Proceedings of the IRE, 1939, 27(9): 584 - 585.

[9] HE Z. Review of the Shockley-Ramo theorem and its application in semiconductor gamma-ray detectors[J]. Nuclear Instruments & Methods in Physics Research, 2001, 463(1 - 2): 250 - 267.

[10] VITTONE E, FIZZOTTI F, GIUDICE A L, et al. Theory of ion beam induced charge collection in detectors based on the extended Shockley-Ramo theorem[J]. Nuclear Inst & Methods in Physics Research B, 2000, 161 - 163(1): 446 - 451.

第 3 章

金刚石核辐射探测器

金刚石核探测器的电荷收集效率、暗电流、能量分辨率、I－V 特性、时间响应特性是其最为重要的性能参数，各大研究机构都在努力地提升上述参数，但离理论值还有较大差距。虽然多晶金刚石的尺寸比单晶金刚石大，有利于提高器件的探测面积，但是由于性能较差，国内外都开始转向单晶金刚石核探测器的研究。金刚石核探测器研究的一个关键问题，是金刚石核探测器的性能不一致性巨大且机理尚不明确，高性能金刚石核探测器的占比很低，在最关键的参数电荷收集效率、能量分辨率、电流-电压以及时间响应特性上体现得最为明显，这严重制约了金刚石核探测器的技术进步。这也说明，金刚石核探测器的材料、器件、性能、机理方面的关键基础问题还没有得到充分的研究和理解。本章将从金刚石材料的生长、材料特性表征、器件制备工艺、性能及机理分析方面对金刚石核探测器进行详细介绍。

3.1 核辐射探测器级金刚石材料的生长方法

3.1.1 核辐射探测器的载流子输运

核辐射作用于金刚石后，金刚石体内会产生非平衡载流子，这些非平衡载流子的输运过程与其迁移率及寿命密切相关。通常，任何半导体材料都不是完美的晶体，材料中总是伴随有杂质、位错等晶体缺陷，材料的表面特性也会影响金刚石核探测器的制备工艺与器件性能。

核辐射与核探测器的相互作用过程决定了核探测器的能量吸收以及产生的非平衡电子空穴对的数量。当探测器外加电场时，非平衡载流子在外加电场的作用下，向电极输运，从而产生电信号。信号的有效获取首先需要核探测器具有极低的漏电(暗电流)，否则射线产生的微弱电信号将被漏电掩盖，这就需要探测器具有高阻特性。对于硅基器件，利用 PN 结反偏形成的空间电荷区是一种有效的固体电离室，此时，工作在反向偏置下的 PN 结就是一段高绝缘区。对于金刚石而言，由于巨大的禁带宽度，本征金刚石常常也被认为是一种高阻绝缘晶体，当射线在高阻绝缘晶体中产生非平衡载流子后，电极端得到的电荷量可以用 Gudden 模型[1]解释，如图 3.1 所示。

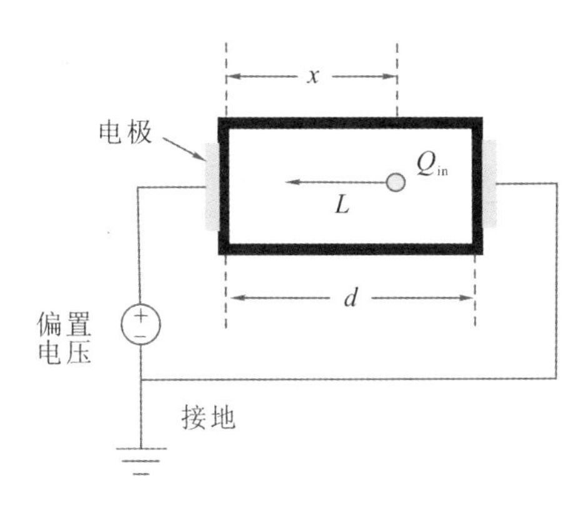

图 3.1　核探测器中非平衡载流子的输运

如果探测器的厚度为 d，射线在探测器内部距离阳极 x 处产生的电荷量为 Q_{in}，且电子能够输运到阳极，则外电路收集到的电荷量 Q_c 为

$$Q_c = Q_{in}\frac{x}{d} \tag{3-1}$$

实际上，由于非平衡载流子受到晶体内部各种杂质和缺陷的散射，实际的输运距离可能仅为 L，此时外电路收集到的电荷量仅为

$$Q_c = Q_{in}\frac{L}{d} = Q_{in}\frac{\mu\tau E}{d} \tag{3-2}$$

此处 μ 为载流子迁移率，τ 为非平衡载流子平均寿命，E 为探测器所加电场强度。这里没有考虑电极接触的影响，以及实际半导体材料的界面态的影响。但是从材料特性的角度给出了核探测器内部载流子输运过程与外电路收集到的电荷的关系。

3.1.2　高质量 CVD 单晶金刚石材料生长

金刚石材料种类繁多，各种不同的金刚石材料中的缺陷都会影响载流子的迁移率与寿命，从而使得金刚石制成的核探测器的性能发生衰退。

多晶金刚石存在大量的晶界，该晶界作为复合与陷阱中心，会大大地降低载流子的迁移率寿命积，而且多晶金刚石内部晶粒尺寸不一，这也使得以统计分布观测的能谱测量存在困难，因此多晶金刚石并不适合制作谱级的核探测器，然而多晶金刚石的成本和尺寸优势可以用来以电流模式进行测量。HPHT 金刚石存在的最大问题是：一方面，合成过程中引入的杂质不可控，杂质种类复杂，引入的深能级将会严重衰减载流子的迁移率和寿命；另一方面，HPHT

金刚石的尺寸受限，很难合成超过 12 mm 的大尺寸单晶金刚石。因此，HPHT 金刚石也不适合制作高性能的谱级金刚石核探测器。

目前，从器件性能、成本和一致性方面考虑，CVD 金刚石最适合于制作高性能的金刚石核探测器，然而，CVD 金刚石种类繁多，即使是最高质量的 Type Ⅱa 型金刚石制作的核探测器，其性能差异也依然巨大。研究表明，单晶金刚石中的晶体位错与“痕量”杂质对器件性能影响巨大，CVD 金刚石中的位错通常沿着生长方向形成穿透性位错，这些位错主要来源于 HPHT 衬底和生长界面处的缺陷，如图 3.2 所示。降低位错的一种方法是采用低缺陷密度的衬底，另一种方法是对 HPHT 衬底表面进行刻蚀(蚀刻)，降低生长界面的缺陷[2]。CVD 单晶金刚石中的主要杂质为 NV^0、NV^- 以及 SiV^- 中心，其中氮杂质通常来源于生长腔体的泄露、生长气体寄生的杂质以及工艺过程的污染，而硅杂质则来源于等离子体生长腔体对石英观察窗的刻蚀，使得有轻微的硅杂质混入[3]。因此，这需要有针对性地生长核探测器级的 CVD 单晶金刚石。

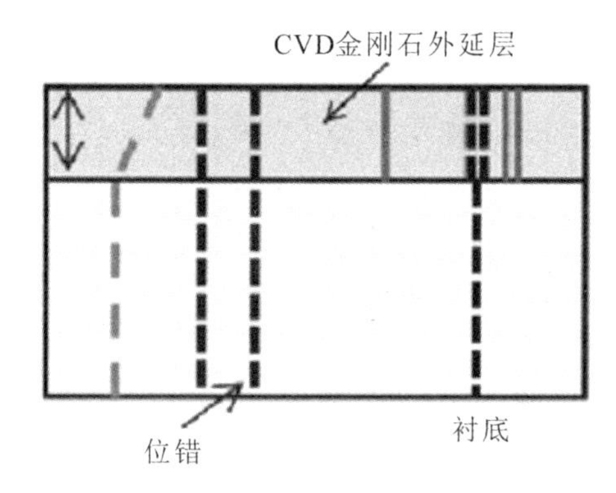

图 3.2　CVD 单晶金刚石同质外延的主要位错来源

1. CVD 金刚石生长设备

工业上生长 CVD 金刚石以 MPCVD 设备为主，主要的厂商为日本的 SEKI 公司和法国的 PLASSYS 公司，国内也有多家单位开展了 MPCVD 设备的开发，形成了良好的局面。法国的 PLASSYS 公司的 MPCVD 设备 SSDR150 如图 3.3 所示。该设备使用高功率密度等离子体以高生长速率进行高纯度金刚石外延层生长。SSDR150 是一个可靠和坚固的设备，由于其优化的微波和等离子体设计，使得其可以适应实验室研发和工业生长的需求。SSDR150 的腔

体易于清洗，配有可更换的石英观察钟罩。SSDR150 的最大输出功率为 6 kW，微波源频率为2.45 GHz，一共有 H_2、CH_4、N_2、O_2、Ar 五路气体。SSDR150 的样品台采用电动升降机构，可以随着生长过程的进行，根据红外测温仪反馈的温度数据，自动调节升降机构高度，以满足温度控制的需要。样品台还具有旋转功能，使得生长过程中衬底各面保持一致。

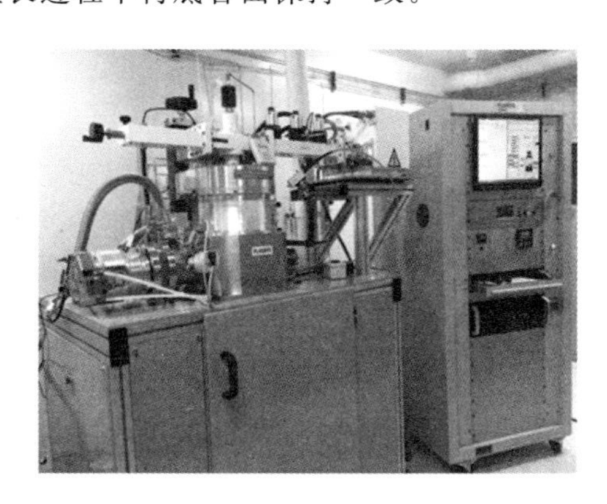

图 3.3　金刚石生长设备 MPCVD

2. 生长优化

1）衬底选取与表面抛光

同质外延可以获得更高质量的 CVD 单晶金刚石，而同质外延过程中，HPHT 衬底的质量与表面处理对 CVD 层金刚石的质量影响极大。除此以外，HPHT 衬底的内应力如果较大，进行生长后，随着外延层厚度的增加，外延层与衬底层之间的应力增大，最终会在生长过程或者在切割后导致样品碎裂。利用 XRD 的 $2\theta/\omega$ 模式进行扫描，可以在一定程度上反映衬底的内部应力。如果测得的 2θ 峰对称性较好，则说明衬底的内部应力较小，金刚石晶体中晶格常数一致性较好，适合于 CVD 同质外延生长。这里我们选择编号为♯1 的 HPHT 金刚石作为生长衬底来生长 CVD 金刚石，图 3.4(a)为该样品的 XRD 2θ 结果，图中衬底的衍射图样对称性较好，根据拉曼测试结果，计算得到的♯1 样品的内应力也仅为－0.126 GPa，近乎为无应力状态，远小于文献报道的 0.37～2.21 GPa[4]。通常，从商业公司购买的 HPHT 衬底的粗糙度较大，表面多具有百纳米的深缺陷坑，这是粗抛光加工时磨料造成的抛光损伤，因此需要进行进一步的精抛光，以抑制表面缺陷导致的位错扩张。图 3.4(b)为样品经过精细抛光后的 AFM 表面形貌图，该衬底的均方根粗糙度(Rq)为 1.65 nm，可以满足

CVD同质外延生长需求。同时，我们从AFM结果中还可以看到白色的局部点状凸起，后续还要进行进一步的表面预处理，以进一步消除晶格损伤对CVD外延生长的影响。

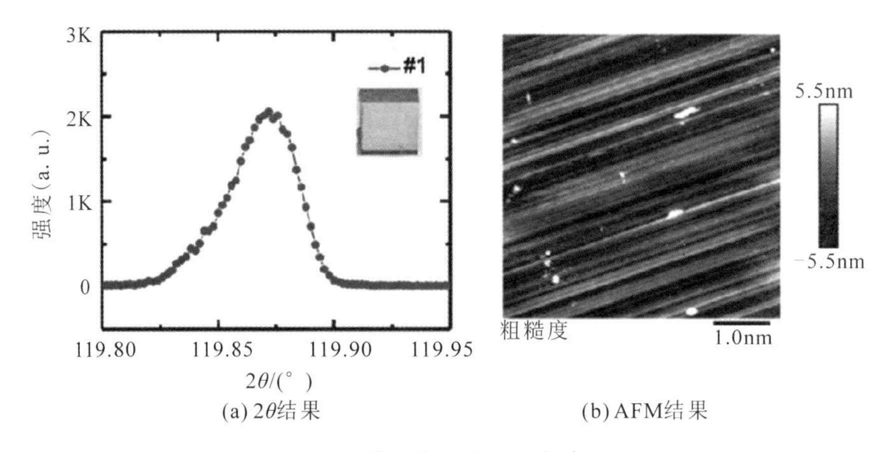

(a) 2θ结果　　(b) AFM结果

图 3.4　♯1样品的XRD结果与表面形貌

2）衬底清洗

HPHT衬底经过研磨抛光后，表面会残留有磨料以及有机物质产生的污染物质，这些污染物质经过MPCVD等离子体的刻蚀，会污染腔体，从而造成CVD单晶杂质浓度的升高。因此在选择好衬底后，进行生长前，需要对HPHT衬底进行有机清洗。我们把HNO_3和H_2SO_4进行1∶1的配比，加热到250℃，将衬底放入该溶液中清洗20 min；清洗完成后，将衬底放入去离子水中再次清洗20 min，以彻底去除表面酸性溶液；随后按照标准的半导体有机物清洗方法，将衬底分别放入丙酮、酒精、去离子水中，利用超声波各清洗15 min。

3）衬底表面预刻蚀

前文已经分析过，衬底表面损伤会沿着生长方向延伸进入CVD层，因此要抑制表面损伤带来的CVD层位错密度增加。Achard等人[5]报道了利用H_2/O_2等离子体进行表面刻蚀，去除抛光损伤以抑制生长界面位错延伸的方法。这里，我们不仅利用该方法进行了衬底的表面预处理，还利用该方法进行了衬底的二次选择，具体工艺为：设置腔体压强为295 mbar，微波功率为3.8 kW，H_2流量为196 sccm，O_2流量为4 sccm，刻蚀时间为30 min，刻蚀过程中，衬底的表面抛光损伤、空位、位错或者杂质包裹体等在内的衬底缺陷将会被优先刻蚀，

刻蚀结束后，利用光学显微镜观察样品表面，选择出刻蚀坑较少的样品面进行生长。除#1样品外，我们又选取了若干片HPHT衬底进行筛选。图3.5(a)为衬底表面刻蚀过程，当O_2通入时，等离子体辉光带有淡紫色，上部还有淡绿色的辉光。图3.5(b)为刻蚀过后缺陷密度较多的衬底，此类衬底不适合作为生长衬底，而图3.5(c)的衬底，刻蚀坑较少，适合下一步的CVD外延层生长。

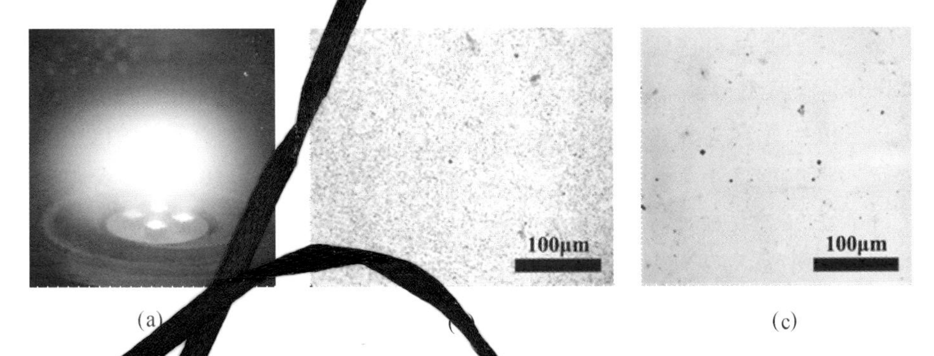

(a)　　(b)　　(c)

图3.5　衬底表面的刻蚀过程与不同衬底的表面光学显微镜照片

4）材料杂质的抑制

通过上述的工艺过程，优化了衬底的表面质量，选取了表面位错损伤程度较低的HPHT衬底。接下来，要进一步优化CVD外延层的杂质。通常，为了加快生长速度，轻微的氮掺杂是十分有效的，然而这是以损失晶体材料质量为代价的。金刚石晶体中的氮杂质主要来源于腔体的泄露、反应气体杂质、HPHT衬底的污染以及生长工艺带来的耦合；硅杂质来源于微波等离子体对石英观察钟罩的刻蚀；而硼、磷等杂质通常在大气中含量很低，如果不进行故意掺杂，在CVD金刚石中很难被观测到，对于Type Ⅱa型金刚石，硼和磷不是主要的杂质来源。因此，抑制氮杂质和硅杂质是高纯金刚石生长的主要目标。本研究中使用的MPCVD腔体的真空度可以达到2×10^{-7} mbar，已经具有很高的真空度，因此，抑制氮杂质来源主要从反应气体与生长工艺角度去考虑。利用氢气纯化器是一个有效地提高CVD金刚石纯度的方法，特别是CVD生长过程中，氢气是最主要的反应气体，氢气中的杂质是占据主要地位的。这里我们改造了生长设备，加装了9N(9个9)的氢气纯化器以抑制氮杂质的寄生；另外，采用低速率生长也是一个有效的提升金刚石纯度的方法，这是由于高速生长将会导致更高的氮杂质耦合率[6]。对于硅杂质，微波等离子体对石英钟罩的刻蚀是难免的，虽然已有报道，利用不锈钢反应腔可以抑制金刚石中的硅杂质，但是这需要更大的反应腔体以避免金属反应腔接触等离子体，而且，更换这种反应腔体的成本是巨大的。基于以上原因，我们采用更大的反应压力，以抑制等离子球的扩张，减少对石英钟罩的刻蚀。

3. 生长过程

1）衬底放置

按照上文的衬底优化过程选择好衬底后，将衬底按照图 3.6 的方式放入 MPCVD 反应腔体。金箔厚度为 25 μm，利用随后的 MPCVD 升温过程，将金箔融化并与钼托焊接到一起，保证 HPHT 衬底与钼托之间有稳定的热交换，保证衬底的温度平衡。钨丝直径为 150 μm，目的是保证冷却水循环台与钼托之间有一层过渡层，更好地控制生长过程的温度。钼托厚度为 3 mm，HPHT 衬底的尺寸为 $3\times3\times1.5\ mm^3$，晶体晶向为(100)方向。

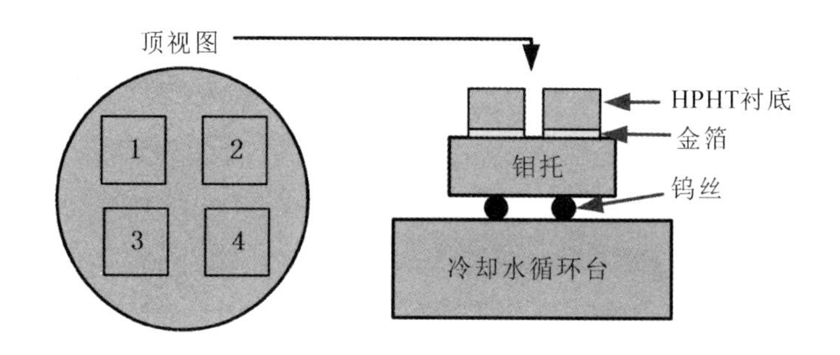

图 3.6　生长前衬底放置示意图

2）生长过程及参数

第一步：将衬底放置好后，首先使腔体真空度达到 1×10^{-6} mbar 以下。

第二步：打开氢气阀门，将氢气流量设置为 200 sccm，腔体压强设置为 20 mbar，待腔体气压稳定后，启动微波源，将功率设置为 1500 W，此时反应腔体的氢气被激发到等离子态，开始产生辉光。

第三步：保持氢气流量不变，将腔体压力设置为 200 mbar，将微波源功率设置为 3500 W，同时通入流量为 4 sccm 的氧气，将衬底刻蚀 15 min，然后关闭微波源，关闭氢气、氧气阀门，将流量调零。紧接着开始抽真空，将以上过程重复三次，目的是去除衬底、钼托、以及腔体暴露在空气中造成的污染。

第四步：待上述三步过程完成后，重新使腔体真空度达到 1×10^{-6} mbar 以下。开始通入氢气启辉，具体的生长参数如表 3.1 所示。我们将甲烷浓度设置

为4%，目的是保持较低的生长速率，以提高晶体的生长质量，氢气的纯度利用纯化器纯化到9N级别。

表3.1　MPCVD生长反应参数

温度	压强	微波功率	H_2流量	CH_4流量	反射功率	H_2纯度
915℃	295 mbar	3800 W	192 sccm	8 sccm	6 W	大于9N

第五步：开始生长后，一直记录温度变化值，根据温度来控制内部升降机构的高度，保持温度在910～930℃之间。图3.7为CVD金刚石生长过程，开始生长时，各个HPHT衬底之间保持着适当的间距，生长100小时后，外延层厚度显著增加，但是同时也发生了横向扩张，当生长了164 h后，结束生长，随后将衬底与钼托分离，得到了四片与衬底相连的CVD金刚石。

(a) 开始生长

(b) 生长100h后

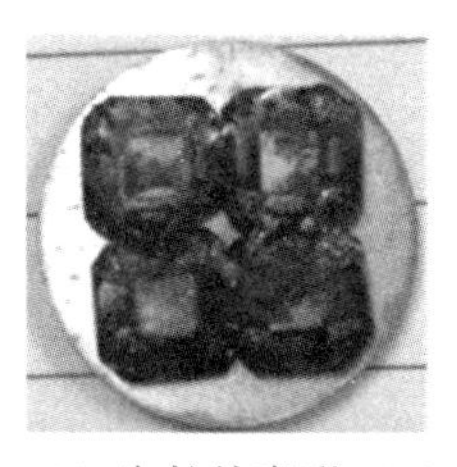
(c) 生长结束(共164h)

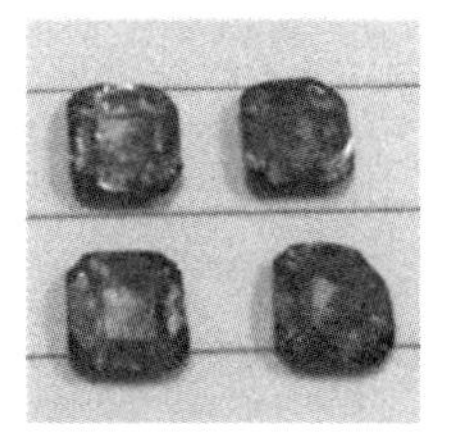
(d) 与钼托分离后

图3.7　CVD金刚石生长过程

第六步：生长结束后，测量了生长前和生长完成后的总厚度，以此来确定生长的CVD金刚石厚度以及生长速率，如表3.2所示，最终，生长后的CVD层厚度为0.44～0.50 mm，生长速率为2.68～3.05 μm/h。这些差异可能是由于温度场以及等离子场的微小差异造成的。

表3.2　生长完成后样品厚度及生长速率

生长片	生长前总厚度	生长后总厚度	CVD层厚度	生长速率
1号片	4.59 mm	5.03 mm	0.44 mm	2.68 μm/h
2号片	4.59 mm	5.08 mm	0.49 mm	2.98 μm/h
3号片	4.58 mm	5.02 mm	0.44 mm	2.68 μm/h
4号片	4.61 mm	5.11 mm	0.50 mm	3.05 μm/h

第七步：生长完成后，利用波长为532 nm的高能激光将CVD层与衬底切割开，然后进行抛光，最终得到可以用来制作器件的CVD单晶金刚石。

4. 生长材料的表征

为了表征生长完成后的CVD金刚石质量，利用非破坏性表征方法对材料特性进行了分析。

用于核探测器的金刚石，通常需要厚膜材料，即外延层厚度要大于100 μm，这是因为只有足够厚的探测器材料，才能将射线能量尽可能多地吸收。对于α粒子的探测，不完全的能量沉积将会使得粒子探测的随机性增强，能谱特性变差，而对于光子探测，足够厚的材料意味着更多的能量吸收，从而增强信号强度。

为了实现核探测器对材料厚度的要求，CVD金刚石生长的目标是得到厚膜CVD金刚石外延层，然而厚膜生长的CVD金刚石原始表面起伏较大，如图3.8所示，利用肉眼观察或者通过光学显微镜能够明显看到表面具有较大的起伏，台阶流较为明显，起伏高度可达微米级别，如果不进行表面精细抛光，将无法进行电子器件的制备。因此，首先需要明确经过精细抛光之后的金刚石表面粗糙度。

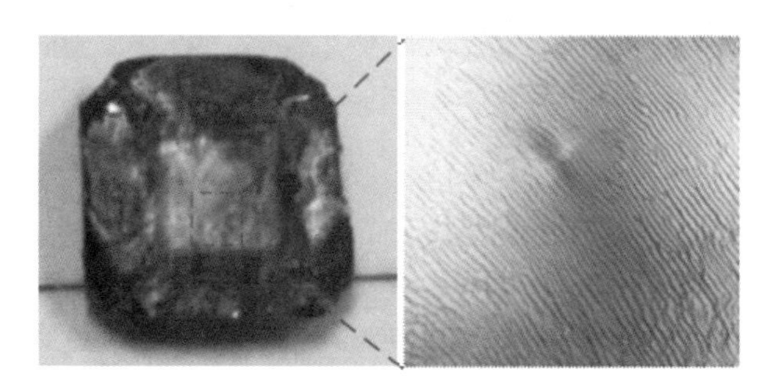

图3.8 生长的CVD金刚石抛光前形貌

原子力显微镜(AFM)可以用来研究包括绝缘体在内的固体材料的表面特性。通过检测待测样品与微型力敏元件之间的微弱原子间作用力可以探测固体物质的表面结构和特性，从而获得纳米级的表面形貌结构和样品的表面粗糙度。本研究中用来测试金刚石表面粗糙度的仪器为布鲁克(Bruker)公司的DIMENSION ICON AFM设备。测试样品时，AFM工作于轻敲模式。

CVD金刚石在生长过后，通常要对工艺面进行单面抛光或者双面抛光，以达到器件制作的要求，通常在抛光过后，也有一定的起伏，但是这相比于生

长过后的金刚石表面已经有了大幅度的提高。图3.9为精细抛光之后的金刚石表面形貌，CVD外延金刚石有明显的斜向线型抛光纹理，抛光纹路分布均匀，CVD外延层的Rq值为1.15 nm。

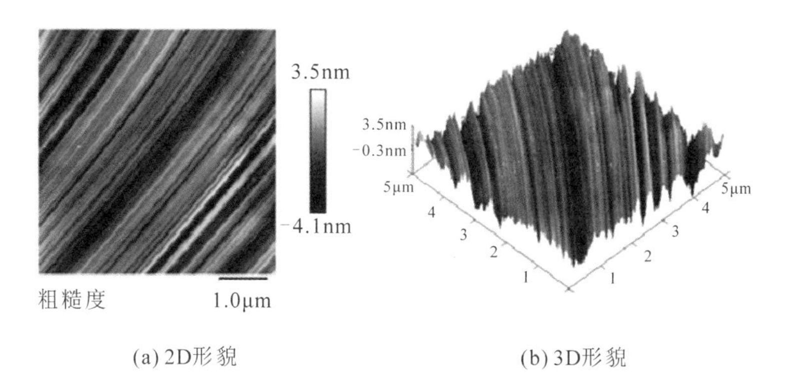

(a) 2D形貌　　(b) 3D形貌

图3.9　精细抛光后的金刚石表面粗糙度

表3.3　高质量生长的CVD金刚石与普通Type Ⅱa CVD金刚石样品对比

对比项目	HPHT衬底	生长CVD金刚石	普通Type Ⅱa
FTIR	Type Ⅰb	Type Ⅱa	Type Ⅱa
拉曼峰位(半高宽)	1332.54 cm^{-1} (3.96 cm^{-1})	1332.2 cm^{-1} (3.67 cm^{-1})	1332.61 cm^{-1} (2.97 cm^{-1})
XRD摇摆曲线	51.84 arcsec	46.3 arcsec	39.02 arcsec

图3.10(a)为经过优化生长的CVD单晶金刚石的FTIR结果，可以看到，生长的金刚石为典型的Type Ⅱa型金刚石，没有发现其他杂质峰。图3.10(b)为其拉曼光谱结果，其拉曼峰位为1332.2 cm^{-1}，半高宽为3.67 cm^{-1}，与表3.3中的其他样品比较，可见其拉曼峰位更接近理论值(1332.3 cm^{-1})。图3.10(c)为生长的金刚石XRD摇摆曲线结果，其半高宽为46.3 arcsec，低于用来作为生长衬底的HPHT样品(51.84 arcsec)。这说明，通过衬底表面处理工艺，可以在一定程度上的降低外延CVD层的位错密度，从而提高结晶质量，降低XRD摇摆曲线半高宽。与表3.3中的其他样品相比，摇摆曲线半高宽值略高于普通Type Ⅱa型单晶金刚石，这是因为衬底表面预处理工艺虽然能一定程度地降低延伸位错缺陷，但是CVD层的结晶质量主要还是由衬底质量决

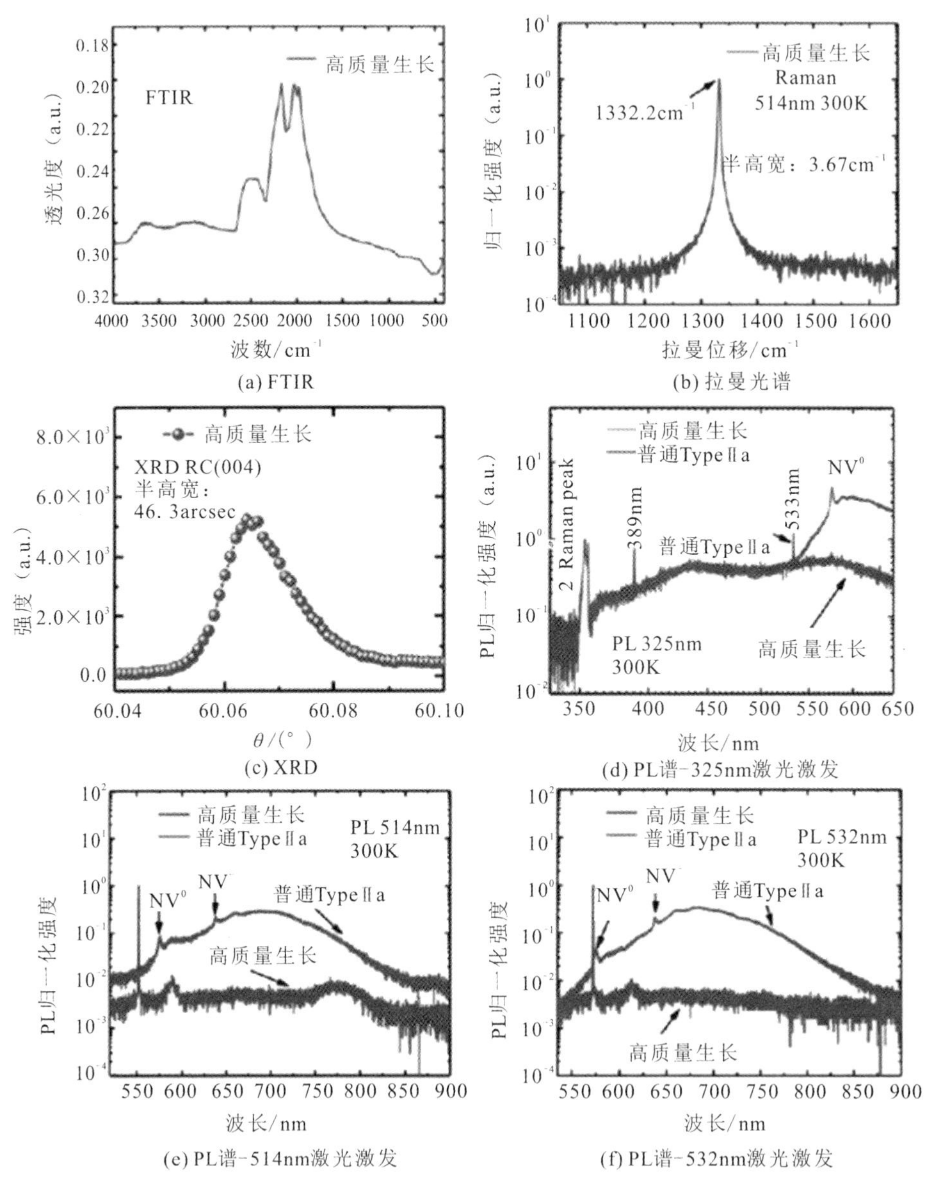

图 3.10　高质量 CVD 单晶金刚石非破坏性表征

定，为了进一步地降低外延 CVD 金刚石的位错密度，提高结晶质量，还需要仔细筛选 XRD 摇摆曲线半高宽更低的 HPHT 衬底。图 3.10(d)～(f)分别为生长的 CVD 单晶金刚石与普通 Type Ⅱa 单晶金刚石在室温下的 PL 谱比较结果。这里分别利用 325 nm、514 nm、532 nm 三种激光激发，以观测不同发光

区间的杂质峰。可以看到，经过归一化处理后，生长的高质量CVD单晶金刚石比普通Type Ⅱa金刚石的杂质发光强度有了大幅下降，生长的CVD单晶金刚石在多种激光激发下都没有发现明显的已知杂质发光峰。以上PL结果表明，利用9N氢气生长工艺，慢速生长法，高压强法抑制等离子球对石英窗口的刻蚀，可以大幅度地降低CVD金刚石的杂质含量，获得高纯的CVD单晶金刚石，采用以上工艺，可以有效地降低CVD金刚石背景杂质浓度，除此以外，腔体密封性引入的杂质也是需要考虑的，然而，这需要在生长设备方面进行持续的改进。

高质量CVD单晶金刚石的生长需要重点考虑对"痕量"杂质的抑制，并且要降低外延CVD层的晶体缺陷，通过采用高纯度的生长氛围气体，改进生长工艺，选择更高质量的HPHT衬底可以明显地提升CVD单晶的质量，制备出核探测器级的金刚石材料。

3.2　核辐射探测器级金刚石材料的特性表征分析

3.2.1　金刚石样品选型策略

从上一节的分析可知，探测器材料的载流子迁移率与寿命是限制核探测器电荷收集性能的关键因素之一。从金刚石体材料特性的角度来讲，金刚石材料的杂质、结晶质量(如位错)、非金刚石相(如石墨相)等将会对材料的载流子寿命与迁移率造成影响。因此，利用低杂质浓度、低位错密度的金刚石制作核探测器是一个有效提升探测器性能的方法。从金刚石核探测器的制备角度考虑，首先要做的是通过材料的表征分析来选取适合于核探测器制造的金刚石材料，从而指导CVD金刚石材料的生长策略与高性能金刚石核探测器的研制。

在金刚石材料分类体系中，HPHT金刚石通常作为衬底用来进行同质外延生长，这类金刚石通常为Type Ⅰb型，呈黄色。最高等级的金刚石为Type Ⅱa型，主要的氮杂质浓度低于5×10^{-6}。CVD金刚石根据不同的生长工艺，材料的差异较大，色调从略带棕色到无色透明。除此以外，根据晶体类别，还分为单晶CVD金刚石与多晶CVD金刚石。因此我们选取了1片HPHT Type Ⅰb衬底与5片最高等级的Type Ⅱa CVD金刚石进行表征分析，研究其材料特性，如表3.4所示。#5与#6样品为元素六公司的商业“电子级”金刚石[7]，根据其产品信息，氮杂质浓度低于5×10^{-9}，硼杂质浓度低于1×10^{-9}。

表3.4　用于材料特性分析的金刚石样品

样品编号	种类	色调	类别
#1	HPHT		Type Ⅰb
#2	CVD单晶		普通 Type Ⅱa
#3	CVD单晶		普通 Type Ⅱa
#4	CVD单晶		普通 Type Ⅱa
#5	CVD单晶		Type Ⅱa 电子级
#6	CVD多晶		Type Ⅱa 电子级

虽然利用CVD法人工合成金刚石已经大幅度降低了金刚石材料的价格，但是相对于其他半导体材料，金刚石材料的价格还是高昂的。对于最高质量的Type Ⅱa型CVD金刚石，外延材料尺寸通常与衬底尺寸相似，非拼接法得到的CVD金刚石单晶尺寸很难超过12 mm，而且由于存在片内的不一致性，不能简单地通过切片取样来描述整个金刚石晶圆材料的特性。对于核探测器的制造而言，总是希望得到大的灵敏面积，不希望破坏材料结构。基于以上原因，利用非破坏性分析方法表征CVD金刚石材料质量，筛选适合于核探测器制备要求的金刚石材料十分重要。

3.2.2　金刚石的非破坏性表征分析

1. FTIR-金刚石类别甄别

金刚石最为重要的分类标准建立在红外光谱基础上，利用傅里叶变换红外光谱仪(FTIR)可以确定不同金刚石的“Type”。金刚石类型分类系统在金刚石研究中得到了广泛的应用，因为它提供了一种方便的方法来根据其化学和物理性质对金刚石进行分类。利用FTIR很容易快速地测定金刚石类别和相关的痕量元素杂质信息。FTIR分析是非破坏性的并且相对便宜，它提供了大量关于金刚石晶格杂质的信息。

FTIR分析包括通过向金刚石发射一束红外辐射，并测量在什么波长有多少被吸收。氮、硼杂质构型与周围碳原子的相互作用在电磁波谱的红外区引起了不同的特征，即每一种与类型相关的氮、硼杂质都会形成一个或多个特定的、独特的吸收带。金刚石晶格本身也产生了特征吸收特征，因此FTIR光谱既能识别样品为金刚石，又能揭示杂质的种类和数量。常见的Bruker Vertex70显微红外光谱仪采用透射法测量，扫描波数范围为400到4000 cm^{-1}，分辨率为4 cm^{-1}，采用16次扫描均值，在室温24℃，湿度38%下，利用空气进行校准。

金刚石在中红外区，即波数为400到4000 cm^{-1}的范围内具有很强的吸收特征。该范围包含了三个区域[8]，如图3.11所示：一声子区位于～1332到～400 cm^{-1}波数，对应了氮杂质的特征吸收峰，对于TypeⅡa金刚石，第一声子区通常没有特征峰出现；二声子区位于2665到1332 cm^{-1}波数，为金刚石的本征特征区，这个特征区对于所有种类的金刚石都是很明显的，这些特征是由暴露在红外能量下的金刚石晶格碳碳键的振动引起的；三声子区位于～4000到

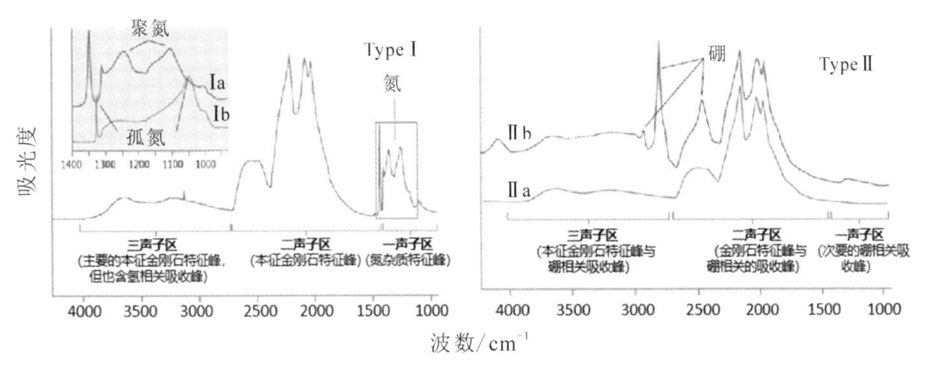

图3.11　利用FTIR进行的金刚石分类

~2665 cm^{-1}波数。对于硼杂质，二、三声子区都可以发现其振动峰，尤其在~2458cm^{-1}、~2803cm^{-1}、~2930cm^{-1}处，硼杂质显示了很强的尖锐吸收峰。其他杂质如氢(3107 cm^{-1})[3]也会出现在三声子区。一声子区的特征谱可以鉴别氮的不同状态类型，替位式孤氮通常在1344和~1130 cm^{-1}处，A型聚氮在~1282 cm^{-1}处，B型聚氮在~1175 cm^{-1}处。

图3.12为HPHT♯1样品的FTIR特征谱，对于黄色调的HPHT金刚石，其明显的含有1344和~1130 cm^{-1}替位式孤氮，且为最主要的氮杂质类型；~1282 cm^{-1}处的A型聚氮也有少量分布，但不是主要杂质类型，因此，♯1黄色调的HPHT衬底为Type Ⅰb金刚石。

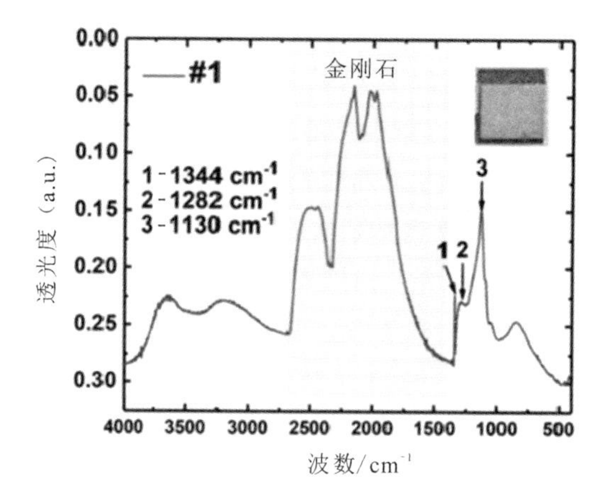

图3.12 HPHT金刚石FTIR特征谱(♯1样品)

CVD单晶金刚石的FTIR特征谱如图3.13所示，虽然CVD金刚石的颜色从略带棕色调到无色透明有些许差异，但是反映在FTIR光谱上的特征基

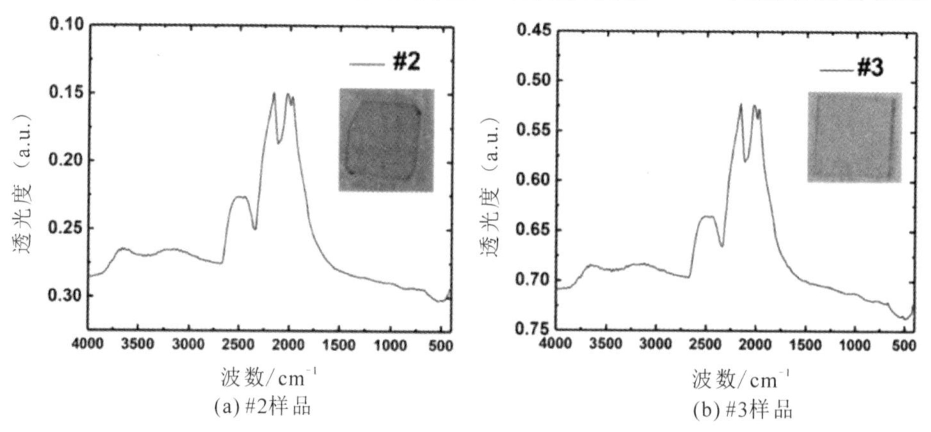

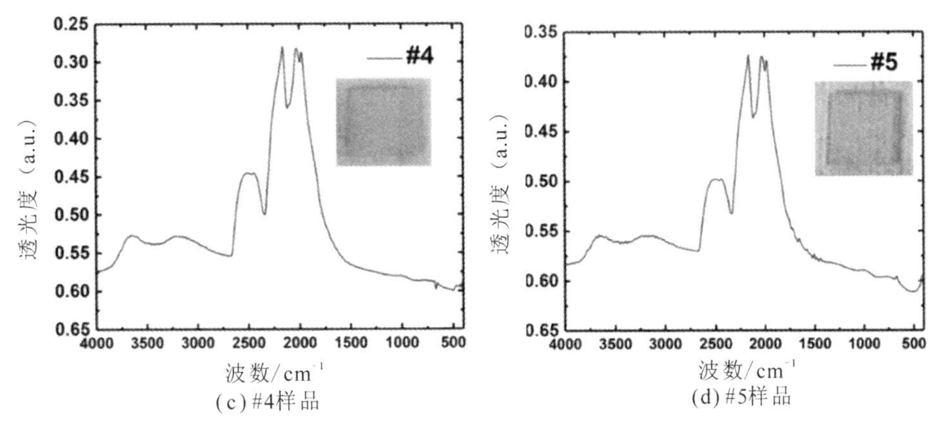

(c) #4样品　　(d) #5样品

图 3.13　CVD 单晶金刚石 FTIR 特征谱

本相似，♯2、♯3、♯4 样品以及♯5 样品的一声子区没有观察到氮杂质特征峰，二声子区没有观察到硼特征峰，三声子区也没有观测到其他杂质峰，因此按传统的宝石学分类法，这些 CVD 金刚石都可以归为 Type Ⅱa 型金刚石。

♯6 样品为 CVD 多晶金刚石，其 FTIR 特征谱如图 3.14 所示，与 CVD 单晶金刚石类似，多晶金刚石虽然具有晶粒边界，但是其 FTIR 特征谱也为 Type Ⅱa 型金刚石。这也说明，FTIR 法不具备区分多晶与单晶金刚石的能力。

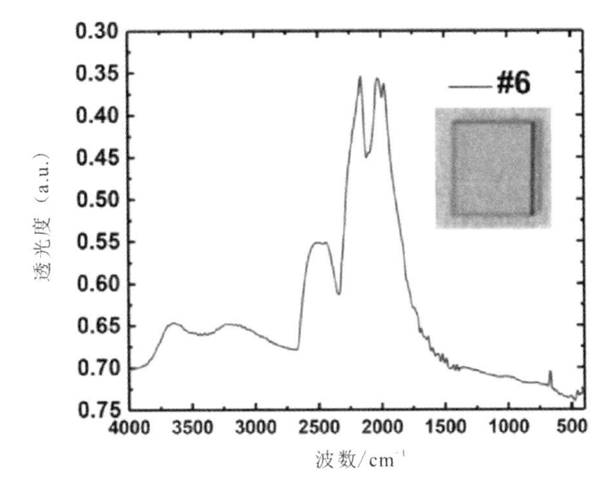

图 3.14　CVD 多晶金刚石 FTIR 特征谱

以上结果表明，选取的 CVD 金刚石通过 FTIR 特征谱，按宝石学分类可以确认为最高等级的 Type Ⅱa 型金刚石，CVD 金刚石杂质浓度低于5×10^{-6}。黄色调的 HPHT 金刚石可以确认为 Type Ⅰb 型金刚石，该金刚石体内具有高浓度的替位式孤氮。

2. 拉曼光谱

拉曼(Raman)散射为一种非弹性散射，是光子受到材料中各种激发所对应的极化起伏的影响所产生的散射。在拉曼散射中，散射光中的散射峰相对于入射光的拉曼频移受参加拉曼散射的元激发能量所决定，与材料特征相关。在半导体中，利用声子的拉曼散射可以观测材料的晶格振动谱以及与杂质缺陷有关的局域声子谱，以确定材料性能。在金刚石材料的表征中，利用拉曼散射能够确定金刚石材料的生长质量和应力情况，而且由于在金刚石生长过程中，非金刚石相的碳的同素异性体经常混杂于金刚石晶体中，因此利用拉曼光谱还可以确定金刚石和非金刚石相[9]。在拉曼光谱中，通常采用波数(cm^{-1})为单位，表征光谱测量结果。波数为波长的倒数，与频率呈正比，如果我们定义入射光波长为λ_0，散射光波长为λ_1，则拉曼位移(Raman shift，单位为cm^{-1})ω可以表达为

$$\omega=\frac{1}{\lambda_0}-\frac{1}{\lambda_1} \tag{3-3}$$

在已经报道的数据中[4]，认为理论上金刚石在室温下的拉曼位移为$1332.3\pm0.2\ cm^{-1}$，拉曼峰半高宽为$1.8\ cm^{-1}$。在本研究中，金刚石拉曼位移理论值取$1332.3cm^{-1}$。对于金刚石内部应力σ，可以用理论拉曼位移ω_0与实际拉曼位移ω的差值$\Delta\omega$来表达，即

$$\Delta\omega=\omega-\omega_0=-\kappa\sigma \tag{3-4}$$

此处κ为金刚石拉曼应力因子，已被测定为$1.9\ cm^{-1}/GPa$[4]。此处，当金刚石应力σ为负值时，表示金刚石内部存在压应力(compressive stress)。在金刚石拉曼光谱中，除了金刚石的特征峰外，如果存在有碳原子晶格缺陷，还会在$1350\ cm^{-1}$处出现 D 峰[10]，如果存在sp^2杂化的石墨相，则会在$1580\ cm^{-1}$处出现 G 峰[11]。实验中采用的拉曼光谱仪为 Jobin Yvon LavRam HR800 型光谱仪，可以测试拉曼光谱。对于拉曼光谱，选择 1800 g/mm 光栅，激光波长为 514.5 nm (514 nm)。

HPHT 金刚石的拉曼光谱(♯1 样品)如图 3.15 所示，其拉曼位移峰处于

1332.54 cm^{-1}，半高宽为 3.96 cm^{-1}，该样品没有发现非金刚石相。Type Ⅰb 金刚石的晶体质量十分接近理想金刚石的拉曼位移峰，具有很高的结晶质量，选择 Type Ⅰb 金刚石作为 CVD 外延衬底的重要原因也在于其极好的结晶质量，用于 CVD 外延生长时，可以获得较为理想的 CVD 外延金刚石。

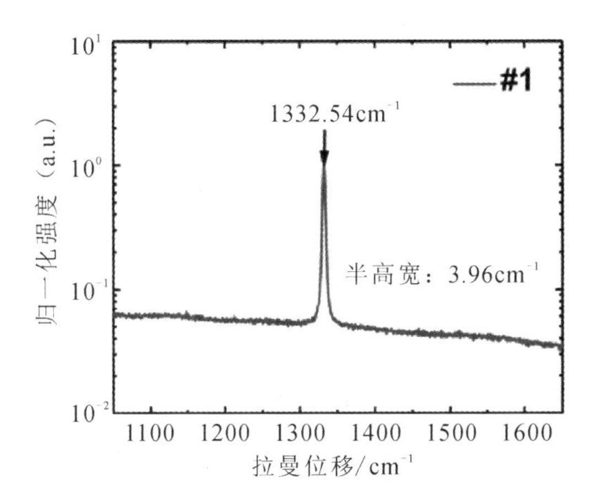

图 3.15　HPHT 金刚石拉曼光谱(♯1 样品)

四个 CVD 单晶金刚石样品的拉曼光谱如图 3.16 所示，拉曼峰位分别位于 1332.54 cm^{-1}、1332.73 cm^{-1}、1332.61 cm^{-1}、1332.40 cm^{-1}，半高宽分别为 3.59 cm^{-1}、3.56 cm^{-1}、2.97 cm^{-1}、3.70 cm^{-1}，没有发现 D 峰与 G 峰，与 HPHT 金刚石的拉曼位移峰结果相似。虽然 CVD 单晶金刚石样品都为 Type Ⅱa 金刚石，氮杂质浓度远低于 Type Ⅰb 型 HPHT 金刚石，但是拉曼光谱结果表明，杂质浓度对拉曼主峰以及半高宽的影响较小。

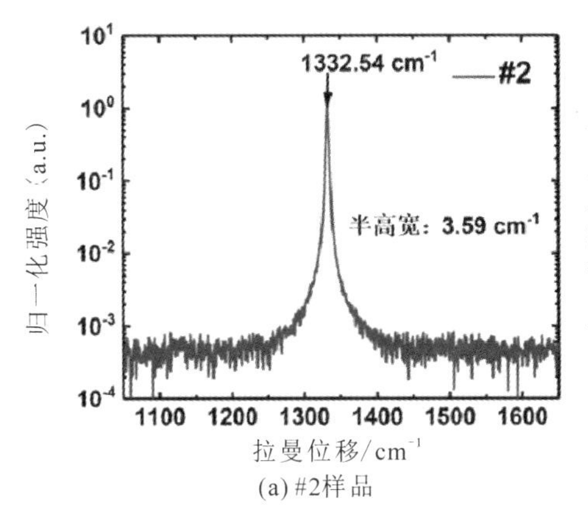

(a) #2样品

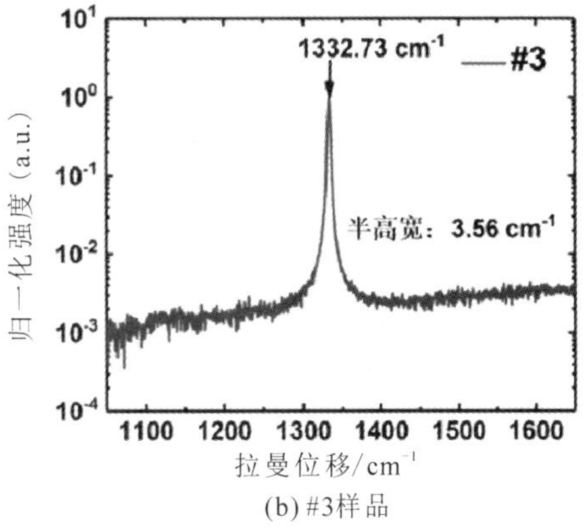

(b) #3样品

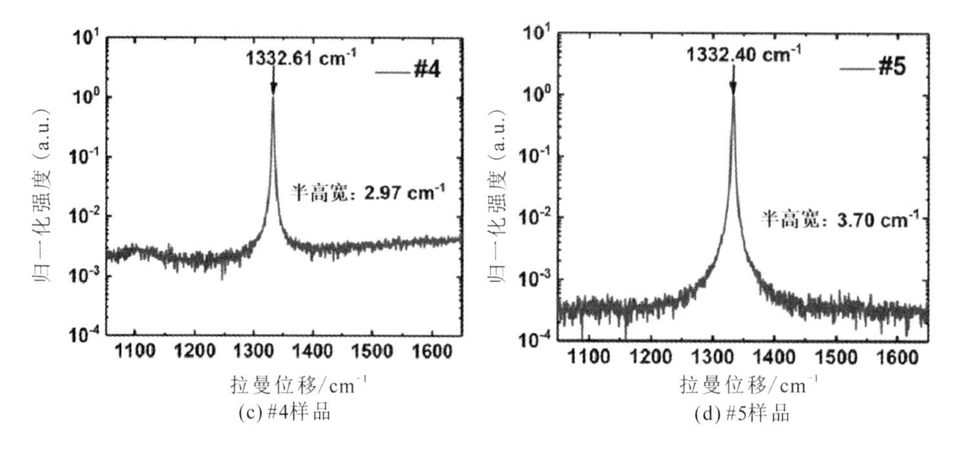

(c) #4样品　　(d) #5样品

图 3.16　CVD 单晶金刚石拉曼光谱

CVD 多晶金刚石(♯6 样品)的拉曼光谱如图 3.17 所示，根据拉曼光谱结果，多晶金刚石虽然存在大量的晶粒边界和不同晶向的金刚石晶粒，但是多晶 CVD 金刚石同样能获得极高的结晶质量，其拉曼位移为 1332.88 cm^{-1}，半高宽为 3.70 cm^{-1}。

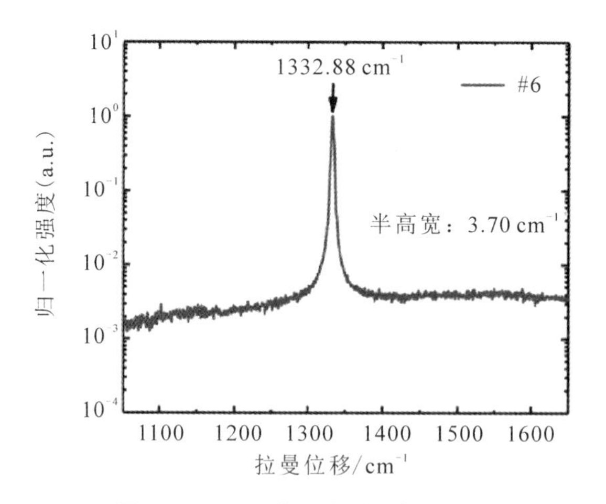

图 3.17　CVD 多晶金刚石拉曼光谱

以上结果表明，CVD Type Ⅱa 金刚石与 HPHT Type Ⅰb 金刚石都具有很高的结晶质量，没有发现 D 峰与 G 峰。对于金刚石核探测器的材料选型而言，利用拉曼光谱可以确认金刚石相，确认晶体质量。但是仅用拉曼光谱还不足以对高质量金刚石做出有效的区分。

3. PL光谱

光致发光(PL)光谱通过激光照射半导体材料，使得材料中电子发生跃迁，当电子从高能态跃迁到低能态时，伴随着发射光子的复合跃迁过程的光谱。通过光致发光光谱的分析，可以获得关于材料结构和物理性质的信息，也能够反映辐射复合和非辐射复合之间的相互竞争。测量PL光谱时，将激发光的波长固定，利用探测器扫描材料伴随发射的光子的波长和强度。利用PL光谱可以测量金刚石材料内部的能带与杂质能级之间的辐射复合过程，确认金刚石材料中不同杂质的发光能级和杂质类型，是一种半定量分析，可以探测极为微弱的杂质发光。

实验中采用的PL光谱仪为Jobin Yvon LavRam HR800型光谱仪，可以测试拉曼及PL光谱。对于PL光谱，一般选择600 g/mm光栅。PL光谱探测不同波段的杂质发光时，需要选用不同波长的激光器，以避免拉曼峰对临近杂质发光峰的干扰，在这里我们利用的激光器波长有325 nm、514 nm、532 nm以及633 nm。

1) 金刚石中常见的杂质发光缺陷

金刚石中的一些晶格缺陷会导致光致发光，尽管这些缺陷与金刚石的分类并无直接关系，但是分析这些晶格缺陷对于材料特性和高性能金刚石核探测器的研制是十分有益的。这些由杂质和缺陷引起的发光，也称为金刚石色心。金刚石中主要的色心有以下几类[3,8]：

N3(415 nm)：此种缺陷由三个氮原子环绕一个空位组成，对于金刚石黄色光谱具有贡献。

N2(478 nm)：这种宽光谱带与N3有关，是许多黄钻光谱的一部分。它还与氮杂质有关。

480 nm：这种色心目前的来源不明，但是经常产生于Type Ⅰa金刚石，与金刚石中黄色光谱相关。

H4(496 nm)：此种缺陷由四个氮原子与两个空位组成，是由于金刚石中的空位与B型聚氮杂质相结合产生的，在金刚石中也将产生黄色光。

H3(503.2 nm)：此种缺陷不带电，由两个氮原子与空位结合而成，两个氮原子被空位分离，即$[N-V-N]^0$结构，也与发黄色光相关。

3H(503.5 nm)：与间歇式碳原子相关，来源于辐射损伤，或者GR1色心。

550 nm：来源于金刚石的塑性形变与其他成因。

NV^0(575 nm)：由一个氮原子与旁边的一个空位组成，通常呈中性态。

595 nm：此发光与氮缺陷相关，但是具体结构不明。

NV^-(637 nm)：此缺陷也由一个氮原子与旁边的一个空位组成，但是呈负电状态。

SiV^-(737 nm)：由一个硅原子与旁边的一个空位组成，通常整体带负电。

GR1(742 nm)：此发光缺陷由金刚石中一个不带电的空位构成，通常于金刚石遭受辐射后产生。

SiV^0(946 nm)：由一个硅原子与旁边的一个空位组成，通常整体呈中性态。

H2(986 nm)：此发光缺陷由两个氮原子及中间插入的一个空位组成，并且整体带负电，即为$[N-V-N]^-$结构。

其他缺陷类型不再一一列举。由于金刚石的生成方式不同，其中的杂质光谱的变化会极大，而且金刚石的色心学研究是目前的一个专门领域，因此此处不做详细论述。

2) HPHT 金刚石的 PL 谱

♯1 样品经过 FTIR 谱的分类，可以归为 Type Ⅰb 型金刚石，杂质类别主要为替位式孤氮，但是进一步研究其杂质发光中心是有必要的。从图 3.18 所示的室温(300K)PL 谱可以知道，对于 325 nm 激光激发下的 PL 谱，存在 473 nm 和 478 nm 峰，这是由于 HPHT 技术生长的金刚石通常包含 Fe、Co、Ni 催化溶剂，Ni 具有光学发光性质，因此峰被认为是与 Ni 和氮相关的 S2 和 S3 中心。而最大值在 500～550 nm 范围内的宽带发光谱也被认为与 S2 和 S3 中心有关[12]。514 nm 激光激发的 PL 谱只显示了一阶拉曼峰，位于 552.5 nm 处，

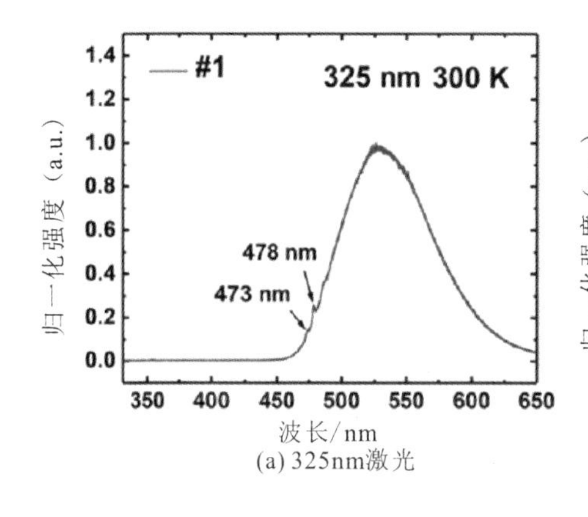

(a) 325nm激光

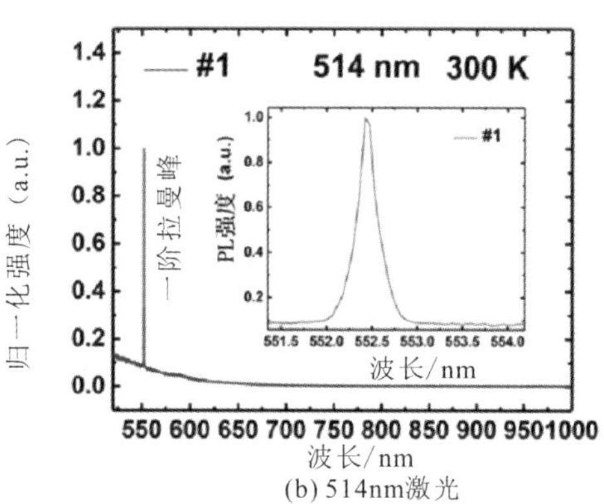

(b) 514nm激光

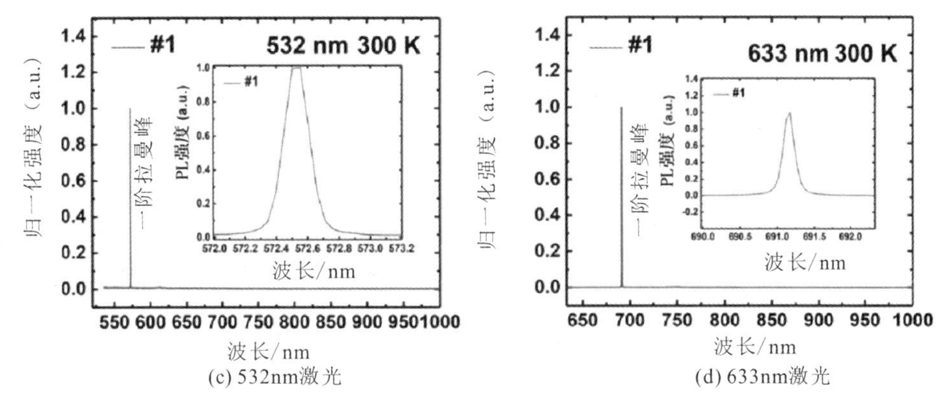

图 3.18　常温 300 K 下♯1 样品的在不同激发波长下的 PL 谱

没有发现其他色心。同样 532 nm 与 633 nm 激光激发的 PL 谱也只有一阶拉曼峰，并没有其他色心。

3) CVD 单晶金刚石(♯2、♯3、♯4、♯5)的 PL 谱

CVD 单晶金刚石样品的室温(300K)PL 谱如图 3.19 所示，图 3.19(a)为 325 nm 激光激发下的 PL 谱，所选样品除 340 nm 的一阶拉曼峰外，没有其他杂质峰，这是因为 CVD 金刚石生长环境下的氮杂质通常以替位氮原子与空位结合，通常不形成氮对或者多氮中心[3]。图 3.19(b)为 514 nm 激光激发下的 PL 谱，1 号峰和 2 号峰分别为一阶拉曼峰与二阶拉曼峰，♯2 和♯5 样品没有明显的杂质峰，♯3 样品在 575 nm、637 nm、737 nm 处出现了 NV^0、NV^-、SiV^- 缺陷中心，♯4 样品具有 NV^0 和 NV^- 缺陷中心。图 3.19(c)为 532 nm 激光激发下的 PL 谱，♯5 样品依然没有任何杂质峰，♯2 样品则出现了强度较大的 NV^0 和 NV^- 缺陷峰，♯3 样品与♯4 样品则与 514 nm 激光 PL 谱一致。图

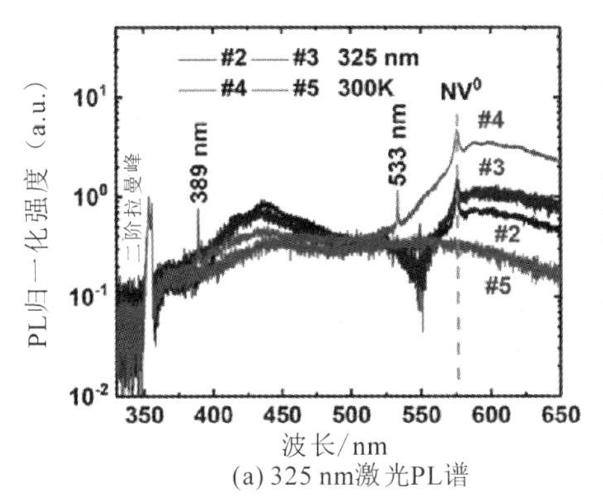

(a) 325 nm激光PL谱

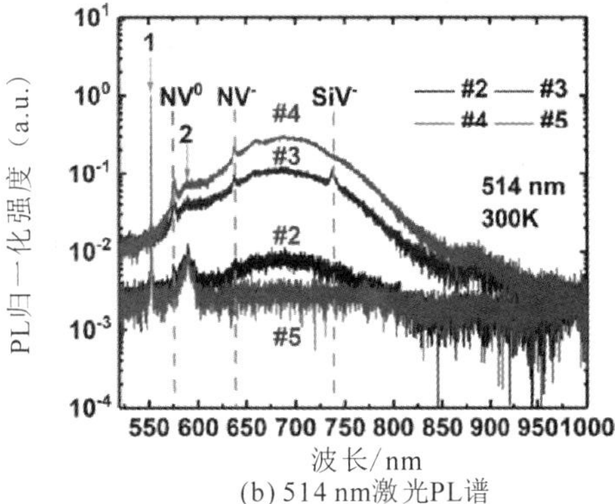

(b) 514 nm激光PL谱

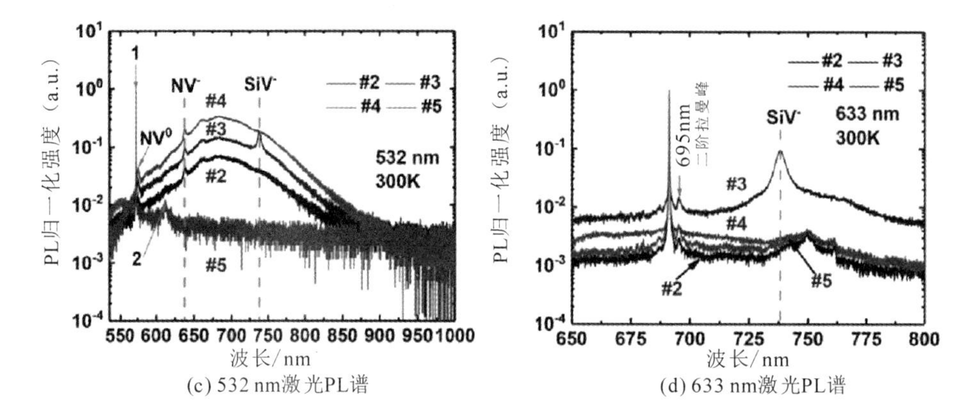

(c) 532 nm激光PL谱　　(d) 633 nm激光PL谱

图 3.19　CVD 单晶金刚石样品(＃2、＃3、＃4、＃5)在不同激光波长下的 PL 谱

3.19(d)所示为 633 nm 激光激发的 PL 谱，从图中可以看到，所有样品的 NV^0 和 NV^- 缺陷中心都没有观测到，只观测到＃3 样品的 SiV^- 缺陷中心。

不同激光激发下的 PL 谱差异是由于强的激光峰或者一阶拉曼峰会造成杂质峰的光学干扰，从而不能有效反应在 PL 谱上造成的。例如在 514 nm 激光激发下，一阶拉曼峰位于 552 nm 处，与 NV^0、NV^-、SiV^- 缺陷中心的能量差异大，不容易被一阶拉曼峰干扰和覆盖；532 nm 激光激发下，一阶拉曼峰位于 572 nm 处，对 575 nm 处的 NV^0 缺陷中心的影响较大，NV^0 缺陷中心已经几乎被一阶拉曼峰覆盖；633 nm 激光激发下，NV^0 缺陷中心的激发能量已经高于激光能量，从而不能被探测，而 NV^- 缺陷中心所在 637 nm 发光中心已经位于激发光附近，发光强度被激光严重衰减，此激发波长下，对 SiV^- 缺陷中心的探测更为有效。

从上述结果来看，Type Ⅱa 金刚石虽然在宝石学分类体系中已经是最高等级的金刚石，但是 PL 谱的杂质发光特性具有显著的差别，“电子级”单晶金刚石由于杂质含量极低，室温下的 PL 谱已经不能探测到杂质发光，这也是与普通 Type Ⅱa 金刚石最大的区别。利用 PL 谱筛选出适合制造高性能核探测器的金刚石晶体是一种十分有效的方法。

4) CVD 多晶金刚石样品(＃6)PL 谱

对于 CVD 多晶金刚石样品(＃6)，室温(300 K)下的 PL 谱如图 3.20 所示，在所有波长的激光激发下，都没有发现杂质发光峰，说明该材料具有制作高性能金刚石核探测器的潜力，实际的性能还需要根据实验进一步确认。

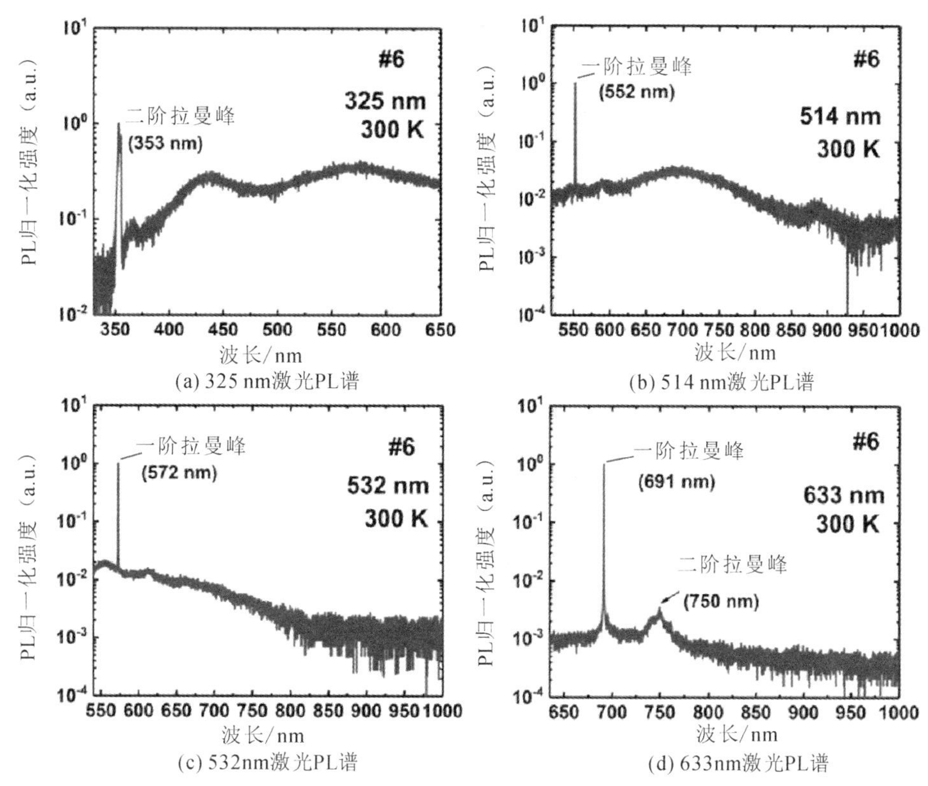

(a) 325 nm激光PL谱　(b) 514 nm激光PL谱

(c) 532nm激光PL谱　(d) 633nm激光PL谱

图 3.20　CVD 多晶金刚石样品在不同激光波长下的 PL 谱

4. XRD-结晶质量分析

X 射线衍射(XRD)是一种对晶体材料的结晶质量、应力、晶格常数等参数进行无损表征的一种常用手段，当 X 射线入射到样品表面时，将会与特定的晶面族发生衍射。对于晶体材料而言，发生衍射的条件是晶面间距 d 与入射的 X 射线波长 λ 满足著名的布拉格方程，可以表达为下式：

$$2d\sin\theta=n\lambda \tag{3-5}$$

式中，n 为衍射级数，θ 为衍射角度。对于金刚石结构，晶面族(hkl)的数值为奇偶混合或者全为偶数，但 $h+k+l\neq 4n$ 时，该晶面不会发生衍射。通常利用 2θ 角来判断金刚石的晶向和晶格常数，此方法可以用于多晶及粉末样品。对于质量更高的单晶金刚石，通常用 XRD 摇摆曲线(rocking curve)半高宽来判断其结晶质量：半高宽越小，说明金刚石的结晶质量越高，位错密度越低[13]。本研究使用 Bruker 公司的 D8-Discover 高分辨 X 射线单晶衍射仪与 D8-Advance

型多晶衍射仪对样品的结晶质量进行测试，其中 X 射线为 Cu Kα_1 射线，波长为 0.154 nm。

图 3.21 为所选样品的 XRD 结果，所有单晶样品均利用 XRD 摇摆曲线来表征结晶质量。#1 HPHT 样品的(004)面 XRD 摇摆曲线半高宽为 51.84 arcsec，如图 3.21(a)所示，并没有因为高含量的氮杂质而使其摇摆曲线半高宽比其他 Type Ⅱa 金刚石的高。这是由于 HPHT 模拟天然金刚石形成过程，可以较好

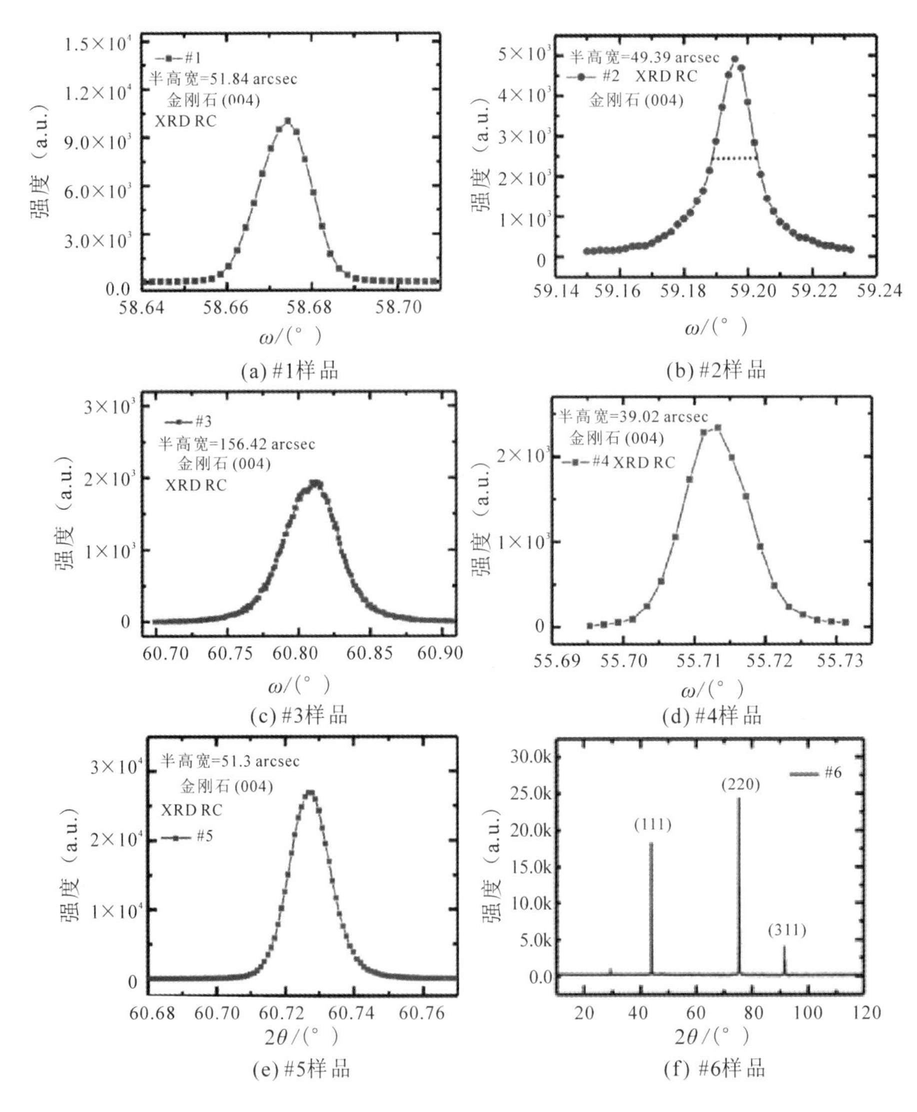

(a) #1样品　(b) #2样品　(c) #3样品　(d) #4样品　(e) #5样品　(f) #6样品

图 3.21　金刚石样品的 XRD 结果

地释放金刚石内部应力，使得晶格间的形变变小，而氮杂质通常以点缺陷形式存在，因而不会引起位错密度的显著增加。

其他 Type Ⅱa 单晶样品的(004)面 XRD 摇摆曲线结果中，#4 样品虽然 PL 杂质发光最强，但是 XRD 摇摆曲线半高宽最低，仅为 39.02 arcsec，如图 3.21(d)所示；杂质含量最低的#5 样品的 XRD 结果并不是最优，为 51.3 arcsec，如图 3.21(e)所示；处于 PL 发光强度中间范围的#2 与#3 样品的结果差异很大，#2 样品为 49.39 arcsec，如图 3.21(b)所示，#3 样品为 156.42 arcsec，如图 3.21(c)所示。以上结果表明，Type Ⅱa 单晶金刚石的结晶质量与杂质浓度并没有直接关系，其 XRD 摇摆曲线半高宽差异很大，是由于 CVD 生长过程中，CVD 外延层的位错通常来自衬底与生长界面，位错将会沿着生长方向进行延伸，而微量的杂质在金刚石内部主要以点缺陷形式存在，因此，为了生长高结晶质量的单晶金刚石，需要在 HPHT 衬底选择以及生长界面处理方面进行优化。

对于#6 的多晶金刚石，见图 3.21(f)，由于其结构特征无法使用 XRD 摇摆曲线进行结晶质量判定，只能利用 XRD 分析其晶向，发现其主要晶向为(111)、(220)、(311)面。

5. 正交偏光显微镜-金刚石异常双折射

双折射是由于光在各向异性(非均质体)的晶体中传播时，其传播速度和折射率随着振动的方向不同而改变，将分解成振动方向互相垂直、传播速度与折射率不同的两种偏振光的现象。金刚石属于立方晶系，由于各向同性，通常是不会发生双折射的，其折射率在任何方向下都是相等的。在正交偏光显微镜下，当一束偏振光穿过金刚石后，样品后部与偏振光成 90°夹角的检偏器将不能通过该偏振光，目镜下应该为全黑。然而，由于金刚石中的杂质、位错、应力等导致金刚石晶格形变，局部区域会发生各向异性，当光线穿过金刚石后，某些晶格方向的光传播速率将发生变化，从而表现出异常双折射现象。双折射的程度与晶格应变程度、折射率以及厚度呈正相关。通常，利用正交偏光显微镜来观察金刚石的异常双折射现象，其原理如图 3.22 所示。双折射提供了直观观测金刚石应力分布的手段，可以明确应力的空间分布。利用该方法可以发现微米尺度的缺陷，因为缺陷的应变场可以扩展到几十个微米的范围。该技术的无损特性和快速性使其可以成为拉曼光谱以及 XRD 的一种有效的补充手段。本研究中采用的显微镜为 ZEISS 公司的 Scope. A1

显微镜，生成的图像采用 CCD 相机记录。

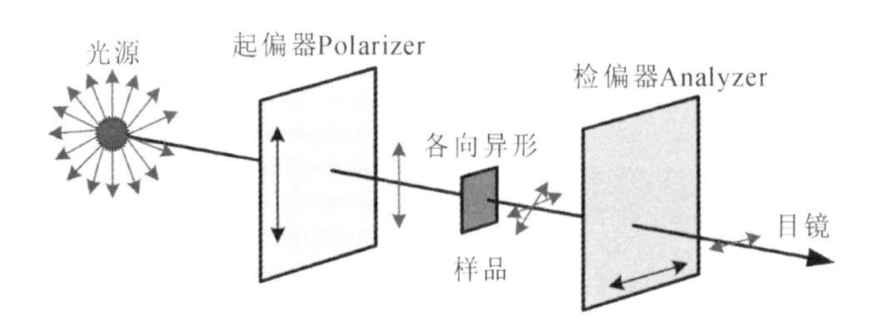

图 3.22　正交偏光显微镜观测金刚石异常双折射原理

图 3.23 为不同的金刚石样品的异常双折射形貌，可以从图中看到，不同生长方式、相同生长方式下不同工艺制备的金刚石具有明显的双折射形貌差异。对于制备高性能的金刚石核探测器而言，为了提高材料的迁移率寿命积，需要得到内生缺陷较少的材料样品，不产生明显的异常双折射现象，如图 3.23(d)或者(e)类型的样品，而其他样品发生了明显的双折射现象，这通常被认为是由于位错和应力等晶体缺陷造成的，这对于提高探测器性能是十分不利的。

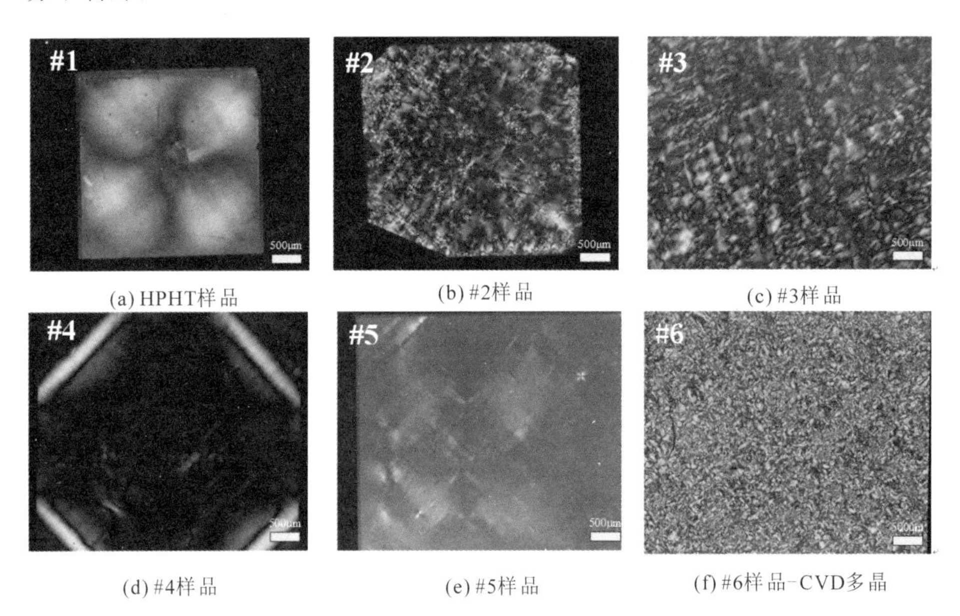

(a) HPHT样品　(b) #2样品　(c) #3样品

(d) #4样品　(e) #5样品　(f) #6样品-CVD多晶

图 3.23　金刚石异常双射线形貌图

3.3　金刚石核辐射探测器的制备工艺方法和电学特性

3.3.1　器件结构设计与制备

核探测器的结构参数主要包括灵敏面积、非灵敏区厚度、灵敏区厚度。

灵敏面积是核探测器的一个重要物理参数，大的灵敏面积可以提高探测器的计数率，尤其是在对低强度的射线源进行探测时，精确地进行计数测量需要考虑大的灵敏面积。然而大的灵敏面积会造成大的寄生电容，使得脉冲响应上升变长，同时大的灵敏面积会造成较大的漏电流，降低探测器的能量分辨率，因此在设计探测器结构时，需要进行折中考虑。

非灵敏区厚度也叫入射窗或者死层，是指射线在进入灵敏区以前，会经历一个对输出信号没有贡献的区域，但此区域会损失入射粒子的能量，导致输出脉冲幅度降低，从而降低 CCE 与能量分辨率。对于探测器而言，金属电极是一个典型的非灵敏区，因此，表面覆盖的电极厚度在保证探测器电接触的同时应尽量的薄。另一个典型的非灵敏区是结型探测器的非耗尽区，如果 PN 结的耗尽区宽度比器件几何厚度小，尤其是在入射面区域，则会损失能量导致输出脉冲幅度降低。

灵敏区厚度是指对探测器输出脉冲幅度有贡献的有效探测区域厚度，当射线入射时，如果粒子的射程小于灵敏区厚度，则能量被完全吸收，输出的脉冲幅度最大，探测器的输出脉冲幅度将与入射粒子能量呈线性正比关系。因此，对于高能粒子的探测，灵敏区厚度应当尽量提高，以提升探测器的探测能力。

金刚石核探测器的结构通常可以设计为如图 3.24 所示的四种。前文已经讨论过，由于金刚石掺杂困难，PN 结、肖特基结、PiN 结型金刚石核探测器制备困难，很难获得优良的性能，更为关键的是，以上形成的势垒区作为探测器的灵敏区，厚度通常不超过 10 μm，而且非耗尽区和金属电极形成的死区厚度过大，对入射粒子能量的消耗严重，将会使电子空穴对的涨落变大，恶化能量分辨率。2018 年，Shimaoka 等人研制的 PN 结(PiN 结)[14] 型金刚石核探测器

的能量分辨率只有 30%，对于 5.486 MeV 的 α 粒子的能量沉积也不足 10%，使得 CVD 金刚石核探测器的性能过低，不能应用于实际的能谱测量。因此，目前主流的可以实际应用的金刚石探测器结构还是以 MiM 结构为主，如图 3.24(d)所示。

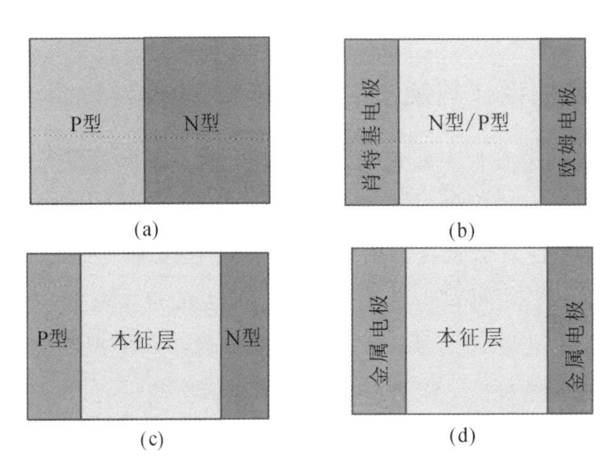

图 3.24　CVD 金刚石核探测器结构

非相对论效应的 α 粒子在金刚石体内的射程可以利用 SRIM 代码进行计算。SRIM 是一个计算粒子入射靶面后能量损失和分布的程序组，采用蒙特卡洛方法，目前已广泛应用于粒子物理、半导体科学等方面。图 3.25 为利用 SRIM 计算得到的 α 粒子在金刚石内的射程与能量关系。对于能量为 1 MeV 的

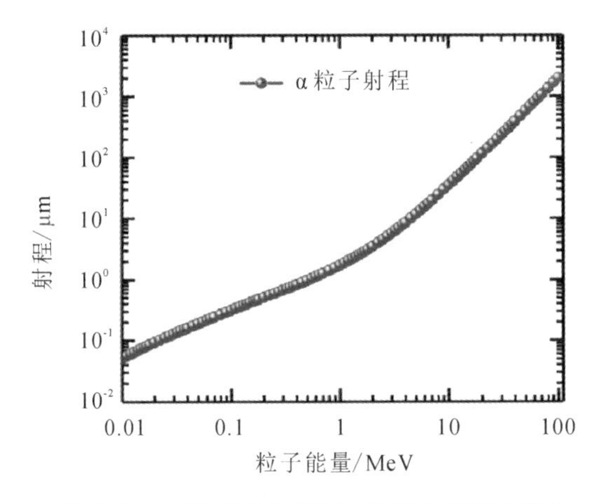

图 3.25　α 粒子在金刚石内的射程与能量关系

α粒子，如果能量要完全沉积，则CVD金刚石层的厚度不小于1.73 μm，对于能量为5 MeV的α粒子，则需要CVD金刚石厚度不低于11.79 μm，而当α粒子能量达到100 MeV时，CVD金刚石的厚度需要超过2 mm。因此，MiM结构的本征层厚度，需要根据实际的探测粒子能量进行优化设计。

金刚石核探测器的制作工艺通常采用标准的半导体制作工艺。首先是CVD外延层的切割研磨抛光工艺。HPHT金刚石单晶衬底的杂质含量较高，不适合用于探测器研制，需要将CVD金刚石外延层从衬底上切割下来。金刚石作为超硬材料，通常采用激光切割，切面通常不平整且会出现非晶碳和缺陷损伤；单晶生长过程中在生长面边缘也容易出现一圈多晶包裹层，因此需要对生长的金刚石单晶材料进行研磨抛光。研磨抛光的目的是尽可能地去掉非单晶部分，降低表面损伤，提高表面宏观和微观平整度，得到规格符合探测器制作要求的金刚石单晶材料。

其次是探测器管芯制作工艺。制作前，先对金刚石单晶进行表面清洗，常用的手段为利用丙酮、铬酸、硫酸等脱脂，再用酒精、NH_4OH和H_2O_2的混合液漂洗，最后用去离子水冲洗干净。然后进行欧姆接触电极制备。金刚石电子亲和能较大，一般的金属很难与金刚石形成欧姆接触。据研究报道，金刚石表面经氢终端处理后，可形成负电子亲和能，此时再用高功函数的金属与金刚石表面进行接触，较易形成欧姆接触。除此以外，利用全碳电极结构、Ti金退火形成TiC合金结构等工艺也可以制作欧姆接触电极。目前金刚石的欧姆接触研究已经成为金刚石器件的研究热点，对于氢终端结构，此步工艺采用MPCVD对金刚石表面进行氢化处理，再进行光刻图形，最后利用热蒸发或电子束蒸发形成表面金属电极。最后，为了抑制探测器的表面漏电，还需对探测器管芯除电极以外的其他表面进行氧处理，去除表面导电离子，抑制暗电流。以上工艺方法如图3.26所示。

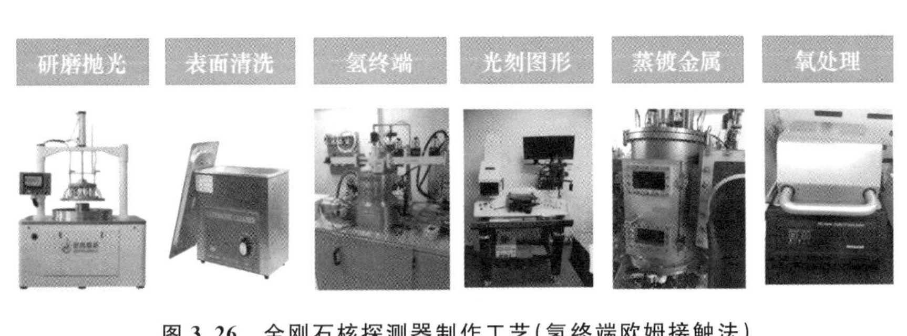

图3.26 金刚石核探测器制作工艺(氢终端欧姆接触法)

为了将金刚石探测器管芯中经辐射产生的电子空穴对引出到外部电路，形成仪器所能观测到的电信号，需要根据探测器的结构设计要求对管芯进行封装，将其电接触的金属层通过可靠的方式与外电路相连，以保护和支撑金刚石探测器管芯，方便使用。探测器的封装要求：在封装过程中对材料没有损坏，保持材料的清洁和绝缘性能良好，保证探测器外壳和引线方便探测器的使用和安装。目前常采用的封装外壳为塑封外壳、PCB 封装、陶瓷封装。图 3.27 为常见的 TO 陶瓷封装管壳。相对于其他两种封装材料，陶瓷材质由于绝缘性能更好，漏电流更低，能承受 1000V 以上的电压，制成的探测器外包装坚固耐用，因而作为主要的封装外壳。

图 3.27　常见的 TO 陶瓷封装管壳

3.3.2　氢氧终端 CVD 金刚石核探测器制备工艺与电特性

本节介绍一种高性能氢氧终端 CVD 金刚石核探测器的制备工艺，并介绍其欧姆接触特性和暗电流。

1. 引言

高性能的 CVD 金刚石核探测器通常需要具有出色的 CCE、能量分辨率以及 I－V 特性。传统上，金刚石材料特性、电极接触以及表面态是影响上述性能的关键因素。Hecht 方程给出的影响 CCE 特性的因素只考虑了载流子的迁移率寿命积、电场强度以及材料厚度，并没有考虑电极接触以及表面态对 CCE 的作用。通常，金属-金刚石界面扮演着一个对核探测器性能影响的重要角色。对于 MIM 结构而言，不同的电极制造技术会形成诸如欧姆接触、肖特基接触等形式。出色的欧姆接触意味着没有明显附加阻抗，不仅能够增加金刚石核探测器工作在电流模式下的输出电流，而且还能得到快速的时间响应。当射线入射金刚石核探测器时，产生的非平衡载流子也会被捕获在电极与金刚石界面缺陷所产生的陷阱中。这种陷阱俘获效应对载流子的收集是不利的，并可能导致以电子为主的输出信号与能谱仪中由空穴决定的输出信号之间存在显著差异。另一个问题是，当电流通过金刚石核探测器时，如果电极接触不能足够快地提取或者注入电子，将会发生极化现象，在这种情况下，电离辐射结束后，核探

测器在两个连续时间间隔之内不能快速恢复中性态，从而导致电荷的积累在金刚石内部产生与外加电场方向相反的内建电场，使得输出信号幅度减小，影响核探测器对电荷的收集[15]。在过去，极化现象主要是由于天然和早期CVD金刚石中存在高水平的缺陷，然而目前在高质量的“电子级”CVD单晶金刚石中，极化现象可以归因于金属-金刚石界面的性质[15]。多层金属Ti-C phase/Pt/Au电极结构[16]、Diamond-like-carbon(DLC)层结构[15]、脉冲激光沉积(PLD)接触[17]、氧化石墨烯/Au电极结构[18]的CVD金刚石核探测器被证明能够在一定程度上克服以上缺点。

金刚石的表面调制特性已经被用来优化金刚石电子器件的性能。氢终端与氧终端作为金刚石表面最为主要的表面特性，具有极为不同的物理特性，例如电子亲和能、功函数以及表面电导[19]。氢终端金刚石表面没有悬挂键，具有稳定的表面结构。据报道，(001)面的氢终端金刚石的电子亲和能为$-1.3\sim-0.4$ eV[20-21]。当氢终端表面暴露在空气中时，会导致表面电导的产生，由于转移掺杂产生的界面偶极子会使其电子亲和能与功函数略微地增加[22]。暴露在空气中的氢终端金刚石表面的功函数大约为5.3 eV[23]。对于众多的金属电极材料，Au最大的优点在于不被氧化，其功函数为5.1 eV。Au与氢终端金刚石表面接触的势垒高度为0.29 ± 0.13 eV[24]，特征接触电阻率为$1\times10^{-3}\sim1\times10^{-4}\ \Omega\cdot cm^2$[25]。因此，Au和氢终端金刚石之间的接触可以作为合适的欧姆电极接触。由于很高的表面电阻和1.7 eV的正电子亲和能，氧终端可以作为一个优良的表面隔离和钝化层[19]。因此，金刚石核探测器的暗电流可以被大幅度地减少，这也是成功制作金刚石核探测器的关键一步。

2. 器件工艺制备

器件的制作流程如图3.28(a)所示。第一步，根据前文对CVD金刚石材料特性的研究，选择经过非破坏性表征之后，材料杂质发光特性最低的商业单晶金刚石来制作金刚石核探测器，以排除材料体缺陷对器件性能的影响。该样品尺寸为$4.6\times4.6\times0.3\ mm^3$，晶向为(100)(目的是避免材料缺陷造成的影响)。第二步，首先将金刚石样品在H_2SO_4中浸泡30 min，以去除无定形碳和有机污染物，紧接着再将样品放入丙酮、酒精、去离子水中利用超声清洗工艺在60 W功率下各清洗15 min。第三步，利用MPCVD将样品的上下表面用氢等离子处理成氢终端表面。MPCVD处理工艺为：H_2流量700 sccm，腔体压力100 mbar，温度设定为850℃，微波功率为2 kW。第四步，利用电子束蒸发与金属掩膜板在样品上下表面淀积 150 nm 厚的 Au 作为电极，电极尺寸为 $4\times4\ mm^2$。第五步，在制作完电极接触后，将样品放入反应离子刻蚀(RIE)腔中，将没有被 Au 电极覆盖的氢终端表面在氧气氛围下转换为氧终端，RIE 腔的氧气流量为 80 sccm，腔体压力为 8 Pa，反应功率为 150 W，处理时间为 10 min。最终，将制作好的核探测器器件封装入 TO 管壳内，利用硅铝丝完成引线键合。制作的器件成品如图 3.28(b)所示，器件结构如图 3.28(c)所示。

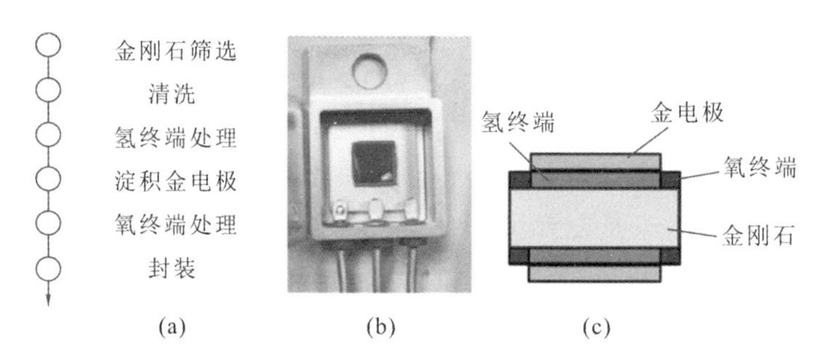

图 3.28　器件制作流程、成品照片以及器件结构

3. 欧姆接触特性

用环形传输线模型(C－TLM)来计算表征氢终端金刚石表面与 Au 电极的特征接触电阻率，原理如图 3.29 所示。此结构包括一个半径为 r 的传导圆形内部区和一个半径为 R 的传导外部区，内部区到外部区的间隔为 $R-r$。此处，r 固定为 30 μm，R 从 35 μm 开始，每次增大5 μm，一直增大到 60 μm。相比于线性传输线模型(TLM)，C－TLM 避免了因外部台面隔离不良造成的电流传输分散引起的计算误差较大问题。

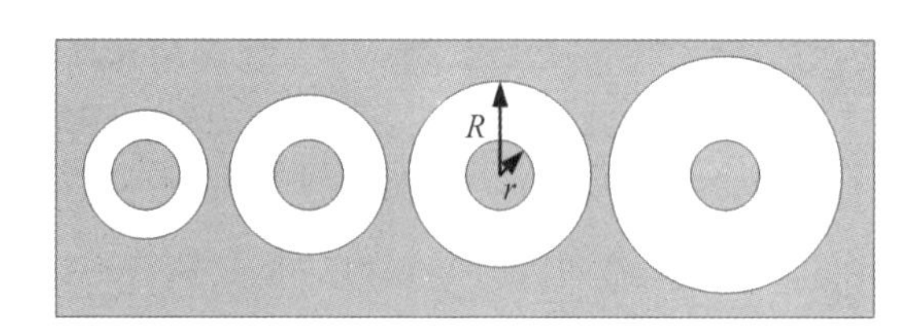

图 3.29　环形传输线模型

根据 C－TLM，总电阻 R_T 可以用下式来表示[26]：

$$R_T=\frac{R_S}{2\pi}\ln\frac{R}{r}+L_T\left(\frac{1}{R}+\frac{1}{r}\right)\tag{3-6}$$

此处 R_S为氢终端金刚石表面的方块电阻，L_T为传输长度(表示从半导体到金属或者从金属到半导体转移电流最多的一段距离)。可以以线性拟合的方式将 R_S与 L_T求出，斜率为 $R_S/2\pi$，截距为 $R_SL_T/(\pi r)$，因此特征接触电阻率为 $L_T^2R_S$。图 3.30(a)为 $R-r$ 从 5 μm 变换到 30 μm 的 I－V 关系特性。可以看出，在不同的间距下，I－V 关系为典型的欧姆接触特性，且随着 $R-r$ 的减小，电流逐渐增大。求出不同间距下的直线斜率，即为该间距下的总电阻 R_T。将不同间距下的总电阻 R_T带入式(3－6)进行拟合，氢终端金刚石表面与 Au 接触的线性拟合关系图如图 3.30(b)所示，可以得到 R_S为 5.97 kΩ/sq，特征接触电阻率为 $1.73\times10^{-4}\ \Omega\cdot cm^2$。

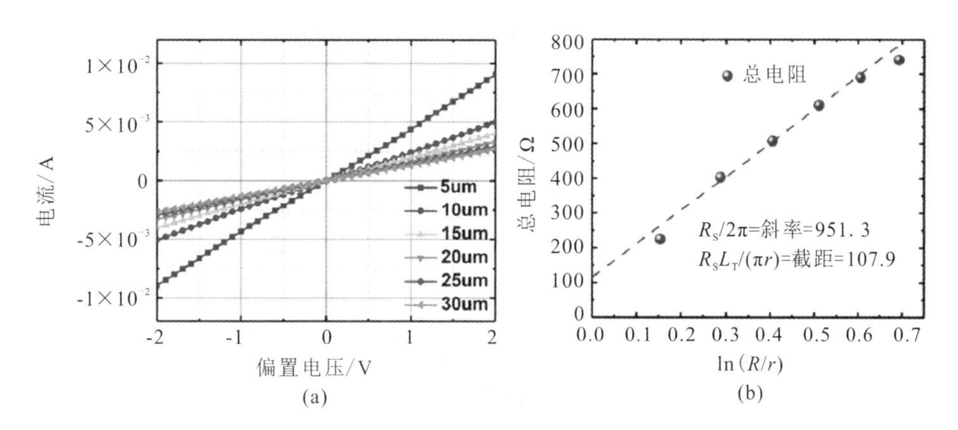

图 3.30　氢终端金刚石与 Au 电极特征接触电阻率

4. 暗电流

核探测器的暗电流定义为当没有射线入射时器件的本征漏电流。暗电流特性是成功制作核探测器的第一步，由于射线在外电路引起的电流信号很小，因此，降低核探测器的暗电流能够有效地提高器件的信噪比，获得更好的探测灵敏度。对于探测器而言，暗电流通常由体漏电、表面漏电、串联电阻或接触不良等造成的漏电流组成，这些漏电流会表现为散粒噪声、起伏噪声等，也会影响核探测器的能量分辨率。

研究中暗电流参数采用 KEITHLEY 公司生产的 6517B 静电计进行测试，这是由于核探测器通常要工作在数百伏的偏置电压下，而暗电流又通常在纳安级甚至皮安级，是一种大电压、微小电流状态。6517B 静电计可以实现 1000 V 的偏置电压，测试的漏电流可以低至飞安(fA)量级。一般情况下，暗电流测试都在室温且避光下进行。

图 3.31 为氢氧终端金刚石核探测器室温下的暗电流特性，图中氢氧终端金刚石核探测器显示了典型的欧姆接触特性。由于氢终端金刚石表面具有负电子亲和能，与高功函数的 Au 接触时，两种材料的功函数匹配较好，可以形成较好的欧姆接触。当偏置电压为 0 V 时，暗电流达到最小值，为 2.22×10^{-15} A/mm^2，当电场强度增大到 1 V/μm 时，暗电流线性增大到 7.46×10^{-13} A/mm^2，因此，RIE 过程形成的非电极区的氧终端表面可以获得优良的表面绝缘特性。Kumar[27] 报道的采用化学氧化处理法后，器件在 1 V/μm 电场强度下，暗电流高达 10^{-9} A 以上。与对比文献中所采用的化学氧化处理法相比，氢氧终端金刚石核探测器的暗电流特性明显更优。

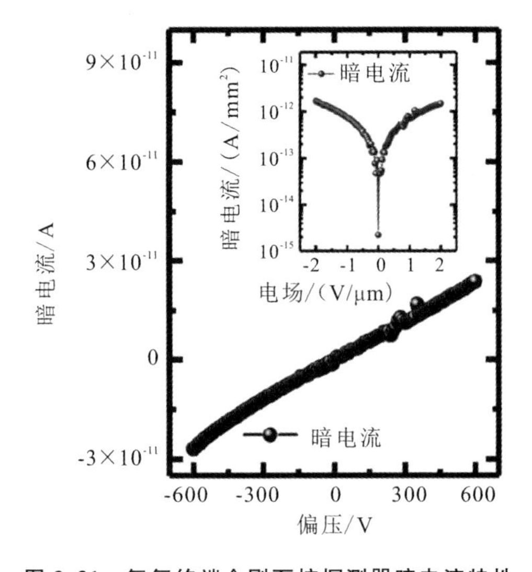

图 3.31　氢氧终端金刚石核探测器暗电流特性

3.4　金刚石核辐射探测器对阿尔法粒子的响应

阿尔法粒子可以通过同位素放射源较容易地获取。阿尔法粒子在核探测器内射程较小，可以反映核探测器内部非平衡载流子的输运特性，得到的阿尔法粒子谱可以评估探测的电荷收集效率与能量分辨率，这也是核探测器最为重要的性能参数。在热中子探测器中，也是利用转换层将热中子转换为阿尔法粒子进行间接探测的，其他的如裂变碎片、质子束流等带电粒子与阿尔法粒子的探测原理类似，因此研究金刚石核探测器对阿尔法粒子的响应至关重要。

3.4.1　能谱特性参数

1. 电荷收集效率

探测器的电荷收集效率(CCE)是指电极端收集到的电荷量 Q_c 与射线在探测器体内产生的电荷量 Q_{in} 的比，即

$$\mathrm{CCE}=\frac{Q_c}{Q_{in}} \tag{3-7}$$

当外电路参数不变时，探测器的输出脉冲幅度直接取决于收集到的电荷量，因此提高探测器的 CCE 参数始终是金刚石核探测的重要研究方向。

对于特定的半导体核探测器，电荷收集效率可以利用 Hecht 方程[1]来描述，该方程假定半导体内部电场均匀分布，给出了电荷收集效率与核探测器灵敏区厚度 d、非平衡载流子迁移率 μ、寿命 τ、电场强度 E 的关系，从理论上给出了电荷收集效率与半导体材料输运特性的关系。

图 3.32 为电荷收集效率的 Hecht 方程模型示意图，当能量为 E_α 的阿尔法粒子在核探测器的阴极面入射时，假设在 z 处产生了非平衡电子空穴对，则产生的电子的电荷量 Q_{e0} 与空穴的电荷量 Q_{h0} 为

$$Q_{e0}=Q_{h0}=e\frac{E_\alpha}{w} \tag{3-8}$$

此处 e 为元电荷，w 为核探测器材料的平均电离能。当外加电场为 E 时，电子向阳极漂移，空穴向阴极漂移，则这些非平衡电子空穴对随时间和位置的衰减可以表达为

$$Q_e=Q_{e0}\cdot \mathrm{e}^{-\frac{t}{\tau_e}}=Q_{e0}\cdot \mathrm{e}^{-\frac{\mu_e Et}{\mu_e E\tau_e}}=Q_{e0}\cdot \mathrm{e}^{-\frac{x-z}{\mu_e E\tau_e}} \tag{3-9}$$

$$Q_h=Q_{h0}\cdot \mathrm{e}^{-\frac{t}{\tau_h}}=Q_{h0}\cdot \mathrm{e}^{-\frac{\mu_h Et}{\mu_h E\tau_h}}=Q_{h0}\cdot \mathrm{e}^{-\frac{x-z}{\mu_h E\tau_h}} \tag{3-10}$$

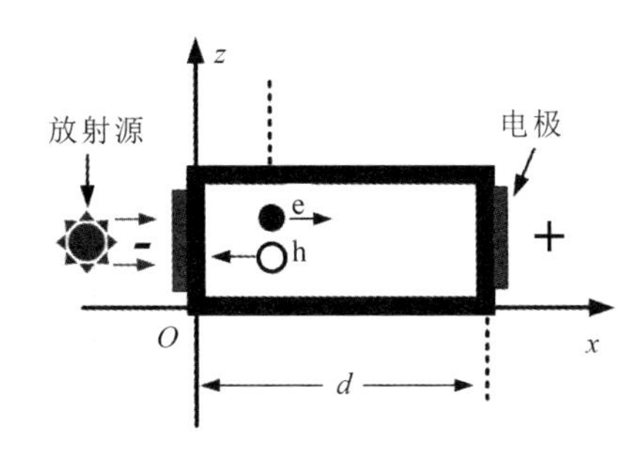

图 3.32　电荷收集效率的 Hecht 方程模型示意图

当电子空穴对在核探测器内部进行输运时，结合式(3－1)，电极上收集到的电荷为

$$Q_{e\_c}=\int_{z}^{d}Q_{e0}\cdot e^{-\frac{x-z}{\mu_e E\tau_e}}\ \frac{dx}{d} \tag{3-11}$$

$$Q_{h\_c}=\int_{z}^{d}Q_{h0}\cdot e^{-\frac{(x-z)}{\mu_h E\tau_h}}\ \frac{dx}{d} \tag{3-12}$$

则电荷收集效率为

$$CCE=\frac{\mu_e E\tau_e}{d}(1-e^{-\frac{d-z}{\mu_e E\tau_e}})+\frac{\mu_h E\tau_h}{d}(1-e^{-\frac{d-z}{\mu_h E\tau_h}}) \tag{3-13}$$

式(3－13)即为电荷收集效率的全方程，当射线入射探测器后，产生电子空穴对的位置 $z\ll d$ 时，根据电场的方向，电荷收集效率可以简化为一种载流子影响，即

$$CCE=\frac{\mu_{e/h}E\tau_{e/h}}{d}(1-e^{-\frac{d}{\mu_{e/h}E\tau_{e/h}}}) \tag{3-14}$$

2. 能量分辨率

能量分辨率是核探测器在能谱应用测量时的另一个重要参数，其代表了把相近能量谱线分辨开的能力。实验上定义谱线最大峰值处的半高宽 ΔE_0 为能量分辨率，以能量值表示；或者定义半高宽与该谱线峰中心能量值的比 $\Delta E_0/E_0$ 为能量分辨率，以百分比表示。通常影响核探测器能量分辨率的因素包括入射射线在探测器内部产生电子空穴对的统计涨落、非平衡载流子由于复合以及陷阱俘获而造成的CCE值的降低、测试系统的电子学噪声、探测器结构中由于非灵敏区造成的能量损失，以及入射粒子与原子核碰撞导致的能量亏损。

核探测器所能达到的能量分辨率极限值由射线在半导体内部灵敏区耗损能量所产生的非平衡载流子数目的统计涨落所决定。如果每一个致电离辐射粒子产生的非平衡载流子的平均数目超过几百量级，其统计分布可以利用高斯分布来描述。因统计涨落造成的谱线展宽 $\Delta E_0/E_0$ 称为探测器的本征能量分辨率，为

$$\frac{\Delta E_0}{E_0}=2.355\sqrt{\frac{w}{E_0}} \tag{3-15}$$

实际当中，探测器实际测得的能量分辨率有时会比本征能量分辨率低，这是由于假设的统计分布的独立事件在探测器内部作用时并不是完全独立的[28]，因此对核探测器而言，实际的能量分辨率为

$$\frac{\Delta E_0}{E_0}=2.355\sqrt{\frac{wF}{E_0}} \tag{3-16}$$

此处，F 为法诺因子，为半导体材料固有特性参数，决定了射线在探测器内部产生非平衡电子空穴对的统计涨落。对于一定的完美的半导体材料，F 为一个固定值，然而理论当中由于电离模型的差异，F 值有一定的差异，通常在射线与半导体材料相互作用过程中，如果射线的一部分能量被晶格激发散射产生声子，并没有导致电离而产生电子空穴对，则会损失能量，损失的能量越多，F 值将会越大。对于核探测器而言，除了上述统计涨落对能量分辨率的影响外，影响探测器的能量分辨率的最大因素还是 CCE 的降低，由于复合以及陷阱的俘获作用，导致电荷不能完全收集，引起输出脉冲幅度的减小，能量分辨率变差。因此，提高核探测器的 CCE 性能，能够大幅度地提升能量分辨率参数。对于高性能的金刚石探测器而言，Shimaoka 等人实验测定的 F 因子可以达到 0.44 ± 0.04[29]。

实验中测得的核探测器的能量分辨率通常由多种因素叠加而成，可以利用均方根表达式进行描述，即

$$\left(\frac{\Delta E_0}{E_0}\right)_{\text{总}}=\sqrt{\left(\frac{\Delta E_0}{E_0}\right)^2_{\text{探测器}}+\left(\frac{\Delta E_0}{E_0}\right)^2_{\text{噪声}}+\left(\frac{\Delta E_0}{E_0}\right)^2_{\text{电子学}}+\cdots} \tag{3-17}$$

为了测得较低的能量分辨率，需要在器件性能优化、电子学测量设备等方面进行多方面的努力，以便获得更好的性能。

3. 时间响应特性

时间响应特性主要有脉冲响应上升时间与电荷收集时间。

脉冲响应上升时间 T_r 通常与探测器和测量系统的时间常数有关，金刚石的介电常数远小于硅等其他半导体材料，通常可以获得比硅快得多的脉冲响应时间。实际在探测器的研制当中，非灵敏区以及接触导致的串联电阻会导致上升时间增长。实验上脉冲上升时间是指脉冲幅度从 10%上升到 90%时所需的时间。

电荷收集时间 T 取决于探测器灵敏区的厚度与非平衡载流子的平均速度，可以表达为

$$T=\frac{d}{v}=\frac{d}{\mu E} \tag{3-18}$$

3.4.2　测量方法

1. 能谱特性

为了研究金刚石核探测器对阿尔法粒子的能谱响应特性，采用能谱学电子

系统进行实验。常见的能谱学电子系统为脉冲高度谱仪(PHS, Pulse Height Spectrum),如图 3.33 所示,包含偏置电源、电荷灵敏前置放大器(Ortec 142)、主放大器(Ortec 672)、多道分析仪(Ortec 927)、真空腔(10^{-3} mbar)。测试在室温下进行。

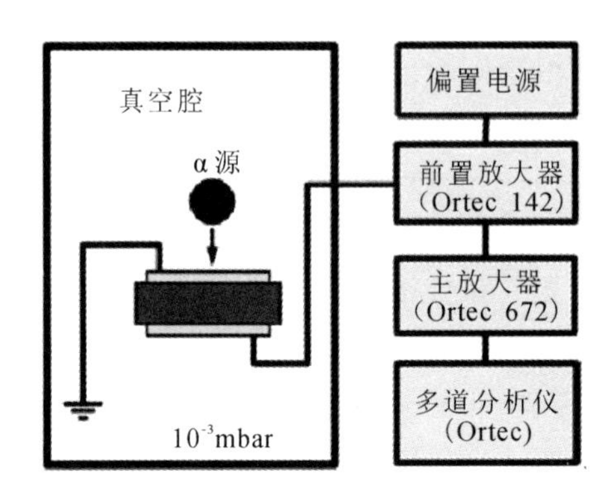

图 3.33　脉冲高度谱仪

脉冲高度谱仪是一种线性能谱测量系统,谱图横轴为道址,是探测器收集的电荷经由电荷灵敏放大器以及主放大器放大后转换为电压值的体现,该电压值经由多道分析仪中的 ADC 数字量化后,表现为道数,在相同的增益下,收集到的电荷越多,电压值越大,同时道址数也越大,道址数与收集到的电荷量呈正比。能量分辨率也可以由谱的半高宽与道址的比得到。纵轴表示特定道址处的事件发生数量,说明入射粒子在探测器体内产生电荷,经过输运和收集后的统计特性分布,最高值表明该道址处的发生概率最大,事件数最多,如图 3.34 所示。

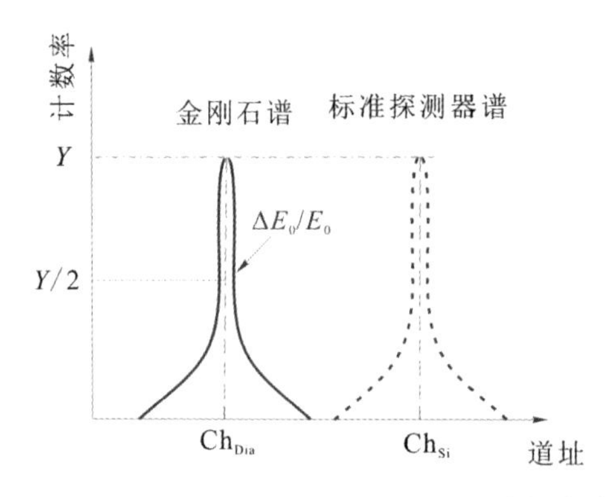

图 3.34　金刚石核探测 CCE 及能量分辨率标定方法

金刚石核探测器的CCE通常利用标准硅探测器进行标定，如图3.34所示，这里采用的是Ortec公司的CU-014-050-100金硅面垒探测器。待测金刚石核探测器的电荷收集效率$CCE_{diamond}$可以由如下方法得到：首先在能量为E_α的阿尔法粒子辐照下对待测金刚石核探测器进行能谱测量，若此时放大器在增益$G_{diamond}$下得到的道址为Ch_{Dia}，标准硅探测器在增益G_{Si}下测到的道址为Ch_{Si}，则可以表达为

$$Ch_{Si}=\frac{G_{Si}\cdot E_\alpha\cdot CCE_{Si}}{w_{Si}},\ Ch_{Dia}=\frac{G_{diamond}\cdot E_\alpha\cdot CCE_{diamond}}{w_{diamond}} \tag{3-19}$$

此处w_{Si}为硅的平均电离能，$w_{diamond}$为金刚石的平均电离能，通常标准硅探测器的电荷收集效率为100%，能谱仪的放大倍数也保持不变，因此，$CCE_{diamond}$可以表达为

$$CCE_{diamond}=\frac{Ch_{Dia}\cdot w_{diamond}}{Ch_{Si}\cdot w_{Si}} \tag{3-20}$$

2. 时间响应

探测器的时间性能用响应时间，即时间响应波形的半高宽或者上升时间等表征，表征的是探测器的时间响应速度。当今核探测器领域对探测器的时间响应性能要求达到纳秒级，甚至亚纳秒量级，而金刚石单晶材料的相对介电常数只有5.7，比传统的硅锗材料低很多，因此制成的探测器电容小，速度快。探测器的时间响应还与探测器的电极间距、电场强度、载流子漂移速度、负载电阻、辐射类型和穿透深度等相关，需要进行深入的研究。探测器的时间性能试验研究，可以采用阿尔法粒子作为辐射脉冲源，但是由于其信号强度弱，通常需要配合高速放大器使用；也可以采用脉冲电子束作为辐照源，或者采用脉冲X射线等，利用示波器观察输出脉冲波形，其测试原理如图3.35所示。

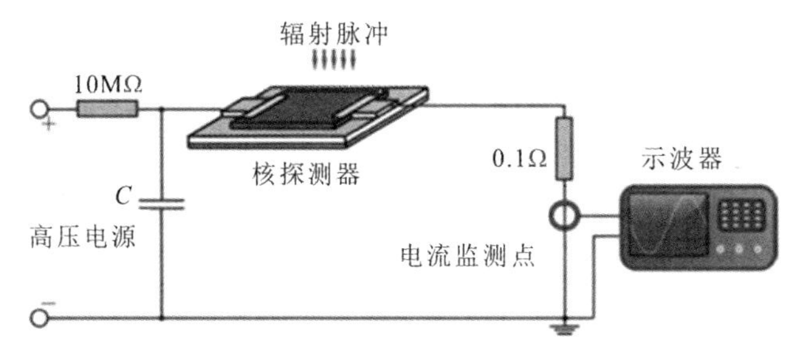

图3.35 金刚石核探测器脉冲响应测试原理图

3.4.3 单晶金刚石核探测器对α粒子的能谱响应

金刚石核探测器的 CCE 特性采用放射性活度为 1.1×10^4 Bq 的^{241}Am 源进行测量，该放射源放射出的阿尔法粒子能量为 5.486 MeV。将核探测器按照图 3.33 的测试方法放入脉冲高度谱仪中，当电压增加到探测器峰位不再增大时，即为核探测器的电荷收集效率，为了使探测器工作稳定，留有一定的电压余量，此时工作电压为 200 V，加在探测器的底部电极上，此时，在顶部电极附近产生电子空穴对，电子向底部电极漂移，空穴向顶部电极漂移。

根据载流子漂移理论，由于探测器的灵敏区厚度为 300 μm，根据 SRIM 计算的 5.486 MeV 的阿尔法粒子在金刚石内的入射深度约为 14 μm，如图 3.36(a)所示。因此，可以采用简化的 Hecht 方程描述该物理过程，此时，空穴对 CCE 的贡献可以忽略，为电子收集模式。由于电极作为非灵敏区，当入射阿尔法粒子通过 Au 电极时，会损失能量，不会产生有用的输出信号，根据 SRIM 计算得到的 5.486 MeV 阿尔法粒子在 Au 原子层内的碰撞电离能损失率约为 434 keV/μm，如图 3.36(b)所示，而金层的厚度只有 150 nm，通过金层的能量损失约为 65 keV，仅为入射粒子总能量的 1.18%，因此在此处计算 CCE 时，忽略金层的影响。

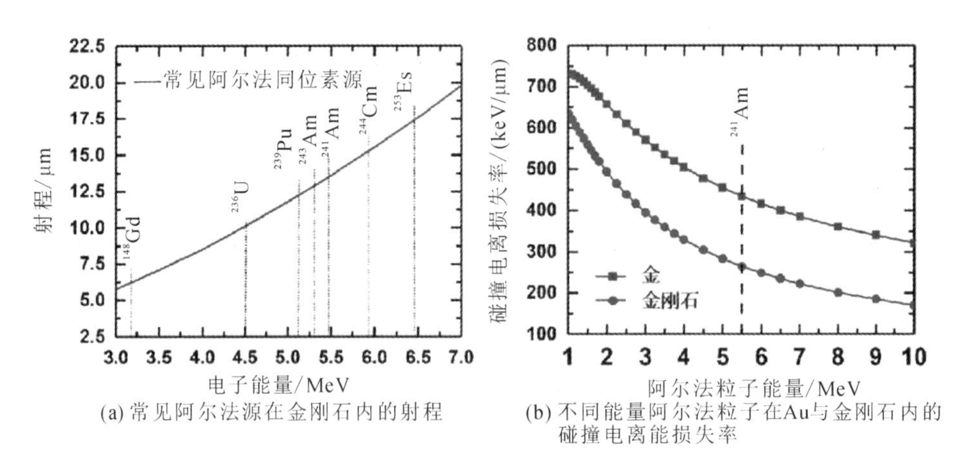

(a) 常见阿尔法源在金刚石内的射程

(b) 不同能量阿尔法粒子在Au与金刚石内的碰撞电离能损失率

图 3.36 SRIM 计算值

图 3.37 为氢氧终端金刚石核探测器电子收集模式下的脉冲高度谱，测得的道址数为 332。在相同的测试条件下，将标准硅探测器也放入脉冲高度谱仪，得到的道址数为 1219。由于硅的平均电离能为3.62 eV，金刚石的平

均电离能为 13.1 eV，因此根据式(3－20)，得到电子的 CCE 为 98.6%，此时金刚石核探测器的能谱峰半高宽 ΔE_0 为 5.72 道，因此在电子收集模式下的能量分辨率 $\Delta E_0/E_0$ 为 1.7%。同理，当在底部电极加－200 V 偏置电压时，为空穴收集模式，此时测得的电荷收集效率为 99.01%，能量分辨率为 1.5%。

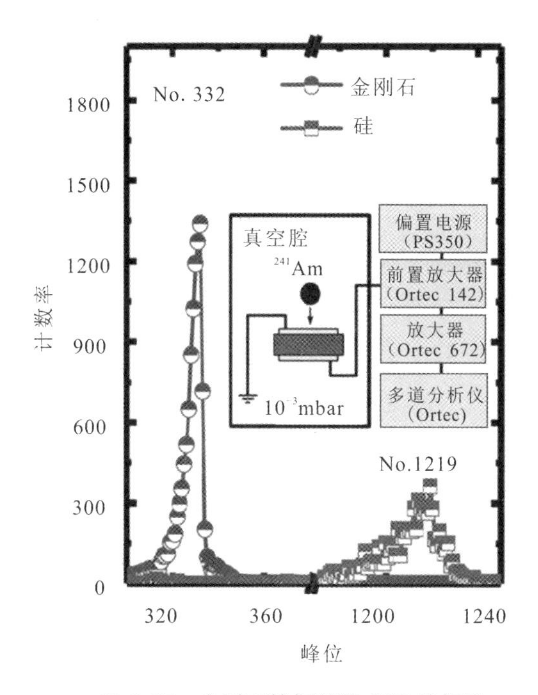

图 3.37　金刚石核探测器 CCE 的标定

当电子与探测器阳极的距离和空穴与阴极的距离相当时，可以根据式(3－13)计算得到金刚石核探测器的 CCE，即为 CCE 的全方程。在本结构下，由于阿尔法粒子射程 z(14 μm)远小于探测器的厚度 d(300 μm)，因此式(3－13)可以简化为式(3－14)，此时 CCE 可以认为只由一种非平衡载流子所决定。我们可以根据式(3－14)测量不同偏置电压下的 CCE，从而可以分别拟合得到电子/空穴的迁移率寿命积($\mu\tau$)，如图 3.38(a)所示。当核探测器底部电极加负压时，CCE 主要由空穴所决定，此时拟合得到的空穴的 $\mu_h\tau_h$ 为 1.2×10^{-4} cm^2 · V^{-1}。当核探测器底部加正压时，CCE 主要由电子所决定，当 $V_{bias}\leqslant40$ V 时，电子的$\mu_e\tau_e$接近 6.0×10^{-5} cm^2 · V^{-1}；当 $V_{bias}>40$ V 时，电子的 $\mu_e\tau_e$ 接近 1.2×10^{-4} cm^2 · V^{-1}。从图 3.38(a)还可以看出，当 $V_{bias}>40$ V时，

电子与空穴的 CCE 特征比较一致，具有较高的对称性。这表明 Au 与氢终端金刚石界面具有较低的陷阱密度，电子及空穴能谱性能没有显著的差异，都可以获得较为理想的能谱特性。

图 3.38(b)为核探测器在^{241}Am 放射源照射下，不同偏置电压下的能量分辨率，可以看到，电子/空穴的能量分辨率随着偏置电压的增高而减小，这是由于随着偏置电压的升高，电子/空穴的 CCE 获得了显著的提升，随即$\Delta E_0/E_0$也开始减小，这表明提高金刚石核探测器的一个有效途径是增大核探测器的 CCE 性能。当 V_{bias}>100 V，核探测器的 CCE 性能趋于饱和，此时能量分辨率也开始趋于饱和，最终，在^{241}Am 放射源照射下，电子和空穴的收集模式下的能量分辨率达到最小值。

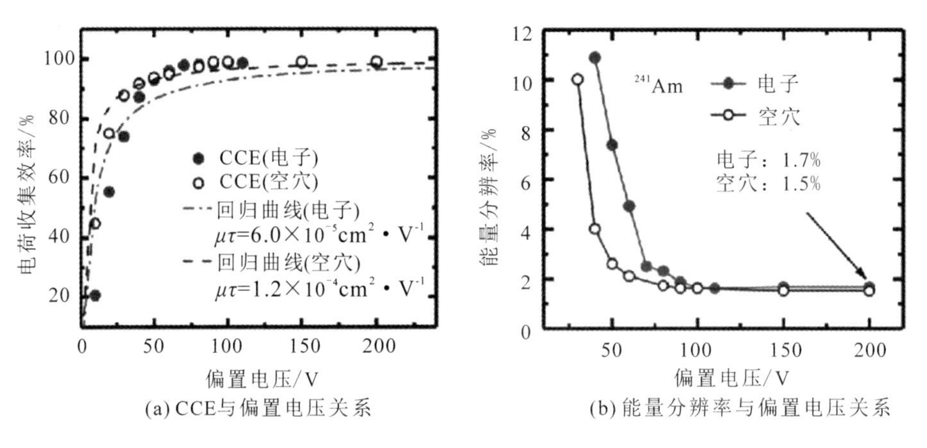

图 3.38 ^{241}Am 源照射下能谱特性

为了进一步验证氢氧终端 CVD 单晶金刚石核探测器的能谱分辨能力，我们利用放射性活度为 1000～1600 Bq 的^{243}Am-^{244}Cm 混合源进行能谱测量，其中^{243}Am 源放射出的阿尔法粒子主峰能量为 5.275 MeV，^{244}Cm 源放射出的阿尔法粒子主峰能量为 5.805 MeV，探测器偏置电压为±200 V。测得的能谱特性如图 3.39 所示，从图中可以看出，探测器可以很好地将两种不同能量的阿尔法粒子能谱区分开，谱线特征明显，在非阿尔法粒子能区，没有任何能量峰出现。在电子收集模式下，探测器对^{243}Am 源的能量分辨率为 1.04%，对^{244}Cm 源的能量分辨率为 1.05%；在空穴收集模式下，探测器对^{243}Am 源的能量分辨率为 0.76%，对^{244}Cm源的能量分辨率为 0.87%。与^{241}Am 源能谱相比，^{243}Am-^{244}Cm 混合源的能谱特性的能量分辨率更优，我

们推测是由于放射源长时间保存后，潮解引起的微小污染差异引起的。另外，混合源的能量比 5.805/5.275，与电子收集的峰位比 783/712，以及空穴收集的峰位比 794/721 相等，这也是由于氢氧终端 CVD 单晶金刚石核探测器具有出色 CCE 特性以及电子/空穴收集对称性。

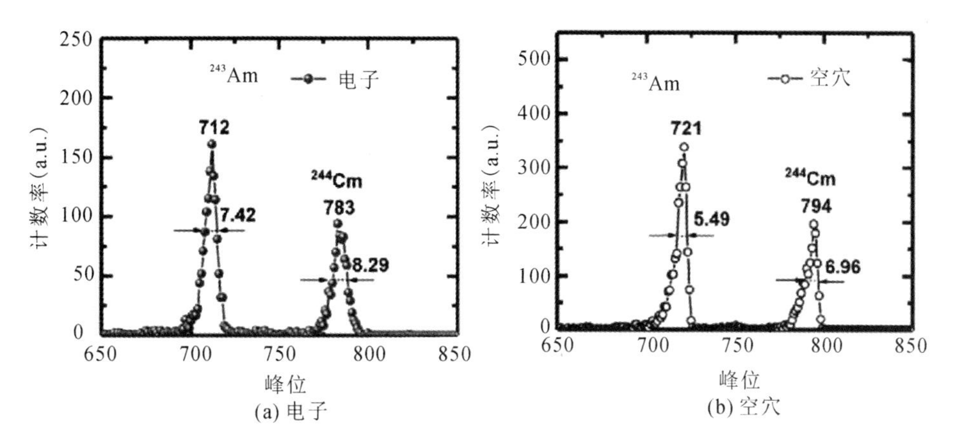

(a) 电子　　(b) 空穴

图 3.39　探测器在 ^{243}Am-^{244}Cm 混合源照射下的能量分辨率特性

3.4.4　单晶金刚石核探测器的时间响应

探测器的时间响应特性利用能量为 40 MeV，脉冲宽度为 1 ps 的脉冲电子源进行测试，探测器偏置电压为 200 V。脉冲响应如图 3.40 所示，从图中可以看出，脉冲响应上升时间仅为 347.4 ps，脉冲宽度为 2.9 ns，脉冲下降

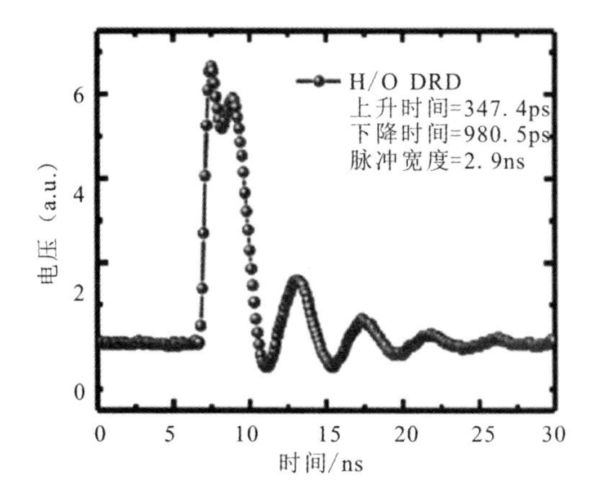

图 3.40　氢氧终端 CVD 单晶金刚石核探测器的时间响应

时间为 980.5 ps。由于 Au 与氢氧终端具有良好的欧姆接触特性，接触电阻率仅为$1.73\times10^{-4}\ \Omega\cdot cm^2$，因此，虽然观察到由于电缆的感性连接而产生的振铃信号，但时间响应没有显示出慢衰减分量。

3.4.5 对比结果

利用金刚石表面调制方法制备了高性能氢氧终端 CVD 单晶金刚石核探测器。测试结果表明，氧等离子体刻蚀金刚石非电极区形成氧终端表面，降低了表面漏电，形成了高质量的表面钝化区，当电场为 1 V/μm 时，暗电流仅为 7.46×10^{-13} A/mm^2。利用氢等离子体在金刚石表面形成氢终端，与金电极实现了优良的欧姆接触特性，降低了表面陷阱密度，实现了良好的电荷收集。对阿尔法源的能谱测量结果表明，该核探测器对空穴和电子的电荷收集效率分别为 99.01%和 98.6%；对空穴和电子的能量分辨率分别达到了 0.76%和 1.04%。当用皮秒脉冲电子源进行时间响应测试时，该探测器的脉冲响应上升时间仅为 347.4 ps。与表 3.5 所列的国内外已经发表的部分文献结果相比，氢氧终端 CVD 单晶金刚石核探测器的性能具有优势，可见该器件可以应用于带电粒子谱测量以及高速脉冲甄别。

表 3.5 氢氧终端 CVD 单晶金刚石核探测器与部分文献结果对比

文献来源	CCE/%	$\Delta E_0/E_0$/%	结构
国内	—	3.3	DLC/Pt/Au[30]
	—	3.5	Graphitic[31]
	97	3.7	Al[32]
	—	2.25	Cr/Au[33]
国外	~100(e)/89(h)	3(e)/8.5(h)	PLD-C/Ni[17]
	97.7(e)/99.4(h)	2.3(e)/1.5(h)	TiC/Pt-Ru[34]
	94(e)/94(h)	4.5	printed silver[35]
	92(e)/98(h)	3.7(e)/3.8(h)	Ti/Au-Al[36]
本工作	98.6(e)/99.01(h)	1.04(e)/0.76(h)	氢氧终端/Au

3.4.6　多晶金刚石核探测器对 α 粒子的能谱响应

由前文的分析可知，单晶材料的杂质、位错对金刚石核探测器的 CCE 特性影响显著。然而，由于 CVD 单晶材料受尺寸限制，难以制作大面积的核探测器。CVD 多晶金刚石是另一种常见的金刚石材料类型，目前利用多晶金刚石已经成功制作了金刚石像素阵列核探测器[37]以及各型场效应晶体管器件[38-39]。多晶材料的优势在于其大尺寸和更低的成本，为了研究多晶金刚石核探测器的能谱特性，我们采用＃6 高纯"电子级"多晶金刚石，以避免杂质等效应的影响。

从前文的材料表征研究中可以知道，高纯的"电子级"多晶与"电子级"单晶金刚石从非破坏性表征分析中没有发现明显的差异，PL 谱都没有发现杂质峰，拉曼光谱结果也几乎一致，最大的区别在于多晶金刚石的晶粒边界，而且从图 3.21(f)中可知，＃6 多晶金刚石由(111)、(220)、(311)多种晶向组成。为了确认样品的晶粒尺寸大小，对该样品又进行了扫描电子显微镜(SEM)测试，如图 3.41 所示。从图中可以看到，表面的晶粒边界清晰，晶粒尺寸大小不一，具有较强的随机性，该多晶金刚石的晶粒大小约为 80～150 μm。

图 3.41　多晶金刚石的 SEM 测试图

CVD 多晶金刚石核探测器的制备与上述工艺相同，其样品信息如表 3.6 所示。

表 3.6 CVD 多晶金刚石核探测器样品信息

种类	样品编号	厚度	电极尺寸	备注
多晶	#6	0.50 mm	4×4 mm^2	电子级多晶，低杂质

CVD 多晶金刚石核探测器的能谱特性采用^{241}Am 源进行测试，发射的阿尔法粒子能量为 5.486 MeV，能谱特性如图 3.42 所示。从图中可知，探测器在偏压为 100 V、200 V、300 V 下的能谱特性没有显著的变化，能谱峰值对应的 CCE 值为 4%。探测器测量的能谱不是高斯型分布，而是一种指数型衰减曲线，这意味着多晶金刚石核探测器不能进行有效的能量分辨，无法进行带电粒子能量鉴别。CCE 最大值大约为 35%。但是此时粒子计数已经小于 20。能谱特性(脉冲高度幅度谱)是一种统计分布，表示在特定道址(这里转换为 CCE)上接收到的脉冲信号的数量，图中 CCE 在 4%处的脉冲信号数量最多，表明入射的阿尔法粒子在探测器内部产生的电荷，经过输运收集后，大部分脉冲信号集中在 4%处。由于多晶金刚石晶粒大小不一致，晶向不一致，因此入射的阿尔法粒子的分布十分离散，有一小部分的阿尔法粒子产生的信号 CCE 可以达到 35%。从 SEM 结果可以得到，拍摄区的最大晶粒尺寸可以达到 150 μm，由于样品的厚度为 500 μm，因此相除得到的值为 0.3，基本与能谱特性得到的 CCE 最大值相符(35%)。因此，在高纯的“电子级”多晶金刚石核探测中，

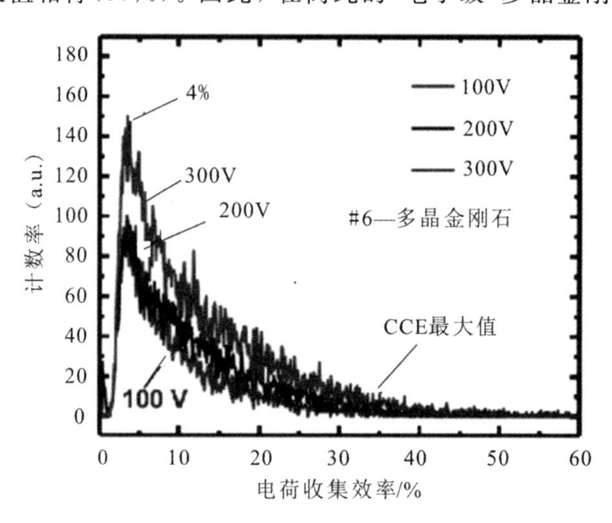

图 3.42 CVD 多晶金刚石核探测器的能谱特性

CCE 最大值受晶粒尺寸的最大值限制，这是由于晶粒边界也是一种陷阱与复合中心，当载流子输运到晶粒边界处时，强烈的复合作用将使载流子的输运过程终结，从而降低了 CCE 值，如果再考虑多晶金刚石中的杂质与位错的影响，其 CCE 值将更低。

3.5　金刚石核辐射探测器对 X 射线的响应

高通量的辐射测量条件下，利用脉冲高度谱测量能谱特性已经不再适用，因为入射射线的时间间隔极短，脉冲谱将会在时间上重叠。采用电流模式进行能谱特性探测是一种常见的手段。金刚石核探测器对 X 射线探测的优势之一在于其原子序数与人体模型接近，可以精确地评估人体吸收剂量，另一个优势在于其小的体积可以提高空间分辨率。在 X 射线探测应用中，金刚石核探测器通常工作在电流模式，这要求核探测器具有高的输出电流和灵敏度、好的线性度和重复性、快速的响应时间。基于以上原因，本节介绍金刚石核探测器对 X 射线的响应。

3.5.1　性能参数与测试方法

1. 性能参数

1）暗电流与信噪比

暗电流(I_{dark})与前文中定义的一致，是指没有外来辐射条件下器件的本征漏电流，通常的测试中需要将器件放置在暗室中进行测量。然而由于金刚石对可见光没有响应，因此，通常也可以在自然光环境下测试。

信噪比(SNR)定义为光电流值与暗电流值的比。

2）光电导增益因子与响应度

光电导增益因子定义为光生测试电流 I_m 与光生理论电流 I_g 的比值：

$$G=\frac{I_m}{I_g} \tag{3-21}$$

入射光照射探测器材料产生的理论电流值为

$$I_g=\frac{D\rho eV}{w} \tag{3-22}$$

这里，D 为吸收剂量率，ρ 为材料密度，e 为单位电荷量，V 为材料灵敏体积，w 为材料产生一个电子空穴对的平均电离能(对于金刚石来说为 13.1 eV)。

3）线性度

线性度表示输出电流 I 与输入吸收剂量率 D 之间的关系，它们之间的表达式通常用 Fowler 关系式表示：

$$I=I_{\mathrm{dark}}+AD^{\Delta} \tag{3-23}$$

其中，Δ 为线性指数，反映了器件线性度的好坏；A 为常数。

4）灵敏度与特征灵敏度

探测器的灵敏度定义为探测器产生的积分电荷量 Q 与辐照总剂量 Dt 的线性比例系数，如下式：

$$Q=a+bDt \tag{3-24}$$

此处，b 为线性系数，即灵敏度；t 为辐照时间；a 为常数。

特征灵敏度定义为灵敏度除以探测器灵敏体积。

5）重复性

重复性定义为响应电流的标准差 SD 与平均电流值的比：

$$\text{重复性}=\frac{\mathrm{SD}}{\text{平均电流值}}\times 100\% \tag{3-25}$$

电流的标准差通常由探测器器件载流子输运的不一致性、测量设备的误差以及辐射源的随机波动共同组成。国际原子能机构(IAEA)推荐的重复性低于 0.5%。

6）时间响应

时间响应主要包括上升时间与下降时间，分别指电流信号从最大值的 10%上升到 90%以及从 90%下降到 10%的时间。

2. 测试方法

测量金刚石对 X 射线的响应采用 MultiRad 160 X 射线辐照仪，该设备的最大管电压为 160 kV，最大管电流为 30 mA，并且集成了剂量计，可以实时监测辐照吸收剂量。测试的原理如图 3.43 所示。测试中，将 6517B 静电计与探测器连接，以提供电压偏置并测量响应电流，同时中心位置的剂量计实时测量吸收剂量率，该辐照仪的 X 射线出射角为 37.5°，探测器距离 X 射线源的距离为 44.5 cm，在该高度下，直径 31 cm 范围内，X 射线的吸收剂量率分布一致。

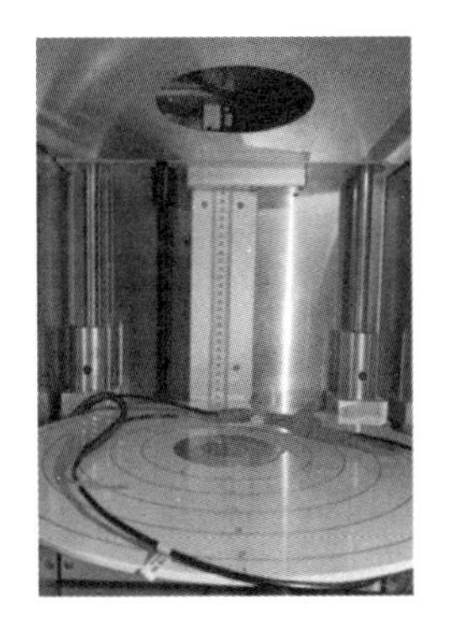

(a) 实物图

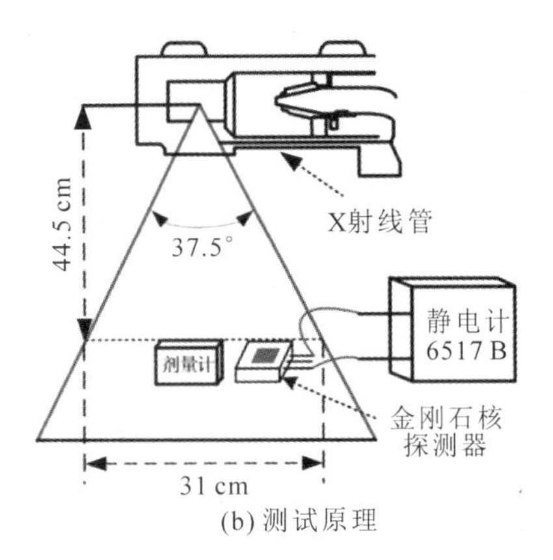

(b) 测试原理

图 3.43 X 射线响应测试方法

设置管电压值为 120 kV，改变管电流以改变吸收剂量率，具体的管电流对应的吸收剂量率如表 3.7 所示，所有测试都在室温下进行。

表 3.7 120 kV 管电压下不同管电流对应的吸收剂量率

管电流/mA	30	20	15	10	5	1	0.5
D/(Gy/min)	6.157	4.159	3.138	2.110	1.063	0.214	0.108

3.5.2 单晶金刚石核辐射探测器对 X 射线的响应

在氢氧终端 CVD 单晶金刚石核探测器对 α 粒子响应的研究中已经表明，对于高纯“电子级”金刚石制作的核探测器而言，优良的欧姆接触特性对核探测器的电荷收集具有明显的提升。当核探测器工作在电流模式时，优良的欧姆接触特性将不会形成明显的附加阻抗，这能够提升核探测器的输出电流。本节继续研究该核探测器对 X 射线的响应特性。

1. 器件制作与电流电压特性

器件的制作流程与第 4 章中相同，选用的单晶编号以及具体的灵敏尺寸如表 3.8 所示，灵敏尺寸为电极覆盖尺寸与样品厚度的乘积。

表 3.8 器件特征尺寸

编号	灵敏尺寸	备注
#5-1	$3\times3\times0.3\ mm^3$	X 射线响应

利用上一章的方法，测得器件的 CCE 为 99%。图 3.44 所示为器件的暗电流与 X 射线辐照下的电流电压特性曲线。偏置电压为 300 V，即电场为 1 V/μm 时，器件的暗电流为 2.14×10^{-11} A，当偏置电压为 0 V 时，器件的暗电流为 2.35×10^{-14} A，这表明金刚石核探测器的漏电流极低，可以获得很低的测量阈值。当 X 射线的管电压为 120 kV，管电流为 1 mA 时，器件的 SNR 随偏置电压增大而略有增大，偏置电压为 200 V 时，器件的 SNR 为 3.2×10^4，偏置电压为 50 V 时，器件的 SNR 为 1.8×10^4。同样，当 X 射线的管电压为 120 kV，管电流为 30 mA 时，200 V 偏压电压下的器件 SNR 为 1×10^6，50 V 偏压电压下的器件 SNR 为 5×10^5。当输入的 X 射线的剂量率增大一个数量级时，将导致输出电流增大，从而提高 SNR。对于实际的 X 射线测量，IAEA 推荐 SNR>1000[17]，以便获得好的探测效果。过低的开关比将会造成剂量测量的误差，并影响器件的线性度、灵敏度等其他参数。

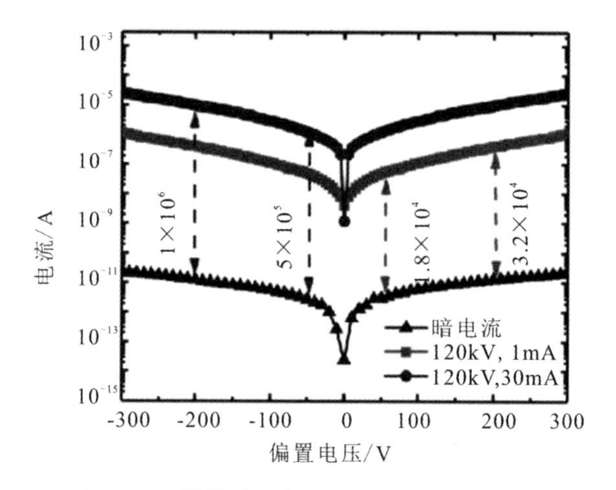

图 3.44 器件对 X 射线响应的电流电压特性

2. 器件的电流时间响应特性

测量器件对 X 射线的电流时间响应特性可以评估其在特定电压下的光电导增益与响应度、线性度、灵敏度与特征灵敏度。图 3.45 为器件在不同偏置电压下对不同剂量率 X 射线的电流响应。在 X 射线源开启之前，器件的暗电流为 10^{-11} A 量级，当 X 射线源开启时，器件的响应电流迅速增大，在 50 V 与 200 V 的偏压下，不同剂量率下的上升时间都低于 0.6 s，图 3.45(a)与(b)所示为剂量率为 1.063 Gy/min 的 X 射线的响应上升时间，约 0.56～0.58 s。当

偏置电压为50 V与200 V时，在不同剂量率下的响应电流随着剂量率的增大而增大，此时每一个剂量率下的辐照时间为3 min，当X射线关闭时，器件电流迅速恢复到暗电流状态，下降时间分别为0.17 s和0.36 s。在不同的剂量率下，没有看到明显的priming效应[40]与持久光电流现象[40]。

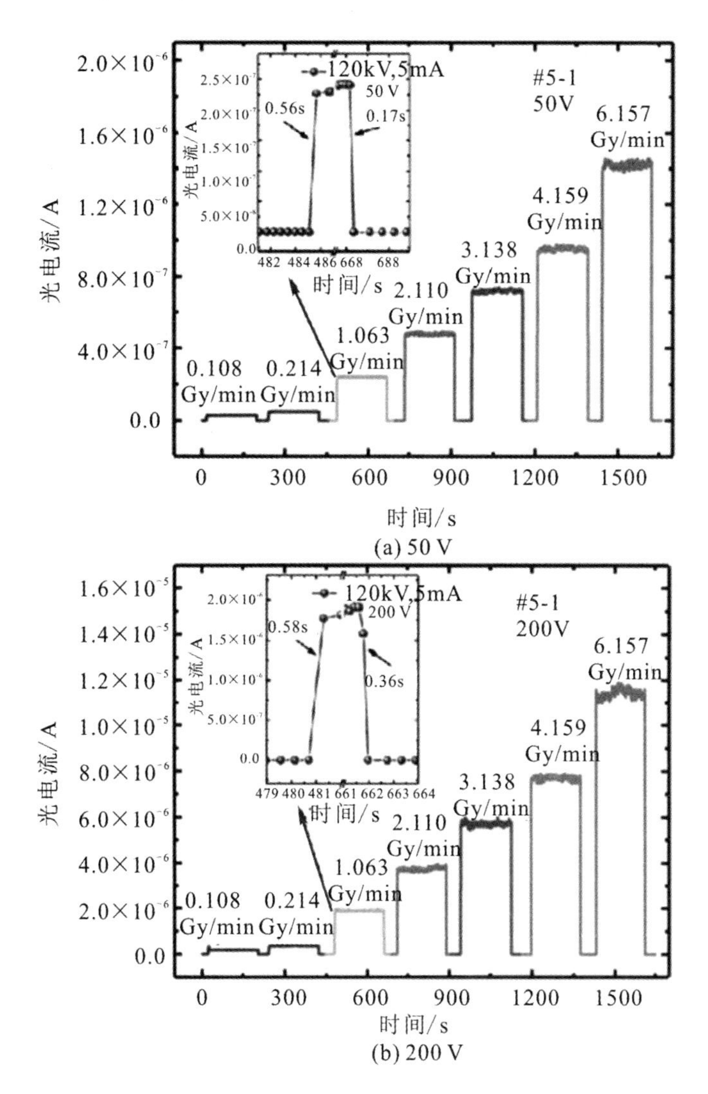

图3.45　不同偏压下器件对不同剂量率X射线的电流响应

根据器件电流时间响应，由式(3-21)可以计算出器件的增益，如表3.9所示。

表 3.9　器件在 50 V 与 200 V 下的平均响应电流

剂量率 /(Gy/min)	平均电流 (50 V)	增益(50V)	平均电流 (200V)	增益(200V)
0.108	2.461×10^{-8} A	18.95	2.051×10^{-7} A	158.02
0.214	4.914×10^{-8} A	19.10	3.881×10^{-7} A	150.86
1.063	2.409×10^{-7} A	18.85	1.893×10^{-6} A	148.15
2.110	4.793×10^{-7} A	18.89	3.722×10^{-6} A	146.73
3.138	7.168×10^{-7} A	18.99	5.702×10^{-6} A	151.13
4.159	9.529×10^{-7} A	19.05	7.707×10^{-6} A	154.13
6.157	1.418×10^{-6} A	19.16	1.139×10^{-5} A	153.85

对不同剂量率下的增益求平均值，得到器件在 50 V 偏压下的平均增益为 19 倍，器件在 200 V 偏压下的平均增益为 151.83 倍。可以看到，在偏置电压为 50 V 时，计算得到的增益标准差仅为 0.111，而在 200 V 偏压下的增益标准差增大到 3.84。我们推测器件在高偏压下的增益波动增大是由于载流子的碰撞电离效应增强引起的。

器件的线性度利用 Fowler 模型进行拟合得到，如图 3.46 所示，此处的电流值为不同剂量率下测试 3 min 的平均电流得到的(见表 3.9)。从图中可以看到，器件在 50 V 偏置电压下的 Δ 为 1.014 ± 0.001，在 200 V 偏置电压下的 Δ 为 1.033 ± 0.014，说明器件电流与剂量率在所测量的剂量率范围内的关系为近线性关系。可以看到，随着偏压的增大，线性指数 Δ 值增加了 0.019，这一现象也出现在其他研究报道中[41-42]，但是文献中的金刚石核探测器的 CCE 值较低，增强电压导致的 Δ 值增加可以认为是由于载流子渡越时间变短，被陷阱俘获的载流子变少引起的。然而这里探测器的 CCE 几乎接近 100%，由 Hecht 方程得到的 $\mu\tau$ 约为 10^4 cm^2/V，根据文献报道，载流子迁移率在 1000～4500 $cm^2/(V\cdot s)$，可以得到载流子的寿命约为 10^2 ns 量级，因此对于 300 μm 厚的探测器，载流子输运时间约为几纳秒。可以看到，载流子寿命远超渡越时间，此时在更大的电压下，载流子在晶格内部的碰撞电离作用将更加明显，使得随机性增强，从而增大了 Δ 值。从图 3.45(b)我们也可以看到，200 V 偏压下的随机性增强使得电流时间曲线相比于图 3.45(a)中的波动更为明显。虽然，200 V 下的 Δ 值略有增加，但是器件的线性指数还是极为接近 1 的。国际辐射学单位委员会

(ICRU)推荐的Δ值波动在5%以内[43]，这里该器件的Δ值都小于2%。

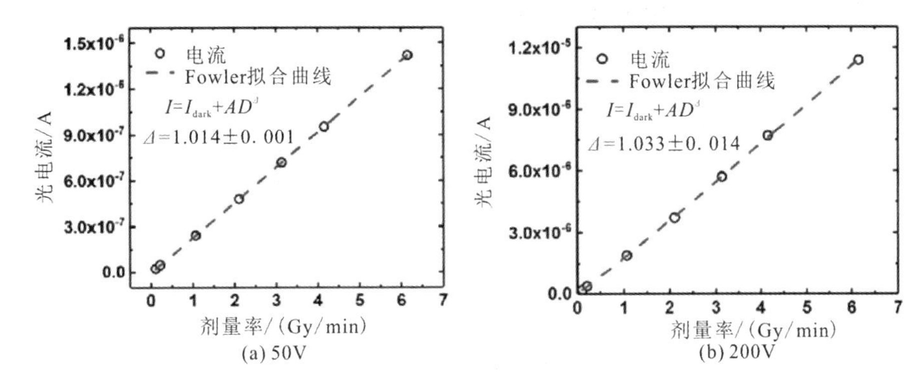

图3.46　器件Fowler模型拟合的线性度

由于器件具有很高的线性度，因此计算器件的灵敏度时，采用在不同的剂量率下，分别用X射线照射器件3 min的方法。先用3 min内输出的光电流对时间积分得到电荷量，然后将电荷量与3 min内累计的剂量进行线性拟合。图3.47为器件在50 V与200 V偏压下的灵敏度示意图，图中线性拟合的斜率即为器件的灵敏度。可以看到，器件偏压为50 V时灵敏度为13.858 μC/Gy，器件偏压为200 V时灵敏度为111.890 μC/Gy。器件的灵敏体积为3×3×0.3 mm^3，用灵敏度除以灵敏体积可以得到器件的特征灵敏度，50 V偏压下为5.133 μC/(Gy・mm^3)，200 V偏压下为41.441 μC/(Gy・mm^3)。

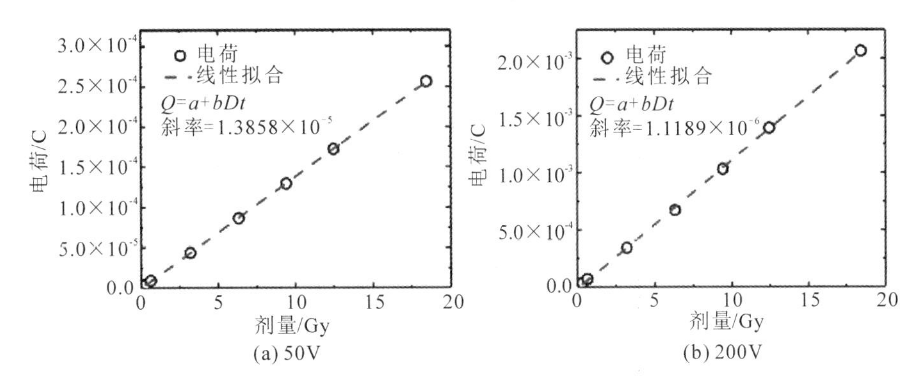

图3.47　器件在不同偏压下的灵敏度

器件的重复性测试采用6517B静电计的方波扫描模式，如图3.48所示。首先，X射线源常开，静电计给器件施加高低电平，观测高电平时的器件响应

电流，并进行统计计算，得到器件的响应电流平均值与标准差，从而计算出器件的重复性。此处测量的周期为 10 s。

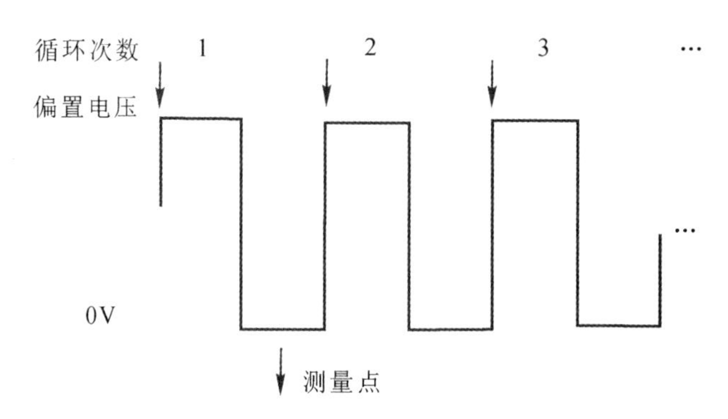

图 3.48 器件重复性测试方法

图 3.49 为器件在 120 kV 管电压、30 mA 管电流的 X 射线照射下，重复测量多个循环(大于 35)的器件电流值。当器件偏置电压为 50 V 时，电流响应的波动为 0.759%；当偏置电压为 200 V 时，电流响应的波动为 0.929%。由此得到器件在 50 V 偏压下的重复性为 0.759%，器件在 200 V 偏压下的重复性为 0.929%。从上述结果可以看到，随着偏置电压的提高，器件的重复性变差，这与高偏压下器件的电流增益的波动变大类似，可能与高电压下的碰撞电离效应增强有关。为了获得稳定的输出电流，应当适当地降低器件偏压，然而这将会带来增益的下降，因此需要在重复性和增益方面进行折中考虑。

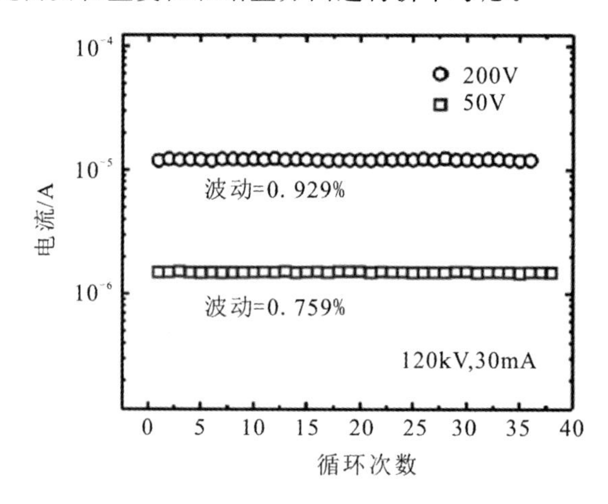

图 3.49 器件在 50 V 偏压与 200 V 偏压时的重复性

3. 分析与讨论

根据上述测试结果，可以看到，氢氧终端/金电极(H/O/Au)结构的 CVD 单晶金刚石核探测器一个明显的优势是获得了大的电流增益、高的特征灵敏度以及较好的 Δ 指数。通常增益主要受两方面因素的影响，一方面，低缺陷密度的体材料特性会减少金刚石体内的陷阱以及复合中心，从而提高输出电流，对于管电压超过 50 kV 的 X 射线源，通过厚度小于 1 mm 的金刚石层的能量沉积几乎是统一的，这与 α 粒子的探测模型显著的不同，因此探测器的模型可以认为是光电导模型，其电流增益可以表示为

$$G=\frac{I_{\mathrm{m}}}{I_{\mathrm{g}}}=\tau\left(\frac{1}{t_{\mathrm{rn}}}+\frac{1}{t_{\mathrm{rp}}}\right) \tag{3-26}$$

此处，τ 为载流子的平均寿命，t_{rn} 与 t_{rp} 分别为电子与空穴通过两个电极的渡越时间。为了使探测器具有较高的增益，应当使载流子具有较长的寿命和较短的渡越时间，这一点从增大偏置电压获得了更大的增益可以证明。另一方面，如果探测器的电极欧姆接触特性较好，则迁移率较高的载流子首先被扫出探测器，体内剩余迁移率较低的载流子，为了维持探测器的电中性，迁移率高的载流子又将由电极注入内探测器体内，从而提高了增益。还有一种理论认为“sensitizing effect”也能够增加光电导型探测器的增益，假设电极接触为理想的欧姆接触，如果探测器体内大量存在某一种载流子陷阱，而另一种载流子处于自由状态，则为了维持体内电中性，自由状态的载流子会由欧姆接触电极再次注入探测器体内，直到被陷阱的载流子退陷阱[44]。

在我们的探测器结构中，电子与空穴的 CCE 都接近 100%，因此，探测器体内的电子/空穴陷阱中心密度极低，材料体效应为增益和特征灵敏度的增大做出了一部分贡献。另一方面，氢终端与 Au 电极具有优良的欧姆接触特性，但载流子陷阱造成的“sensitizing effect”不是主要的因素，这是因为根据探测器的 CCE 性能，并没有发现电子与空穴具有明显的收集差异。因此，高迁移率的载流子快速扫出后导致的载流子再次注入应是增益提高的另一个原因。

在 Galbiati 的研究中[15]，采用了氮与硼杂质浓度都小于 5×10^{-9} 的 CVD 单晶金刚石，材料的体效应被极大地抑制，其采用的三种电极结构(表 3.10 所示)TiW、Cr/Au、DLC/Pt/Au 由于较差的欧姆接触特性，特征灵敏度远低于本工作；Schirru 等人[45]也采用高纯“电子级”单晶金刚石，利用 DLC/Pt/Au 电极制作了探测器，其对 X 射线的电流增益也仅为 0.8，商业的 PTW 金刚石核探测器特征灵敏度也远远小于本结构；Abdel-Rahman 等人[46]在“电子级”单晶上用 Pt 和 Al/Pt 电极制作的 X 射线探测器的增益也分别只有 0.722 与 2.31。在以上研究中，虽然材料的限制因素被尽可能地降低，然而，上述电极与金刚石没有形成良好的欧姆接触，因此静电平衡将会禁止电荷再次注入，难以获得高的增益。利用脉冲激光沉积(PLD)法在金刚石表面形成 C 电极并再次沉积 Ni 金属虽然也获得了较高的特征灵敏度以及大的增益[17]，然而，其信噪比以及 Δ 指数都不如本结构。对以上增益的讨论可以得出以下结论：要获得大的电流增益，需要满足两个条件，即探测器体内的载流子需要有较长的载流子寿命和较短的渡越时间，而且探测器电极接触需要具有良好的欧姆接触特性。本结构中，氢氧终端金刚石与 Au 电极接触形成了优良的欧姆接触，利用高纯“电子级”材料降低对载流子寿命限制的同时，欧姆接触导致的载流子电荷再注入增大了探测器对 X 射线响应的电流增益与特征灵敏度。

Δ 指数是测量 X 射线剂量率的重要参数，如果 $\Delta=1$，则表明探测器的响应电流不随剂量率的变化而变动，这对于精确地评估吸收剂量是十分有益的。根据 Fowler 模型，如果半导体晶格结构完美，没有陷阱存在，以复合为主，则 $\Delta=0.5$；如果材料体内的陷阱具有相同的俘获截面，则 $0.5<\Delta<1$；如果材料体内陷阱具有不同的俘获截面或者体内陷阱分布不一致，则 $\Delta>1$。然而，仅从体材料特性解释 Δ 指数不总是有效的，这是因为，Fowler 模型是基于欧姆接触的。Abdel-Rahman 等人[46]的研究结果表明，电极接触与退火工艺会动态改变 Δ 指数，较低的 Δ 值是由于非理想的欧姆接触会在探测器阳极附近积累负电荷，在阴极附近积累正电荷，从而降低了电场导致的(Δ 值小于 1)。对于 Galbiati 等人的研究中[15]采用的 TiW 电极，Δ 值达到了 1.58，远远偏离了单位值，其解释是由于 TiW 与金刚石界面存在陷阱导致的。因此，对于本结构的 H/O/Au 结构的金刚石核探测器，由于优良的界面特性，Δ 指数在偏压为 50 V 时，仅为 1.014 ± 0.001。

与表 3.10 中其他已发表以及商用的金刚石探测器的性能相比，由于氢终端金刚石与 Au 形成了良好的欧姆接触，本结构的金刚石 X 射线探测器具有明显的性能优势。50 V 偏压下器件的增益、SNR、特征灵敏度以及 Δ 指数分别达到了 19、$10^4\sim10^5$、5.133 $\mu C/(Gy\cdot mm^3)$、1.014 ± 0.001；200 V 偏压下器件的增益、SNR、特征灵敏度以及 Δ 指数分别为 151.83、$10^4\sim10^6$、41.441 $\mu C/(Gy\cdot mm^3)$、1.033 ± 0.014。

表 3.10　本工作与其他已发表的单晶金刚石 X 射线探测器性能对比

电极类型	增益	SNR	特征灵敏度/(μC/Gy·mm^{-3})	Δ
H/O/Au(50 V)	19	$10^4\sim10^5$	5.133	1.014±0.001
H/O/Au(200 V)	151.83	$10^4\sim10^6$	41.441	1.033±0.014
TiW[15]	—	$\sim6.1\times10^4$	0.246	1.58±0.04
Cr/Au[15]	—	$\sim2.8\times10^4$	0.153	1.05±0.01
DLC/Pt/Au[15]	—	$\sim1.1\times10^5$	0.144	1.011±0.008
DLC/Pt/Au[45]	0.8	$\sim5.1\times10^4$	0.165	1.014±0.008
PTW(商业)[45]	—	—	0.058	0.999±0.008
Pt[46]	0.722	$10^3\sim10^4$	0.185	0.975
Al/Pt[46]	2.31	$10^4\sim10^5$	0.600	0.968(退火)
PLD-C/Ni[17]	~20	7.2×10^3	4.87	0.97±0.02

3.5.3　多晶金刚石核辐射探测器对 X 射线的响应

多晶金刚石制作核探测器的优势在于其更大的尺寸和相对低廉的价格，因此，利用多晶金刚石可以获得更大的探测灵敏面积。虽然探测器的暗电流会随着探测面积的增大而增大，但是利用氧等离子体进行表面刻蚀可以大幅度地降低表面漏电。前文的研究已经表明，氢终端与 Au 电极接触的表面可以形成优良的欧姆接触，从而能够提高器件的响应电流。本节继续介绍氢氧终端 CVD 多晶金刚石核探测器对 X 射线的响应。

1. 器件制作与电流电压特性

器件的制作工艺流程与第 4 章采用的工艺流程相同，多晶金刚石采用 #6 样品的商业“电子级”多晶金刚石，尺寸为 $5\times5\times0.5$ mm^3，电极尺寸为 4×4 mm^2，Au 层厚度为 150 nm，器件的封装采用 TO 管壳封装。制作好的器件如图 3.50 所示。

图 3.51 为氢氧终端 CVD 多晶金刚石核探测器的电流电压特性，测量的电压范围为 −600～600 V。暗电流最大值出现在 600 V 偏压下，为 3.08×10^{-11} A，暗电流最低值出现在 −160 V，为 3.55×10^{-14} A。从图中可以看到，暗电流最低值没有出现在 0 V 电压下，这被认为是由于极化效应(polarization effect)造

成的[47]。由于多晶金刚石内部的晶粒边界与缺陷通常作为陷阱与复合中心存在，当外加偏压时，金刚石内部的极少数载流子将会在外部偏压的驱动下向两边漂移，从而在探测器阳极附近陷获电子，在探测器的阴极附近陷获空穴，这样陷阱陷获的电子空穴产生的内建电场与外加偏置电压反向，从而减弱了总的器件电场，使得探测器体内的电场分布发生改变，不再均匀，也因此引起了暗电流最低值相对于零点的偏移。当外加 X 射线源测试器件的电流电压特性时，可以从图中看到，电流最低值回到了偏压 0 V 附近，这与器件的暗电流特性相比，发生了明显的改变，这一变化可以用 priming 效应来解释。由于在 X 射线辐照下，金刚石体内产生了大量的电子空穴对，可以填充材料体内陷阱态，使得探测器的体内电场分布均匀，从而抑制了极化效应，使得电流电压特性曲线再一次对称分布[48]。器件在管电压为 120 kV、管电流为 1 mA 的 X 射线源照射下，最大输出电流接近 10^{-7} A，300 V 与 80 V 偏压下的 SNR 约为 2×10^{3}；当管电流增大到 30 mA 时，器件输出电流约为 10^{-6} A，300 V 偏压下的 SNR 为 10^{5}，80 V 偏压下的 SNR 为 5×10^{4}。

图 3.50　多晶金刚石核探测器实物图

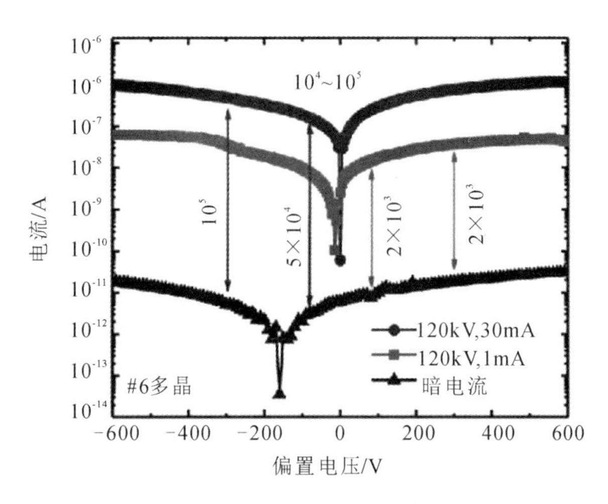

图 3.51　多晶金刚石核探测器的电流电压特性

2. 器件的电流时间响应特性

图 3.52 为器件在不同偏置电压下对不同剂量率 X 射线的电流时间响应特性。从图中可以看到，当 X 射线源开启后，电流响应随时间的增大开始缓慢地增加，80 V 与 300 V 偏压下电流的终值比起始值分别增大了 1.6%与 4.8%，此现象也是由于 priming 效应引起的[40]。器件在不同剂量的 X 射线源下分别照射

3 min，当 X 射线源开启和关闭时，器件下降时间都约为1 s，没有发现持久光电流(persistent photocurrent)现象[40]。然而器件的上升时间略有不同，相同剂量率下，80 V 偏压的上升时间大于 300 V 的，这是由于高偏置电压下，电子空穴对填充陷阱的速度更快导致的。当剂量率为 1.063 Gy/min 时，80 V 偏压时的上升时间约为 3.14 s，300 V 偏压时的上升时间约为 2.35 s。

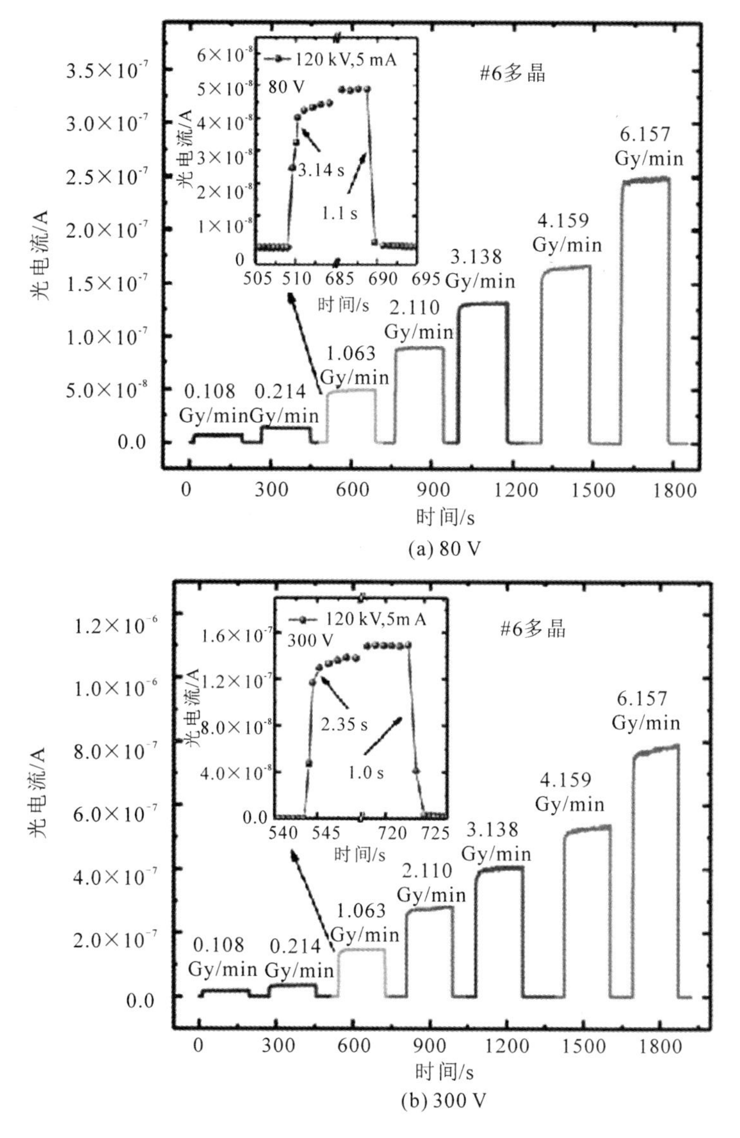

图 3.52　多晶金刚石核探测器的电流时间响应特性

器件在不同偏压不同剂量下的平均电流如表3.11所示，根据器件电流时间响应，由式(3-21)可以计算出器件的增益。从表中可以看到，在不同偏压下，器件的增益随着X射线辐照剂量的增加，开始缓慢地下降，最后达到基本稳定。小剂量辐照下的增益明显高于大剂量，一个可能的原因是由于大剂量下载流子的复合率更高，导致了产生的电子空穴对在没有输运完成时，已经有一部分被复合，从而引起增益的下降。根据得到的增益值，器件在80 V与300 V偏压下的平均增益为1.31与3.92。

表3.11 多晶金刚石核探测器在80 V与300 V下的平均响应电流

剂量率/(Gy/min)	平均电流(80 V)/A	增益(80 V)	平均电流(300 V)/A	增益(300 V)
0.108	6.466×10^{-9}	1.68	1.865×10^{-8}	4.86
0.214	1.284×10^{-8}	1.67	3.404×10^{-8}	4.44
1.063	4.801×10^{-8}	1.26	1.466×10^{-7}	3.87
2.110	8.844×10^{-8}	1.17	2.750×10^{-7}	3.66
3.138	1.299×10^{-7}	1.16	3.999×10^{-7}	3.57
4.159	1.634×10^{-7}	1.10	5.239×10^{-7}	3.53
6.157	2.471×10^{-7}	1.12	7.730×10^{-7}	3.52

利用Fowler模型拟合的多晶CVD金刚石核探测器的线性度如图3.53所示，在80 V与300 V偏压下，当吸收剂量率从0.108 Gy/min变化到6.157 Gy/min

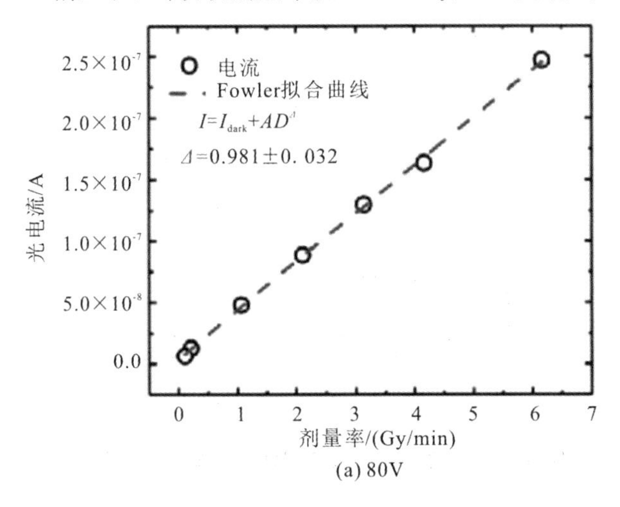

(a) 80V

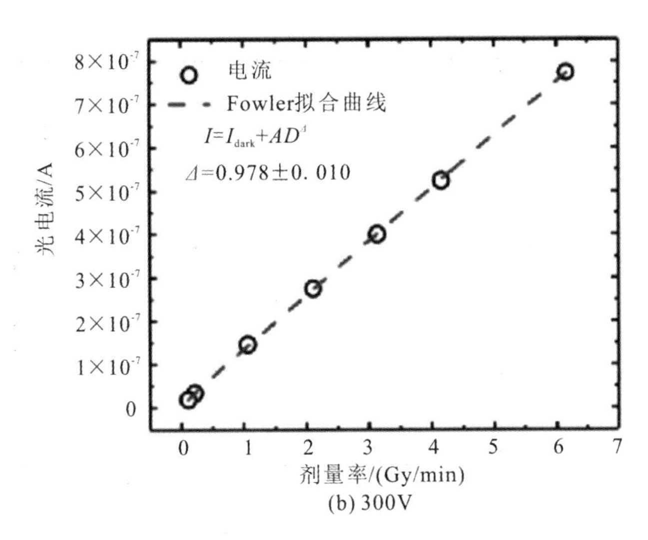

(b) 300V

图 3.53　多晶探测器 Fowler 模型拟合的线性度

时，Δ 值分别为 0.981±0.032 与 0.978±0.010。相比于 80 V 偏压下的线性度，300 V 偏压下的 Δ 值标准差更小，我们认为这是因为在 300 V 偏压下，探测器内的电场强度更大，在相同的载流子漂移长度下，漂移时间更短，从而减小了因为载流子随机复合造成的不确定度。可以发现，器件的线性指数都极为接近 1，在 Δ 等于 1 的情况下，器件的光电流并不依赖于剂量率，这对于剂量率的测定是一个明显的优势。

图 3.54 为器件在 80 V 与 300 V 偏压下的灵敏度示意图，图中线性拟合的

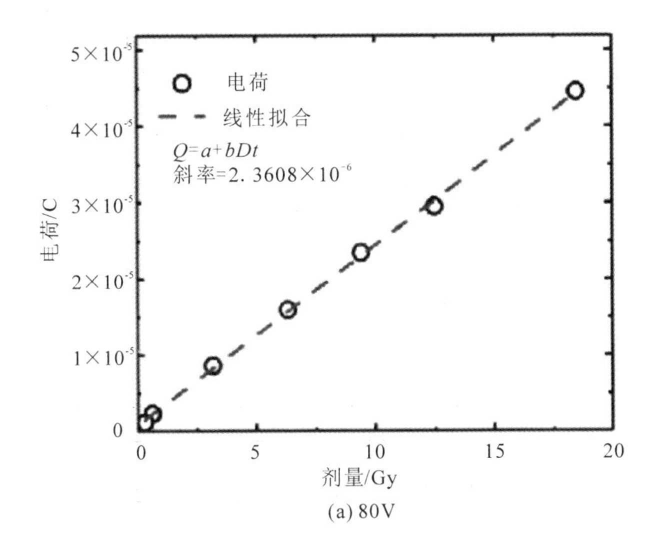

(a) 80V

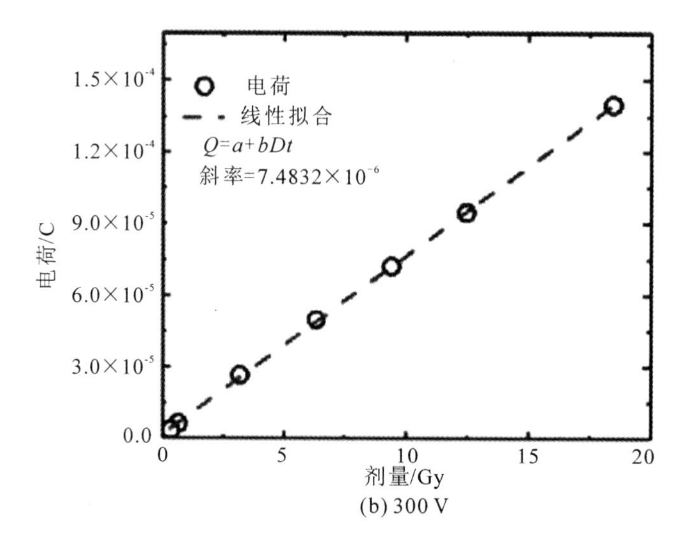

图 3.54 多晶探测器的灵敏度

斜率即为器件的灵敏度。可以看到器件偏压为 80 V 时灵敏度为 2.3608 μC/Gy，器件偏压为 300 V 时的灵敏度为 7.4832 μC/Gy。器件的灵敏体积为 $4 \times 4 \times 0.5\ mm^3$，因此，用灵敏度除以灵敏体积可以得到器件的特征灵敏度，80 V 偏压下为 0.2951 $\mu C/(Gy \cdot mm^3)$，300 V 偏压下为 0.9354 $\mu C/(Gy \cdot mm^3)$。

图 3.55 为器件在 120 kV 管电压、30 mA 管电流的 X 射线照射下，重复测

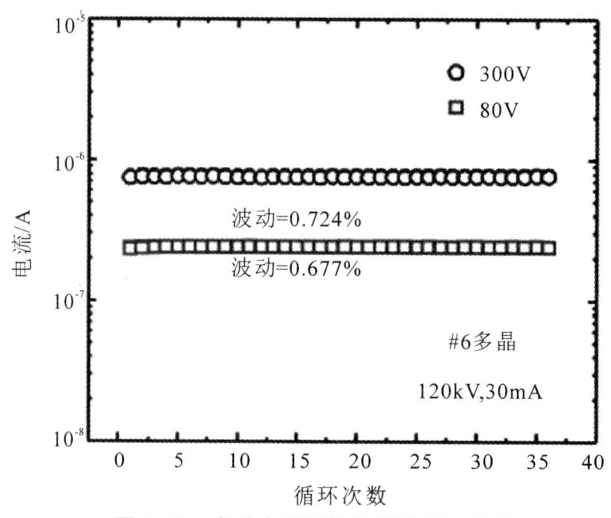

图 3.55 多晶金刚石核探测器的重复性

量多个循环(循环次数>35)的器件电流值。当偏置电压为80 V时，器件的重复性为0.677%；当偏置电压为300 V时，器件的重复性为0.724%。可以看出，300 V时电流响应的波动略大于80 V的电流波动。

3. 分析与讨论

根据上述测量结果，可以看到，利用"电子级"多晶金刚石研制的氢氧终端/金电极(H/O/Au)结构的核探测器对X射线的响应电流明显小于相同工艺下的"电子级"单晶金刚石核探测器的。根据第3.2节中的材料分析结果来看，两者都具有极低的杂质含量，在PL谱测试中都没有发现明显的杂质峰，Raman峰位与半高宽都十分接近。FTIR结果表明，两者都为Type Ⅱa金刚石。因此，多晶结构的晶粒边界会显著降低电流增益与特征灵敏度。

表3.12为本工作与已经发表的其他结构多晶金刚石X射线探测器的性能对比，可以看到，除了由材料质量引起的性能下降外，电极接触对探测器性能同样具有明显的影响。与上一节讨论的相似，由于H/O/Au电极结构的优良欧姆接触特性，使得在80 V偏压下，器件的增益、SNR、特征灵敏度以及Δ指数分别达到了1.31、$2\times10^3\sim5\times10^4$、0.2951 μC/(Gy·$mm^3$)、0.981±0.032；300 V偏压下，器件的增益、SNR、特征灵敏度以及Δ指数分别为3.92、$2\times10^3\sim10^5$、0.9354 μC/(Gy·mm^3)、0.978±0.010。

表3.12　本工作与其他已发表的多晶金刚石X射线探测器性能对比

电极类型	增益	SNR	特征灵敏度	Δ
H/O/Au(80V)	1.31	$2\times10^3\sim5\times10^4$	0.2951 μC/(Gy·mm^3)	0.981±0.032
H/O/Au(300V)	3.92	$2\times10^3\sim10^5$	0.9354 μC/(Gy·mm^3)	0.978±0.010
DLC[40]	2.47×10^{-3}	70～80	3.8 nC/(Gy·mm^3)	0.73
DLC/Ni[40]	175×10^{-3}	3300	43.5 nC/(Gy·mm^3)	0.86
Pt[40]	24.3×10^{-3}	1000	23.6 nC/(Gy·mm^3)	0.85
Ag[42]	—	20～100	7～43 nC/(Gy·mm^3)	0.95～1.00
Cr/Au[49]	—	—	—	0.88～0.90

3.5.4 小结

对于工作在电流模式下的金刚石核探测器，要求核探测器具有高的输出电流和灵敏度、好的线性度和重复性、快速的响应时间，根据前文的研究结果，除了材料体特性对性能的限制以外，电极接触依然是制约器件性能的因素。因此本节基于“电子级”金刚石材料，介绍了氢氧终端 CVD 单晶金刚石核探测器对剂量率为 0.108～6.157 Gy/min 的稳态 X 射线的电流响应。结果表明，由于优良的欧姆接触以及体材料特性，载流子电荷再注入增大了探测器对 X 射线响应的电流增益与特征灵敏度，同时由于抑制了界面的陷阱效应，获得了接近于 1 的 Δ 指数，在 200 V(0.66 V/μm)偏压下，器件的增益、SNR、特征灵敏度以及 Δ 指数分别为 151.83、10^4～10^6、41.441 μC/(Gy・mm^3)、1.033±0.014。对于氢氧终端 CVD 多晶金刚石核探测器，晶粒边界的存在导致响应电流明显小于相同工艺下的单晶金刚石核探测器，在 300 V(0.60 V/μm)偏压下，器件的增益、SNR、特征灵敏度以及 Δ 指数分别为 3.92、2×10^3～10^5、0.9354 μC/(Gy・mm^3)、0.978±0.010。与国际上其他工作于电流模式的同类单晶或多晶金刚石核探测器比较，这些探测器的性能指标都具有显著的优势。

3.6 金刚石材料特性对核辐射探测器的性能影响

3.6.1 引言

从金刚石核探测器的工作原理中，可以知道金刚石材料特性也是影响核探测器性能的一个重要因素。金刚石具有非常好的绝缘特性，因此，金刚石不需要形成 PN 结或者肖特基结以抑制漏电流。通常来说，垂直型 MiM 结构的金刚石核探测器的工作过程与固体电离室类似。传统的金刚石分类方法中，最高等级的金刚石为 Type Ⅱa 级，这种金刚石具有十分低的 N 杂质浓度($<1\times10^{-6}$)，没有可以被 FTIR 探测到的 B 杂质，这已经达到了二次离子质谱(SIMS)的探测限，此种金刚石在天然金刚石中占比不超过 2%。天然金刚石昂贵的价格和非一致性导致制作核探测器的成本过高，性能随机性很严重。与天然金刚石相比，采用 CVD 法制备的金刚石具有大规模、低成本和性能可控等

优点。非故意掺杂的CVD金刚石通常也被归类为Type Ⅱa型，然而，根据文献报道，作为核探测器最重要的性能参数，利用非故意掺杂Type Ⅱa CVD金刚石制作的核探测器的CCE性能指标可从几个百分点变化到接近100%。因此，研究金刚石材料特性对核探测器性能的影响对于制作高性能的金刚石核探测具有重要的意义。

CVD金刚石分为单晶与多晶，由于单晶没有晶界，因此可以获得更好的载流子输运特性，但是往往晶体尺寸很难超过12 mm。而多晶金刚石采用异质外延工艺生长，可以获得大尺寸CVD外延，但是具有明显的晶粒边界，从而恶化了能谱特性。

从Hecht方程可以知道，CCE受以下几个因素影响：

(1) 电子/空穴的迁移率寿命积($\mu\tau$)；

(2) 金刚石材料厚度(d)；

(3) 电场强度(E)。

一方面，为了获得高的CCE性能，将核探测器的厚度减薄是一个可选的方法[50]。从图3.25中可以看出，厚度过薄将不能使α粒子能量全部沉积，并不适合高能带电粒子的探测。因此，金刚石核探测器的厚度超过100 μm更具有实用性。而且，常规的机械抛光减薄方式的加工极限也基本在100 μm左右，因此，此处讨论的金刚石核探测器厚度都在100 μm以上。

另一方面，提高迁移率寿命积也可以提升金刚石核探测器的CCE性能。从前文的分析中可以看到，金刚石中的材料缺陷主要包括各种杂质与位错，这些材料缺陷都会影响金刚石中非平衡载流子的迁移率寿命积。生长高质量的CVD金刚石可以有效地抑制杂质和晶体缺陷，从而提升迁移率寿命积。高质量的金刚石生长技术包括超高纯度生长和高结晶质量(如低位错密度)生长，但这两种金刚石的生长策略存在显著差异[3]。从金刚石材料的角度来看，选择合适的生长方法、合适的晶体厚度、合适的材料测试和筛选方法对于开发高性能金刚石核探测器是非常重要的。因此，了解杂质、位错和厚度对CCE性能的影响程度是十分必要的。

3.6.2　材料选取

为了研究杂质、位错以及材料厚度对CCE性能的影响，在材料选取上做如图3.56所示的考虑。

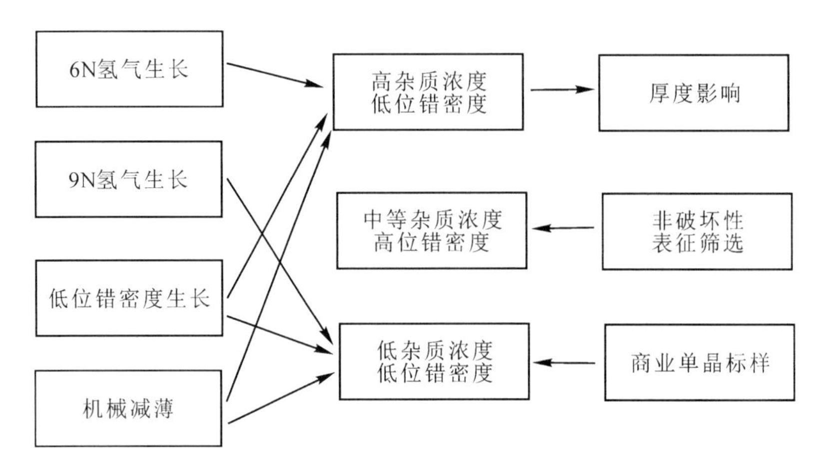

图 3.56　CVD 单晶金刚石样品的选取

杂质方面：高杂质浓度的金刚石材料采用 MPCVD 生长获得，从前文的介绍中可知，H_2纯度以及生长工艺会影响金刚石中非故意掺杂引入的氮以及其他杂质含量，因此这里采用纯度为 6N(6 个 9)的氢气生长高杂质浓度的金刚石样品。中等杂质浓度的样品利用前文介绍的 PL 谱经过筛选得到。低杂质浓度的金刚石材料采用纯度为 9N 的氢气生长，同时也采用商业“电子级”金刚石单晶作为对比样品。

位错方面：同质外延 CVD 金刚石的位错主要来源于 HPHT 衬底的位错以及生长界面处的缺陷沿生长方向的扩张，因此采用低位错密度的 HPHT 衬底并利用表面氧刻蚀法生长低位错密度的 CVD 单晶金刚石。高位错密度样品根据前文介绍的 XRD 经过筛选得到。

材料厚度方面：对 6N 氢气生长的 CVD 单晶金刚石，分别切割抛光到 200 μm 与 500 μm，研究材料减薄后，对 CCE 特性的影响。

3.6.3　材料特性表征

在单晶金刚石方面，一共制备和选取了六片 CVD 单晶金刚石，将六片单晶金刚石分为三组，第一组中的两片样品为 6N 氢气下生长的，为高杂质浓度、低位错密度组，样品编号为＃7 与＃8；第二组中的两片样品为经过非破坏性表征法筛选出的，为中等杂质浓度、高位错密度组，样品编号为＃9 与＃10；第三组中的两片样品，其中一片为第 3.1 节中利用 9N 氢气下生长

的高质量单晶金刚石，这里将其编号为♯11，另一片为♯5 商业“电子级”单晶金刚石，为低杂质浓度、低位错密度组。

1. 表面形貌

为了确保所有样品的表面粗糙度尽可能一致，对六片样品进行了表面精细抛光。利用 AFM 测试得到的抛光后的样品表面形貌如图 3.57 所示，在 5 μm×5 μm 的测试区域内，所有的样品表面 Rq 值在 1～2 nm 范围内。♯7、♯8、♯9、♯10、♯11、♯5 样品的 Rq 值分别为 1.50 nm、1.99 nm、1.96 nm、2.00 nm、1.15 nm、1.09 nm。其中♯7 与♯9 样品的表面白色斑点为抛光磨料的残留，其他样品的抛光磨料残留较少，这些磨料可以通过器件工艺过程中的清洗去除。♯11 样品的表面起伏值最小，为 7.6 nm；表面起伏最大的样品为♯9 样品，为 15.1 nm。从图中还可以看到，所有样品表面都具有明显的斜向抛光纹路。我们认为六片样品的表面粗糙度差异来源于抛光工艺的公差。六片样品的 Rq 均值为 1.615 nm，标准差为 0.39 nm，因此，我们认为经过抛光后的六片样品表面一致性好，不具有明显的形貌差异。

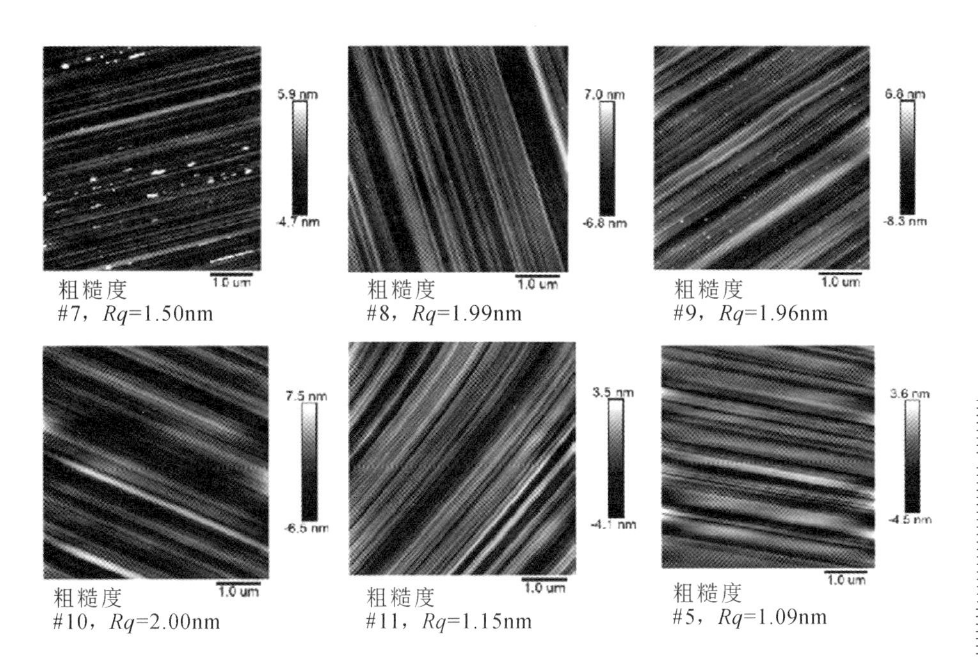

图 3.57　经过精细抛光后的样品表面

2. 样品类型

所有金刚石样品的类型采用 FTIR 进行甄别，如图 3.58 所示，主要的特征峰出现在 1800～2700 cm^{-1}的二声子区内，该特征区是由碳碳键引起的本征特征峰。在 1000～1400 cm^{-1}的 N 特征区、2786～3394 cm^{-1}的 H 特征区以及 2700～3000 cm^{-1}的 B 特征区都没有发现杂质峰；根据金刚石的分类规则，无法用 FTIR 探测到 N 杂质的金刚石被归类为 Type Ⅱ型，进一步，如果不含有 B 元素，则为 Type Ⅱa 型。因此，虽然 6 个 CVD 金刚石的生长工艺以及来源不同，但是都为 Type Ⅱa 型金刚石。

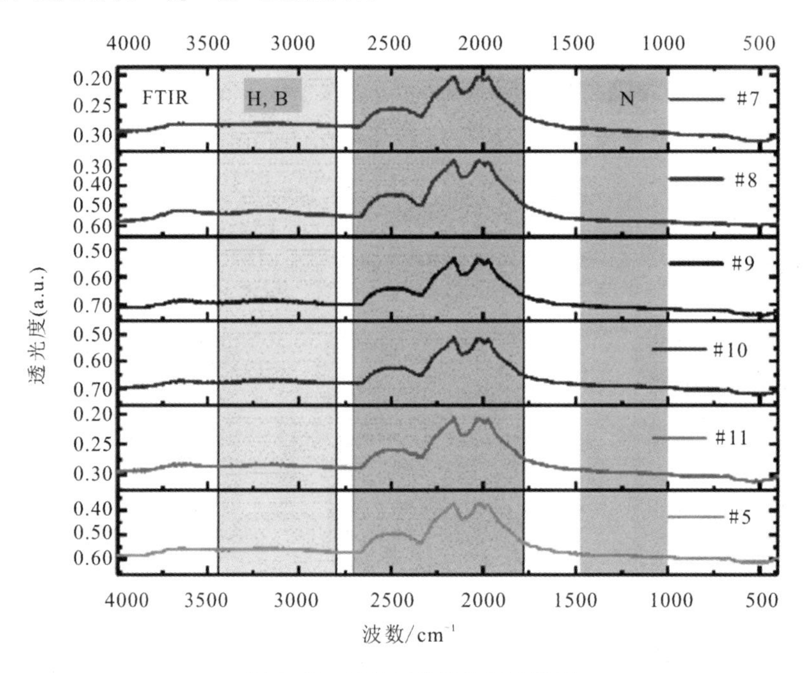

图 3.58　室温下样品的红外谱图

3. 结晶质量与位错密度

图 3.59 为所有金刚石单晶样品的(004)面 X 射线摇摆曲线。#7、#8、#9、#10、#11、#5 样品的摇摆曲线半高宽分别为 35.7、45.3、127.6、102.8、46.3、51.3 arcsec。理论上金刚石对 CuK_{α_1} X 射线衍射的摇摆曲线半高宽为 4.2 arcsec[13]，考虑到仪器的分辨率为 10 arcsec，因此样品摇摆曲线半高宽的展宽来自晶格的缺陷，比如位错引起的展宽。位错密度(DD)的计算可以按照下式进行：

$$DD=\frac{\beta^2}{9b^2} \tag{3-27}$$

此处，β为样品摇摆曲线的半高宽，以弧度为单位；b为位错的伯格斯矢量长度。这里采用金刚石的晶格常数0.357 nm来估算所有样品的位错密度，得到的结果列于表3.13中。由表3.13可以看到，第一组6N氢气环境下生长的低位错密度样品＃7与＃8，以及第三组9N氢气环境下生长的＃11样品，以及＃5样品的位错密度为10^6 cm^{-2}量级；而第二组高位错密度的＃9与＃10样品的位错密度较其他样品高了一个数量级，达到了10^7 cm^{-2}量级。所有样品的衍射角2θ集中在119.6°～120.0°，是典型的金刚石衍射峰。

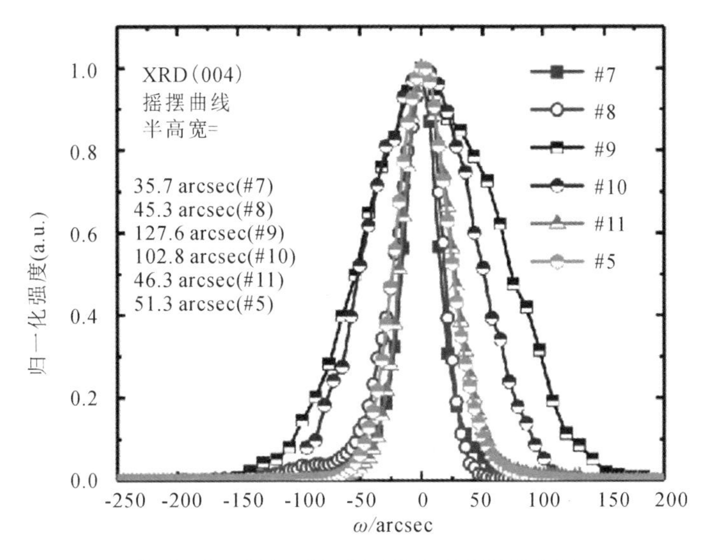

图3.59　金刚石(004)面的X射线摇摆曲线

表3.13　六只样品的XRD测量结果

样品	ω/arcsec	2θ/(°)	位错密度/cm^{-2}
＃7	35.7	119.6920	2.6×10^6
＃8	45.3	119.6417	4.2×10^6
＃9	127.6	119.9046	3.3×10^7
＃10	102.8	119.9093	2.2×10^7
＃11	46.3	119.9284	4.4×10^6
＃5	51.3	119.6983	5.4×10^6

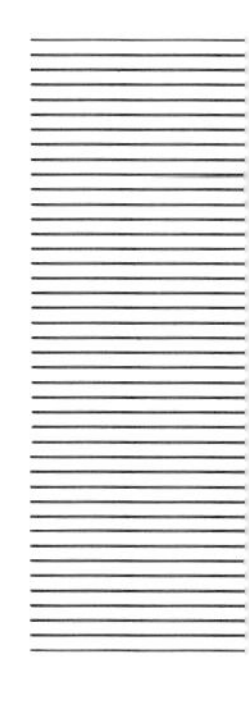

4. 拉曼光谱

样品的拉曼光谱测试结果如图 3.60 所示，测试所用激光为 514 nm，都在室温下测试。从图 3.60(a)中可以看出，所有样品没有观测到 1350 cm^{-1}处的金刚石缺陷 D 峰和代表石墨相 1580 cm^{-1}处的 G 峰。然而，在♯7、♯8、♯9、♯10 样品中观测到了 2060 cm^{-1}处的峰，该峰通常被认为是 N 杂质引起的缺陷，而在♯11 与♯5 样品中却并没有观测到该杂质峰。金刚石二阶拉曼区(2100～2600 cm^{-1})2460 cm^{-1}处的峰出现在样品♯11 与♯5 中，而在其他金刚石样品中，沿着更大拉曼位移方向的发光背景已经与二阶拉曼峰合并，所以在其他样品中并不明显。

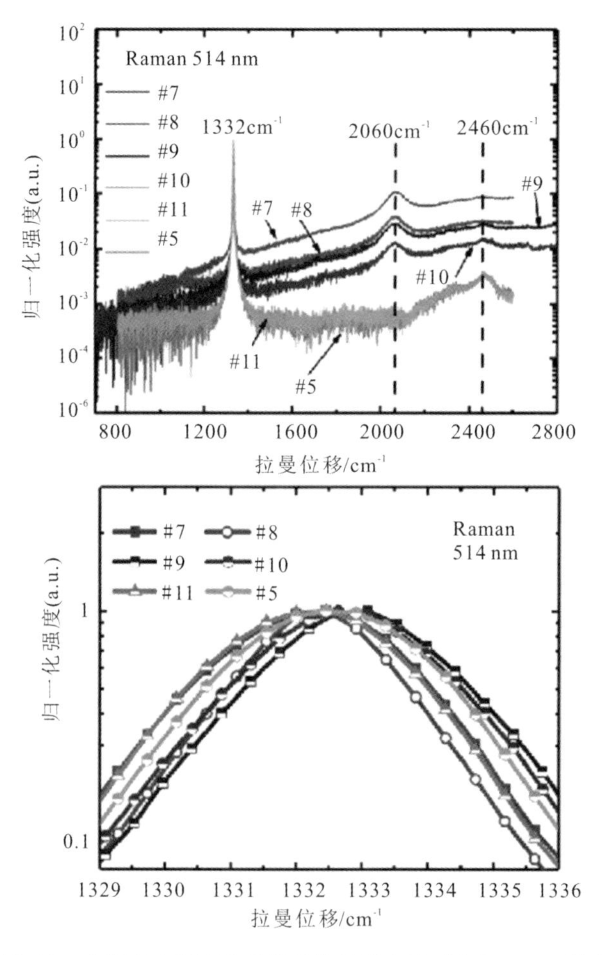

图 3.60　室温下金刚石单晶样品的拉曼光谱对比(514 nm 激光)

图3.60(b)为所有样品的一阶拉曼峰放大图。表3.14所示为金刚石样品的拉曼测试结果统计。可以看到，所有样品的一阶拉曼峰都位于1332～1333 cm^{-1}范围内。第一组样品#7与#8的拉曼峰位于1332.4 cm^{-1}处，拉曼半高宽都为3.6 cm^{-1}；第二组样品#9与#10的拉曼峰分别位于1332.9 cm^{-1}与1332.7 cm^{-1}处，拉曼半高宽都为3.9 cm^{-1}；第三组样品#11与#5的拉曼峰分别位于1332.2 cm^{-1}与1332.4 cm^{-1}处，拉曼半高宽都为3.7 cm^{-1}。以上样品的拉曼峰都与理想金刚石的拉曼峰位(1332.3 cm^{-1})相差不大，结合XRD结果来看，位错密度更高的#9与#10样品的拉曼峰较理想金刚石的峰位偏差较大，而低位错密度的金刚石样品偏差较小，这是由于金刚石中的位错通常是沿着生长方向产生的穿透型位错，对晶格结构影响较大。而杂质浓度较高的#7与#8样品与杂质浓度较低的#11与#5样品则与理论值都相差较小，这是由于杂质在金刚石内部主要以点缺陷形式存在，虽然#7与#8样品杂质含量相对较高，但从FTIR结果来看，还是杂质浓度很低的样品，因此不会对金刚石整体的晶格结构产生较大的影响。金刚石内部应力根据式(3-4)得出，可以看到，位错密度较高的#9与#10样品的内部压应力分别达到了0.31 GPa和0.21 GPa，而其他样品由于位错密度较低，其应力值仅为0.05 GPa，接近于无应力状态。

表3.14 金刚石样品的拉曼测试结果统计(514 nm激光)

样品	拉曼峰位/cm^{-1}	半高宽/cm^{-1}	应力 σ/GPa
#7	1332.4	3.6	−0.05
#8	1332.4	3.6	−0.05
#9	1332.9	3.9	−0.31
#10	1332.7	3.9	−0.21
#11	1332.2	3.7	+0.05
#5	1332.4	3.7	−0.05

以上拉曼光谱结果表明，用于制备核探测器的单晶金刚石样品晶体质量高，杂质和缺陷少，这一结果与FTIR所得到的所有CVD金刚石都为Type Ⅱa型结果一致。然而微弱的杂质发光峰还是出现在高杂质浓度以及中等杂质浓度的样品中，然而这种微弱的区别并不能被FTIR谱所探测到。因此，我们

需要进一步利用 PL 谱对以上现象进行进一步的分析。

5. PL 谱

图 3.61 所示为室温下利用 514 nm 激光测试的 PL 谱，所有样品的 PL 谱都以一阶拉曼峰进行归一化，以便于比较杂质峰的强弱。从图中可以看出，除了一阶拉曼峰以外，575、637、662、686、696、704、737、742 nm 的发光峰出现在♯7、♯8、♯9、♯10 样品，低杂质浓度组的♯11 与♯5 样品没有发现这些发光峰。575、637、737、742 nm 分别为 NV^0、NV^-、SiV^- 以及 GR^1 中心。662、686、696、704 nm 峰的物理机理目前还不清楚。一些研究认为这些峰是由于 NV^0 和 NV^- 零声子线的复制，或者是与氮杂质相关的复杂缺陷复合而导致的发光[51-52]。♯7、♯8 样品虽然都是在 6N 氢气氛围下生长的，但是由于氮杂质来源于生长气体的氮杂质残留以及生长腔体的泄露，这种杂质进入金刚石内部具有一定的随机性，因此♯7 与♯8 样品的杂质发光具有一定的差异，但是其杂质峰是明显高于♯9 与♯10 样品的。硅杂质来源于等离子体对腔体的刻蚀作用，耦合进入金刚石内部也具有一定的随机性。这里定义♯9 与♯10 样品为中等杂质浓度样品的原因也在于其杂质发光区归一化最大值低于 0.2，而♯7 与♯8 样品的则高于 0.5。在线性坐标下，低杂质浓度的♯11 与♯5 样品已经无法观测到杂质发光峰，只有微弱的发光背景。

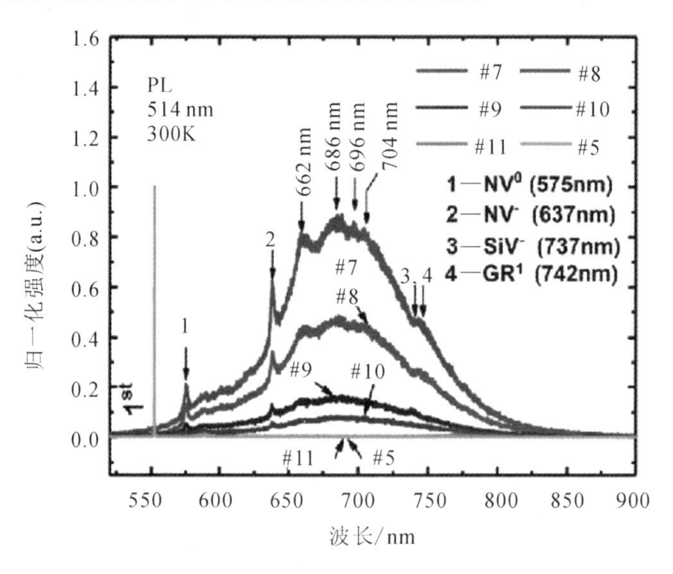

图 3.61　室温下金刚石样品的 PL 谱(514 nm 激光)

进一步，图 3.62 所示为♯11 与♯5 样品在不同温度下的 PL 谱。图 3.62(a)为室温下 514 nm 激光激发的对数坐标下的 PL 谱，从中可以看到，♯11 样品比♯5 样品的发光背景有略微升高，但是没有发现其他明显的杂质峰。当温度降低到 3K 时，♯11 样品出现了发光强度较弱的 NV^0 与 NV^- 杂质峰，而♯5 样品依然没有明显的杂质峰，如图 3.62(b)所示。这也说明利用 9N 氢气生长的 CVD 金刚石依然含有极其微弱的杂质，但是相比 6N 氢气生长的金刚石，杂质浓度已经大幅下降。

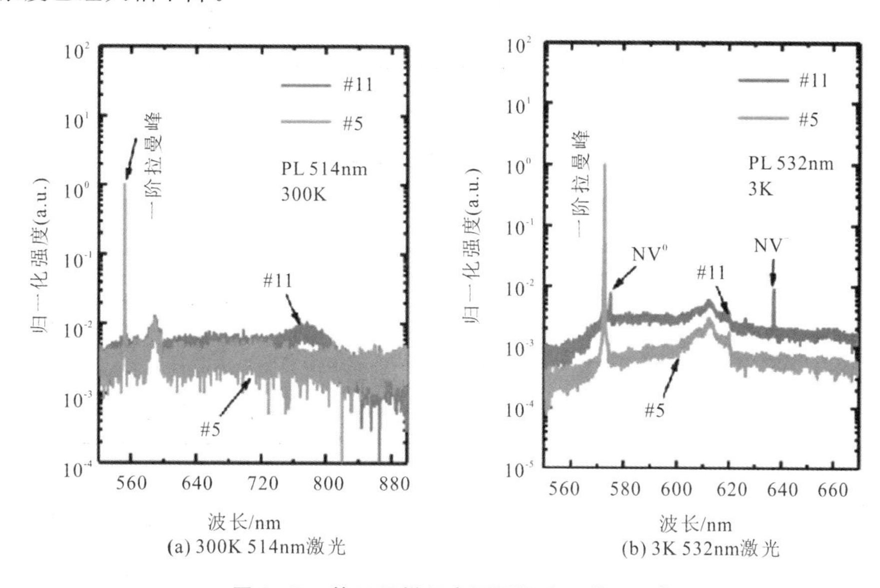

图 3.62　第三组样品在不同温度下的 PL 谱

6. SIMS

二次离子质谱(SIMS)是一种定量的分析表征手段，对氮杂质的探测限为 10^{16} atom/cm^3，对硼杂质的探测限为 10^{14} atom/cm^3。由于氮杂质与硼杂质是金刚石中最主要的杂质，而在所有样品中，♯7 样品的杂质发光强度最大，因此我们利用 SIMS 测量了♯7 样品的氮杂质和硼杂质浓度(见图 3.63)，其值为所有样品杂质浓度的上限。♯7 样品的 N 杂质浓度为 3×10^{16} atom/cm^3，约为 170×10^{-9}，而硼杂质浓度已经达到了 SIMS 的探测限，因此♯7 样品的硼杂质浓度不超过 1×10^{-9}。由于♯5 样品的 N 杂质浓度不超过 5×10^{-9}，因此这里我们认为所有样品的氮杂质浓度在 $5\times10^{-9}\sim170\times10^{-9}$ 范围内，而硼杂质浓度都低于 1×10^{-9}。

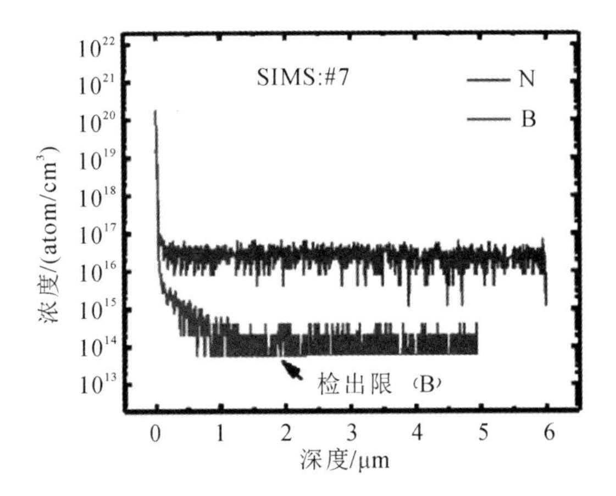

图 3.63 #7 样品的 SIMS 分析结果

3.6.4 器件制备

器件工艺与器件制备工艺相同，探测器厚度采用千分尺进行测量，电极尺寸由设计的掩膜板尺寸确定，具体的器件尺寸见表 3.15。

表 3.15 制备的 CVD 单晶金刚石核探测器样品尺寸

样品编号	厚度/mm	电极尺寸/mm²	备 注
#7	0.20	3×3	6N 氢气生长，高杂质浓度，低位错密度
#8	0.50	3×3	6N 氢气生长，高杂质浓度，低位错密度
#9	0.20	4×4	中等杂质浓度，高位错密度
#10	0.23	4×4	中等杂质浓度，高位错密度
#11	0.25	2×2	9N 氢气生长，低杂质浓度，低位错密度
#5	0.30	4×4	电子级单晶，低杂质浓度，低位错密度

3.6.5 能谱特性

此处 6 只 CVD 单晶金刚石核探测器样品的能谱特性采用前面描述过的脉冲高度谱仪进行测量，放射源采用^{241}Am 源，CCE 特性采用标准硅探测器进行标定，CCE 值采用能谱峰的最大值点进行定义。

图 3.64 所示为 6 只 CVD 单晶金刚石核探测器的偏置电场与 CCE 关系。

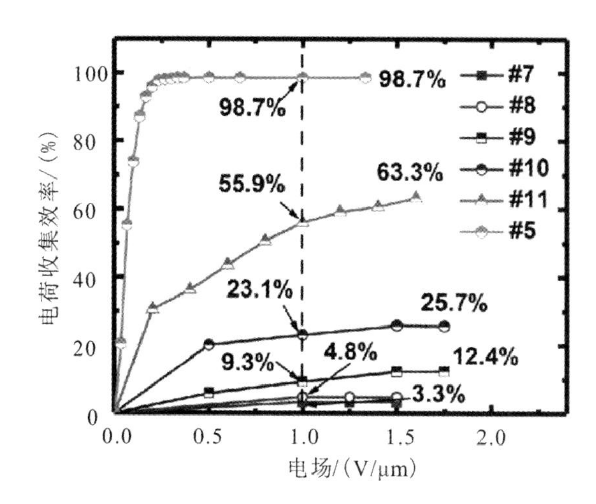

图 3.64　探测器偏置电场与 CCE 关系

♯7 样品在偏置电场为 1 V/μm 时，CCE 为 3.3%，当继续增大偏置电场后，CCE 不再增加，达到饱和。

♯8 样品在偏置电场为 1 V/μm 时，CCE 为 4.8%，当继续增大偏置电场后，CCE 不再增加，达到饱和。

♯9 样品在电场为 1 V/μm 时，CCE 为 9.3%，当电场增大后，CCE 值略有增加，当电场超过 1.5 V/μm 时，CCE 达到饱和，为 12.4%。

♯10 样品在电场为 1 V/μm 时，CCE 为 23.1%，当电场增大后，CCE 值略有增加，当电场超过 1.5 V/μm 时，CCE 达到饱和，为 25.7%。

♯11 样品在电场为 1 V/μm 时，CCE 为 55.9%，当电场继续增大后，CCE 值略有增加，当电场达到 1.6 V/μm 时，CCE 为 63.3%。

♯5 样品在电场为 1 V/μm 时，CCE 为 98.7%，随着电场的增大，CCE 达到饱和。

从以上结果可以知道，CVD 单晶金刚石的 CCE 特性差异很大，为了进一步了解这些金刚石核探测器的能谱特性，统一在电场为 1 V/μm 的情况下，继续分析这些样品的特性。

图 3.65 为 1 V/μm 下的探测器能谱特性曲线，能谱特性是核探测器对 α 粒子产生的电子空穴对收集的概率统计分布，峰中心位置为收集概率分布最为集中的区域，因此峰的中心位置反映了 CCE 的平均值。

♯7 样品的峰值对应的 CCE 为 3.3%，且峰不呈高斯分布，具有半高斯特征，峰越过最高值后，分布呈指数下降，能够收集到的最大电荷约为 7%，但是最大值处的概率分布很低，不具有代表性，只能反映电荷收集的离散性。

＃8 样品的峰中心位置对应的 CCE 为 4.8％，峰具有高斯分布特征，最大 CCE 值约为 12％。

＃9 样品的峰中心位置对应的 CCE 为 9.3％，峰具有典型的高斯分布特征，最大的 CCE 值约为 15％。

＃10 样品的峰中心位置对应的 CCE 为 23.1％，峰具有典型的高斯分布特征，最大的 CCE 值约为 30％。

＃11 样品的峰中心位置对应的 CCE 为 55.9％，峰具有典型的高斯分布特征，最大的 CCE 值接近 70％。

＃5 样品的峰中心位置对应的 CCE 为 98.7％，峰具有典型的高斯分布特征，最大的 CCE 值接近 100％。

从能谱特性图可知，除了不同样品的 CCE 值差异较大以外，样品的能谱特性曲线也展现了较大的差异。

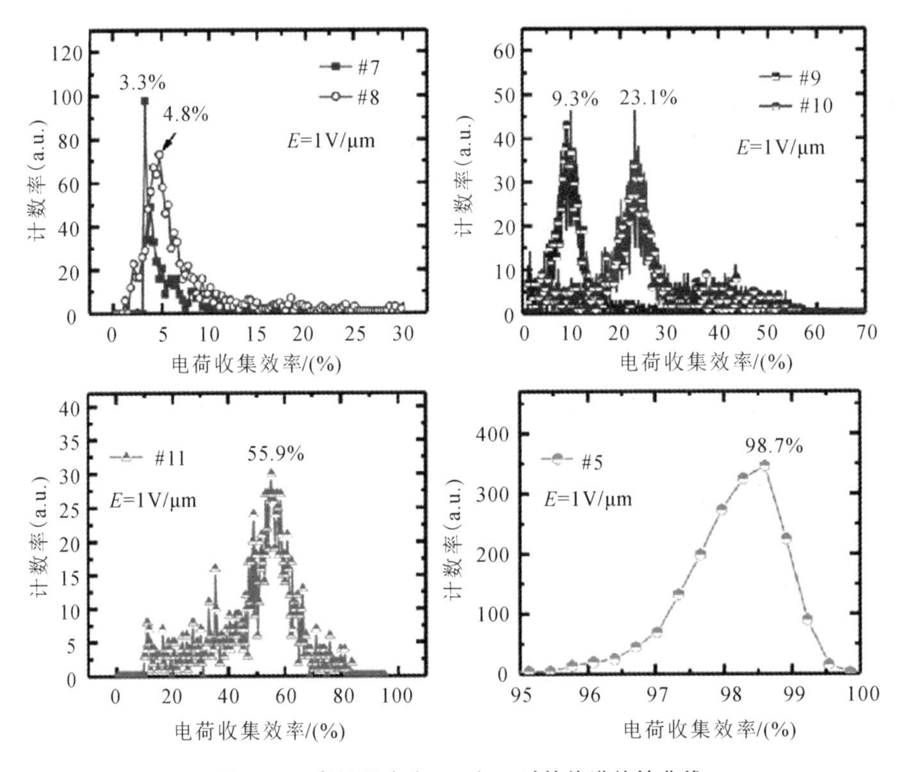

图 3.65　电场强度为 1 V/μm 时的能谱特性曲线

为了反应电荷收集的统计分布的集中特性，绘制了5只样品的CCE特性与能量分辨率关系(由于♯7样品没有展现出高斯分布特性，因此其能量分辨率没有统计意义)，如图3.66所示。从图中可以看出，5只样品的能量分辨率随着样品CCE的增加而减小，♯8、♯9、♯10、♯11、♯5样品的能量分辨率分别为68.3%、52.28%、30.8%、18.9%、1.7%。从式(3-16)可知，能量分辨率与E_0、法诺因子F值以及平均电离能w相关，在这里的研究中，α粒子能量全部沉积，w值为金刚石平均电离能，因此E_0值实际上是CCE值的函数，即

$$E_0=\mathrm{CCE}\cdot E_\alpha \tag{3-28}$$

则式(3-16)可以写为

$$\frac{\Delta E_0}{E_0}=2.355\sqrt{F\frac{w}{\mathrm{CCE}\cdot E_\alpha}} \tag{3-29}$$

这里，E_α为入射粒子能量。可以看到，♯8、♯9、♯10、♯11样品符合式(3-29)的关系，♯5样品略有偏移。这说明，CCE值对能量分辨率有很大的影响，要获得低的能量分辨率，CCE值(提升)是一个关键的因素。

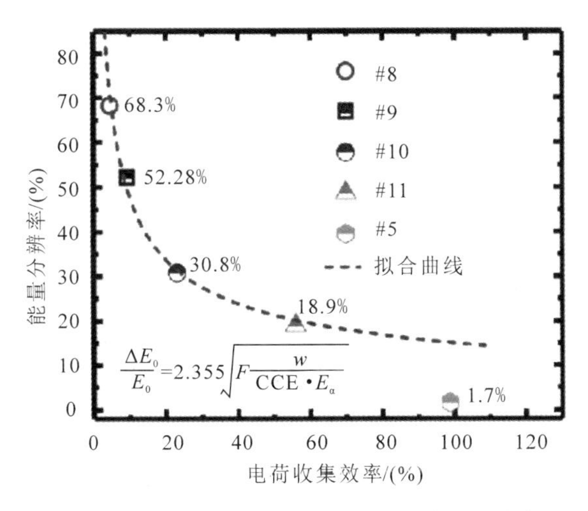

图3.66　金刚石核探测器的CCE特性与能量分辨率关系

3.6.6　分析与讨论

1. 位错密度与杂质浓度的影响

从上述的结果可以看出，高杂质浓度的♯7和♯8样品的CCE值最小，

而中等杂质浓度的#9与#10样品的CCE值有一定的提升，低杂质浓度的#11与#5样品的CCE值最高。然而由于以上CCE值是由样品厚度d、杂质浓度以及位错密度对$\mu\tau$影响后共同作用的结果，因此并不能直接判断出以上因素对CCE性能的影响程度。为了排除厚度d的影响，根据Hecht方程，在1 V/μm的电场下，计算出了各样品的$\mu\tau$。由于SIMS的检测限的原因，除#7样品外，其他样品的杂质浓度都已经达到了检测限，因此根据室温下514 nm激光激发下得到的PL谱，对560～850 nm的杂质发光范围进行积分来表征杂质的相对定量值；对于位错密度，根据式(3-27)，采用XRD摇摆曲线的FWHM值的平方来表征位错密度。以上结果如表3.16所示。

表3.16　由Hecht模型得出的各样品$\mu\tau$

样品编号	$\mu\tau$/(cm^2/V)	PL积分值(560～850 nm)	ω^2/arcsec^2
#7	6.6×10^{-8}	104.52	$(35.7)^2$
#8	2.4×10^{-7}	59.12	$(45.3)^2$
#9	1.86×10^{-7}	20.56	$(127.6)^2$
#10	5.39×10^{-7}	10.59	$(102.8)^2$
#11	1.92×10^{-6}	1.41	$(46.3)^2$
#5	1.14×10^{-4}	0.93	$(51.3)^2$

样品的PL积分面积值从最大104.52到最小0.93，变化了两个数量级，是符合SIMS与#5样品的产品信息所得出的N杂质浓度结果的(170×10^{-9}～5×10^{-9})。图3.67(a)为六个样品的$\mu\tau$与PL谱积分面积的关系，可以看到，$\mu\tau$随着PL谱积分面积值的增大出现了明显的下降，当PL谱积分面积值增大2个数量级时，$\mu\tau$下降3～4个数量级，即从1.14×10^{-4} cm^2/V降低到了6.6×10^{-8} cm^2/V，这说明N、Si等杂质在金刚石中作为深陷阱能级与复合中心，对载流子的$\mu\tau$具有严重的影响。图3.67(a)的$\mu\tau$结果还包含了位错密度的影响，结合图3.67(b)来看，对于低位错密度的#5、#11、#8与#7样品，虽然#5样品的位错密度最高，但是其$\mu\tau$依然是最高的。#9与#10样品的ω^2值显著高于其他样品，但是由于#9与#10样品的PL谱积分面积值明显小于#7样品的，因此中等杂质浓度的#9与#10样品的$\mu\tau$依然比高杂质浓度的#7样品的高一个数量级。较为反常的现象发生在#8与#9样品，#8样品的$\mu\tau$(2.4×

10^{-7} cm^2/V)比＃9样品的(1.86×10^{-7} cm^2/V)略高，这是由于＃8样品的位错密度显著低于＃9样品，但是PL谱积分面积值却比＃9样品的增大的不明显，此时位错密度对$\mu\tau$的影响占据了上风。

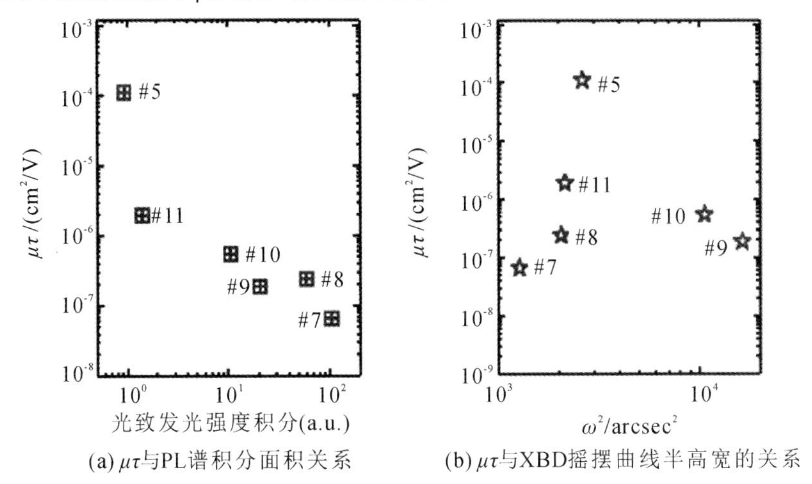

(a) $\mu\tau$与PL谱积分面积关系　　(b) $\mu\tau$与XBD摇摆曲线半高宽的关系

图3.67　$\mu\tau$与PL谱积分面积关系和$\mu\tau$与XRD摇摆曲线半高宽的关系

从图3.67(b)中可以看出，样品$\mu\tau$与ω^2值没有出现明显的规律分布，高位错密度、中等杂质浓度的＃9与＃10样品依然比低位错密度、高杂质浓度的＃7样品的$\mu\tau$要大，这说明位错密度对$\mu\tau$的影响在所测试的范围内不具有决定性作用。与杂质类似，位错也能够产生陷阱与复合中心，从而减少载流子$\mu\tau$。Schreck等人研究了异质外延单晶金刚石的位错密度对τ的影响，排除杂质的影响后，发现当位错密度在10^7～10^9 cm^{-2}时，载流子寿命τ与1/DD呈正比，约为10 ns至0.1 ns，对于同质外延的单晶金刚石，当DD＝10^4 cm^{-2}时，载流子寿命约为150 ns[53]。Type Ⅱa金刚石的迁移率μ为1000～4500 $cm^2/(V\cdot s)$[54]。对于同质外延的单晶金刚石，位错密度通常低于10^7 cm^{-2}，因此，如果不考虑杂质的影响，能够获得足够大的$\mu\tau$，使得CCE接近100％。在目前的样品中，根据式(3-27)，所有样品的位错密度为10^6～10^7 cm^{-2}，在此范围内，$\mu\tau$与1/DD呈亚线性关系，随着位错密度的继续降低，将达到饱和状态。而此时，从图3.67(a)来看，杂质浓度对$\mu\tau$的影响更为严重，随着杂质浓度的减小，$\mu\tau$开始超线性增加。

根据以上的讨论，可以得知，CVD单晶金刚石的$\mu\tau$受杂质浓度和位错密度的共同影响，这是影响核探测器CCE性能的关键因素，当位错密度在10^6～10^7 cm^{-2}时，杂质浓度对$\mu\tau$的影响最为剧烈，当氮杂质浓度为170×10^{-9}时，

$\mu\tau$ 降低到 $6.6\times10^{-8}\ cm^2/V$，当氮杂质浓度小于 5×10^{-9}时，$\mu\tau$ 可高达 $1.14\times10^{-4}\ cm^2/V$。此时，位错密度对 $\mu\tau$ 的影响处于次要地位。

CVD 单晶金刚石通常采用同质外延生长获得，CVD 层的位错密度与所采用的 HPHT Type Ⅰb 衬底的位错密度($10^4\sim10^6\ cm^{-2}$)通常具有相同的数量级[3]，从上述结果来看，#7、#8、#11、#5 样品的位错密度都在 $10^6\ cm^{-2}$ 量级，这样的位错密度下，通过减少杂质浓度已经可以使得 CCE 接近 100%，因此对于同质外延生长的 CVD 金刚石，控制 CVD 层的位错密度不是最为重要的，而生长腔体泄露以及反应气体中的微弱杂质将会对 CCE 值产生剧烈的影响，因此，应该更加重视高纯生长策略。

2. 厚度对 CCE 性能的影响

根据得出的 $\mu\tau$，利用 Hecht 模型，可以得出厚度对 CCE 的影响。图 3.68 为六只样品在 1 V/μm 电场下，厚度 d 与核探测器 CCE 的关系。

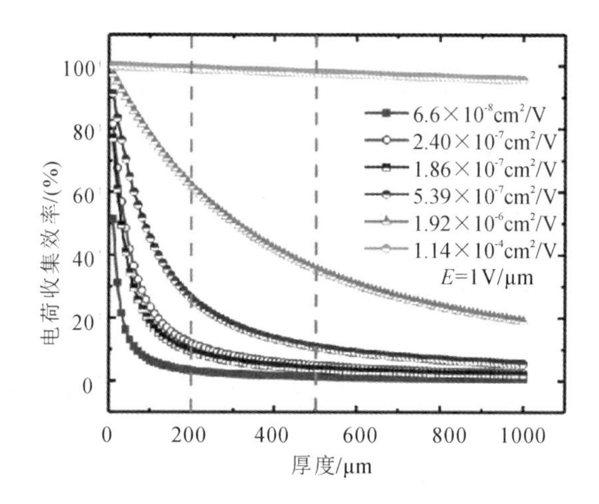

图 3.68　Hecht 模型下材料厚度对金刚石核探测器 CCE 的影响(E=1 V/μm)

当厚度从 500 μm 降低到 200 μm 时：

对于#7 样品，其 $\mu\tau$ 为 $6.6\times10^{-8}\ cm^2/V$，CCE 仅从 1.3%增加到 3.3%；

对于#8 样品，其 $\mu\tau$ 为 $2.40\times10^{-7}\ cm^2/V$，CCE 从 4.7%增加到 11.8%；

对于#9 样品，其 $\mu\tau$ 为 $1.86\times10^{-7}\ cm^2/V$，CCE 从 3.7%增加到 9.3%；

对于#10 样品，其 $\mu\tau$ 为 $5.39\times10^{-7}\ cm^2/V$，CCE 从 10.6%增加到 26.05%；

对于#11 样品，其 $\mu\tau$ 为 $1.92\times10^{-6}\ cm^2/V$，CCE 从 35.3%增加到 61.8%；

对于#5 样品，其 $\mu\tau$ 为 $1.14\times10^{-4}\ cm^2/V$，CCE 从 97.7%增加到 99.08%。

除#5样品外，理论上，其他样品的厚度减薄到50 μm，其CCE值依然不能超过90%，而且减薄样品是以牺牲探测粒子能量范围为代价的，使得金刚石核探测器的实用性降低。对于#5样品，厚度 d 在1～1000 μm范围时，其CCE没有明显的变化。对于同质外延生长的单晶金刚石，由于厚度的变化通常不会显著地影响 $\mu\tau$，因此，在测试的样品厚度范围(200～500 μm)内，如果不降低金刚石的杂质浓度和位错密度，仅仅简单地减薄样品厚度，并不能得到CCE超过90%的高性能的金刚石核探测器。

3.6.7 结论

本节通过α粒子能谱测试，利用FTIR、XRD、Raman、PL和SIMS对6只CCE性能差异较大的金刚石核探测器进行了研究。结果表明，限制金刚石核探测器CCE性能的主要因素是上述金刚石中的杂质浓度，而位错作为典型的晶格缺陷，当位错密度在 10^6～10^7 cm^{-2} 量级时，其影响较小；在所测试的厚度范围(200～500 μm)内单纯地减薄金刚石晶体并不是获得高性能金刚石核探测器的好方法，这是由于当氮杂质浓度从 5×10^{-9} 增加到 170×10^{-9} 时，载流子的迁移率寿命积呈超线性下降，使得CCE从98.7%降低到3.3%。对于同质外延CVD单晶金刚石，10^6 cm^{-2} 的位错密度具有使CCE接近100%的潜在能力，因此，高纯生长策略将是提高同质外延CVD单晶金刚石探测器性能的一种重要手段。前述采用的材料表征方法也提供了一种潜在的筛选方案，为了制造高性能的金刚石核探测器，在进行电极制造之前应该仔细选择金刚石材料。同时，利用9N氢气生长的高质量金刚石(#11)的CCE性能比普通6N氢气生长的金刚石(#7与#8)的CCE性能有了明显的提高，未来需要在生长工艺以及生长设备改造方面做出持续的努力，以便生长出适合制备高性能金刚石核探测器的CVD单晶金刚石材料。

参考文献

[1] HECHT K. Zum Mechanismus des lichtelektrischen Primärstromes in isolierenden Kristallen[J]. Zeitschrift für Physik, 1932, 77(3): 235-245.

[2] TALLAIRE A, ACHARD J, BRINZA O, et al. Growth strategy for controlling dislocation densities and crystal morphologies of single crystal diamond by using pyramidal-shape substrates[J]. Diamond and Related Materials, 2013, 33: 71-77.

[3] TALLAIRE A, ACHARD J, SILVA F, et al. Growth of large size diamond single crystals by plasma assisted chemical vapour deposition: Recent achievements and remaining challenges [J]. Comptes Rendus Physique, 2013, 14(2-3): 169-184.

[4] BERGMAN L, NEMANICH R J. Raman and photoluminescence analysis of stress state and impurity distribution in diamond thin films[J]. Journal of Applied Physics, 1995, 78(11): 6709-6719.

[5] ACHARD J, TALLAIRE A, MILLE V, et al. Improvement of dislocation density in thick CVD single crystal diamond films by coupling H2/O2 plasma etching and chemo-mechanical or ICP treatment of HPHT substrates[J]. physica status solidi (a), 2014, 211(10): 2264-2267.

[6] TERAJI T. Chemical vapor deposition of homoepitaxial diamond films[J]. physica status solidi (a), 2006, 203(13): 3324-3357.

[7] Element six : https: //www.e6.com/zh/.

[8] BREEDING C M, SHIGLEY J E. THE "TYPE" CLASSIFICATION SYSTEM OF DIAMONDS AND ITS IMPORTANCE IN GEMOLOGY[J]. Gems Gemol., 2009, 45(2): 96-111.

[9] 吴改，陈美华，刘剑红，等. CVD合成钻石的红外拉曼光谱分析[J]. 矿物学报，2014, 34(03): 411-415.

[10] BARON C, GHODBANE S, DENEUVILLE A, et al. Detection of CHx bonds and sp2 phases in polycrystalline and ta-C: H films from Raman spectra excited at 325 nm [J]. Diamond and Related Materials, 2005, 14(3-7): 949-953.

[11] LEE E H, HEMBREE D M, Jr Rao G R, et al. Raman scattering from ion-implanted diamond, graphite, and polymers[J]. Phys. Rev. B, 1993, 48(21): 15540-15551.

[12] KANDA H, WATANABE K. Distribution of nickel related luminescence centers in HPHT diamond[J]. Diamond and Related Materials, 1999, 8(8-9): 1463-1469.

[13] SUMIYA H. HPHT Synthesis of Large, High-Quality, Single Crystal Diamonds[J]. Comprehensire Hard Materials, 2014, 3: 195-215.

[14] SHIMAOKA T, KOIZUMI S, TANAKA M M. Diamond photovoltaic radiation sensor using pn junction[J]. Applied Physics Letters, 2018, 113(9): 093504.

[15] GALBIATI A, LYNN S, OLIVER K, et al. Performance of Monocrystalline Diamond Radiation Detectors Fabricated Using TiW, Cr/Au and a Novel Ohmic DLC/Pt/Au Electrical Contact[J]. IEEE Transactions on Nuclear Science, 2009, 56(4): 1863-1874.

[16] HOSHINO Y, SAITO Y, NAKATA J. Interdiffusion Analysis of Au/Ti and Au/Pt/Ti Electrode Structures Grown on Diamond (001) Surface by Rutherford Backscattering Spectroscopy[J]. Japanese Journal of Applied Physics, 2010, 49(10): 101302.

[17] ABDEL-RAHMAN M A E, LOHSTROH A, BRYANT P. Alpha spectroscopy and X-ray induced photocurrent studies of a SC CVD diamond detector fabricated with PLD contacts[J]. Radiation Physics and Chemistry, 2019, 164: 108357.

[18] ZHANG Z, HUANG J, XI Y, et al. CVD diamond film detectors for α particles with a new electrode structure of reduced graphene oxide/Au[J]. Materials Science in Semiconductor Processing, 2019, 91: 260 - 266.

[19] MAIER F, RISTEIN J, LEY L. Electron affinity of plasma-hydrogenated and chemically oxidized diamond (100) surfaces[J]. Physical Review B, 2001, 64(16): 165411.

[20] MAIER F, RIEDEL M, RISTEIN J, et al. Spectroscopic investigations of diamond/hydrogen/metal and diamond/metal interfaces[J]. Diamond and Related Materials, 2001, 10(3): 506 - 510.

[21] KONO S, SAITOU T, KAWATA H, et al. Characteristic energy band values and electron attenuation length of a chemical-vapor-deposition diamond (001)2×1 surface [J]. Surface Science, 2009, 603(6): 860 - 866.

[22] PAKES C I, GARRIDO J A, KAWARADA H. Diamond surface conductivity: Properties, devices, and sensors[J]. MRS Bulletin, 2014, 39(6): 542 - 548.

[23] EDMONDS M T, PAKES C I, MAMMADOV S, et al. Work function, band bending, and electron affinity in surface conducting (100) diamond[J]. physica status solidi (a), 2011, 208(9): 2062 - 2066.

[24] KONO S, TERAJI T, TAKEUCHI D, et al. Direct determination of the barrier height of Au ohmic-contact on a hydrogen-terminated diamond (001) surface[J]. Diamond and Related Materials, 2017, 73: 182 - 189.

[25] KONO S, SASAKI T, INABA M, et al. Sheet resistance underneath the Au ohmic-electrode on hydrogen-terminated surface-conductive diamond (001)[J]. Diamond and Related Materials, 2017, 80: 93 - 98.

[26] YANG H S, LI Y, NORTON D P, et al. Low-resistance ohmic contacts to p-ZnMgO grown by pulsed-laser deposition [J]. Applied Physics Letters, 2005, 86 (19): 192103.

[27] KUMAR A, KUMAR A, TOPKAR A, et al. Prototyping and performance study of a single crystal diamond detector for operation at high temperatures[J]. Nuclear Instruments and Methods in Physics Research Section A: Accelerators, Spectrometers, Detectors and Associated Equipment, 2017, 858: 12 - 17.

[28] KNOLL G F. Radiation detection and measurement, 2nd ed[M]. United States: John Wiley and Sons Inc. ,New York, NY, 1989.

[29] SHIMAOKA T, KANEKO J H, SATO Y, et al. Fano factor evaluation of diamond

detectors for alpha particles[J]. physica status solidi (a), 2016, 213(10): 2629 - 2633.

[30] PAN Z, QIN K, ZHOU J, et al. The diamond radiation detector with an Ohmic contact using diamond-like carbon interlayer[J]. Materials Research Innovations, 2015, 19 (5): 828 - 831.

[31] BOLSHAKOV A P, ZYABLYUK K N, KOLYUBIN V A, et al. Thin CVD diamond film detector for slow neutrons with buried graphitic electrode [J]. Nuclear Instruments and Methods in Physics Research Section A: Accelerators, Spectrometers, Detectors and Associated Equipment, 2017, 871: 142 - 147.

[32] LIU J W, CHANG J F, ZHANG J Z, et al. Design, fabrication and testing of CVD diamond detectors with high performance[J]. AIP Advances, 2019, 9(4): 045205.

[33] GUO Y Z, LIU J L, LIU J W, et al. Comparison of α particle detectors based on single-crystal diamond films grown in two types of gas atmospheres by microwave plasma-assisted chemical vapor deposition [J]. International Journal of Minerals, Metallurgy and Materials, 2020, 27(5): 703 - 712.

[34] TSUBOTA M, KANEKO J H, MIYAZAKI D, et al. High-temperature characteristics of charge collection efficiency using single CVD diamond detectors [J]. Nuclear Instruments & Methods in Physics Research Section a-Accelerators Spectrometers Detectors and Associated Equipment, 2015, 789: 50 - 56.

[35] FRAIMOVITCH D, EREZ E, RUZIN A. Printed silver contacts to CVD diamond detectors [J]. Nuclear Instruments and Methods in Physics Research Section A: Accelerators, Spectrometers, Detectors and Associated Equipment, 2019, 927: 349 - 352.

[36] KANEKO J, FUJITA F, KONNO Y, et al. Growth and evaluation of self-standing CVD diamond single crystals on off-axis (001) surface of HP/HT type IIa substrates [J]. Diamond and Related Materials, 2012, 26: 45 - 49.

[37] CLAPS G, MURTAS F, FOGGETTA L, et al. Diamondpix: A CVD Diamond Detector With Timepix3 Chip Interface[J]. IEEE Transactions on Nuclear Science, 2018, 65(10): 2743 - 2753.

[38] REN Z, YUAN G, ZHANG J, et al. Hydrogen-terminated polycrystalline diamond MOSFETs with Al2O3 passivation layers grown by atomic layer deposition at different temperatures[J]. AIP Advances, 2018, 8(6): 065026.

[39] IMANISHI S, HORIKAWA K, OI N, et al. 3.8 W/mm RF Power Density for ALD Al2O3-Based Two-Dimensional Hole Gas Diamond MOSFET Operating at Saturation Velocity[J]. IEEE Electron Device Letters, 2019, 40(2): 279 - 282.

[40] ABDEL-RAHMAN M A E, LOHSTROH A, JAYAWARDENA I, et al. The X-ray detection performance of polycrystalline CVD diamond with pulsed laser deposited carbon

electrodes[J]. Diamond and Related Materials, 2012, 22: 70 - 76.

[41] LANSLEY S P, BETZEL G T, METCALFE P, et al. Comparison of natural and synthetic diamond X-ray detectors[J]. Australas. Phys. Eng. Sci. Med., 2010, 33(4): 301 - 306.

[42] FIDANZIO A, AZARIO L, KALISH R, et al. A preliminary dosimetric characterization of chemical vapor deposition diamond detector prototypes in photon and electron radiotherapy beams[J]. Med. Phys., 2005, 32(2): 389 - 395.

[43] ADE N, NAM T L. The influence of defect levels on the dose rate dependence of synthetic diamond detectors of various types on exposures to high-energy radiotherapy beams[J]. Radiation Physics and Chemistry, 2015, 108: 65 - 73.

[44] SCHIRRU F, KUPRIYANOV I, MARCZEWSKA B, et al. Radiation detector performances of nitrogen doped HPHT diamond films[J]. physica status solidi (a), 2008, 205(9): 2216 - 2220.

[45] SCHIRRU F, KISIELEWICZ K, NOWAK T, et al. Single crystal diamond detector for radiotherapy[J]. J. Phys. D, 2010, 43(26): 265101.

[46] ABDEL-RAHMAN M A E, LOHSTROH A, SELLIN P J. The effect of annealing on the X-ray induced photocurrent characteristics of CVD diamond radiation detectors with different electrical contacts[J]. physica status solidi (a), 2011, 208(9): 2079 - 2086.

[47] KASSEL F, GUTHOFF M, DABROWSKI A, et al. Severe signal loss in diamond beam loss monitors in high particle rate environments by charge trapping in radiation-induced defects[J]. physica status solidi (a), 2016, 213(10): 2641 - 2649.

[48] LEI L, OUYANG X P, TAN X J, et al. Priming effect on a polycrystalline CVD diamond detector under 60Co γ-rays irradiation[J]. Nuclear Instruments and Methods in Physics Research Section A: Accelerators, Spectrometers, Detectors and Associated Equipment, 2012, 672: 29 - 32.

[49] DE ANGELIS C, CASATI M, BRUZZI M, et al. Present limitations of CVD diamond detectors for IMRT applications[J]. Nuclear Instruments and Methods in Physics Research Section A: Accelerators, Spectrometers, Detectors and Associated Equipment, 2007, 583(1): 195 - 203.

[50] POMORSKI M, CAYLAR B, BERGONZO P. Super-thin single crystal diamond membrane radiation detectors[J]. Applied Physics Letters, 2013, 103(11): 112106.

[51] NASIEKA I, STRELCHUK V, BOYKO M, et al. Raman and photoluminescence characterization of diamond films for radiation detectors[J]. Sensors and Actuators A: Physical, 2015, 223: 18 - 23.

[52] LI H D, ZOU G T, WANG Q L, et al. High-rate growth and nitrogen distribution in

homoepitaxial chemical vapour deposited single-crystal diamond[J]. Chinese Phys. Lett., 2008, 25(5): 1803-1806.

[53] SCHRECK M, SCAJEV P, TRAGER M, et al. Charge carrier trapping by dislocations in single crystal diamond[J]. Journal of Applied Physics, 2020, 127(12): 125102.

[54] LOHSTROH A, SELLIN P J, WANG S G, et al. Effect of dislocations on charge carrier mobility - lifetime product in synthetic single crystal diamond[J]. Applied Physics Letters, 2007, 90(10): 102111.

第 4 章

SiC 核辐射探测器的制备

对于 SiC 核辐射探测器而言，作为辐射探测介质的 SiC 晶体的质量对探测器的探测性能与辐照损伤失效具有重要的影响。另外，SiC 核辐射探测器的各种关键工艺过程以及相应的材料、电学特性表征结果的分析优化最终都将影响探测器的性能。本章将对探测器的制备流程与表征方法进行详细介绍。

4.1 SiC 核辐射探测器的几种基本结构

4.1.1 PN 结型探测器

PN 结型探测器是利用 PN 结反向特性工作的辐射探测器。在 P 型和 N 型 SiC 材料表面沉积某种金属，将形成欧姆接触电极，如图 2.3 所示。探测器的耗尽层为探测灵敏区，在反向电压条件下，其厚度随反向电压的增加而增加，耗尽层区域内的可移动载流子基本被耗尽，具有较高的电场强度和电阻率。通常将 P 型区作为探测器的粒子入射面，其原因可归结为以下两点：① 在相同过剩载流子浓度条件下，电子的扩散长度、迁移率等特性远优于空穴，由于辐照在耗尽区产生的空穴将被耗尽区电场拉向 P 型区，因此将 P 型区作为粒子入射面有利于最大限度地减小辐生空穴的漂移距离，提高探测器的灵敏度与响应速度；② P 型区作为死层有利于提高粒子在死层中激发生成的电子空穴对的收集率，其原因同样在于电子的扩散长度、迁移率等特性远优于空穴，因而 P 型半导体区作为死层有利于最大限度地减小辐生空穴的扩散距离。PN 结型探测器的缺点主要有：① PN 结电容较大，响应速度较慢；② PN 结耗尽层较薄，当核辐射粒子穿透深度较大时，灵敏度较差。

4.1.2 PiN 结型探测器

为了改善 PN 结型探测器在核辐射探测方面的缺点，在 PN 结二极管的基础上设计了一种改进型器件结构，即在 P 型半导体材料和 N 型半导体材料之间加了一层较厚的本征半导体层(i 型层)，从而构成一种特殊的 PiN 二极管。在高的反偏电压下，耗尽层向 i 区内延伸，从而构成了较宽的内建电场区域。所以相对于 PN 结型探测器来说，PiN 结型探测器可以获得较大的探测灵敏度，并且较宽的耗尽区使得在结电容降低的同时提高了响应速度。就另一方面

考虑，PiN 结型探测器较厚的本征半导体层(i 型层)将增加电子空穴对的渡越时间，从而使响应速度受到限制，但得益于 PiN 结具有的高击穿电场与低漏电流特性，可以适当加大反偏工作电压来保证其响应速度。PiN 结有两种基本结构，即平面结构和台面结构，如图 4.1 所示。平面结构二极管可以采用常规的平面工艺来制作，而台面结构则需要进行台面制作(通过刻蚀或者挖槽来实现)。台面结构的优点在于：① 改善了平面结边缘弯曲部分与器件表面的电场集中现象，进而改善了器件击穿特性；② 减小了边缘电感和电容，有利于提高器件的响应速度。

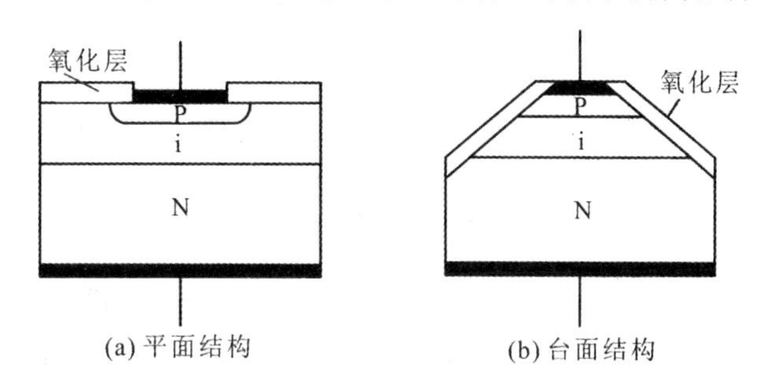

图 4.1 简单的 PiN 结二极管示意图

4.1.3 肖特基结型探测器

肖特基结型探测器又称为表面势垒探测器。在 N 型低掺杂 SiC 外延层的表面沉积某种金属形成肖特基接触电极，在 N 型重掺杂衬底的表面沉积另一种金属形成欧姆接触电极。在反向电压条件下，由于金属半导体接触的肖特基势垒效应，在 4H－SiC 的材料内部形成耗尽层，耗尽层作为探测器的探测灵敏区，其厚度随反向电压的增加而增加，直到外延层全部耗尽达到饱和值。肖特基结型探测器的优势在于：① 制造工艺相对简单；② 表面死层较薄(没有 P 型区，只存在肖特基金属层)；③ PN 结和 PiN 结型探测器中同时存在势垒电容和扩散电容，而肖特基结型探测器中仅存在势垒电容，探测器电容较小。因此肖特基结型探测器往往具有固有噪声低，能量分辨率高，能量线性好，响应速度快等优势。其缺点在于：① 肖特基结的耗尽层较薄；② 反向高压下的漏电流相对较高，反向击穿电压较低；③ 肖特基势垒不适用于高温工作条件。

4.1.4 中子探测器

由于中子不带电，不能直接引起探测介质的电离激发，所以中子的探测往往要分为两步[1]。第一步，中子进入探测介质——SiC 中，与 C 或 Si 原子发生核反应，产生带电的次级粒子。对 2.5 MeV 和 14 MeV 的高能中子，其在 SiC 材料中传输时，传输路径上与 Si 和 C 原子发生的几个最普遍的阈值核反应[2]为

$$\begin{cases} ^{28}\mathrm{Si}+\mathrm{n}\rightarrow{}^{28}\mathrm{Si}+\mathrm{n}' \\ ^{12}\mathrm{C}+\mathrm{n}\rightarrow{}^{12}\mathrm{C}+\mathrm{n}' \\ ^{28}\mathrm{Si}+\mathrm{n}\rightarrow{}^{28}\mathrm{Al}+\mathrm{p} \\ ^{12}\mathrm{C}+\mathrm{n}\rightarrow{}^{12}\mathrm{B}+\mathrm{p} \\ ^{28}\mathrm{Si}+\mathrm{n}\rightarrow{}^{25}\mathrm{Mg}+{}^{4}\mathrm{He} \\ ^{12}\mathrm{C}+\mathrm{n}\rightarrow{}^{9}\mathrm{Be}+{}^{4}\mathrm{He} \\ ^{12}\mathrm{C}+\mathrm{n}\rightarrow\mathrm{n}'+3{}^{4}\mathrm{He} \end{cases} \tag{4-1}$$

反应产生的次级粒子为 Si、C、He、Al、B、Mg、Be 等高能电离粒子，它们携带入射中子的一部分动能信息。第二步，这些高能电离粒子进入探测器的灵敏区内产生电子空穴对(数目与中子在灵敏区内沉积的能量成比例)，电子和空穴在反向偏置电压下移动引起两个电极上感应电荷的变化，最终以电脉冲的形式被收集，形成探测器的响应信号，从而使中子探测成为可能。因此，PN 结型探测器、PiN 结型探测器与肖特基结型探测器同样适用于中子的探测。但是，中子-C、中子-Si 的散射截面均较小，使得中子与 SiC 晶体的作用截面低，直接使用 SiC 晶体作为中子探测灵敏介质时，特别对于热中子($0.025\ \mathrm{eV}<E_{\mathrm{n}}<100\ \mathrm{eV}$)而言，探测效率将非常低。因此，相较于用于探测其他核辐射粒子的 SiC 核辐射探测器，SiC 中子探测器常在 PN(PiN)结型或表面势垒型二极管上并列放置一具有相对较高中子作用截面的中子转换层。对于热中子，放置一^{6}LiF 转化层，通过核反应法来增加热中子的探测灵敏度及探测效率；对于快中子($1\ \mathrm{MeV}<E_{\mathrm{n}}$)，常在探测器表面附加聚乙烯(PE)转化膜，采用反冲质子法(核反冲)来探测。附带中子转换层探测器的基本结构图及具体的反应可以由图 4.2 概括[3]，核反应过程中，中子与^{6}LiF 发生反应，主要产生了 α 和^{3}H 两种次级带电粒子；在核反冲过程中，中子与 PE 发生反应，主要产生了反冲质子。图 4.3 及图 4.4 分别为研究报道中用于热中子探测的肖特基结型与 PiN 结型探测器结构示意图。

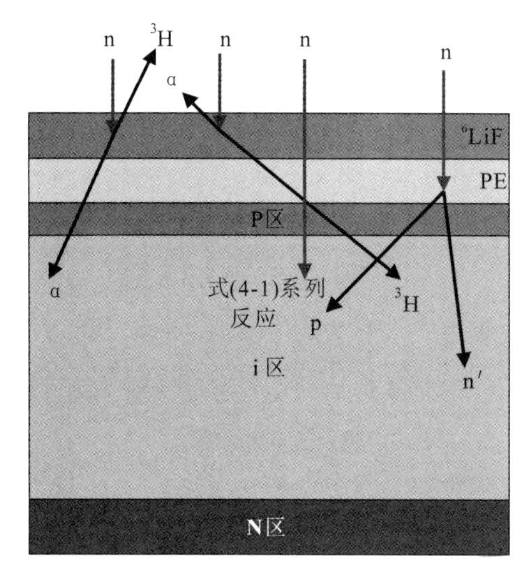

图 4.2　中子入射反应过程示意图[4]

^{6}LiF转换层　100 μm
肖特基接触
Si面
i层：N_d=1.74×10^{14}cm^{-3}
厚度=50 μm
N+衬底：360 μm
C面
欧姆接触

图 4.3　肖特基结型 SiC 热中子探测器结构示意图[5]

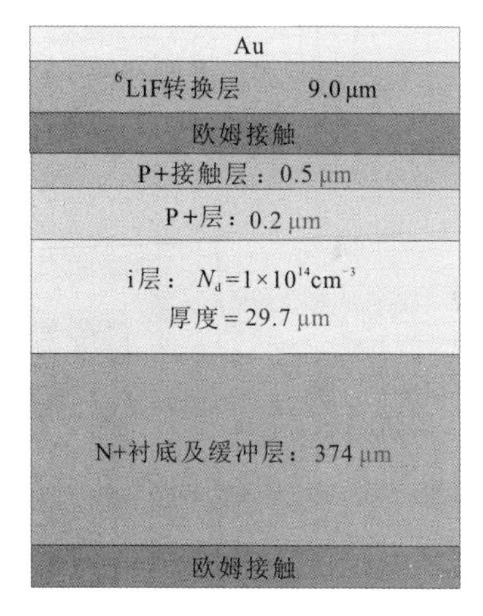

图 4.4　PiN 结型 SiC 热中子探测器结构示意图[6]

4.2　探测器级 SiC 外延材料制备和分析

探测器级 SiC 材料需要具有低掺杂浓度和缺陷密度的高质量厚 SiC 单晶层，

SiC 体材料的质量和表面特性不能完全满足直接制造探测器的要求，探测器级 SiC 单晶材料的制备都是通过外延生长技术完成的。但是即使外延生长技术非常先进，如果衬底材料质量或工艺不良，外延层参数仍然会退化。因此，SiC 体材料生长与外延生长技术都对探测器级 SiC 外延材料的制备具有重要影响。

4.2.1 SiC 单晶衬底的制备

1. SiC 单晶生长方法

目前绝大多数 SiC 单晶体都是利用籽晶引导的高温升华法，亦称物理气相传输法(physical vapor transport，PVT)或改进的 Lely 法制备的[7]。这种方法也是 SiC 单晶生长最成熟和主流的方法，其生长装置如图 4.5[8] 所示。其基本原理为：在一个高频感应加热的准密闭的生长系统中，将作为生长源的 SiC 粉料置于温度较高的石墨坩埚底部，在惰性气体环境中，压力为 0～120 mbar 时，在外加电压的作用下加热至 2100～2500℃的高温，SiC 粉料将升华并分解为 Si、SiC_2 和 Si_2C 等气相组分，在温度梯度的驱动下气相组分向温度较低的置于坩埚顶部的籽晶输运，从而使在籽晶表面处于过饱和状态的各气相组分重新结晶，进而实现 SiC 晶体的生长[9]。

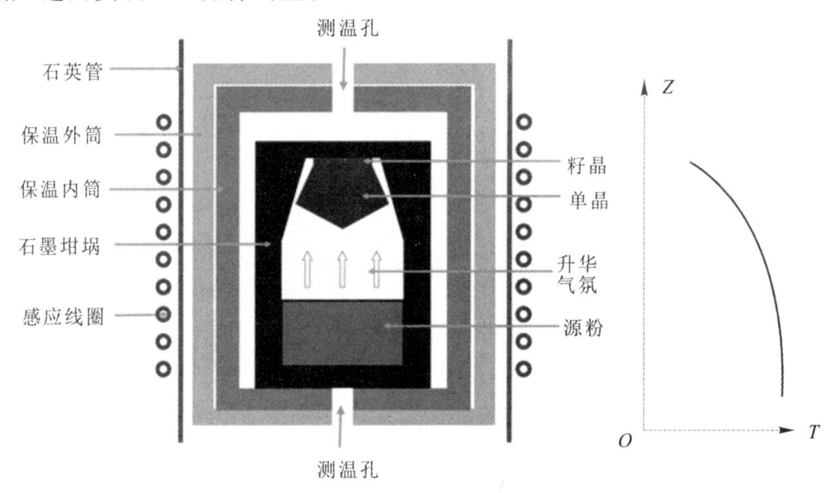

图 4.5 SiC 单晶生长系统示意图及沿坩埚方向的温度分布[8]

2. SiC 衬底中的缺陷

SiC 单晶采用气相法生长，并不能像 Si 单晶采用熔体法生长那样，利用先缩径再扩径技术获得无位错单晶，导致 SiC 晶体中大部分的位错缺陷来自籽晶

中位错的继承延伸，如图 4.6(a)所示[10]，其中 TSD 为螺型位错，TED 为刃型位错，BPD 为基面位错。另外，晶体中热应力使得晶体发生滑移范性形变，为了消弛弹性应力场，也将在弹性应变场中引入大量位错缺陷，如图 4.6(b)所示[11]。SiC 单晶缺陷同样也会延伸到用于器件制备的外延生长层中，导致外延层参数退化，如图 4.7[12]显示了外延层中缺陷的延伸以及常见缺陷的形貌[13]。随着 SiC 单晶生长技术的不断完善，晶体的完整性大大提高，主要表现为微管密度大大降低、小角晶界基本消除、包裹体数目减少等，但晶体中仍然存在少量的微管及较高密度的刃型、螺型和基面位错，这些缺陷仍然对 SiC 电力电子器件的效率和可靠性有一定影响。其中微管不但能沿着晶体生长方向{0001}延伸，并且会继承到 SiC 的外延层中。微管对高电压或大电流条件下工作的 SiC 器件危害极大，因此被称为 SiC 晶体的“杀手”型缺陷。随着单晶尺寸不断增大，精确控制各个工艺参数越来越困难，微管密度呈急剧上升趋势，但通过对生长工艺的不断改进，过去几年里 SiC 单晶的微管密度得到了持续的下降[9]。以 Cree 为例，该公司 2007 年推出了 4 英寸(Φ=100 mm)零微管(Micropipe)N 型 4H－SiC 衬底，为 SiC 的应用打下了基础；2010 年发布了 6 英寸(Φ=150 mm) N 型 4H－SiC 衬底，微管密度低于 $10/cm^2$；2012 年又实现了 6 英寸低微管密度、厚度 100 μm 的 4H－SiC 外延片的可商用化。在位错缺陷方面，2016 年，该公司报道其 4 英寸基片的螺型位错密度降至 447 个$/cm^2$，基面位错密度为 56 个$/cm^2$；6 英寸基片的螺型位错密度为 230 个$/cm^2$，基面位错密度为 112 个$/cm^2$，代表业内最高水平[14]。国内方面，SiC 单晶衬底微管缺陷控制方面也取得了长足进步，掌握了微管增殖、延伸和湮灭的基本动力学和热力学规律，6 英寸衬底微管密度可控制在 1 个$/cm^2$。

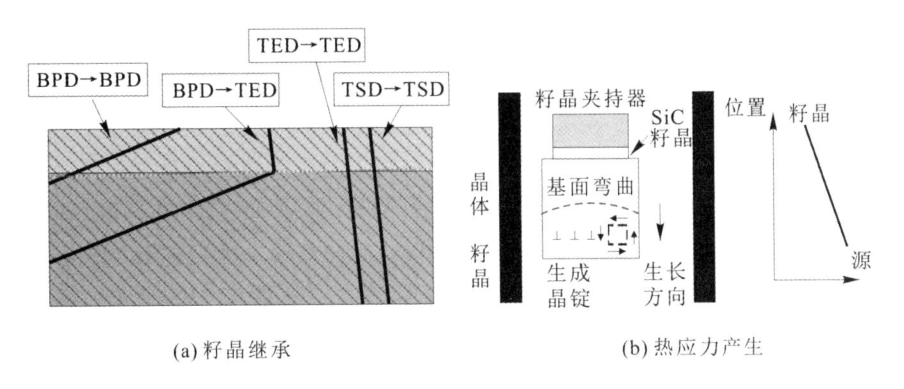

图 4.6　SiC 衬底中缺陷的主要来源[9]

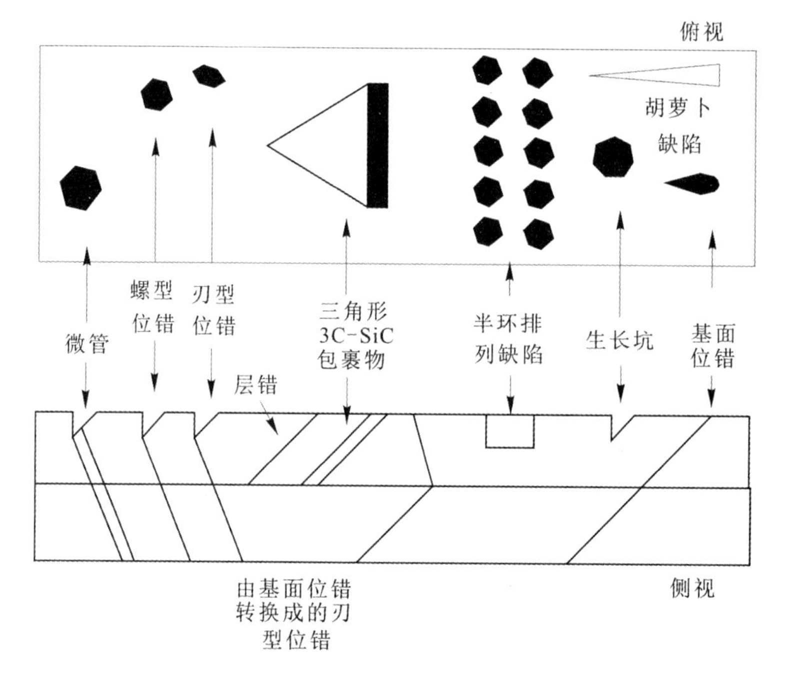

图 4.7 外延层缺陷形貌与结构图[12]

4.2.2 SiC 厚外延层生长工艺

目前，SiC 体材料质量和表面质量不足以用来直接制作器件；与此同时，半导体核辐射探测器的工作机理决定了高质量的 SiC 材料是决定其性能的关键。因此，SiC 高质量的外延生长是在 SiC 核辐射探测器制备中非常重要的环节。

外延生长(epitaxy)[15]：指在一定条件下，使某种物质的原子(或分子)有规则排列，定向生长在经过仔细加工的晶体(一般称为衬底)表面上的生长过程。外延层是一种连续、平滑并与衬底晶格结构有对应关系的单晶层。对于不同的衬底材料，外延生长分为同质外延和异质外延。就异质外延技术来说，其使得不同材料衬底的结合成为可能。例如 Si 异质外延结构是一种能够充分利用两种材料、低成本制造并与 Si 微电子单片集成的最有效方法。但是，晶格参数的不匹配，以及 SiC 与 Si 之间的热膨胀系数差将产生晶格缺陷和其他应力，从而降低 SiC 外延层的质量。另外，目前 SiC 异质外延基本都只能得到 3C－SiC，其主要应用于电子器件与微机系统领域，而对于宽禁带核辐射探测

器领域，4H－SiC 是目前所有 SiC 同质多型体中最理想的材料。因此用于 SiC 核辐射探测器的高质量外延材料通过在 4H－SiC 衬底上同质外延生长 4H－SiC 进行制备。

SiC 外延生长主要有如图 4.8 所示的几种方式：化学气相淀积(CVD)、升华或物理气相传输(PVT)、分子束外延(MBE)以及液相外延(LPE)。上述几种常用 SiC 外延方法的优缺点对比如表 4.1[16]。从表中可以看出，每种方法都有各自的优缺点。例如就结晶质量而言，MBE 得到的外延层质量最优，其后依次是 CVD、LPE 及其他方法。就生长速度而言，MBE 与 LPE 法生长速率最慢，适用于科研而不适用于大规模生产。CVD 方法是目前化合物半导体外延生长的标准工艺技术。

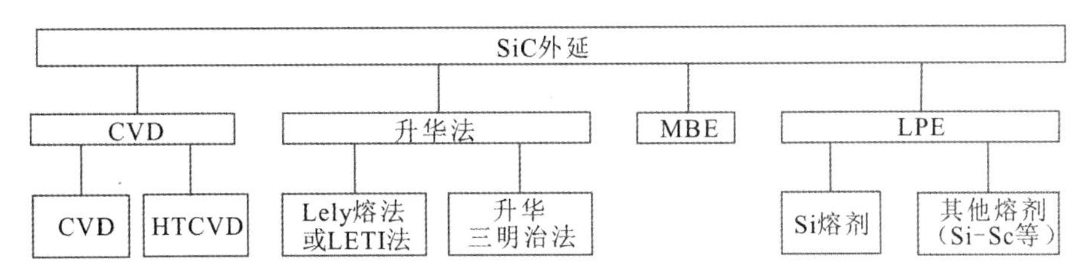

图 4.8　SiC 外延生长方法[16]

表 4.1　几种常用 SiC 外延方法的优缺点对比

外延生长方法	优　点	缺　点
升华(PVT)	生长技术简单，温度高，生长速率快	蒸发不均匀，难以获得高质量的 SiC 外延材料，主要用于 SiC 衬底材料生长
液相外延(LPE)	成本低，微管缺陷闭合效率高，生长速率高	需要准确控制热平衡条件，掺杂浓度难以控制，表面形貌粗糙
分子束外延(MBE)	生长温度低，可生长不同的 SiC 晶型，利于超精细结构及异质结构的生长	生长速率低，不适于功率器件所需外延材料的制备
化学气相淀积(CVD)	外延材料厚度和掺杂浓度可精确控制，表面形貌好，生长速率合适	需要高纯的生长源

1. SiC CVD 同质外延生长

对于制备高反偏电压下具有极低漏电的 4H－SiC 核辐射探测器，需生长掺杂浓度低于$(5\times10^{14}\sim1\times10^{15})cm^{-3}$的高质量厚（根据反偏工作电压及探测的核辐射粒子在 SiC 材料外延层中的射程综合考量确定）外延层。

化学气相淀积（chemical vapor deposition，CVD）是在气相外延生长（vapor phase epitaxy，VPE）的基础上发展起来的一种制造先进外延结构的方法。用此方法进行 SiC 薄层的外延生长，本质上与 Si 的气相外延没有多少区别，也是用 H_2或 Ar 作为携带气体，将作为生长源的 SiH_4、$SiHCl_3$或 $SiCl_4$带入反应室，只不过生长源气体还要加入某种碳化物，例如 CH_4、C_2H_6、C_3H_8或 CCl_4等。而直接使用有机硅化物进行 SiC 薄层外延则不需要其他含碳气体。化学气相生长方法主要包括如图 4.9 所示的四个环节。

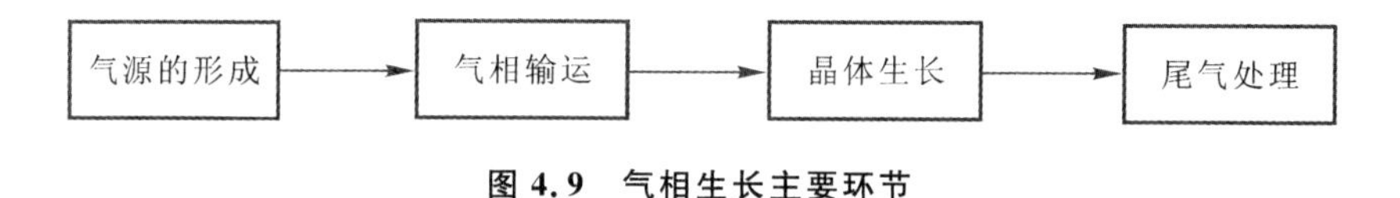

图 4.9　气相生长主要环节

与升华法、液相外延法和分子束外延法相比，CVD 法的优势主要有：

(1) 在采用 CVD 方式进行生长时，各种生长源气体及掺杂源气体流量由质量流量控制器精确控制，保证了外延材料的组分、厚度及掺杂浓度精确可控。

(2) 采用 CVD 方法生长的外延材料均匀性好，掺杂范围较大，适于制备各种器件所需的外延材料。

(3) 设备结构简单、操作方便，便于进行大规模工业化生产，因此较分子束外延法更具有实际价值。

目前，CVD 是 SiC 外延生长中最常采用的生长方法，主要分为常压化学气相淀积（atmospheric-pressure CVD，APCVD）、低压化学气相淀积（low-pressure CVD，LPCVD）、等离子增强化学气相淀积（plasma-enhanced CVD，PECVD）和高温化学气相淀积（HTCVD）。这四种化学气相淀积法均有各自的优缺点：

(1) APCVD：常压下的化学气相淀积反应器很容易设计，并且拥有很快的反应速率。但是这类器件对气相反应很敏感，而且反应所生成的薄膜有很差的阶梯覆盖性。APCVD 工作于“物质传输限制”区域，因此反应物流必须很均匀地传送至所有基板的每一部分。

(2) LPCVD：具有很均匀的阶梯覆盖性，外延层具有很好的组成成分与结构控制能力。低压大大降低了气相成核带来的微粒污染，但同时也使得制程温度较高。LPCVD 工作于“表面反应限制”区域，反应器的设计必须有很好的沉积温度控制。

(3) PECVD：PF 激活反应气体分子(等离子体)，使其在低温(或室温)下就能发生化学反应，淀积成膜，但其产量低，并且松散的黏附性将造成微粒的污染。

(4) HTCVD[17]：温度可以达到 2300℃，能够在高生长速率下生长出高质量的 SiC 外延层。

HTCVD 方法对 SiC 生长极为重要，尤其是生长高纯度的 SiC 半绝缘材料。与蒸发生长相比，这种方法在生长过程中对生长晶体的气相完全控制，使控制本征点缺陷及实现高纯生长晶体成为可能。但是采用 HTCVD 方法进行外延生长成本非常高，对于探测器级的 4H－SiC 外延生长，一般采用费用较低的标准外延 CVD 工艺而非 HTCVD。另外，由于低压可以减小气相成核，SiC 生长过程中广泛使用的是 LPCVD 工艺，其具有较高的生长速率，能够在合理的生长时间内解决核辐射探测器对高质量厚膜外延生长的需求。

2. 4H－SiC LPCVD 厚外延生长工艺设计

在偏轴 SiC{0001}方向上，化学气相淀积(CVD)具有相同多型的六方 SiC，多型是推动 SiC 器件发展的标准技术。单硅烷(SiH_4)和丙烷(C_3H_8)或乙烯(C_2H_4)通常用作前驱气体。载气通常是氢(H_2)，有时也会加入氩(Ar)。典型的生长温度一般为 1500～1650℃，对应的生长速率为 3～15 μm/h。SiC 的 CVD 生长过程通常包括原位刻蚀和主外延生长。原位蚀刻是用纯 H_2、HCl/H_2、烃类/H_2，或 SiH_4/H_2 在高温下进行的，通常与主外延生长使用的温度相同。原位刻蚀的目的是消除亚表面损伤，获得规则的台阶结构。刻蚀后将立即进行 N 型或 P 型 SiC(或其多层)的主外延生长。

CVD 的主要工艺参数有：气流场、温度场、压力、预制体形状、预制体摆放位置等，其中 CVD 反应器内部气流场与温度场的均匀性对 CVD 淀积产物表面质量和最终形态影响较大。西安电子科技大学的贾仁需等人[18]通过对 4H－SiC 同质外延化学反应和生长条件的分析，建立了 4H－SiC 同质外延生长的 Grove 模型。反应以硅烷(SiH_4)和丙烷(C_3H_8)为反应气体，氢气(H_2)为载气，反应生成 SiC。模型所描述的结果为 EPIGRESS 公司的水平热壁式 CVD

VP508GFR 外延炉生长腔。反应总方程式[19-20]为

$$C_3H_8 + 3SiH_4 \rightarrow 3SiC + 10H_2 \tag{4-2}$$

建模时合理地假设：① 通过生长腔的气体密度为常数；② 气体在生长腔内完全反应；③ 所有气体均视为理想气体，符合理想气体状态方程；④ 忽略化学反应产生的热量，生长腔内温度保持恒定。

外延生长分为扩散、吸附/解吸、化学反应等三个主要过程，其反应速率与三者速率有关，且受最慢者控制。对于常/低压外延来说，吸附/解吸相对于扩散与化学反应的速率要快得多，因而生长速率将主要取决于扩散与化学反应过程。

生长的化学反应见反应式(4-2)。为了外延厚度的均匀性，衬底在生长过程中自旋，如图 4.10 所示。以托盘左侧边界为 y 轴，边界中点为原点，过衬底中心连接原点的直线为 x 轴建立坐标系。其中实线圆圈部分为衬底，ω 代表衬底旋转角速度。

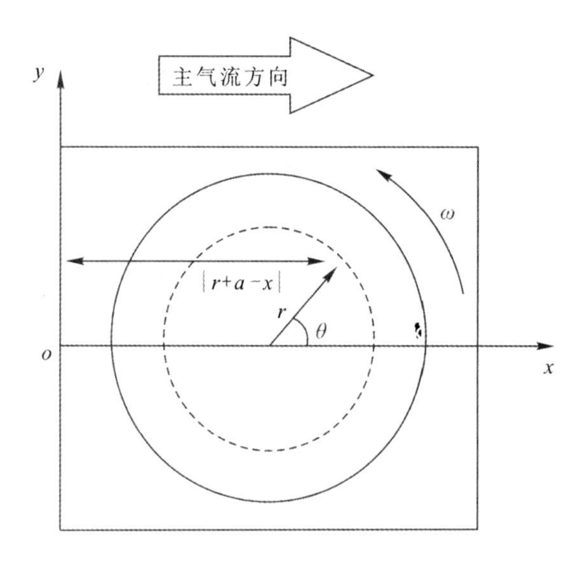

图 4.10　衬底托盘结构俯视图[18]

衬底表面任意一点气体流速 u 为

$$u = \sqrt{(\omega|r+a-x|\sin\theta + A)^2 + (\omega|r+a-x|\cos\theta)^2} \tag{4-3}$$

其中，A 为主气流流速，根据理想气体状态方程可得

$$A = \frac{P_1V_1}{P_2S} \tag{4-4}$$

其中，P_1为标准大气压，P_2为生长气压，V_1为载气流量(L/min)，S为生长腔横截面积。衬底上任意一点x距基座头部的距离为

$$L=r+a+|r+a-x|\cdot\cos\theta \tag{4-5}$$

其气相转移系数为

$$h_G=D_{G_0}\left(\frac{T}{T_0}\right)^{\delta}\left(\frac{\rho u}{\mu L}\right)^{1/2} \tag{4-6}$$

其中，μ为气体黏滞系数，u为气体流速，ρ为气体密度，T_0为以热力学温度表示的室温，T为以热力学温度表示的实验温度，D_{G_0}为室温下的气体扩散系数(通常在0.1～1 cm^2/s)，δ为常数(其值为1.75～2)。由于衬底在生长过程中不断旋转，这就使得衬底上除圆心外的任意一点所处的生长环境都是随着衬底的旋转而周期性变化的。因此我们需要确定衬底上一点的瞬时速率后对其进行积分，以确定该点旋转一圈后的累积生长厚度，最后转化为每小时的生长厚度，即每小时的生长速率。由此，根据Grove模型，并考虑衬底在生长过程中不断旋转，生长速率v为

$$v=\frac{21600}{2\pi}\int_0^{2\pi}\frac{k_s h_G}{k_s+h_G}\frac{N_T}{N_{SiC}}Y\mathrm{d}\theta \tag{4-7}$$

其中，

$$k_s=k_{s0}\exp\left(-\frac{E_0}{kT}\right) \tag{4-8}$$

为表面化学反应生长速率，k_{s0}为实验常数，E_0为反应物活化能；h_G为气相质量转移系数；N_T为单位体积混合气体的分子数；N_{SiC}为SiC晶体的分子密度；Y为反应剂浓度百分比。

1) 4H-SiC LPCVD厚外延生长关键工艺参数

根据以上基于Grove模型的4H-SiC外延生长速率模型，并结合实验结果可以进行一系列分析与验证。

(1) 生长速率沿载气气流方向的分布。

从式(4-3)可以看出，从衬底边缘到衬底圆心相对速度u逐渐减小。根据式(4-6)、式(4-7)可知，相对速度的减小会导致生长速率的逐渐降低。而且，由于在生长过程中托盘是不断旋转的，外延层上以衬底中心为圆心的圆周各点上有着完全相同的周期性变化的生长条件，因此外延层上以衬底中心为圆心的圆周上的外延速率和外延层厚度是相同的，所以外延层的厚度分布为边缘厚、

中心薄的“碗形”，与实验结果基本符合，如图 4.11 所示。图中，r 代表衬底上点到衬底圆心的距离，d 代表外延层厚度。但在中心与边缘之间的一部分区域中，实际厚度远高于理论值。分析认为，在模型中假设温度场是均匀的，而实际中高温区受主气流的影响会向气流下游方向偏移，使该位置生长速率有一定的增加。而这一区域的存在也可以标定生长腔内最高温度点所处的位置，从而可以综合考虑主气流对高温点和厚度分布的影响，提高外延层的厚度均匀性。

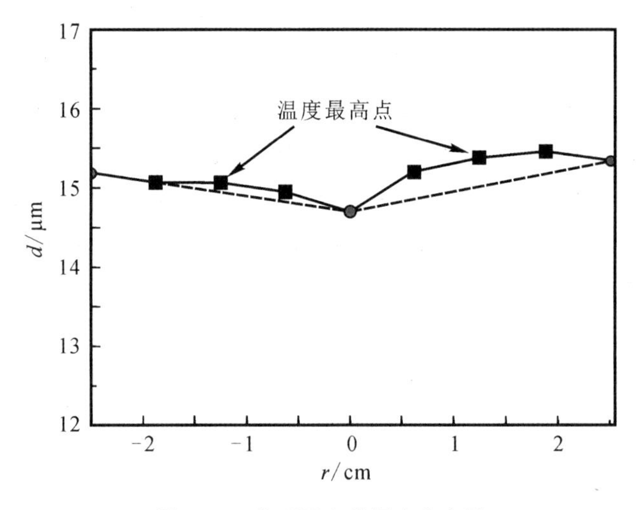

图 4.11　外延层上的厚度分布图

(2) 载气流量对外延速率及厚度均匀性的影响。

根据式(4-3)、式(4-4)可知随着载气流量的增加相对速度 u 不断增大，进而提高外延速率。当 u 增大到使气相转移系数 $h_G \gg k_s$ 时，式(4-7)可化简为

$$v = \frac{3600\omega}{2\pi}\int_0^{2\pi} k_s \frac{N_T}{N_{SiC}} Y \mathrm{d}\theta \tag{4-9}$$

此时外延进入反应控制区，如式(4-9)所示，此时外延速率与相对速度 u 无关，继续提高载气流量也不会增大外延速率。而且增大载气流量不仅影响相对速度 u，同时会降低反应剂浓度 Y，根据式(4-9)，此时如果继续增大载气流量，外延速率反而会逐渐减小。在实验中，载气流量从 40 L/min 逐步提高到 120 L/min。在此过程中，当载气流量超过 60 L/min 后，外延速率便逐渐降低，结果如图 4.12 所示。

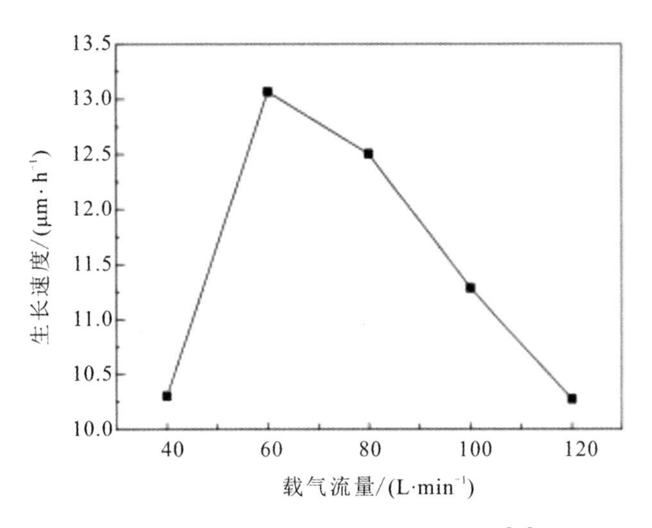

图 4.12　外延速率随载气流量变化图[18]

同时，在温度不变的情况下，影响衬底上厚度分布的因素就只有气相转移系数 h_G，因此可以认为 h_G 的均匀性在一定程度上反映了外延层厚度的均匀性。根据式(4－6)，主气流流速 A 和衬底旋转速度 ω 将直接影响外延均匀性。理论计算结果如图 4.13 所示。图 4.13(a)表明随主气流流速的增加，外延层的厚度均匀性不断恶化。实验结果表明，当主气流流速从 75 L/min 逐步提高到 85 L/min 时，外延层的厚度不均匀性逐步由 2.7%增加到 3.1%。计算得出的厚度均匀性好，这是因为有如图 4.11 所示的最高温度点的存在，这一区域大大改善了外

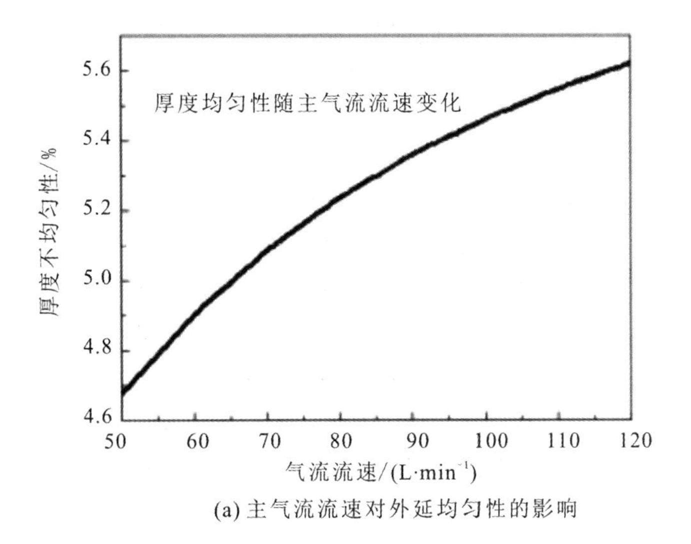

(a) 主气流流速对外延均匀性的影响

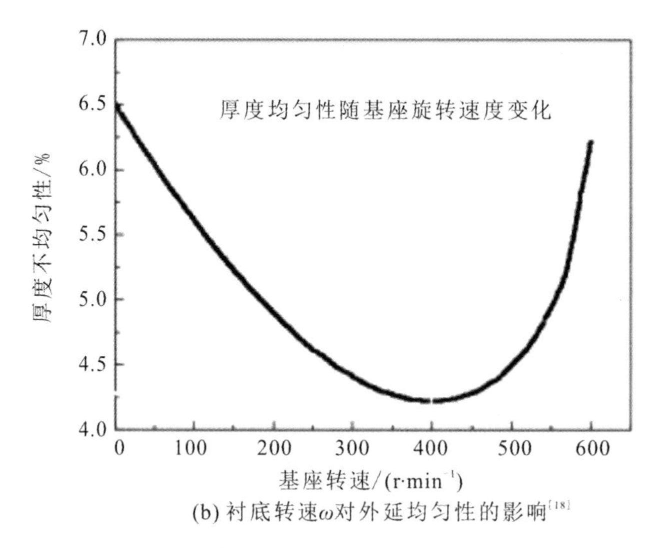

(b) 衬底转速ω对外延均匀性的影响[18]

图 4.13　理论计算结果

延层的厚度均匀性。图 4.13(b)显示，旋转速度小于 400 r/min 时，随着衬底转速的增大，均匀性不断提高。事实上，衬底的旋转速度是远不可能达到 400 r/min 的。图中大于 400 r/min 的部分表明，虽然采用气悬浮技术可以提高外延均匀性，但是当衬底转速相对主气流流速过大时，外延层的均匀性也会逐渐恶化。

(3) 温度对外延速率的影响。

从式(4－6)、式(4－7)可以看出，外延速率是温度的增函数。随着温度的升高，化学反应速率和气相转移系数都会增大，进而提高外延速率。但是，温度对 k_s的影响较 h_G大得多，因此当温度过分升高后会使 k_s远远大于 h_G，使生长进入质量控制区。此时式(4－7)可简化为

$$v=\frac{3600\omega}{2\pi}\int_0^{2\pi}h_G\ \frac{N_T}{N_{SiC}}Y\mathrm{d}\theta \tag{4-10}$$

从式(4－7)和式(4－10)可以看出，此时如果继续提高温度，外延速率将不会有明显提高。这一点已有实验予以证明。不过，在实验中，当固定其他条件不变，将温度从 1580℃提高到 1650℃时，生长速率却从 10.0214 μm/h 降低到了 9.5262 μm/h。排除实验误差等的影响，这是由于过高的温度导致化学原料在空气中反应产生固体粒子(产物不一定为 SiC)，导致用于外延生长的粒子数减少而致的。气相反应产生的固体粒子如果落在外延层上，势必会对外延层质量产生不利影响，因此在外延过程中应适当控制温度，避免反应处于气相成核区。

(4) 其他因素的影响。

一系列的实验研究表明，LPCVD 制备得到的 4H－SiC 外延层质量与生长速率还将受到生长压强、反应气体流量比等多方面的影响。

① 生长压强。在较低压强范围内(＜100 Torr)，生长压强对生长速率的影响较小，生长速率保持相对恒定(如图 4.14 所示)；当生长压强在 100～450 Torr 范围内变化时，生长速率随着压强的增加而下降[21]。上述实验现象的差异主要是因为随着外延生长压强的增加，边界层的厚度变大，反应物更难通过边界层到达生长表面，因此外延生长速率随着压强的增加逐渐下降。同时生长压强也将对外延层表面形貌与外延层缺陷产生一定的影响。

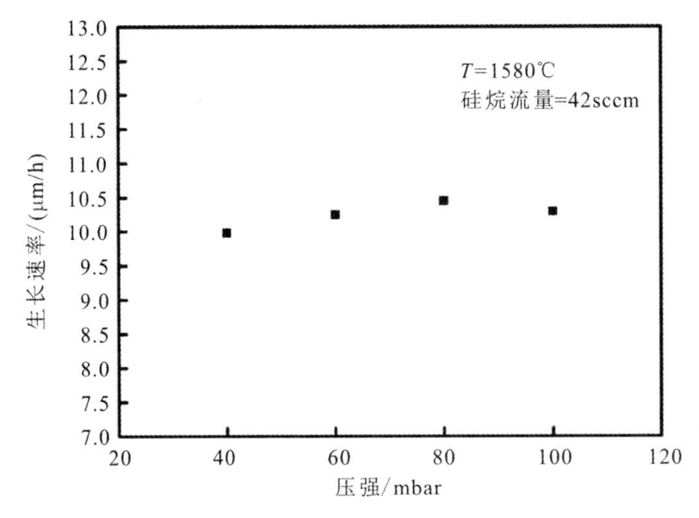

图 4.14　低压条件下生长压强对生长速率的影响[16]

② 反应气体流量比。对于常用的 $SiH_4-C_3H_8-H_2$ 系统，反应气体流量比也可以用碳硅比(C/Si)与 SiH_4/H_2 流量比表示。通过减小氢气的流速，使反应气体在反应腔里停留的时间增加，可以提高生长率。当 C/Si 改变时，在气流方向和垂直于气流方向，生长速率几乎保持常数。C/Si 改变主要影响“竞争原则”，因为氮能够替代 SiC 晶格中碳的位置，增加 C/Si，氮占据晶格的可能性就变低，因此可以降低外延层中氮的非故意掺杂浓度水平，得到具有低 N 型载流子浓度的高质量非故意掺杂外延层。

2) 4H－SiC CVD 掺杂控制[22]

Larkin 等人发现的位点-竞争效应是 SiC CVD 中实现大范围掺杂控制的关键概念[23-24]。氮的掺杂效率在富 Si(低 C/Si)条件下显著提高，而在富 C(高

C/Si)条件下降低。这种现象可以解释为生长表面氮原子和碳原子的竞争使氮原子取代了 SiC 中的碳晶格点。生长表面的低碳原子覆盖促进氮的掺入，而高碳原子覆盖阻止氮原子的掺入。相反，取代 Si 晶格点的铝和硼的掺杂则呈现相反的趋势：富 Si 条件下铝和硼的掺入减少，富 C 条件下增强。

(1) 非故意掺杂。

由于非故意掺杂的主要杂质源是氮，因此通过工艺优化和源材料的提纯可以使未掺杂(或非故意掺杂)SiC 外延层的纯度非常高。获得高纯度外延的关键途径是提高 C/Si 与降低生长压强。图 4.15 显示了通过热壁 CVD 生长的非故意掺杂 4H－SiC{0001}外延层的掺杂浓度与 C/Si 的关系。在 C/Si 为 0.5 的情况下，C 面与 Si 面外延的施主浓度均为 5×10^{15} cm^{-3}左右。在(0001)Si 面上进行外延生长，通过增加 C/Si 可以大幅度降低施主浓度，例如，当 C/Si 为 2 时达 5×10^{12} cm^{-3}。在非故意掺杂外延层中，C/Si 的进一步增加会导致导电类型从 N 型切换到 P 型。这里的 P 型材料是通过降低氮掺入和提高铝或硼掺入来获得的，与位点-竞争理论相一致。然而，对于$(000\bar{1})$C 面，掺杂浓度对 C/Si 的依赖要小得多，在这种特殊情况下，最低的施主浓度约为 8×10^{14} cm^{-3}。图 4.16 显示了通过热壁 CVD 生长的非故意掺杂和氮掺杂 4H－SiC{0001}外延层的施主浓度与生长压强的关系。当生长压强降低时，氮掺入明显受到抑制。这部分归因于在低压下生长表面的实际 C/Si 的增加，主要是因为 Si 原子的解吸作用增强。同时在低压下，氮原子在表面迁移过程中的解吸作用也会增强。

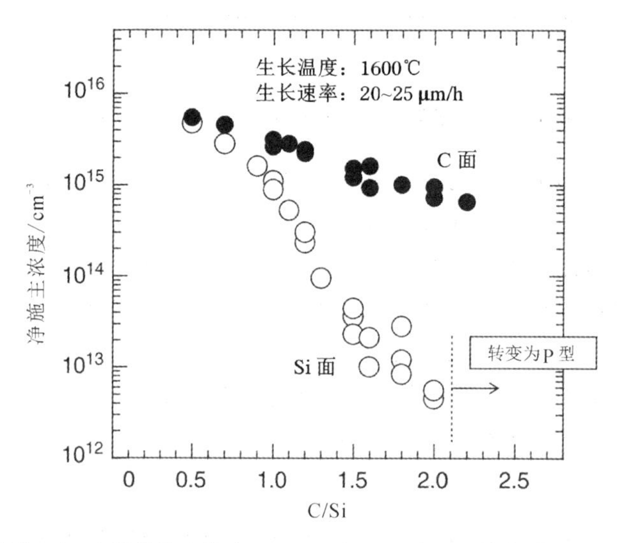

图 4.15　热壁 CVD 生长非故意掺杂 4H－SiC{0001}外延层掺杂浓度与 C/Si 的关系[22]

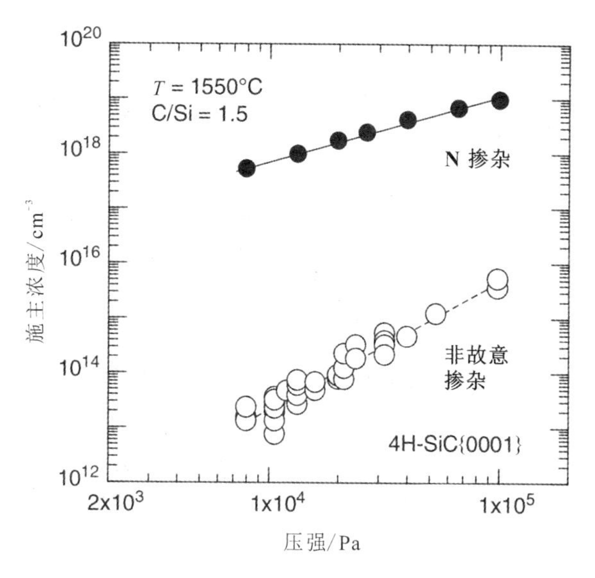

图 4.16　热壁 CVD 生长非故意掺杂和氮掺杂 4H－SiC{0001}外延层施主浓度与生长压强的关系[22]

(2) N 型掺杂。

原位 N 型掺杂易通过在 CVD 生长过程中引入 N_2实现。图 4.17 显示了在 1550℃时通过热壁 CVD 生长非故意掺杂和氮掺杂 4H－SiC{0001}外延层的掺杂施主浓度与 N_2流量的关系。施主浓度可由电容-电压(C－V)特性得到，在(0001)Si 和$(000\bar{1})$C 面上进行 CVD 外延生长，施主浓度在很大范围内与 N_2流量呈正比。当生长温度和生长压强固定时，N_2流量和 C/Si 是实现氮掺杂浓度大范围控制的重要参数($1\times10^{14}\sim2\times10^{19}$ cm^{-3})。在 SiC 的冷壁 CVD 中，当生长温度升高时，氮的掺入在(0001)和$(000\bar{1})$两个表面都受到抑制[25]。然而，在热壁 CVD 中，当生长温度升高时，氮掺入量在(0001)面上增加，在$(000\bar{1})$面减少[26]。

(3) P 型掺杂。

在 SiC CVD 中，加入少量的三甲基铝(TMA：$Al(CH_3)_3$)对于原位 P 型掺杂是有效的[27]。图 4.18 显示了在 1550℃下通过热壁 CVD 生长非故意掺杂和氮掺杂 4H－SiC{0001}外延层的受主浓度与 TMA 流量的关系。由电容-电压(C－V)特性测量得到的受主浓度与二次离子质谱(SIMS)测量得到的铝原子浓度高度符合。

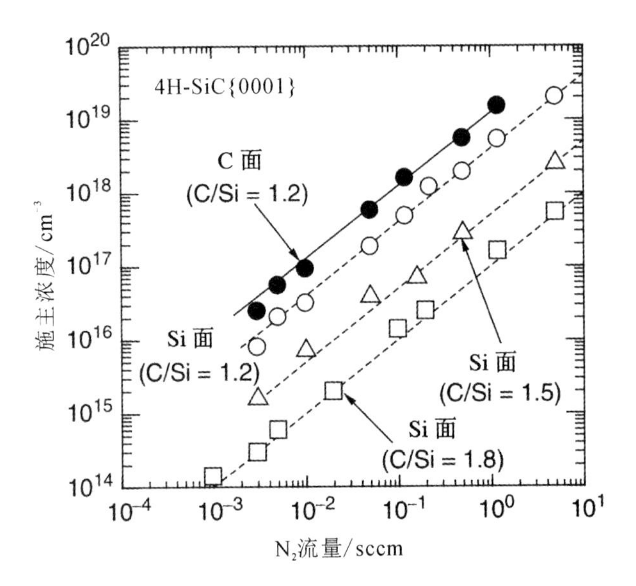

图 4.17 热壁 CVD 生长非故意掺杂和氮掺杂 4H - SiC{0001} 外延层施主浓度与生长压强的关系[22]

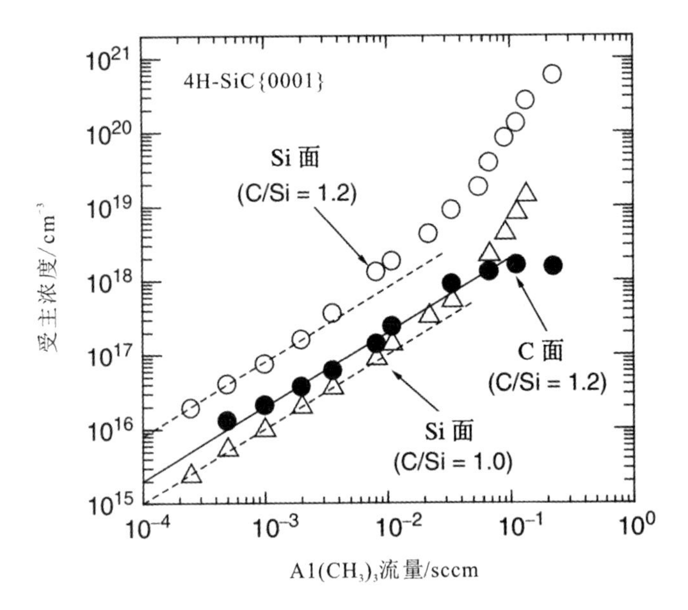

图 4.18 1550℃时，热壁 CVD 生长 4H - SiC{0001} 外延层受主浓度与 TMA 流量的关系[22]

因此，通过控制 CVD 过程中的 C/Si，可以显著扩展掺杂浓度范围。此外，控制 C/Si 是获得 N 型和 P 型外延层之间急剧转变的有效途径[28]。通过将 C/Si 的变化与掺杂剂转换(例如，从氮到铝)相匹配，易于获得掺杂原子浓度随深度剖面的突变。

4.3　SiC 外延层的表征及分析

4H－SiC 核辐射探测器的制备需要大直径、低掺杂浓度和低缺陷密度的高质量厚膜同质外延材料，以保证探测器在足够高的反向电压下获得厚耗尽区和高强度电场的同时具有低漏电流与强探测输出信号，因此准确表征 SiC 外延层的物理性质、掺杂浓度和缺陷是发展 4H－SiC 核辐射探测器的重要环节。外延层的表征与 CVD 工艺的优化两者相辅相成，为高性能 4H－SiC 核辐射探测器的制备提供了高质量的外延材料。

4.3.1　SiC 外延层表征技术

尽管在有些方面需要特别注意，但几乎所有常用的材料表征技术都适用于 SiC。SiC 表征相比于传统半导体材料的主要不同点总结如下：

(1) 样品结构(包括衬底)：表征 SiC 外延层的性能或缺陷往往是必要的，因为它们可能直接影响到器件的性能。当 SiC 外延层比较薄(5～10 μm)时，衬底的影响不可忽视。因此，了解每一种表征技术实际监测的厚度是很重要的。即使外延层相对较厚(30～50 μm)，衬底的影响也必须加以考虑。

(2) 宽禁带：当表征过程中需要光激发时，为表征 Si 和 GaAs 而设计的常规系统必须进行修改。例如，需要波长小于 370 nm 的紫外光作为大于禁带宽度的激发源来表征室温下 4H－SiC 的特性。由于 SiC 为间接带隙半导体，所以即使光子能量远大于禁带宽度，其光吸收系数也很小。此外，当在表征过程中使用热激发时，需要非常高的温度(450℃)来监测带间态，因为 4H－SiC 的带隙大约是 Si 的三倍。

1. 光致发光(photoluminescence)

一些被适当的光源激发产生的过剩载流子会表现出辐射复合(光致发光，PL)特性。激发源的光子能量通常大于禁带宽度。如果被测材料是具有极高纯度的完美单晶，则只能观察到带对带或自由激子峰。然而，由于在实际材料中存在缺陷和(或)杂质，多个复合路径的相互竞争导致在PL光谱中出现不同的发射峰。因此，PL是一种评估半导体材料缺陷和纯度的强大技术。光致发光通常在低温(2、4.2或77K)下进行，以最小化峰宽，而光致发光光谱的温度依赖性有助于理解复合路径。图4.19显示了SiC中过剩载流子的典型复合路径。在SiC中，杂质或点缺陷可以替代某些不等价的位置，导致了不同能级的出现，这一现象使得SiC的PL光谱比其他半导体更加复杂。一般而言，SiC的光致发光光谱包括自由激子峰、激子与中性掺杂杂质结合峰、施主-受主对复合峰以及各种杂质引起的峰。图4.20显示了1600℃下氯基体系中进行CVD生

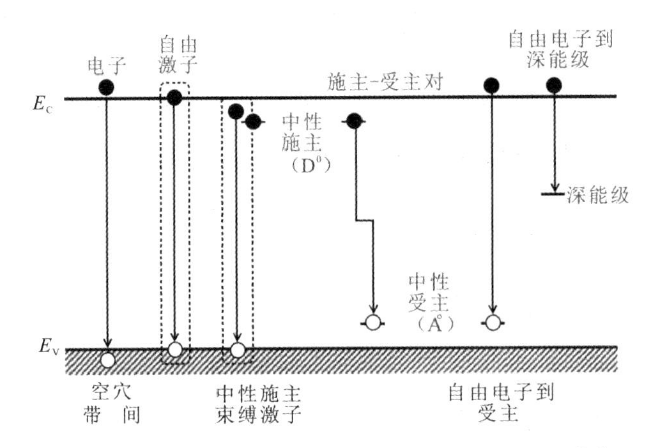

图4.19 SiC中过剩载流子的典型复合路径示意图[22]

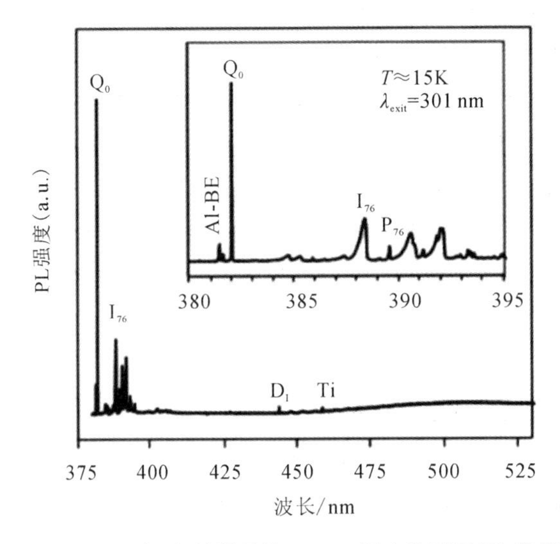

图4.20 1600℃生长得到的50 μm厚度外延层PL能谱[29]

长得到的 50 μm 厚 SiC 外延层的 PL 能谱，插图显示了由氮束缚激子(如 Q_0 与 P_{76} 线)、自由激子(I_{76} 线)与铝束缚激子(Al－BE)在近禁带部分产生的能谱。本征缺陷 D_1 线与钛线 Ti 非常微弱。其中 Al－BE、Q_0 以及 P_{76} 峰是由于 CVD 系统进行三甲基铝(TMA)掺杂生长后未充分清理导致的铝与氮束缚激子峰，I_{76} 为自由激子峰。

2. X 射线衍射(XRD)

XRD 分析是利用晶体形成的 X 射线衍射，对物质内部原子在空间分布状况的结构进行分析的方法。将具有一定波长的 X 射线照射到结晶性物质上时，X 射线因在结晶内遇到规则排列的原子或离子而发生散射，散射的 X 射线在某些方向上相位得到加强，从而显示与结晶结构相对应的特有的衍射现象。衍射 X 射线满足布拉格(W. L. Bragg)方程：

$$2d\sin\theta=n\lambda \tag{4-11}$$

式中，θ 是衍射角，λ 是 X 射线的波长，n 是整数，d 是晶面间隔。波长 λ 可用已知的 X 射线衍射角测定，进而求得面间隔，即结晶内原子或离子的规则排列状态。将求出的衍射 X 射线强度和面间隔与已知的表对照，即可确定试样结晶的物质结构，此即定性分析。图 4.21 示出了几种不同 XRD 测试方法的原理图。

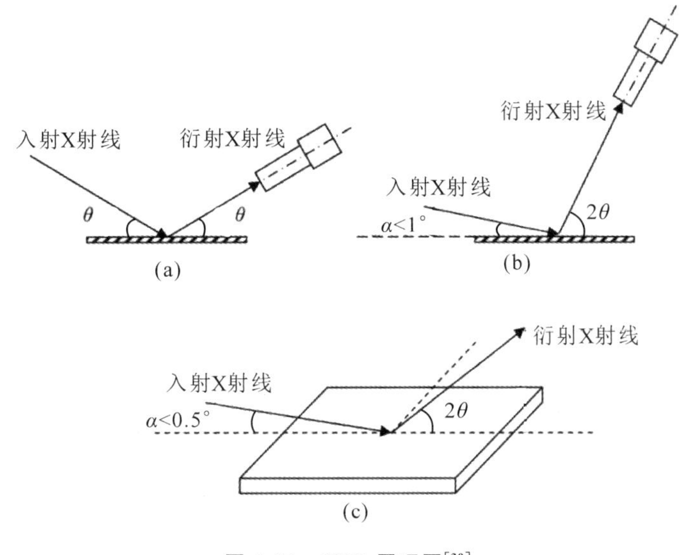

图 4.21　XRD 原理图[30]

图(a)为联动扫描，收集与表面平行的点阵面形成的反射，即所谓的平面外(out-plane)扫描；图(b)为 $\theta-2\theta B-B$ 衍射几何，在与表面垂直的平面内，做单独扫描以测摆动曲线；图(c)中 θ 作 2α 固定掠射角，在与平面近平行的平面内(in-plane)扫描，收集与表面近垂直的点阵面形成的反射。

图 4.22 显示了对 4H－SiC 外延片(0004)面进行 $\omega-2\theta$ 连续扫描曲线测试(扫描角度范围为 5°～85°)，35.67°处的强峰为 4H－SiC{0004}面的衍射峰，其他角度不存在明显衍射峰，表明了此 4H－SiC 外延层具有良好的 4H－SiC 晶体结构，且不存在其他杂质晶相。图 4.23 显示了不同生长压强下 CVD 外延 4H－SiC 样品的高分辨率 X 射线衍射(HRXRD)摇摆曲线。不同压强下制备的外延样品

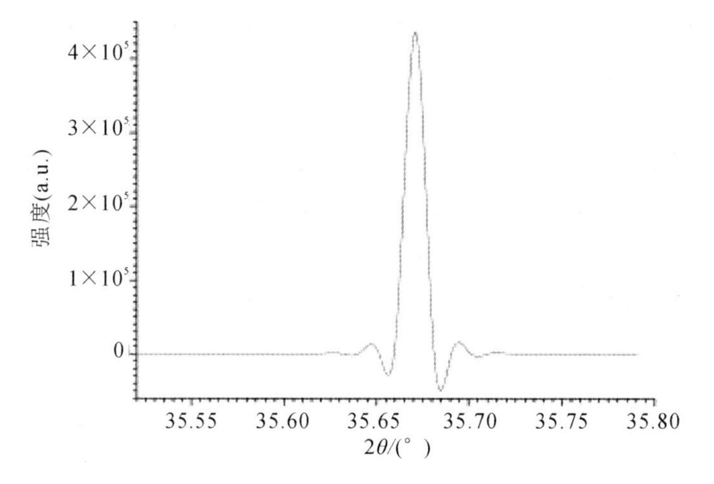

图 4.22　$\omega-2\theta$ 连续扫描曲线[30]

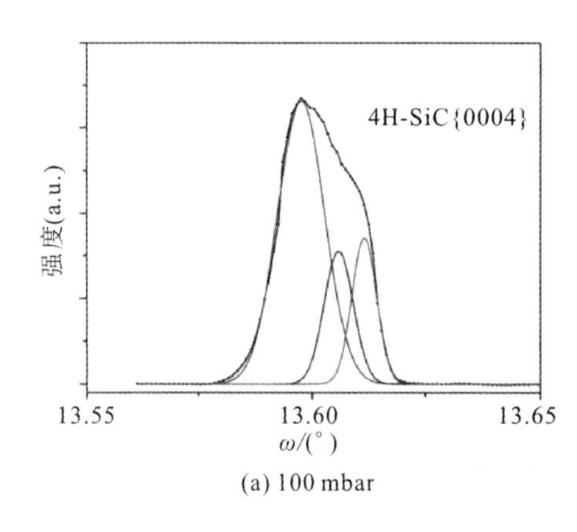

(a) 100 mbar

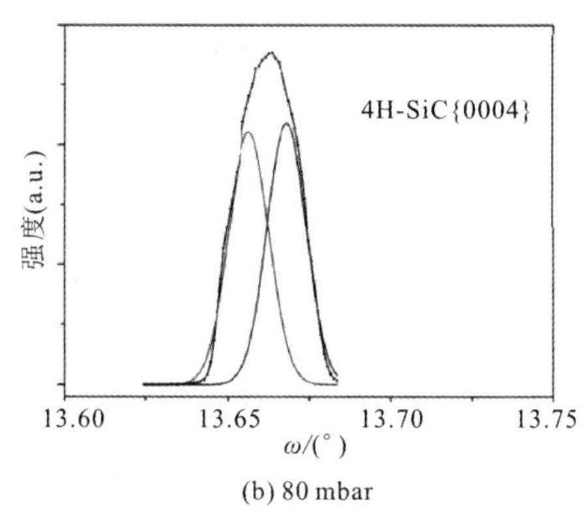

(b) 80 mbar

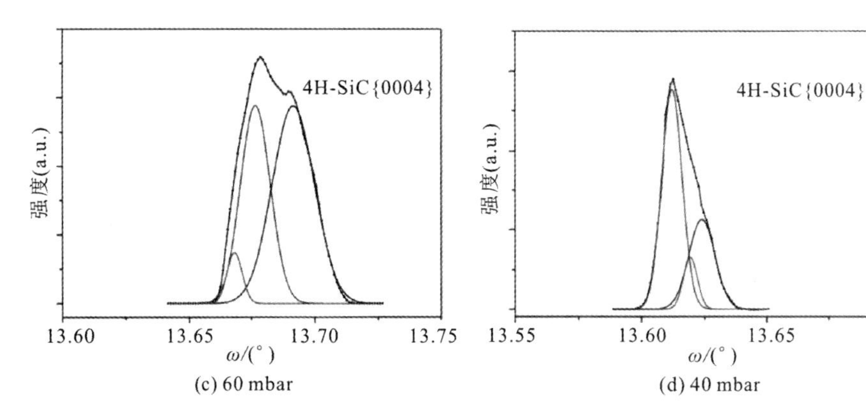

图 4.23　不同压强下制备的外延样品的 XRD 摇摆曲线[16]

{0004}摇摆曲线峰型均不对称，文献中分析认为上述测试结果的出现可能是 $K\alpha_1$ 和 $K\beta_1$ 同时参与衍射，由于色散效应导致衍射峰分离引起的现象。通过对 HRXRD 曲线进行高斯拟合，生长压强为 40 mbar、60 mbar、100 mbar 样品的衍射峰半高宽约为 23～25 arcsec，生长压强为 80 mbar 样品的衍射峰半高宽约为 50 arcsec。由于 HRXRD 测试衍射峰半高宽主要受到晶体中结构缺陷密度、应力大小等因素的影响，因此不同 CVD 生长条件下的测试结果体现了外延材料结晶质量的优劣。

3. 拉曼散射(Raman scattering)

光照射到物体后的散射包括非弹性散射和弹性散射两类，其中，非弹性散射包括拉曼散射和布里渊散射，如图 4.24 所示。弹性散射的光子能量不变，频率不变，而非弹性散射的光子能量有所改变，它的频率可略微减小或增大，称为频移。拉曼散射有较大的频移，不同的薄膜其频移不同，这成为我们可以利用拉曼散射分辨不同薄膜材料的基础。拉曼频移 υ 为入射光与散射光的频率差，其只与散射分子结构有关，由分子振动能级的变化决定。拉曼散射测试的依据是不同化学键或基团拉曼位移的特异性。拉曼光谱的散射频率、线宽、强度等参数可用于研究确定半导体材料的结构和对称性、电子浓度等信息。目前，拉曼光谱已广泛应用于 SiC 晶体的晶型[31-32]、堆垛层错[33]、应力[34]等材料参数的表征中。不同晶型的 SiC 晶体在拉曼光谱中具有不同频移特征的拉曼峰。表 4.2 为常用 SiC 晶型标准拉曼光谱数据。

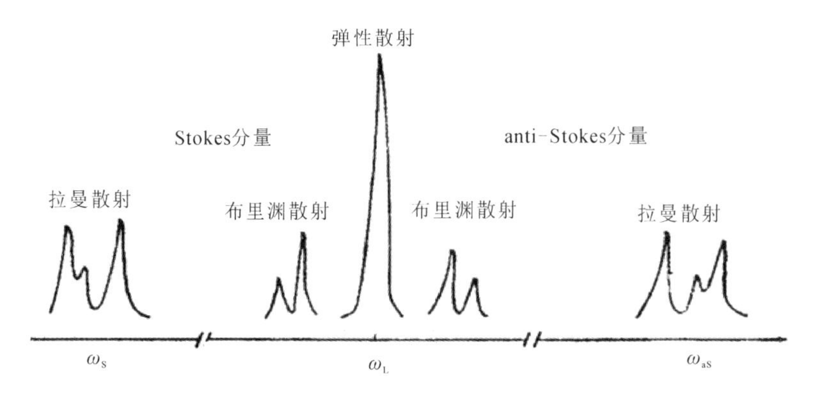

图 4.24　散射光频谱图分布[35]

表 4.2　常用 SiC 晶型标准拉曼光谱数据

晶型	晶系	拉曼光谱峰值/cm^{-1}
3C-SiC	立方	796、972
4H-SiC	六方	196、204、266、610、776、796、964
6H-SiC	六方	145、150、236、241、266、504、514、767、789、797、889、965

拉曼散射是一种无损检测技术，可以明确识别 SiC 多型。图 4.25 为 4H-SiC 外延衬底随机四个点的拉曼测试结果，通过与标准的 4H-SiC 的拉曼光谱进行比较，可以得到四个点的材料成分均只包含 4H-SiC。由于拉曼散射光谱对堆垛层错结构与应变很敏感，堆垛层错的存在会导致叠加峰的出现和拉曼峰的畸变，局部应力则会导致拉曼峰从其原始位置产生位移从而便于定量的确定应力。

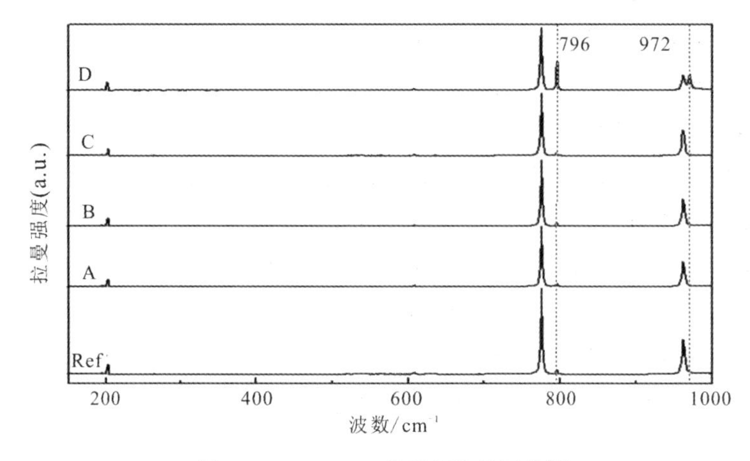

图 4.25　4H-SiC 外延层拉曼图谱[35]

4. 外延层厚度与掺杂浓度检测

1）红外傅里叶变换光谱(FTIR)

红外傅里叶变换光谱仪是利用红外光的干涉原理工作的。由光源发出的光经干涉仪后变为干涉光，干涉光通过样品之后，利用检测仪检测产生含有样品信息的干涉光谱，通过对检测到的光谱进行傅里叶变换处理，得到吸收率或透过率随波长或波数变化的红外吸收光谱图。根据光谱图，可以计算出外延膜的厚度，原理如图4.26所示。其中n_0、n_1和n_2分别为空气、外延层以及衬底的折射率，d为外延层厚度，φ为照射偏角，折射角φ'为

$$\varphi'=\sin^{-1}\left(\frac{n_0\sin\varphi}{n_1}\right) \tag{4-12}$$

外延层厚度的计算公式为

$$d=\frac{i\lambda_0\lambda_i}{2n_1(\lambda_i-\lambda_0)\cos\varphi'}=\frac{i}{22n_1(1/\lambda_0-1/\lambda_i)\cos\varphi'} \tag{4-13}$$

其中，i为$\lambda_0\sim\lambda_i$间完整的循环数量，λ_0和λ_i是包含有i个循环的波长峰值或谷值。对于两个相邻的波峰$i=1$，一个波峰和一个相邻的波谷$i=1/2$，两个相邻的波谷$i=1$。量值$2n_1\cos\varphi'$是通过实验安排和薄膜的折射系数来决定的常数。

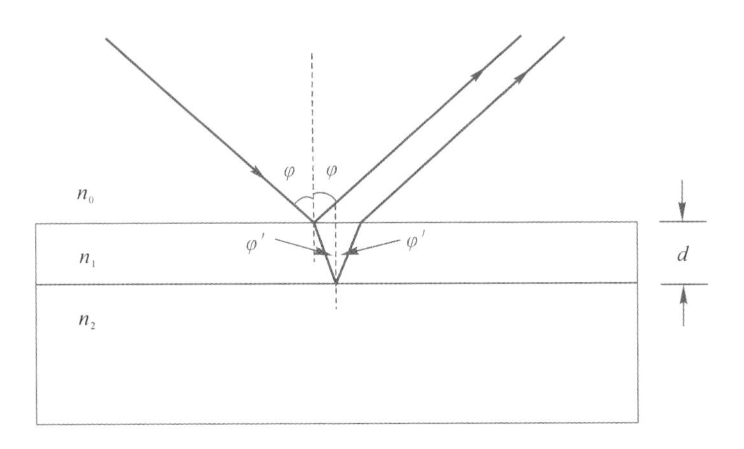

图4.26　FTIR厚度测试原理图

2）汞探针C-V测试

如图4.27所示为汞探针C-V测试原理图，通过采用汞探针C-V法对外延材料中载流子的浓度进行精确测量，可以获得不同工艺条件下外延材料掺杂

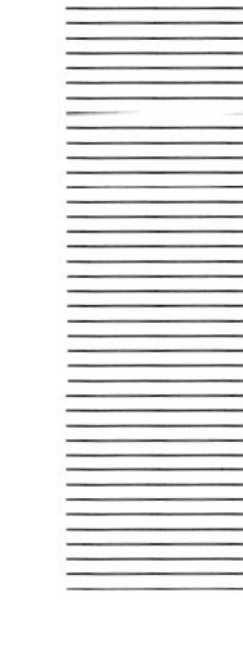

情况的相关信息。当金属汞(Hg)与 4H-SiC 外延层接触形成肖特基结时，肖特基势垒在外延层一侧，在反向偏置情况下，根据势垒电容随着偏置电压的变化而变化的原理可以求出掺杂浓度在 SiC 外延层中的纵向分布。肖特基二极管的电容 C 可以表示为

$$C=A\left[\frac{q\varepsilon_s\varepsilon_0 N(X)}{2(V_{bi}+V)}\right]^{1/2} \tag{4-14}$$

其中，A 为结面积，对于 C-V 测试仪来讲，结面积为汞探针的面积；q 为电子电荷；ε_s 为半导体相对介电常数；ε_0 为真空介电常数；$N(X)$ 为深度 X 处的掺杂浓度；V_{bi} 为内建电势差；V 为反向偏置电压。由此可以得到

$$\frac{1}{C^2}=\frac{2V_{bi}}{A^2 q\varepsilon_s\varepsilon_0 N(X)}+\frac{2V}{A^2 q\varepsilon_s\varepsilon_0 N(X)} \tag{4-15}$$

因此外延层的掺杂浓度与深度的关系为

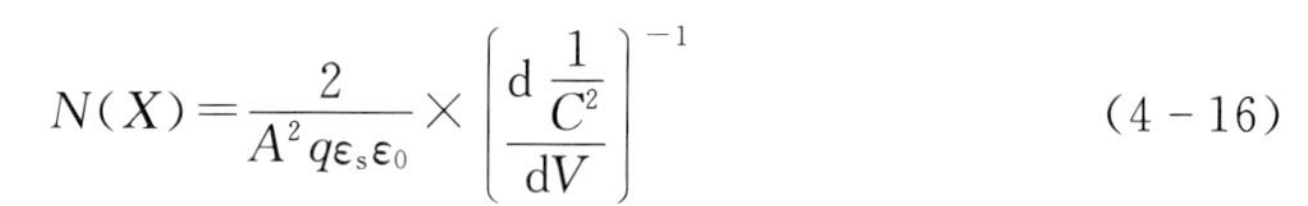

$$N(X)=\frac{2}{A^2 q\varepsilon_s\varepsilon_0}\times\left(\frac{\mathrm{d}\frac{1}{C^2}}{\mathrm{d}V}\right)^{-1} \tag{4-16}$$

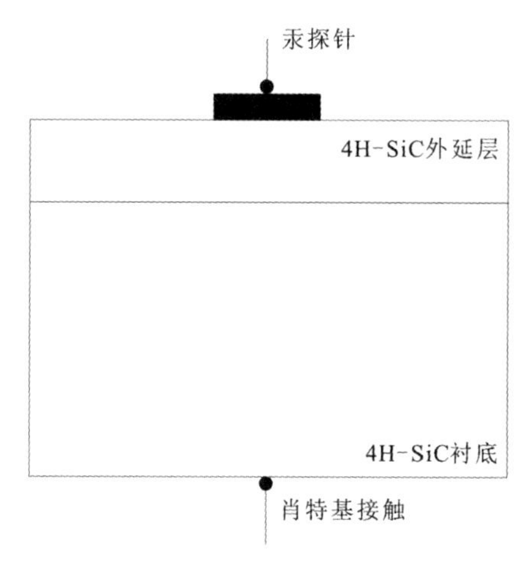

图 4.27　C-V 测试原理图

5. 显微表征方法[36]

外延层表面形貌和质量是影响 4H-SiC 器件的重要因素之一，外延表面状态以及器件制作工艺过程中接触面的粗糙程度直接关系到器件的性能和质量，外延后表面的缺陷以及过度的粗糙会导致金属化、光刻、氧化接触等工艺出现不均匀甚至无法操作的状况，这不仅会导致器件性能出现退化，也影响了器件工艺的正常运行[37-39]。所以，需要表面显微分析技术，即利用光

学显微镜(OP)、扫描电子显微镜(SEM)、原子力显微镜(AFM)指导外延工艺的改进，以提高外延层表面形貌和质量。其中，高分辨率的光学显微镜可直接观察4H-SiC外延层形貌的好坏；SEM测试属于无损伤测试，并且可用X射线能量色散谱进行元素分析；AFM具有很高的分辨率，可计算出外延层的粗糙度。

1）光学显微镜(OP)

光学显微镜利用光学原理把肉眼不能分辨的微小物体放大成像。通过光学显微镜可直接观察4H-SiC外延层形貌与缺陷。在利用光学显微镜观察4H-SiC外延层表面缺陷之前，需先对其进行化学刻蚀。

化学蚀刻技术通常用于制造位错诱导的蚀刻坑。SiC是一种惰性极强的材料，但在450～600℃时可以被熔融的KOH、NaOH或Na_2O_2蚀刻。在这些熔体中，SiC表面被氧化，形成的氧化物随后被熔体除去。在位错或堆垛层错与表面交点处，由于高应变引起的蚀刻速率不同(通常更快)导致了蚀刻坑的形成。图4.28显示了在500℃熔融KOH中蚀刻10 min后的偏轴4H-SiC{0001}表面。在微管缺陷的位置上会产生一个大的六角形孔，但是微管缺陷在目前的工艺水平下已可以做到完全消除。在图4.28中显示了三种常见的蚀刻坑：一个大的六角形凹坑、一个小的六角形凹坑以及一个椭圆形(或者贝壳形)凹坑。研究发现这些蚀刻坑分别对应于螺型位错(TSD)、刃型位错(TED)与基面位错(BPD)[40-41]。

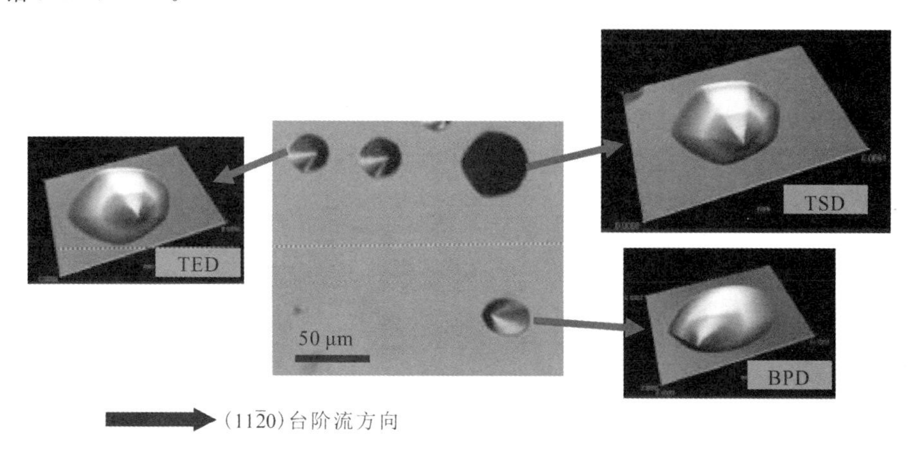

图4.28　在500℃熔融KOH中蚀刻10 min后的偏轴4H-SiC{0001}表面[22]

2）扫描电子显微镜(SEM)

扫描电子显微镜用细聚焦的高能电子束轰击样品表面，通过激发区域中入射电子与样品相互作用产生的各种特征信号对样品表面或断口形貌进行观察和分析的。扫描电子显微镜的优点是：高的放大倍数，最高放大倍数20万倍且可连续调节；景深大、视野大、成像有立体感，可对不平整表面的细微结构进行观测。同时，用SEM进行测试时，样品制备简单。目前，许多SEM设备都可与能谱(EDS)等其他附件组合，可广泛地用于材料、冶金、生物学等领域的研究。如图4.29为三角形表面缺陷的光学显微镜图片和SEM图片。

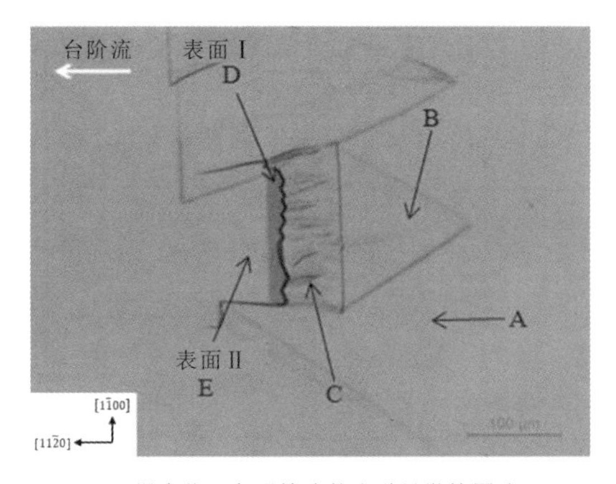

(a)锯齿状三角形缺陷的光学显微镜图片

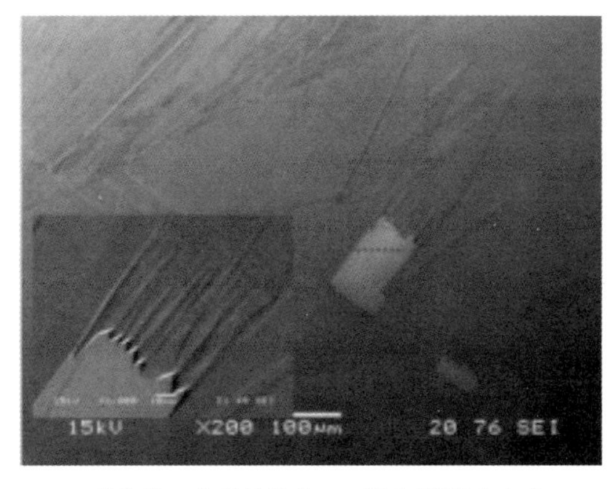

(b)锯齿状三角形缺陷的SEM图片(插图为虚线方框区域内的放大图)

图4.29　三角形表面缺陷的光学显微镜图片和SEM图片[16]

3）原子力显微镜(AFM)

原子力显微镜(AFM)是一种可以用来研究固体材料表面结构的分析仪器，是常用的半导体材料表面分析工具。借助 AFM，不但能表征样品表面的原子级形貌，而且能测量材料表面的力学特性以供分析。AFM 通过对探针尖端原子与被测样品表面原子相互作用力的测量得到样品表面形貌的相关信息。AFM 常用的模式有接触式、非接触式和轻敲式三种。接触式主要通过对原子间排斥力的测量获得表面形貌。与接触式相反，非接触式和轻敲式则是通过吸引力来测量表面形貌的。相比较而言，接触式分辨率最高，非接触式分辨率相对较低。与扫描电子显微镜相比，用原子力显微镜进行测试时，对样品的导电性能没有要求，且分辨率更高，横向分辨率可达 0.15 nm，纵向分辨率可达 0.05 nm。图 4.30 显示了外延层表面的 AFM 图像，可用于表面粗糙度的表征，可以观察到测试区域呈台阶状结构，表面平均面粗糙度(Ra)约为 0.378 nm，均方根粗糙度约为 0.478 nm。

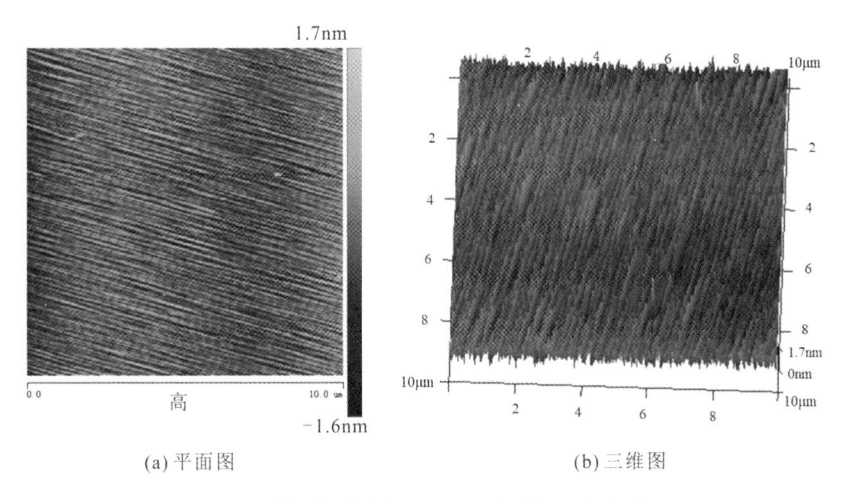

(a) 平面图　　(b) 三维图

图 4.30　样品 5×5 μm 区域 AFM 照片

4）透射电子显微镜(TEM)

透射电子显微镜以电子枪发射的波长极短的电子束作为照明源，电子束首先经过高压加速，然后通过电磁透镜聚焦后投射到非常薄的样品上，通过与样品中原子的碰撞，可发生散射、衍射，或直接传过样品(当样品厚度薄至 100Å 以下时)。根据入射电子与原子碰撞后的结果，透射电子显微镜有三种不同的成像原理：

① 吸收像——当电子束入射到密度大、晶体质量高的样品时，电子与原子碰撞后的散射为其主要的成像原因。散射角的大小与样品的密度、厚度及内部结构相关，所成像为明暗不同的影像。

② 衍射像——电子束经样品衍射时，由于晶体中不同的结构对电子衍射的能力不同，衍射后的成像也有区别。

③ 相位像——当样品厚度薄至100Å以下时，电子可穿过样品。这种情况下，波的振幅变化可忽略，成像来自相位的变化。

透射电子显微镜的分辨率高(0.1～0.2 nm)，放大倍数大(几万到百万倍)，通常用于超微细结构的观察。

6. 霍尔测试

霍尔效应测量可以得到材料的自由载流子密度(电子密度 n 或空穴密度 p)和迁移率，而前述的汞探针 C－V 测试则是得到净掺杂密度，即 N 型为 N_D-N_A，P 型为 N_A-N_D，其中 N_A 与 N_D 分别为施主与受主密度。由于 SiC 中受主电离能相对较大，室温下 P 型 SiC 霍尔效应测量和 C－V 测量得到的密度值($p<N_A-N_D$)差别很大。当测量温度发生变化时，只有空穴密度发生变化，而净掺杂密度几乎保持不变。图 4.31 所示为用于霍尔效应测量的样品结构示意

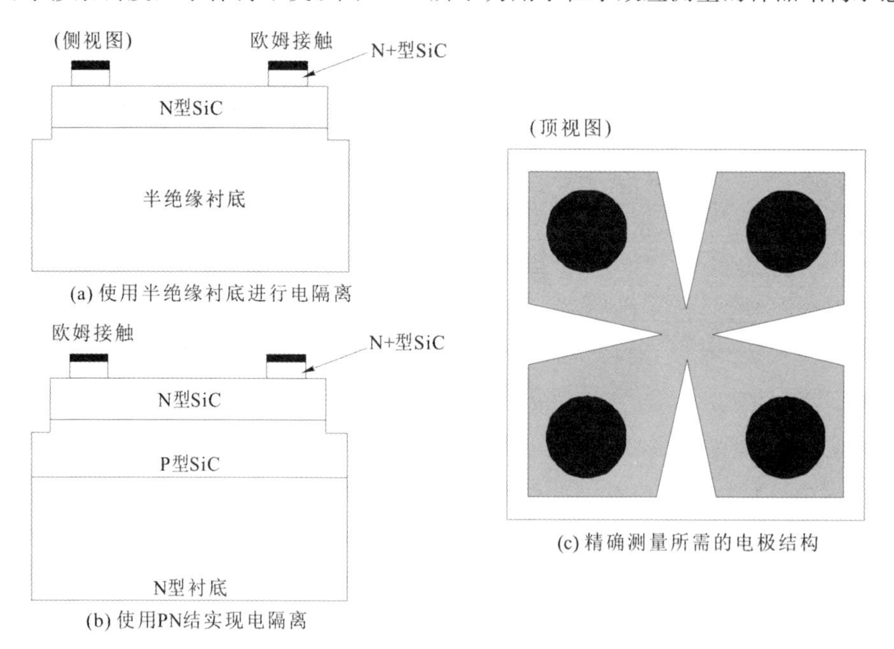

图 4.31　适用于霍尔效应测量的样品结构示意图[22]

图。被测量的 SiC 外延层必须与衬底电隔离。一种方法是使用半绝缘衬底进行电(气)隔离，如图 4.31(a)所示。另一种方法是使用 PN 结进行隔离，如图 4.31(b)所示。在前一种情况下，必须将所测外延层的电阻与衬底的电阻在测量温度下进行仔细比较，以确保通过衬底的泄漏电流可以忽略不计。在后一种情况下，具有不同导电类型的中间层必须重掺杂，并且具有足够的厚度以避免其穿通。另外在相对大的区域上，结泄漏电流必须保持足够低。图 4.31(c)为精确测量所需的电极结构。在低温测量中，为了避免非欧姆接触的发生，在欧姆接触下需形成重掺杂区。

7. 载流子寿命测试

载流子寿命是决定双极器件性能的一个重要物理特性，其测量方法主要有时间分辨光致发光法(TRPL)、光电导衰减法(PCD)与反向恢复法(RR)。测量信号 $I(t)$的衰减曲线可表示为

$$I(t)=I_0\exp\left(-\frac{t}{\tau_{\text{decay}}}\right) \tag{4-17}$$

其中，I_0与 τ_{decay}分别为初始信号强度与衰减时间。衰减时间(τ_{decay})并不总是等于载流子寿命(τ)，在各个测量方法中衰减时间与载流子寿命的关系如表 4.3 所示(测量得到的 τ_{decay}对应于表中数值)，并且衰减曲线往往并不遵循简单的指数关系(τ_{decay}不为常数)。

表 4.3　载流子寿命(τ)和衰减时间(τ_{decay})之间的关系[22]

注入方式	TRPL	PCD	RR
大注入	$\tau/2$	τ	τ(受表面复合限制)
小注入	τ	$\frac{\mu_n \mathrm{d}(\Delta n)}{\mathrm{d}t}+\frac{\mu_p \mathrm{d}(\Delta p)}{\mathrm{d}t}\approx\tau$ (当 $\Delta p=\Delta n$ 时)	τ(受表面复合限制)

4.3.2　SiC 外延层中的缺陷

半导体中的缺陷可以分为点缺陷和扩展缺陷[42]：

(1) 点缺陷局限于晶格点，只涉及少数几个最近的邻域，不扩展到任何空间维度；点缺陷以低浓度存在于所有半导体材料中，其形成原因主要为空位、间隙与替位。在晶格位置及其附近产生扰动的少数点缺陷的聚集，如双空位、

空位-施主复合物，也被认为是点缺陷。点缺陷在半导体带隙内引入电子能态，其可以充当“陷阱”“复合中心”或“产生中心”，并且可以显著地改变半导体特性和器件性能。点缺陷可能有利于某些器件(可有意引入)。例如，在开关器件中，由点缺陷引入的能级可以作为复合中心，在关断过程中快速去除少数载流子，以提高器件的开关速度，从而提高效率[43-44]。然而，在大多数情况下，点缺陷对器件性能是有害的。点缺陷产生的能态可作为电子-空穴对的复合中心，降低辐射探测器和光伏太阳能电池的性能。

(2) 扩展缺陷，如晶界、位错和堆垛层错，将在所有维度上进行扩展，这些缺陷一部分来自衬底，另一部分则是在外延生长过程中产生的：大多数SiC器件的电活性区域完全位于生长在晶体衬底上的外延层内，这些器件的电特性在很大程度上取决于半导体的质量和表面光滑度。因此，对于任何半导体辐射探测器件来说，外延层中所包含的缺陷都是非常重要的。SiC外延层中影响电子器件性能的缺陷主要是螺型位错(TSD)、刃型位错(TED)、基面位错(BPD)、小生长坑以及三角形缺陷、“胡萝卜”缺陷和“彗星”缺陷。许多在衬底体晶产生的缺陷不能延伸到外延层，因此外延层所包含的缺陷明显少于体晶圆。

1. 表面形貌缺陷

研究人员利用微分干涉反差显微镜(differential interference contrast, DIC)和原子力显微镜对外延表面形貌进行了监测，如图4.32所示，可以看到外延表面存在阶梯聚集群(step-bunching)。Veneroni等人的研究表明，在低的

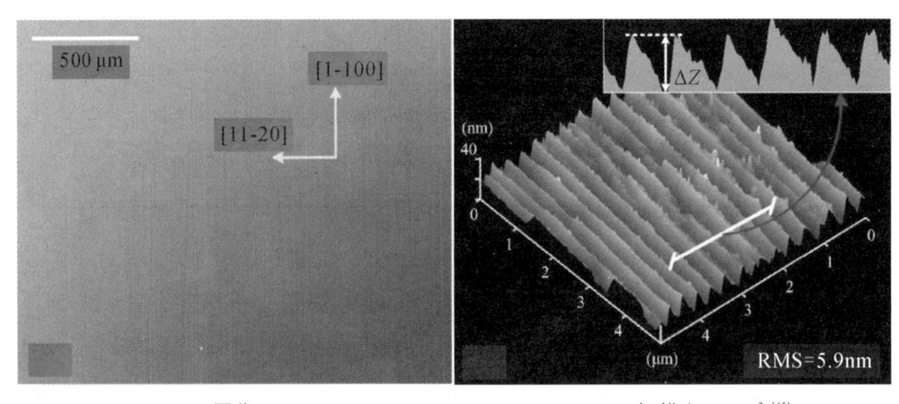

(a) DIC图像　　(b) AFM扫描($5\times5\mu m^2$)[45]

图4.32　原始外延表面形貌

C/Si(例如C/Si=1)外延生长工艺中，SiH_4的分解会产生大量的气态Si，这些气态Si聚集成核，沉积在外延层表面，最终形成沿特定晶向规律排列的台阶沟壑——step-bunching。这种结构属于SiC晶体在表面的非化学计量部分，其成分包括单质Si以及亚稳态的Si_2C、SiC_2化合物。目前，SiC器件所需的厚外延层制备普遍采用在偏轴4°的衬底材料上进行标准的Si-C-H基台阶流生长模式。而这种生长模式经常会在终止的外延表面形成step-bunching。step-bunching对外延生长参数的微小变化(如C/Si、生长温度等)以及外延生长前衬底材料的预处理都非常敏感。它们沿着台阶流方向规则地分布排列，严重地影响了表面平整度。

除了step-bunching，生长在偏轴{0001}衬底上的SiC外延层表现出几种典型的表面缺陷。图4.33显示了在4H-SiC和6H-SiC{0001}同质外延层中

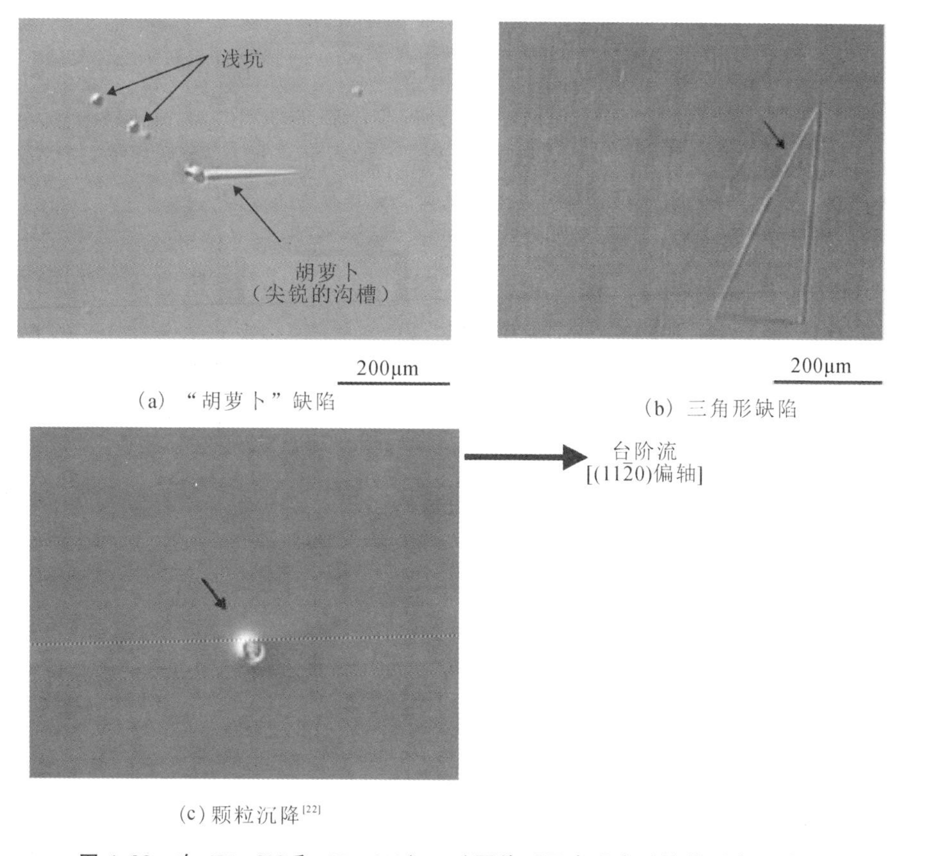

(a)"胡萝卜"缺陷

(b)三角形缺陷

(c)颗粒沉降[22]

图4.33 在4H-SiC和6H-SiC{0001}同外延层中观察到的典型表面缺陷

观察到的典型表面缺陷。虽然这些缺陷的确切形成机制尚不完全清楚，但它们通常是由技术问题造成的，如抛光损伤的不完全去除或未优化的生长过程。沉降(down-fall)被认为可能是外延生长前或外延生长过程中在表面上落下的液滴产生的，其被称为杀手表面缺陷，down-fall 造成的 4H－SiC 击穿电压的降低(可达 90%)远高于"胡萝卜"缺陷和三角形缺陷[46]。在 SiC 同质外延层中，这些宏观缺陷的典型密度约为 0.02～2 cm^{-2}。在原位蚀刻过程中，通过最小化 Si 滴的形成，可以抑制浅凹坑的产生。当 SiC 器件含有"胡萝卜"(或"彗星")缺陷或三角形缺陷时，器件的泄漏电流增大，击穿电压明显降低(下降约 20%～40%)[47]，而浅坑的影响则非常小[37]。这是因为"胡萝卜"、"彗星"和三角形缺陷所涉及的堆垛层错将形成泄漏路径。

2. 螺型位错(TSD)和微管(Micropipes)

螺型位错(TSD)可沿结晶学 c 轴穿透整个晶体。螺型位错仅止于晶体表面，存在于从生长晶体过程中切下的所有晶圆中，可以在 CVD 技术生长的外延层中传播，并且在外延生长过程中还可能形成附加的螺型位错。螺型位错通常由伯格斯矢量的长度(b)来测量。对于纯螺型位错，伯格斯矢量平行于结晶学 c 轴，伯格斯矢量长度与螺型位错的台阶高度有关。

具有大伯格斯矢量的螺型位错形成的空心核被称为微管。微管是穿透 SiC 单晶的空心管状缺陷，其半径从几十纳米到几十微米不等。这些微管使 SiC 基功率器件和辐射探测器的性能严重退化。在外延生长的 PN 结器件中，面积为 1 mm^2 或更大的衬底上的微管缺陷可能导致雪崩前反向偏置点提前失效。随着材料生长工艺的稳步发展，微管密度实现了大幅度降低(从 10^4 cm^{-2} 到小于 1 cm^{-2})，并且目前供应商已经生长出了无微管外延层[22]。

具有小伯格斯矢量的 SiC 螺型位错形成闭核，有时称为基本螺位错，其在 4H－SiC 和 6H－SiC 晶圆片和外延层中以每平方厘米上千数量级的密度存在[48]。闭核位错不像微管那样对器件存在毁灭性的危害，但这些缺陷对器件性能也存在负面影响。研究发现，4H－SiC PN 结二极管在电压小于 250 V 时发生软击穿可能是由于这些闭核位错造成的[49]。Wahab 等人也通过研究表明了在有源区增加闭核位错的密度会导致击穿电压的降低[50]。

3. 基面位错(BPD)

基面位错(BPD)是外延层中密度较大的位错类型。对于 SiC 双极器件来说，BPD 是一个有害的缺陷，它会导致载流子寿命的局部降低(造成导通电阻增加)和泄漏电流的增加。

4. 刃型位错(TED)

刃型位错(TED)的伯格斯矢量垂直于结晶学 c 轴。TED 主要由衬底传递而来。BPD 从偏轴 4H - SiC 衬底传播到同质外延层，并在外延层中转化为 TED。由于外延层中的镜像力，发生了从 BPD 到 TED 的转换。

5. 堆垛层错(SF)

堆垛层错(SF)是一种平面缺陷，主要存在于 SiC 的主滑移面{0001}。SF 的发生是由于 SiC 双原子层偏离了晶体 c 轴上的完美堆积顺序。SF 降低了肖特基二极管的势垒高度和击穿电压。在 SiC PiN 二极管中，由于堆垛层错中的电荷积累，可能会产生静电势，从而增加二极管的正向电压降[51]。

图 4.34 为经过蚀刻的 SiC 衬底 Si 面的 SEM 图像。在 SEM 图像中，观察

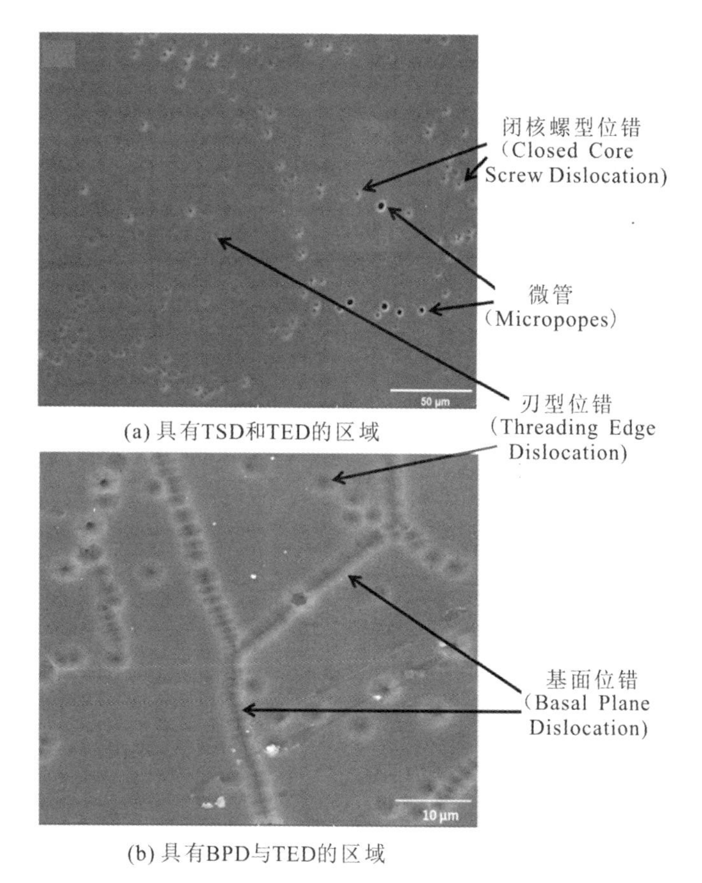

(a) 具有TSD和TED的区域

(b) 具有BPD与TED的区域

图 4.34　熔融 KOH 蚀刻体 SiC 的 SEM 图像[42]

到的六角形凹坑与三种类型的位错有关。中心有小黑点的六角形凹坑为闭核螺型位错。中心空心较大的六角形凹坑被认为是开核螺型位错(微管)。无中心点的六角形凹坑为刃型位错。刃型位错对应的六角形凹坑图像比开核或闭核位错对应的六角形凹坑图像亮度要低。在图 4.34(b)所示的 SEM 图像中，基面位错表现为由一系列不对称凹坑相互连接而形成的尖锐细长线。图 4.35 显示了衬底表面观察到的位错的放大图像。图 4.36(a)为经过蚀刻的 SiC 外延层 SEM 图像中具有 TSD 与 TED 的区域。图 4.36(b)为外延层闭核位错和刃型位错的放大 SEM 图像。与衬底相比，外延层中识别到的位错的密度低得多，并且在蚀刻外延层的 SEM 图像中没有观察到微管和 BPD。

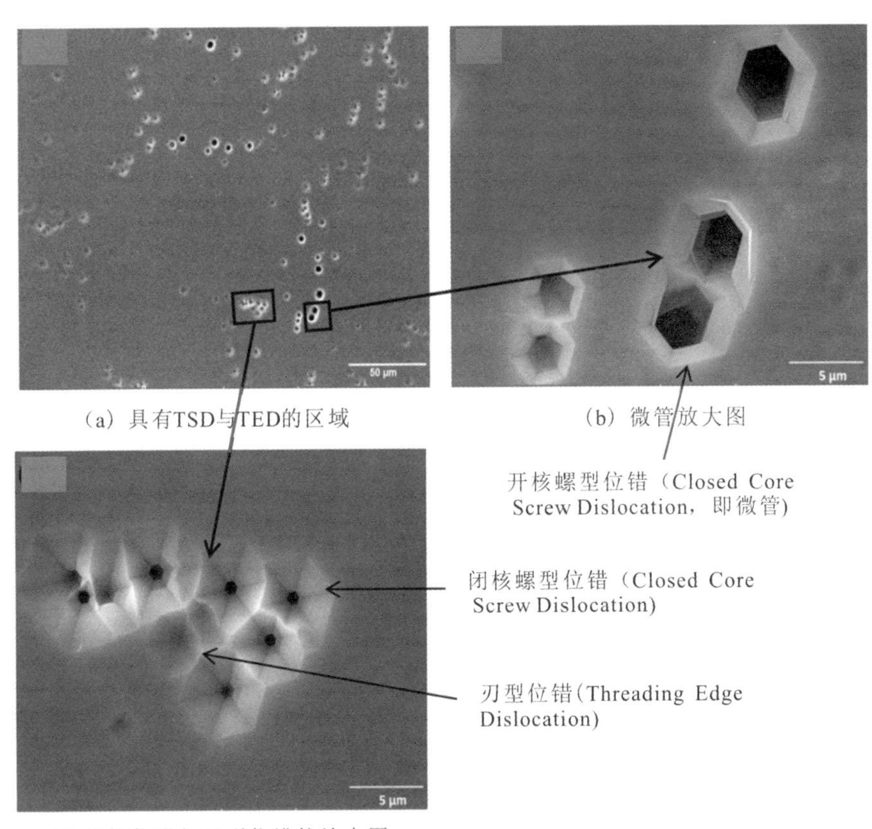

图 4.35　熔融 KOH 蚀刻体 SiC 的 SEM 图像[42]

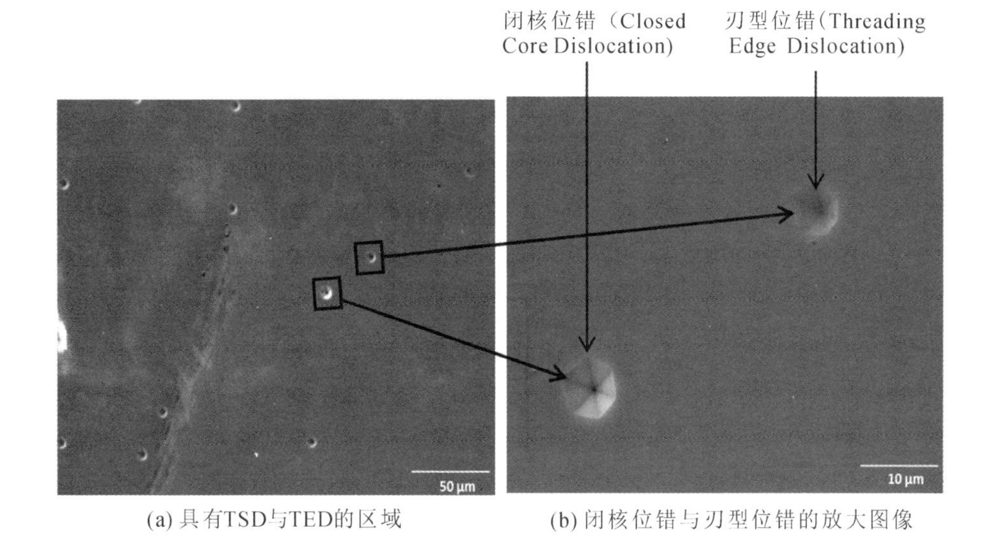

(a) 具有TSD与TED的区域 (b) 闭核位错与刃型位错的放大图像

图 4.36 熔融 KOH 蚀刻 SiC 外延层的 SEM 图像[42]

本节简要介绍了表征 SiC 的物理特性和缺陷检测的主要技术，并给出了相应的实例数据，以方便读者更好地理解。除了上述在 SiC 材料中常用的表征技术外，还有一系列其他技术，例如二次离子质谱(SIMS)、X 射线光电子能谱(XPS)、俄歇电子能谱(AES)等，都能从不同角度对 SiC 材料进行表征，可根据不同的需求进行选择，以实现材料的全方位表征。

4.4 SiC 核辐射探测器的制备和电学特性

4.4.1 探测器关键制备工艺与基本流程

经过 SiC 外延生长，需要进行几个主要的工艺步骤完成对 SiC 核辐射探测器件的制备，这些步骤包括金属化、离子注入掺杂、刻蚀、氧化和钝化。图 4.37 显示了可用于核辐射探测的高压 PiN 二极管基本结构图，终端区的形成涉及离子注入掺杂工艺，钝化层的形成涉及氧化与钝化工艺，隔离台面的形成涉及刻蚀工艺，欧姆接触的形成涉及金属化过程。上述工艺步骤为制备核辐射探测器最基本且必需的工序。

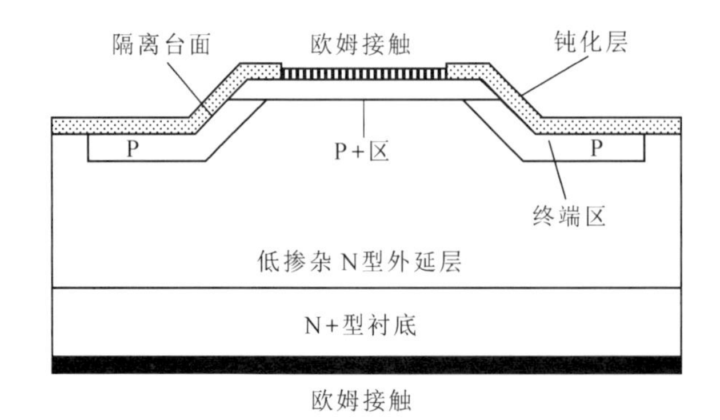

图 4.37　用于核辐射探测的高压 PiN 二极管基本结构图[52]

1. 金属接触[53-54]

理想的金属-半导体(MS)接触分为整流接触(即肖特基接触)和非整流接触(即欧姆接触)两种情况。欧姆接触可以看成是双向导通的，不论施加在器件上的电压是正压还是负压，电流-电压曲线均为线性，并且接触电阻和体电阻相比是可以忽略不计的。肖特基接触是单向导通的，仅在施加一种方向的电压下才可以导通。对于典型的两种结构的 4H－SiC 核辐射探测器而言，PiN 结构的探测器由于通过 PN 结产生的空间电荷区进行辐生电子空穴对的分离与收集，阴极与阳极均采用欧姆接触以实现器件与外界之间的互连；肖特基结构的探测器则在阳极制备肖特基接触，通过肖特基结产生的空间电荷区进行辐生电子空穴对的分离与收集，其阴极采用欧姆接触实现器件与外界之间的互连。

由于在金属-半导体界面处存在肖特基势垒，通常情况下，金属-半导体会形成整流接触，而不易形成非整流接触。在核辐射探测器应用中，为了在高反向偏压下达到尽可能低的泄漏电流，需要肖特基接触具有较高的肖特基势垒高度(SBH)，并且需要 SiC/金属界面均匀无缺陷，因为肖特基接触的不均匀性与缺陷的存在使金属与半导体接触局部区域的 SBH 降低，导致泄漏电流增大。欧姆接触可以被认为是具有改进的肖特基势垒的肖特基接触的极限情况。如果形成的欧姆接触比接触电阻很小，那么可以使 4H－SiC 器件通过大电流电路，并且可以减少器件工作过程中的功率损耗，因而制备的 4H－SiC 核辐射探测器也就会更适用于高频高压、高温高功率等极端环境。总结而言，对于 4H－SiC 核辐射探测器的金属接触，低接触电阻、高 SBH 和高稳定性是保证器件性能与

可靠性的三个重要因素，因此在器件工艺中，金属接触的制作工艺具有非常重要的地位。

1）肖特基接触

图 4.38 显示了用于制备 4H－SiC 肖特基接触的四种常用金属的 N 型肖特基势垒高度。可以看到，对于给定的金属，势垒高度在(000$\bar{1}$)C 面略高，在(0001)Si 面略低，在(11$\bar{2}$0)面介于两者之间。这种差异可能是由于界面上存在极性相关的偶极子或具有不同分布的表面状态造成的。图 4.38 中线的斜率为 0.8～0.9，说明金属/SiC 界面处不存在费米能级“钉扎”，且接近 Schottky-Mott 极限。图 4.39 显示了不同金属的 P 型肖特基接触的势垒高度。图中线的斜率约为－0.8，相同金属在 N 型与 P 型 SiC 上的肖特基接触势垒高度之和接近 SiC 禁带宽度 E_g。当然，必须基于高质量的 SiC 外延材料和优化的工艺才能获得接近理想肖特基金属接触的势垒高度，因为肖特基接触的属性在制备过程中受到表面条件与金属沉积后退火条件的影响。半导体上肖特基接触的形成主要分为三个步骤，包括表面清洗、金属淀积与退火。表面清洗的目的是确保淀积的金属能够与 SiC 形成紧密的接触。研究表明[55]，经过牺牲氧化、5％的 HF 腐蚀、在沸水中浸泡 10 min 的处理可以使表面态密度明显减少，从而获得较为理想的肖特基接触；高温退火则使金属/SiC 肖特基界面发生化学反应，从而改变接触的能带结构和总的势垒高度。

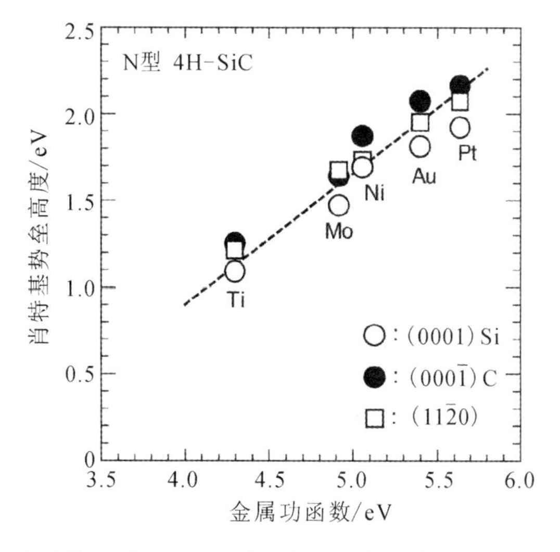

图 4.38　不同金属的 N 型 4H－SiC 肖特基接触势垒高度与金属功函数的关系[22]

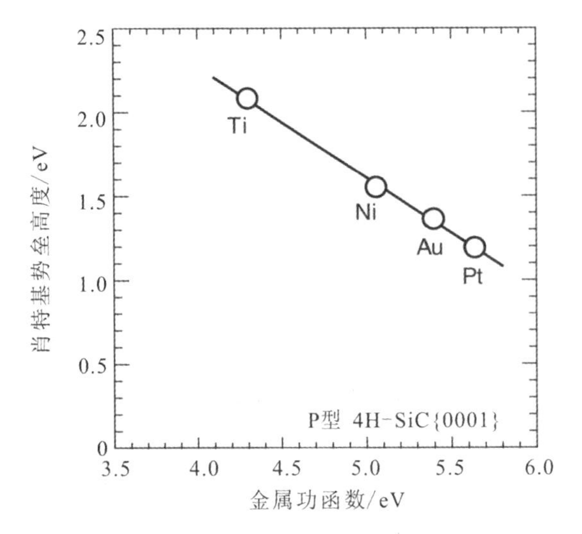

图 4.39 不同金属的 P 型 4H-SiC 肖特基接触势垒高度与金属功函数的关系[22]

2）欧姆接触

制作具有低欧姆接触比接触电阻的 SiC 器件比制作其他半导体器件要困难。N 型和 P 型 SiC 的欧姆接触的比接触电阻值通常分别在 $10^{-6}\sim10^{-5}\ \Omega\cdot cm^2$ 和 $10^{-5}\sim10^{-4}\ \Omega\cdot cm^2$ 的范围，且比接触电阻的结果高度依赖于晶片表面载流子浓度、金属的选择、晶片表面的预处理及金属化热退火的条件等。为了得到好的欧姆接触，使用离子注入来提高晶片表面的载流子浓度或使用合金及其他化合物进行高温合金化退火等技术都被广泛使用。SiC 材料的表面分 Si 面和 C 面，晶面的不同对于欧姆接触电学特性的影响很大，而通常欧姆接触大都在 Si 面上制作。N 型 SiC 的欧姆接触主要通过 Ni 基金属在 950～1050℃进行金属化退火来得到。对于 P 型 SiC 材料来讲，接触的势垒高度更高，导致形成低的比接触电阻难度更大，通常是通过 Al-Ti 金属和硅化物在 900～1180℃进行金属化退火得到[54]。良好的欧姆接触应该具有以下几个主要特点：① 可再生的低比接触电阻；② 统一的、均匀的接触-半导体界面，在界面相就有平面同性；③ 光滑的表面形态；④ 高温下的热稳定性；⑤ 抗氧化；⑥ 好的黏附性；⑦ 工艺上易实现；⑧ 好的机械性能。

半导体上欧姆接触的形成主要分为三个步骤，包括表面清洗、金属淀积与退火。其中退火处理一般采用快速加热退火（RTA）的方式，其所需要的温度较高，一般为 800～1200℃。普通退火炉升温和降温速度较慢，时间较长，而

RTA 系统能够快速使晶圆温度上升或下降，一般情况下，只需要不到 10 s 的时间就能使晶圆达到所需的退火温度，即 1000℃左右。退火过程需要 10 s 左右时间，接着关掉加热灯管并注入氮气冷却气体后，晶圆将被快速冷却。对于核辐射探测器应用，欧姆接触的热稳定性对恶劣环境的检测非常重要，适当温度的高温热退火以及多层金属的使用均有利于提高欧姆接触的热稳定性。

2. 离子注入

在 Si 和大多数Ⅲ-Ⅴ族半导体中，选择性掺杂可以采用扩散和离子注入技术。扩散是通过高温处理使杂质原子进入半导体内部，而离子注入是把杂质原子电离并加速到一定的能量，使它穿透半导体表面进入体内。一般来说，与离子注入相比，扩散过程引入的晶格损伤较少，且在离子注入过程中，高能的离子轰击会在基体材料中产生各种各样的点缺陷和扩展缺陷。当掺杂剂的扩散常数较大时，扩散过程中较容易形成深结。另外，离子注入可以形成更加灵活和准确的掺杂剖面。

不同于 Si 工艺，采用热扩散方法对材料进行选择性掺杂的工艺在 SiC 器件中几乎没有应用，这是因为 SiC 具有很强的化学键合，以至于在 1600℃以上的温度下掺杂杂质的扩散常数依然非常小，要获得合理的扩散常数，需要极高的温度，这一事实使得 SiC 的扩散处理不现实，因为这种高温过程会产生高密度的深能级缺陷和基面位错的滑移。另外在如此高的温度下，扩散过程不存在合适的掩蔽材料。因此，SiC 的选择性掺杂几乎都是通过离子注入来实现的。在现行的工艺中，铝(Al)和硼(B)是形成 P 型掺杂所主要采用的元素，而形成 N 型掺杂则主要采用氮(N)和磷(P)。由于 SiC 与 Si 相比具有更大的密度，因此在同能量的注入下，离子在 SiC 中能形成的注入深度会更小，例如能量为 700 keV 的铝离子在 4H - SiC 中的峰值深度约为 0.75 μm，有时为达到较深的注入区域，其注入能量可能达到 MeV 级别。虽然离子注入对于半导体材料内形成一个可控掺杂量的区域具有很好的适用性，然而注入的掺杂只有很少的一部分在替代晶格点的位置上，且只有处在晶格点上的这部分掺杂才是电学激活的。另外，高能离子注入会在注入区域的材料表面和内部都造成损伤。为了解决离子的激活问题并减小因注入造成的损伤，SiC 需要在 500～1000℃的高温背景下注入，并且注入后的 SiC 需要在高纯惰性气体(比如氩气)环境中进行高温退火(对于 N 型掺杂需要大于 1200℃，对于 P 型掺杂需要大于 1600℃)。

当离子被注入井 4H - SiC 材料后，其分布服从高斯分布：

$$N(x)=\frac{Q}{\sqrt{2\pi}\sigma}\exp\left[-\left(\frac{x-R_p}{\sqrt{2}\sigma}\right)^2\right] \tag{4-18}$$

其中，Q 为注入剂量，σ 为注入偏差，R_p 为注入深度。在实际工艺中，通常需要采用多次离子注入的形式达到掺杂的盒状分布。为了实现盒状掺杂分布，可以借助蒙特卡洛仿真软件，例如 SRIM 来确定注入的次数、能量和剂量等相关参数。图 4.40(a)显示了在 4H－SiC 材料上实施一定注入参数后的仿真 Al 离子

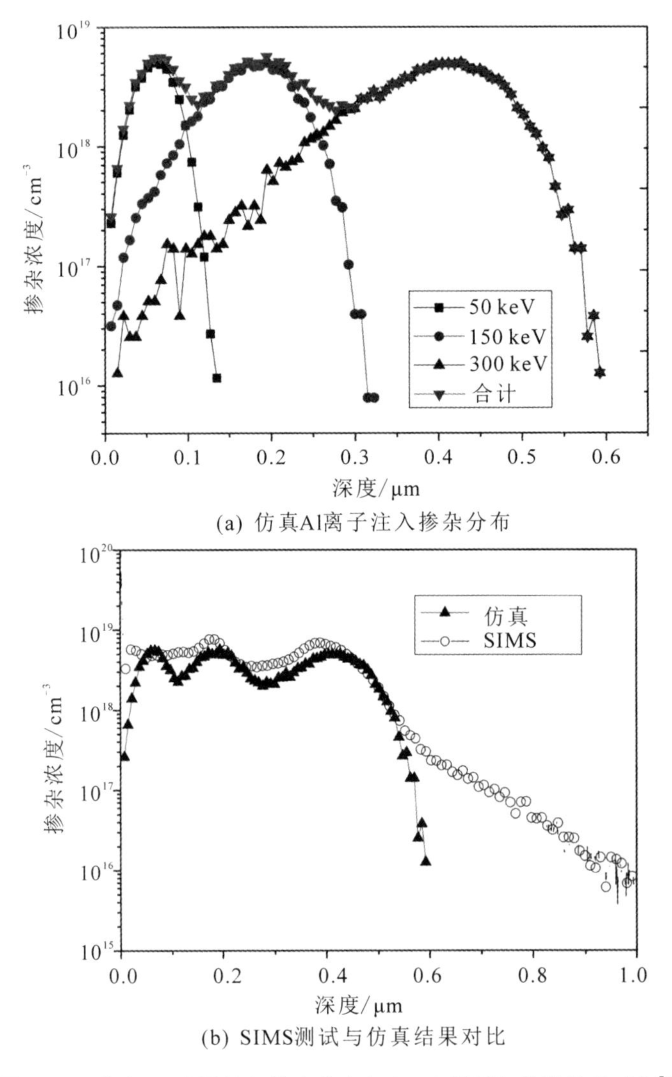

(a) 仿真Al离子注入掺杂分布

(b) SIMS测试与仿真结果对比

图 4.40　仿真 Al 离子注入掺杂分布与 SIMS 测试与仿真结果对比[56]

分布情况，盒状区域深度约为 0.5 μm。图 4.40(b)则给出了离子注入实验后二次离子质谱(SIMS)测试结果与 SRIM 仿真结果的对比，测试结果显示实际注入浓度与仿真结果基本吻合，基本形成了 0.5 μm 的盒状区域。图 4.41 显示了利用所设计的注入参数制备成的注入结 SEM 剖面图，加上 Al 离子的拖尾后总注入深度约为 0.9 μm，与 SIMS 测试结果一致。

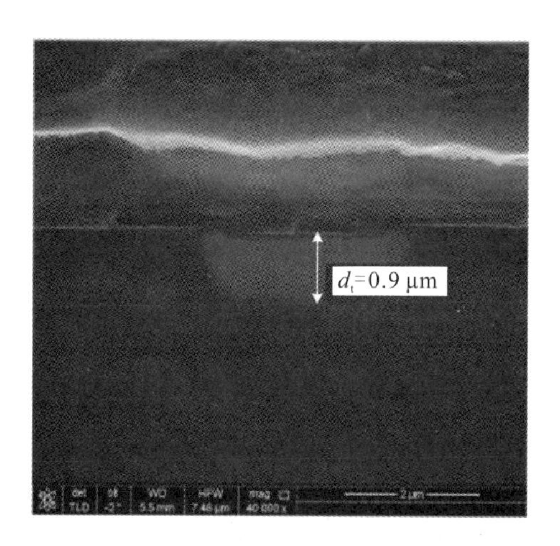

图 4.41　实际注入结 SEM 剖面图[56]

3. 刻蚀

刻蚀指的是利用化学或物理方法将材料去除的一种工艺方法，一般可分为湿法刻蚀和干法刻蚀。湿法刻蚀利用化学溶液与目标材料反应来达到去除的目的，该方法的腐蚀速率相对较快，但无法精确地控制腐蚀的深度，且横向腐蚀比较严重。干法刻蚀利用等离子体与目标材料的作用来达到刻蚀的目的，根据作用方式的不同可分为物理性刻蚀、化学性刻蚀和物理化学性刻蚀。物理性刻蚀是指等离子体与目标材料不反应，在刻蚀过程中其在电场的加速作用下获得足够的能量来轰击材料表面。化学性刻蚀是指等离子体能够与目标材料反应，通过化学反应的方法来去除目标材料。而物理化学性刻蚀则包含了前两种过程，既有物理性的也有化学性的。干法刻蚀的优点是其能较精确地控制刻蚀的深度且横向刻蚀较小，不足之处在于其刻蚀速率较慢且仪器价格昂贵。

SiC 是一种对化学溶剂极惰性的材料，采用湿法刻蚀 SiC 是非常困难的。SiC 单晶在室温下既不溶于酸溶液也不溶于碱溶液。反应离子刻蚀(RIE)技术是一种各向异性很强、选择性高的干法刻蚀技术。它是在真空系统中利用分子气体等离子来进行刻蚀的，利用了离子诱导化学反应来实现各向异性刻蚀，即利用离子能量来使被刻蚀层的表面形成容易刻蚀的损伤层和促进化学反应，同时离子还可清除表面生成物以露出清洁的刻蚀表面。RIE 被广泛应用于 SiC 中，以形成台面结构和沟槽。在 RIE 中，等离子体中产生的活性自由基向 SiC 表面扩散并引起化学腐蚀。正离子在等离子体鞘层中加速，离子轰击 SiC 表面导致物理腐蚀。

刻蚀气体体系可分为：

(1) 氟基气体：SF_6、CF_4、NF_3、BF_3、CHF_3。

(2) 氯基气体：Cl_2、$SiCl_4$、BCl_3。

(3) 溴基气：Br_2、IBr。

通常添加 O_2 或 Ar 以增强碳原子的去除率或增加活性物质，特别是在含氟化学中，利用 SiO_2 作为刻蚀掩膜，选用 $SF_6/O_2/CHF_3$ 作为刻蚀气体，经该工艺刻蚀之后的工艺结果如图 4.42 所示。

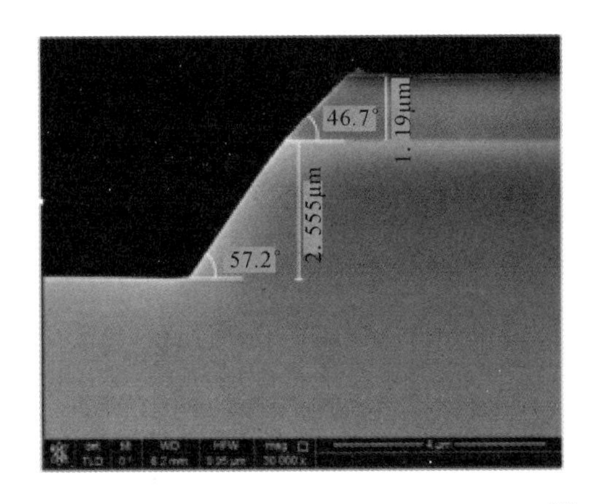

图 4.42　PiN 器件 Mesa 区的剖面 SEM 形貌图[4]

4. 氧化

SiC 是唯一可以被热氧化产生高质量的 SiO_2 的化合物半导体，因此 SiC 可以很容易地通过热氧化解决离子注入和图形刻蚀的掩蔽以及表面钝化的问题。SiC 氧化也分干氧氧化和湿氧氧化两种。二者特点分别是：干氧形成的氧化层致密，介电常数大；湿氧氧化速率快，水汽中的 H 元素有钝化界面态的作用。

5. 钝化

SiC 表面一般存在高密度的本征界面态(Si/C 悬挂键、C 簇、O 空位等)和工艺损伤缺陷，导致器件漏电流增大，甚至提前击穿，极大影响了二极管器件的性能。通过对 SiC 表面的优质条件氧化/钝化，可降低界面态密度并增强钝化系统的隔绝性和耐压性，从而有效地改善 SiC 二极管器件的反向特性。对于 SiC 核辐射探测器而言，钝化保护层系统的设计一般包括两部分：第一部分，采用前述的直接热氧化的方法，形成直接覆盖 SiC 表面的第一级致密钝化层；第二部分，采用 CVD 淀积和亚胺化方法形成较厚的第二级复合钝化层。

6. 4H-SiC 核辐射探测器的制备流程

以图 4.37 所示的 PiN 二极管结构为例，具体的工艺制备步骤如下：

(1) 器件材料的制备：在 N 型 4H-SiC 衬底上先后外延非故意掺杂厚外延层(i 层)以及 P+外延层，得到 PiN 型 4H-SiC 外延片。

(2) 基于准备好的衬底，进行 Mesa 台面的刻蚀。

(3) 终端结构的制备：借助于可延伸耗尽区的扩展式终端结构，缓解主结边缘的单点高场问题，有效降低漏电；以 SiO_2 为掩膜，通过离子注入工艺可以形成终端 P 型区。

(4) 第一、二级钝化层的制备：采用表面热氧化与等离子体增强化学气相沉积法(plasma enhanced chemical vapor deposition，PECVD)在器件表面制备高质量的 SiO_2 钝化层，并对其进行选择性刻蚀开窗，为下一步的电极制备做好准备。

(5) 背面 N 型欧姆接触和正面 P 型欧姆接触的制备。

(6) Pad 的制备：为了防止欧姆接触的氧化失效，促进电极和外接电路间的电流流动以及便于在器件封装过程中进行打线键合，在器件正面通过溅射方式形成较厚的金属层。

(7) 第三、四级钝化层的制备：器件表面覆盖氮化硅与聚酰亚胺(polyimide，PI)钝化层。氮化硅是耐高温、强度高、硬度大的难溶物质，对器件有很好的保护作用，能够防止器件被污染，从而提高器件的稳定性和工作可靠性。聚酰亚胺具有抗辐照、耐高温、耐化学腐蚀、电绝缘性好的特性，其通过紫外光(ultravioletray，UV)曝光，可发生交链反应。显影时，未曝光区域溶解于显影液中，未曝光区域通过加热固化可使得交链反应不完全的部分发生化学反应，从而形成致密度高、可靠性强的绝缘层保护介质。至此，器件制备完成。

4.4.2 探测器电学测试

如图 4.43 为经过完整制备流程后得到的 SiC 晶圆片，晶圆片上每个银色正方形即代表一个 SiC 核辐射探测器。在进行划片、封装以及核辐射探测测试前，首先应对探测器的电学特性优劣进行初步的测试，以验证工艺方案的合理性，并筛选出可用于最终核辐射探测的合格器件。

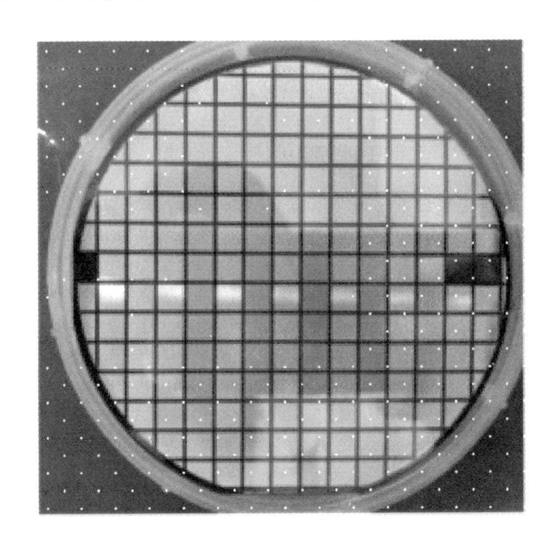

图 4.43 晶圆片上的 SiC 核辐射器件

1. 肖特基接触测试——肖特基正向 I－V 测试及参数提取

反映肖特基接触性能好坏的参数是肖特基势垒高度和理想因子。对于一个特定金属形成的肖特基接触系统，势垒高度和理想因子是确定的。例如，对于 Ti/SiC 肖特基接触，理想势垒高度为 1.2 eV；对于 Ni/SiC 肖特基接触，理想势垒高度为 1.6 eV。理想因子 n 反映了接触界面的输运扰动状况。理想因子 $n=1$ 为理想情况。如若接触界面变得粗糙，则 n 变大。势垒高度和理想因子的提取可借助对肖特基二极管器件的正向 I－V 测试曲线来提取。肖特基接触 I－V 关系表达式为

$$I=I_S(e^{\frac{\beta V}{n}}-1) \tag{4-19}$$

其中，I_S是饱和电流；V 是外加偏压；n 是器件理想因子；$\beta=q/(k_B T)$，q 为电子电荷(1.6×10^{-19}C)，k_B为玻尔兹曼常数(8.62×10^{-5} eV/K)，T 为绝对温度(K)。饱和电流可表示为

$$I_S=A^* AT^2(e^{-\beta\varphi_B}) \tag{4-20}$$

其中，A 是二极管面积，φ_B 是肖特基势垒高度，A^* 是有效理查德逊常数，其大小为 $4\pi^2 m^* h$（h 是普朗克常数，m^* 是电子有效质量）。对式(4－19)取对数可以得到

$$\log(I)=\frac{\beta V}{n}+\log I_S \tag{4-21}$$

根据式(4－21)即可从肖特基接触的 I－V 曲线得到势垒高度和理想因子。其中，$\frac{\beta}{n}$为曲线的斜率，$\log(I_S)$为截距。如图 4.44 为示例的正向 I－V 测试曲线图，其中虚线为线性段的线性拟合曲线。

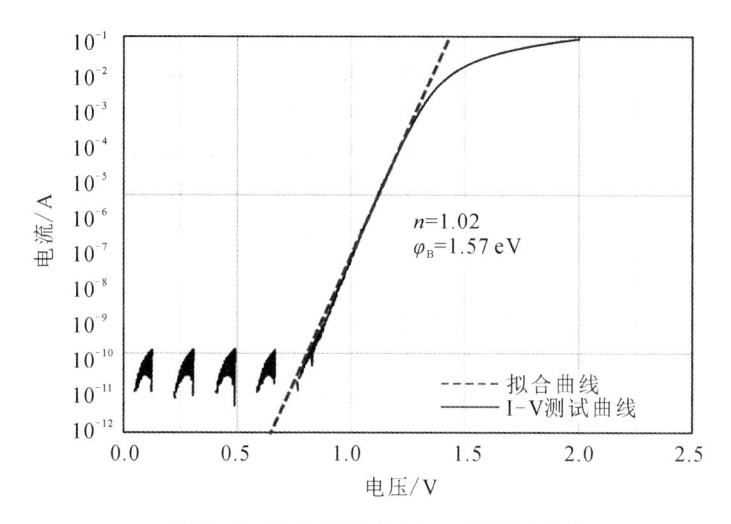

图 4.44　肖特基接触正向 I－V 测试曲线

2. 欧姆接触测试——TLM 法[54]

要衡量欧姆接触的质量需要一个物理参数，即金属-半导体的接触电阻 R_c（单位为 Ω）。接触电阻是金属-半导体接触的电阻总和，依赖于接触的面积和几何形状。然而实际上，MS 接触的界面处有很复杂的特性。很多因素（如金属势垒高度、表面处理方法、界面粗糙度等）都对欧姆接触的电阻值有着严重的影响。由于这些因素都与接触的面积以及几何形状无关，所以这时接触电阻无法有效地衡量接触的质量。故需要引入一个有效衡量接触质量的参数，即比接触电阻 ρ_c（单位为 $\Omega\cdot cm^2$）。它与接触面积和几何形状均无关，是表征欧姆接触质量优劣的一个定量标志，欧姆接触性能越好，ρ_c 值越低。ρ_c 的定义是：

$$\rho_c = \left(\frac{\partial J}{\partial V}\right)^{-1}\Bigg|_{V=0} \quad \text{或} \quad \rho_c = \lim_{\Delta S \to 0} R_c \cdot \Delta S \tag{4-22}$$

常用的比接触电阻的测试方法主要有以下几种：

(1) Cox 和 Strack 方法：测试结构是在半导体的外延面制备 4 个不同半径的原型电极，在半导体重掺杂的衬底面制备大面积的电极。测试结构是纵向测试，不足的方面是不能测试小阻值的欧姆接触电阻。

(2) Kuphal 方法：用排列成线性的具有相同半径的 4 个圆形电极测量，也叫四探针法。测量电流是横向的，测量不够准确是其不足之处，但是具有使用方便的优点。

(3) Kelvin 方法：通过扩散或离子注入的方法制备交叉电桥，形成一种四端结构。这种方法精度很高，但是制备比较麻烦。

(4) 圆形电极 TLM(Transmission Line Methods)：该方法的测试结构是一种 TLM 测试结构，电极是同心的圆环形，测试是横向的。由于不需要隔离，因而制备方法简便，但是要求电极的方块电阻很低，参数的计算方程也较复杂。

(5) 矩形电极 TLM：是一种提取欧姆接触参数，评价欧姆接触制备质量的有效、简便的方法，已成为测试欧姆接触比接触电阻的主要方法并被广泛使用。其制备和测试较简单，结果较准确，但是测试结构需要隔离。本书主要介绍此种测试方法。

TLM 测试基本结构及欧姆接触等效模型如图 4.45 所示。TLM 结构包含一系列等面积(宽度为 W、长度为 L)的金属接触图形。图形间距 d 不等，一般以等差数列排列。

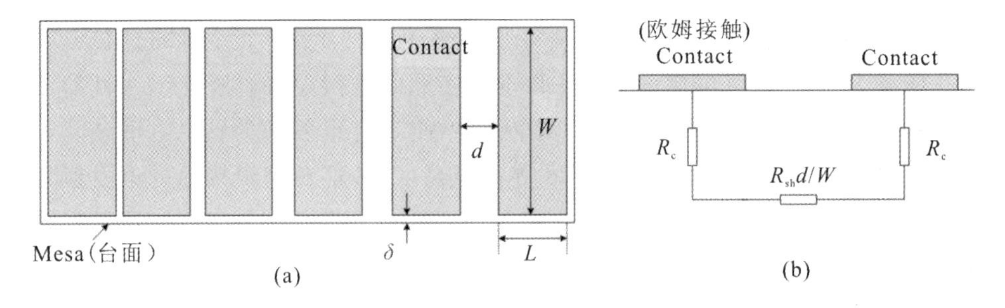

图 4.45　TLM 测试结构和欧姆接触等效模型

由图 4.45(b)可以看出，TLM 相邻两个接触图形间的总电阻 R_T 可表示为

$$R_T = 2R_c + \frac{R_{sh} d}{W} \tag{4-23}$$

式中，R_{sh}为半导体材料的薄层电阻；接触电阻R_c可表示为

$$R_c = \left(\rho_c \frac{L_T}{W}\right) \coth\left(\frac{L}{L_T}\right) \tag{4-24}$$

其中，L_T是电流的传输长度，其物理意义为从接触边缘开始，大部分电流流经的接触长度，L_T可近似表达为$\sqrt{\rho_c/R_{sh}}$。当$L \geqslant 1.5L_T$时，$\coth(L/L_T)$趋近于1。结合L_T表达式，由式(4-23)与式(4-24)可得

$$R_T = 2R_c + \frac{R_{sh} d}{W} \approx \frac{R_{sh}}{W}(2L_T + d) \tag{4-25}$$

上式反映了总电阻R_T与接触电极间距d的线性依赖关系。图 4.46 给出了典型的$R_T \sim d$曲线。其中，R_{sh}可由直线的斜率提取，L_T可由直线与x轴的截距提取。由此可以计算得到比接触电阻值：

$$\rho_c = R_{sh} L_T^2 = R_c L_T W \tag{4-26}$$

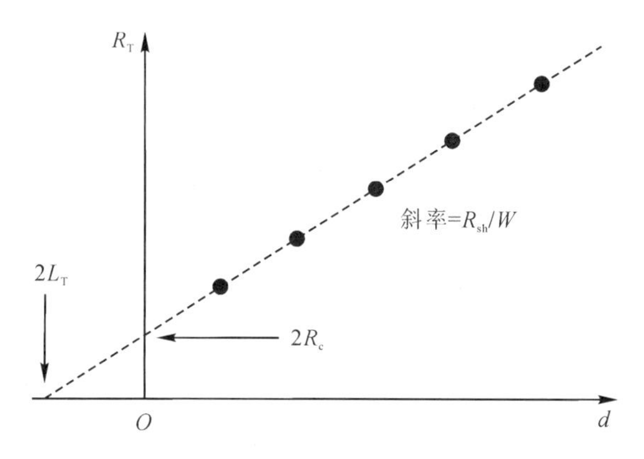

图 4.46　比接触电阻提取示意 $R_T \sim d$

3. 界面态/界面电荷密度测试[57]

在 SiC N 型外延层上进行热氧化，并在上下两侧制备电极形成 SiC MOS 电容，采用 C-V 测试提取不同类型的界面参量以评估钝化界面的优劣。

(1) 电导法表征界面陷阱(态)：MOS 电容的测量电导G_m和测量电容C_m会随外加栅压和测试频率的变化而变化，通过求解小信号等效电路可以计算平行电导(G_p)，G_p反映了界面陷阱捕获和释放载流子过程中的能量损耗。电导法正是通过测量这种能量损耗来提取界面态密度的。

图 4.47 为 MOS 电容测试中的简化电路图和等效电路图。其中，C_{OX}为氧

化层电容，C_S为半导体电容，C_{it}为界面陷阱的电容，R_{it}为界面陷阱捕获和释放载流子时造成能量损耗的电阻。利用图 4.47(b)，可得平行电容(C_p)和平行电导(G_p)分别为

$$C_p = C_S + \frac{C_{it}}{1+(\omega\tau_{it})^2} \tag{4-27}$$

$$\frac{G_p}{\omega} = \frac{q\omega\tau_{it}D_{it}}{1+(\omega\tau_{it})^2} \tag{4-28}$$

其中，$C_{it}=q \cdot D_{it}$(D_{it}为界面态密度)，$\tau_{it}=C_{it} \cdot R_{it}$($\tau_{it}$是界面陷阱时常数)，$\omega=2\pi f$($f$ 是测试频率，ω 是角频率)。上两式表征的是分布在禁带当中的单个能级陷阱，但实际上 SiC/SiO_2 界面处的界面陷阱能级分布是连续的，且在交流小信号的作用下，载流子的俘获和释放主要发生在费米能级以上或以下的几个 kT/q 范围内。因此，这里给出了时常数离散的归一化电导公式：

$$\frac{G_p}{\omega} = \frac{qD_{it}}{2\omega\tau_{it}}\ln[1+(\omega\tau_{it})^2] \tag{4-29}$$

在实际测量中，认为该器件由一个平行的 C_m－G_m 组合组成，如图 4.47(c)所示。其中，C_m是测量电容，G_m是测量电导。通过将图 4.47(c)中的电路转换为图 4.47(b)中的电路，可以用 C_m、G_m和 C_{OX}表示 G_p/ω：

$$\frac{G_p}{\omega} = \frac{\omega G_m C_{OX}^2}{G_m^2+\omega^2(C_{OX}-C_m)^2} \tag{4-30}$$

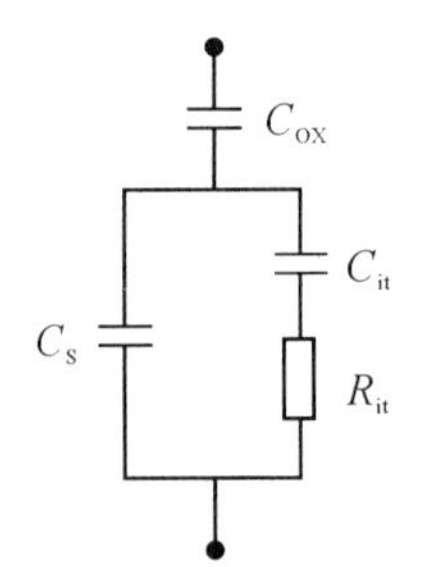

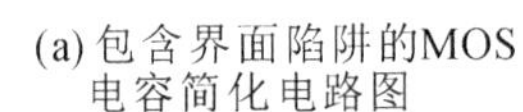
(a) 包含界面陷阱的MOS电容简化电路图

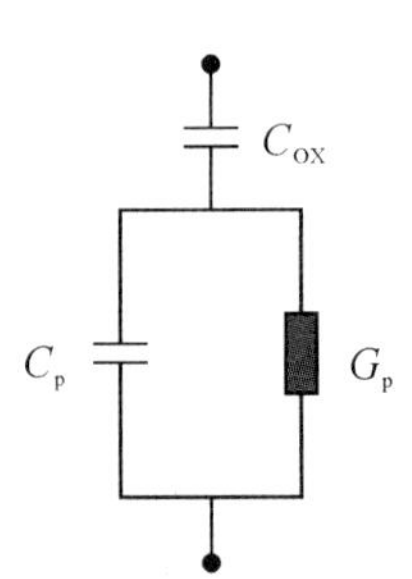

(b) 平行电导简化电路图

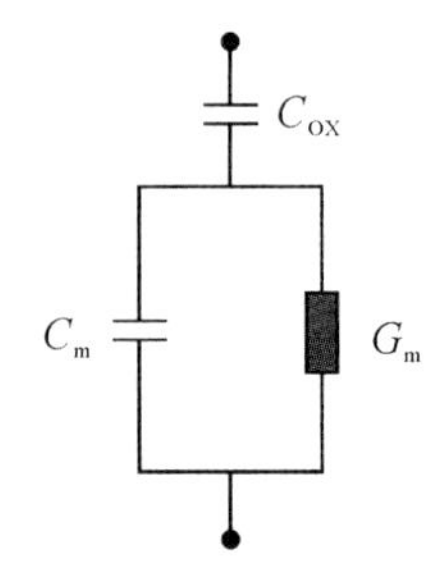

(c) 测量等效电路图

图 4.47　MOS 电容测试中的简化电路图和等效电路图

为了提取界面态密度 D_{it}，需要测量电导和电容随频率的变化，并将其作图为 G_p/ω 随 ω 的变化曲线。从式(4－28)可知最大 G_p/ω 出现在 $\omega=2/\tau_{it}$处，此时：

$$D_{it} = \frac{2.5}{q}\left(\frac{G_p}{\omega}\right)_{max} \tag{4-31}$$

获得了界面态密度，接下来还要建立界面陷阱随能级的分布关系。由于在足够高的频率下，认为界面陷阱的充放电过程都跟不上交流小信号的变化，等效电路中将忽略界面陷阱的影响，如图 4.48 所示，因此可以利用测试获得的高频 C－V 曲线，通过表面势(φ_S)与半导体电容(C_S)之间的函数关系来获得：

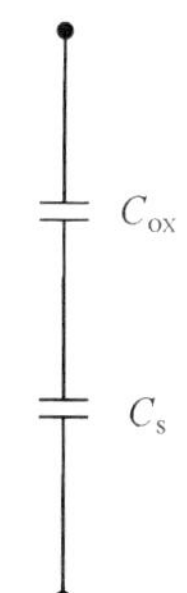

图 4.48　高频等效电路图

$$C_S=\frac{SqN_d\left|\exp\left(\frac{q\varphi_S}{kT}-1\right)\right|}{\sqrt{\frac{2kTN}{\varepsilon_0\varepsilon_{SiC}}\left\{\exp\left(\frac{q\varphi_S}{kT}-1\right)\right\}}} \tag{4-32}$$

$$C=\frac{1}{\frac{1}{C_{OX}}+\frac{1}{C_S}} \tag{4-33}$$

其中，S 为栅电极面积，q 为电子电荷，N_d 为外延掺杂浓度，ε_0 为真空介电常数，ε_{SiC} 为 4H－SiC 的相对介电常数，k 为玻尔兹曼常数，T 为热力学温度，C 为高频 C－V 曲线中的电容值。这样就利用高频 C－V 曲线建立了表面势(φ_S)与外加栅压之间的关系。最后带入下式可以计算出界面态密度随能级位置的分布：

$$E_c-E_t=\frac{E_g}{2}-q\left[\frac{kT}{q}\ln\left(\frac{N_d}{n_i}\right)-\varphi_S\right] \tag{4-34}$$

其中，n_i 为本征载流子浓度。

(2) 氧化层陷阱(电荷)的表征：氧化层陷阱主要分布在氧化层中，这类陷阱通常通过载流子隧穿、热载流子注入或粒子辐射等方式捕获电荷，其陷阱密度的表征也是通过计算填充的电荷数量来进行的。氧化层陷阱在捕获电荷后，通常难以快速释放，表现为固定电荷的性质，因此会引起平带电压(V_{fb})的漂移，从测量的 C－V 曲线提取 MOS 电容平带电压时，首先计算德拜长度(L_D)：

$$L_D=\sqrt{\frac{\varepsilon_0\varepsilon_{SiC}kT}{q^2N_d}} \tag{4-35}$$

平带条件下的半导体电容(C_{sfb})为

$$C_{sfb}=\frac{S\varepsilon_0\varepsilon_{SiC}}{L_D} \tag{4-36}$$

平带电容(C_{fb})为氧化层电容(C_{OX})和半导体电容(C_{sfb})串联组合而成：

$$C_{fb}=\frac{C_{OX}C_{sfb}}{C_{OX}+C_{sfb}} \tag{4-37}$$

其中，C_{OX}是测量的C－V曲线中积累区的最大电容，计算获得平带电容后，可以直接利用测量的C－V曲线对应提取出平带电压。通过比较氧化层陷阱捕获前后两次测量的C－V曲线平带的漂移量V_{fb}，可以计算获得氧化层陷阱数(N_{ot})：

$$N_{ot}=\frac{C_{OX}\cdot\Delta V_{fb}}{qS} \tag{4-38}$$

4. 器件反向电流测试——反向I－V测试

器件反向高压下的I－V测试是表征制备得到探测器漏电流与耐压特性的重要指标，用高压探针台对探测器进行0～1000 V的反向偏压扫描，晶圆片上各探测器的I－V曲线图一般如图4.49所示。由于4H－SiC核辐射探测器工作于高反向偏压条件，因此对漏电流有很高的要求，若要求器件在1000 V反向偏压下漏电流不得高于100 nA，如图4.49中线条①所示，则图中晶圆片上器件的合格率约为15%。

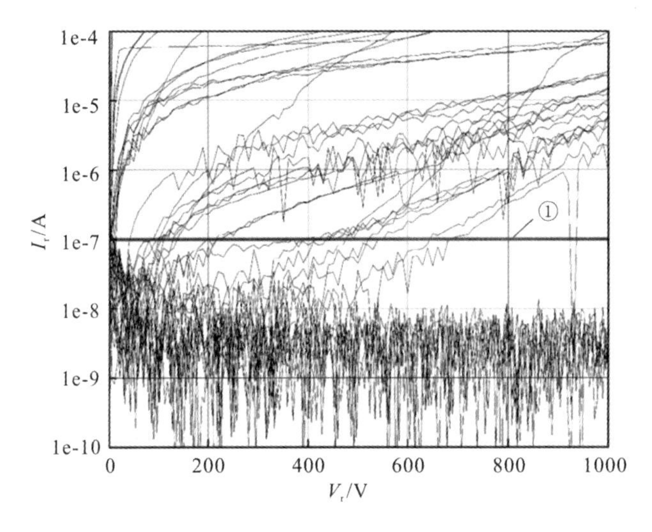

图4.49　反向I－V测试曲线

参考文献

[1] 胡青青. SiC中子探测器的研究[D]. 长沙：国防科学技术大学，2012.

[2] FRANCESCHINI F, RUDDY F H. Silicon Carbide Neutron Detectors[M]//Properties and Applications of Silicon Carbide. Intech Open, 2011.

[3] RUDDY F H, DULLOO A R, SEIDEL J G, et al. The fast neutron response of silicon

carbide semiconductor radiation detectors[C]// Nuclear Science Symposium Conference Record. IEEE, 2004: 4575 - 4579.

[4] 王莎. 4H - SiC PiN 二极管中子探测器的研究[D]. 西安：西安电子科技大学，2018.

[5] GIUDICE A L, FASOLO F, DURISI E, et al. Performances of 4H - SiC Schottky diodes as neutron detectors[J]. Nuclear Instruments & Methods in Physics Research, 2007, 583(1): 177 - 180.

[6] KIM H S, HA J H, PARK S H, et al. Characteristics of Fabricated Neutron Detectors Based on a SiC Semiconductor[J]. Journal of Nuclear Science and Technology, 2011, 48(10): 1343 - 1347.

[7] TAIROV Y M, TSVETKOV V F. Investigation of growth processes of ingots of silicon carbide single crystals[J]. Journal of Crystal Growth, 1978, 43(2): 209 - 212.

[8] 郭俊敏，郝建民. PVT 法制备 4 英寸 SiC 单晶研究[J]. 现代仪器与医疗，2014，20(1)：33 - 35.

[9] 杨祥龙，徐现刚，陈秀芳，等. 宽禁带 SiC 单晶衬底研究进展[J]. 电力电子技术，2017，51(8)：12 - 16.

[10] TAKAHASHI J, OHTANI N, KANAYA M. Structural defects in α-SiC single crystals grown by the modified-Lely method[J]. Journal of Crystal Growth, 1996, 167(3 - 4): 596 - 606.

[11] HA S Y, ROHRER G S, SKOWRONSKI M, et al. Plastic Deformation and Residual Stresses in SiC Boules Grown by PVT[J]. Materials Science Forum, 2000, 338 - 342: 67 - 70.

[12] 杨霏，钮应喜，钱卫宁，等. 4H - SiC 同质外延生长概述[J]. 智能电网，2016，4(4)：351 - 354.

[13] NEUDECK P G. Electrical Impact of SiC Structural Crystal Defects of High Electric Field Devices[J]. Materials Science Forum, 2000, 338 - 342: 1161 - 1166.

[14] POWELL A R, SUMAKERIS J J, KHLEBNIKOV Y, et al. Bulk Growth of Large Area SiC Crystals[J]. Materials science forum, 2016, 858: 5 - 10.

[15] 贾仁需，张义门，张玉明，等. N 型 4H - SiC 同质外延生长[J]. 物理学报，2008(10)：6649 - 6653.

[16] 胡继超. 4H - SiC 低压同质外延生长和器件验证[D]. 西安：西安电子科技大学，2017.

[17] KORDINA O, HALLIN C, ELLISON A, et al. High temperature chemical vapor deposition of SiC[J]. Applied Physics Letters, 1996, 69(10): 1456 - 1458.

[18] 贾仁需，刘思成，许翰迪，等. 4H - SiC 同质外延生长 Grove 模型研究[J]. 物理学报，2014，63(3)：365 - 369.

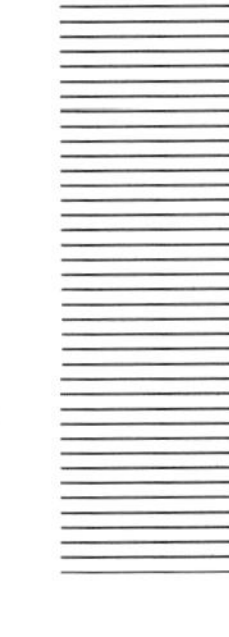

[19] LOFGREN P M, JI W, HALLIN C, et al. Modeling of Silicon Carbide Epitaxial Growth in Hot-Wall Chemical Vapor Deposition Processes[J]. Journal of the Electrochemical Society, 2000, 147(1): 164 - 175.

[20] VENERONI A, OMARINI F, MOSCATELLI D, et al. Modeling of epitaxial silicon carbide deposition[J]. Journal of Crystal Growth, 2005, 275(1 - 2): 295 - 300.

[21] MYERS-WARD R L, SHISHKIN Y, KORDINA O, et al. High Epitaxial Growth Rate of 4H - SiC Using Horizontal Hot-Wall CVD[J]. Materials Science Forum, 2006, 527 - 529: 187 - 190.

[22] KIMOTO T, COOPER J A. Fundamentals of Silicon Carbide Technology: Growth, Characterization, Devices and Applications[M]. Wiley-IEEE Press, 2014.

[23] LARKIN D J, NEUDECK P G. Site-competition epitaxy for superior silicon carbide electronics[J]. Applied Physics Letters, 1994, 65(13): 1659 - 1661.

[24] LARKIN D J. SiC Dopant Incorporation Control Using Site-Competition CVD[J]. physica status solidi (b), 1997, 202(1): 305 - 320.

[25] YAMAMOTO T, KIMOTO T, MATSUNAMI H. Impurity Incorporation Mechanism in Step-Controlled Epitaxy Growth Temperature and Substrate Off-Angle Dependence[J]. Materials Science Forum, 1998, 264 - 268: 111 - 114.

[26] KOJIMA K, SUZUKI T, KURODA S, et al. Epitaxial Growth of High-Quality 4H - SiC Carbon-Face by Low-Pressure Hot-Wall Chemical Vapor Deposition[J]. Japanese Journal of Applied Physics, 2003, 42(6B): L637 - L639.

[27] YOSHIDA S, SAKUMA E, MISAWA S, et al. A new doping method using metalorganics in chemical vapor deposition of 6H - SiC[J]. Journal of Applied Physics, 1998, 55(1): 169 - 171.

[28] NORDELL N, SCHÖNER A, LINNARSSON M K. Control of Al and B doping transients in 6H and 4H SiC grown by vapor phase epitaxy[J]. Journal of Electronic Materials, 1997, 26(3): 187 - 192.

[29] KOTAMRAJU S, KRISHNAN B, KOSHKA Y. Use of chlorinated carbon and silicon precursors for epitaxial growth of 4H - SiC at very high growth rates[J]. physica status solidi (RRL)-Rapid Research Letters, 2010, 3(5): 157 - 159.

[30] 周正东. 4H - SiC 厚膜外延工艺研究[D]. 西安：西安电子科技大学，2013.

[31] CHEN B Y, LIU X, CHEN Z Z, et al. Misoriented domain formation in 6H - SiC single crystal[J]. Journal of Crystal Growth, 2009, 311(14): 3573 - 3576.

[32] LIN S, CHEN Z, LIU B, et al. Identification and control of SiC polytypes in PVT method [J]. Journal of Materials ence Materials in Electronics, 2010, 21(4): 326 - 330.

[33] NAKASHIMA S, NAKATAKE Y, HARIMA H, et al. Detection of stacking faults in

6H－SiC by Raman scattering[J]. Applied Physics Letters，2000，77(22)：3612－3614.

[34] LU Y M，LEU I C. Qualitative study of beta silicon carbide residual stress by Raman spectroscopy[J]. Thin Solid Films，2000，377：389－393.

[35] 张志宏. 4H－SiC 厚外延的生长研究[D]. 西安：西安电子科技大学，2014.

[36] 李哲洋. 4H－SiC 同质外延生长及器件研究[D]. 南京：南京大学，2012.

[37] KIMOTO T，MIYAMOTO N. Performance limiting surface defects in SiC epitaxial p－n junction diodes[J]. IEEE Transactions on Electron Devices，1999，46(3)：471－477.

[38] CHEN L，GUY O J，JENNINGS M R，et al. Study of a novel Si/SiC hetero-junction MOSFET[J]. Solid-State Electronics，2007，51(5)：662－666.

[39] SKOWRONSKI M，HA S. Degradation of hexagonal silicon-carbide-based bipolar devices [J]. J. appl. phys.，2006，99(1)：011101.

[40] KIMOTO T，HIYOSHI T，HAYASHI T，et al. Impacts of recombination at the surface and in the substrate on carrier lifetimes of n-type 4H－SiC epilayers[J]. Journal of Applied Physics，2010，108(8)：083721.

[41] GALECKAS A，LINNROS J，FRISCHHOLZ M，et al. Optical characterization of excess carrier lifetime and surface recombination in 4H/6H－SiC[J]. Applied Physics Letters，2001，79(3)：365－367.

[42] MANNAN M A. Defect Characterization of 4H－SiC by Deep Level Transient Spectroscopy（DLTS）and Influence of Defects on Device Performance[D]. South Carolina：University of South Carolina-Columbia，2015.

[43] HALLÉN A，FENYÖ D，SUNDQVIST B U R，et al. The influence of ion flux on defect production in MeV proton-irradiated silicon[J]. Journal of Applied Physics，1991，70(6)：3025－3030.

[44] AURET F D，DEENAPANRAY P N K. Deep Level Transient Spectroscopy of Defects in High-Energy Light-Particle Irradiated Si[J]. Critical Reviews in Solid State & Materials ences，2004，29(1)：1－44.

[45] 韩超. 4H－SiC PiN 功率二极管研制及其关键技术研究[D]. 西安：西安电子科技大学，2016.

[46] HATAKEYAMA T，SUZUKI T，ICHINOSEKI K，et al. Impact of Oxidation Conditions and Surface Defects on the Reliability of Large-Area Gate Oxide on the C-Face of 4H－SiC[J]. Materials Science Forum，2010，645－648：799－804.

[47] KIMOTO T，MIYAMOTO N，MATSUNAMI H. Effects of surface defects on the performance of 4H－and 6H－SiC pn junction diodes-ScienceDirect[J]. Materials Sci ence & Engineering：B，1999，61－62(98)：349－352.

[48] DUDLEY M，WANG S，HUANG W，et al. White-beam synchrotron topographic studies

of defects in 6H - SiC single crystals[J]. Journal of Physics D Applied Physics, 1995, 28 (4A): A63 - A68.

[49] NEUDECK P G, HUANG W, DUDLEY M. Study of bulk and elementary screw dislocation assisted reverse breakdown in low-voltage (<250 V)4H - SiC p^+ n junction diodes-Part I: DC properties[J]. IEEE Transactions on Electron Devices, 1999, 46 (3): 478 - 484.

[50] WAHAB Q, ELLISON A, HENRY A, et al. Influence of epitaxial growth and substrate-induced defects on the breakdown of 4H - SiC Schottky diodes[J]. Applied Physics Letters, 2000, 76(19): 2725 - 2727.

[51] FAN J Y, CHU P K. Silicon Carbide Nanostructures [M]. Cham: Springer International Publishing, 2014.

[52] KIMOTO T. Material science and device physics in SiC technology for high-voltage power devices[J]. Japanese Journal of Applied Physics, 2015, 54(4): 040103.

[53] 隋金池. P 型 4H - SiC 欧姆接触设计与研究[D]. 杭州：杭州电子科技大学，2020.

[54] 郭辉. SiC 器件欧姆接触的理论和实验研究[D]. 西安：西安电子科技大学，2007.

[55] HARA S, TERAJI T, OKUSHI H, et al. Control of Schottky and ohmic interfaces by unPiNning Fermi level[J]. Applied Surface Science, 1997, 117 - 118: 394 - 399.

[56] 袁昊. 高性能 4H - SiC SBD/JBS 器件设计及实验研究[D]. 西安：西安电子科技大学，2017.

[57] 贾一凡. 4H - SiC MOS 结构陷阱特性及栅氧化层可靠性的研究[D]. 西安：西安电子科技大学，2018.

第5章

SiC 核辐射探测器的辐射响应研究

5.1 SiC 核辐射探测器能谱仿真与器件优化设计[1]

为减少硬件环境改动的成本和时间消耗，在探测器几何参数确定前，一般会采用仿真得到探测器的性能参数，从而指导探测器制作。能谱测量是探测器的主要工作形式之一。考虑到核反应、衰变等过程中释放的粒子的能量是独特的，通过测量入射粒子的能量，可以在一定程度上了解入射粒子的种类并借此了解对应的核过程。同时诸如 CCE、FWHM、$\mu\tau$（载流子迁移率寿命积）等关键的材料器件参数也是通过能谱得到的。在实际测量时，通过统计成形电路输出脉冲电压的幅度得到脉冲幅度谱，如 2.3.2 节中所述，用于能谱测量的放大系统会输出一个幅度 V 正比于探测器输出电荷量 Q 的电压脉冲，而探测器中产生的电荷总量 Q_0 正比于带电粒子的能量 E。在理想条件下，探测器输出电荷量 Q 等于探测器中产生的电荷总量 Q_0，即

$$E \propto Q_0 = Q \propto V \tag{5-1}$$

于是在理想条件下（电荷收集效率取 100%），成形电路输出脉冲电压的幅度 V 应当正比于对应粒子在探测器中淀积的能量 E，统计带电粒子在材料中能量损耗情况的能量淀积谱应当与实验统计的脉冲幅度谱有相同的形状。因此，在研究过程中，通常会首先计算探测器的能量淀积谱，作为其脉冲幅度谱的理论标准，并以此表征探测器性能。但上述近似存在这样一个问题：该近似并不考虑探测器器件本身的工作状态及性能变化。为了显示能量淀积谱和脉冲高度谱之间的差异，以参考文献[2]中的探测器为示例进行相关说明。如图 5.1[2] 中给出了一个零偏 PiN 二极管的实测脉冲幅度谱及其对应的能量淀积谱。其中，图 5.1(b)给出了不同条件下计算所得的能量淀积谱：Line 1 为带电粒子在整个 SiC 中的能量淀积谱，Line 2 为带电粒子在 SiC 的 N -外延层(i 层)中的能量淀积谱，Line 3 为带电粒子在空间电荷区（约 4.5 μm）中的能量淀积谱。可以看出不同条件的能量淀积谱线差距明显且与实测脉冲幅度谱存在较大差异。图 5.2 给出了文献[3]中实测脉冲幅度谱随器件工作电压的变化曲线。显然，单纯计算能量淀积谱并不能反映此种变化。因此，为了更好地反映器件性能，得到更贴近实际情况的探测器脉冲幅度谱，可以考虑 2.3.2 节中所述的脉冲幅度谱的实际产生过程，将辐照粒子在探测器器件中的能量淀积谱输入器件仿真中，

而后将器件仿真得到的器件输出特性代入电路仿真中，通过蒙特卡罗仿真(得到能量淀积谱)、器件仿真与电路仿真相结合的方法，产生一个与入射粒子能量和探测器结构以及工作状态对应的电压值代替原先的能量淀积值。本章将以西安电子科技大学张玉明课题组黄海栗博士的研究工作为基础介绍 SiC 核辐射探测器的辐射响应。

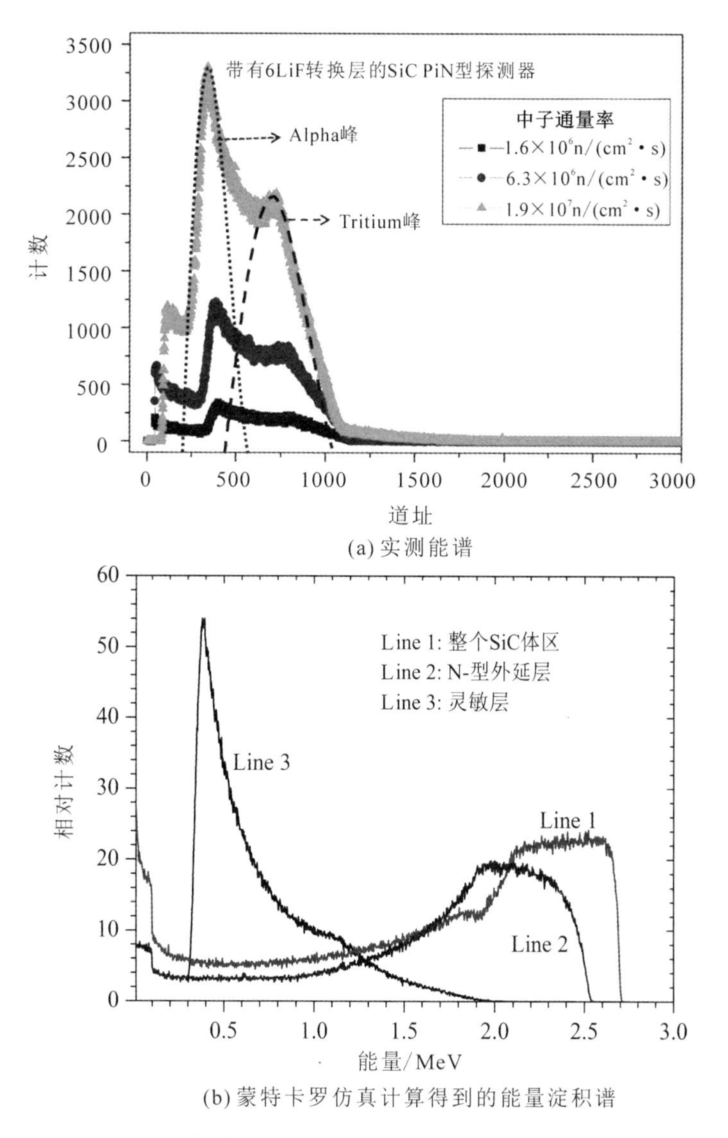

(a) 实测能谱

(b) 蒙特卡罗仿真计算得到的能量淀积谱

图 5.1　文献[2]中器件的实测能谱与仿真能量淀积谱的对比

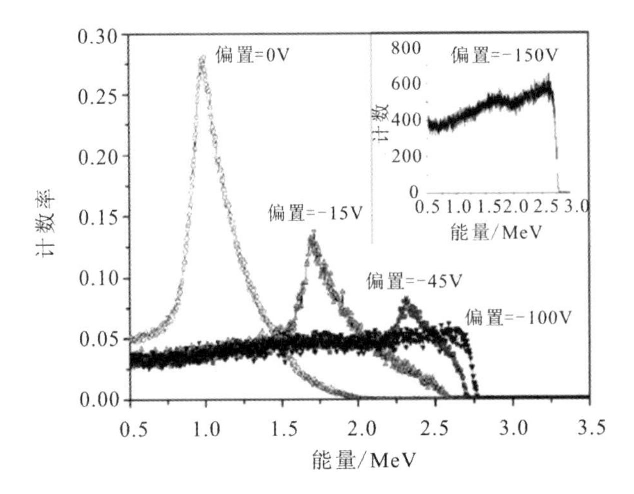

图 5.2　文献[3]中输出能谱随偏置电压的变化

5.1.1　工具软件介绍

为了计算粒子辐照探测器的脉冲幅度谱，需要了解以下几个参数及其对探测结果的影响：① 实际激发电子空穴对的带电粒子的能量及其在探测器中的运动轨迹；② 用于接收带电粒子的探测器的材料特性，主要包括材料中的介电常数、载流子迁移率、载流子寿命、激发 e-h 所需的平均能量等；③ 探测器的基本特性，如外延层的掺杂浓度、厚度以及器件的工作偏压；④ 能谱探测系统的基本电学构造以及主要电学参数，如脉冲成形时间和放大倍数。为了获取、分析及利用上述参数，下述几种软件可供选择使用。

1. 蒙特卡罗粒子输运软件

1）MCNP 软件[4]

MCNP（Monte Carlo N-Particle Transport Code）软件是由美国 Los Alamos 国家实验室应用理论物理部的 Monte Carlo 小组研制开发的一种用于计算复杂三维几何结构中的粒子输运的大型多功能蒙特卡罗程序。它具有解决中子、光子、电子或者耦合中子、光子、电子的输运，以及计算核临界系统（包括次临界和超临界系统）本征值的能力。MCNP 程序具有超强的几何处理能力，能对任意三维空间构成的材料进行计算，其几何系统由空间单元组成，而几何空间单元的界面由平面、二次曲面、特殊的四次椭圆曲面组成几何空间单元中的材料由包括同位素在内的多种核素组成。MCNP 程序以其灵活、通用的

特点以及强大的功能被广泛应用于辐射防护与射线测定、辐射屏蔽设计优化、反应堆设计、(次)临界装置实验、医学以及检测器设计与分析等学科领域，并得到一致认可。

2) FLUKA 软件

FLUKA(FLUktuierende KAskade)软件是一款由欧洲核子研究中心CERN开发的蒙特卡罗粒子输运工具，主要用于计算粒子在物质中的输运及其发生的反应，包括但不限于加速器屏蔽与目标设计、材料活化及放射剂量分析、探测器设计、宇宙射线/中微子分析等。FLUKA软件自带图形制作模块，用于构建仿真所需的材料形状，也可以从外部导入各类图形模块，使之可以用于分析各类复杂的立体几何模型。软件在严格遵守粒子输运以及粒子间相互作用等物理过程中各种守恒定律的前提下，能够较为准确地对包括同步辐射产生的极化光子和可见光在内的60种不同粒子进行仿真模拟。图5.1(b)所示的计算结果就是由FLUKA软件计算给出的。通过FLUKA软件可以计算带电粒子的能量及其在探测器中的运动轨迹，这里需要利用FLUKA软件计算带电粒子入射探测器时携带的能量及其入射角度。

3) SRIM 软件[5]

SRIM软件是用来计算注入过程中粒子的停止过程和注入深度的程序。它的主要原理是使用一个完整的量子力学处理离子-原子的碰撞。SRIM通常将运动中的原子视为“离子”，将所有的靶原子视为“原子”。SRIM由两个主要程序组成，还包括一些特殊情况下的程序。其中一个主要程序为SR，主要用于简单情况下对停止过程和注入深度进行制表分析；另外一个主要程序为TRIM，主要模拟离子在材料中的转移过程，通过MC模拟方法计算原子在传递和碰撞中的能量转移。MC模拟方法通过计算机模拟跟踪入射离子运动，在模拟过程中离子的位置、能量损失以及次级离子的参数都会被存储下来，最后分析所需物理量的期望值和对应的统计误差。SRIM软件虽然无法对电子、中子以及光子进行模拟，但其可以对核辐射探测中最常见的重带电粒子，如质子、氘核、氚核和α粒子等在介质中的传输进行模拟，且使用方便，上手简单。

在SiC核辐射探测器仿真研究中，SRIM软件被广泛用于重带电粒子入射深度与能量沉积分布的计算；MCNP软件与FLUKA软件则常被用于计算电子、中子在半导体材料中的运动轨迹、能量沉积，在需要前置转换层的应用中，如4.1.4节所述的热中子与快中子探测器，常被用于计算带电粒子入射探测器时携带的能量及其入射角度。

2. Sentaurus TCAD 半导体器件仿真软件[6]

Sentaurus TCAD 是 Synopsys 公司推出的一款高性能半导体工艺与器件开发优化仿真软件，在半导体工艺与器件开发上有着非常广泛的应用。该软件通过求解基本的物理偏微分方程，分析并计算半导体器件的结构与性能。其中也整合了简单电路系统的仿真，以便分析多个器件的相互作用。此外，该软件还提供互连建模和提取工具，提供优化芯片性能所需的重要寄生参数信息。通过软件提供的用于器件结构建模的 SDE 模块和用于器件电学特性模拟的 SDEVICE 模块，可以构建复杂的二维和三维器件结构，并利用其中提供的或是用户自定义的各类物理模型，以不同的计算精度分析计算器件的基本电学特性及光电、高压、辐照等相关性能。在 SiC 核辐射探测器仿真研究中，需利用 Sentaurus TCAD 计算带电粒子入射探测器时产生的脉冲电流。另外，Sentaurus TCAD 也被用于探测器二极管器件的结构优化设计中。

3. 能谱探测系统电路仿真软件

Multisim 是一款由美国国家仪器(National Instruments, NI)有限公司推出的仿真工具，主要用于模拟/数字电路板的板级设计工作。该软件具有丰富且强大的仿真分析能力，可以以图形编辑这种较为直观的形式输入并且编辑电路原理图。通过 Multisim 提供的丰富组件库以及多种多样的虚拟仪器对电路进行设计和验证，人们无需懂得深入的通用模拟电路仿真(Simulation Program with Integrated Circuit Emphasis, SPICE)技术就能够快速、高效地获得电路各个节点的电学信号和这些电学信号随时间的变化情况。利用 Multisim 可以搭建成形电路模型，进而将探测器输出的脉冲电流转换为能谱统计所需的脉冲电压。图 5.3 所示为 AMPTEK 提供的标准放大链电路模块，包括极零相消电路、三级放大电路以及五级放大电路等。

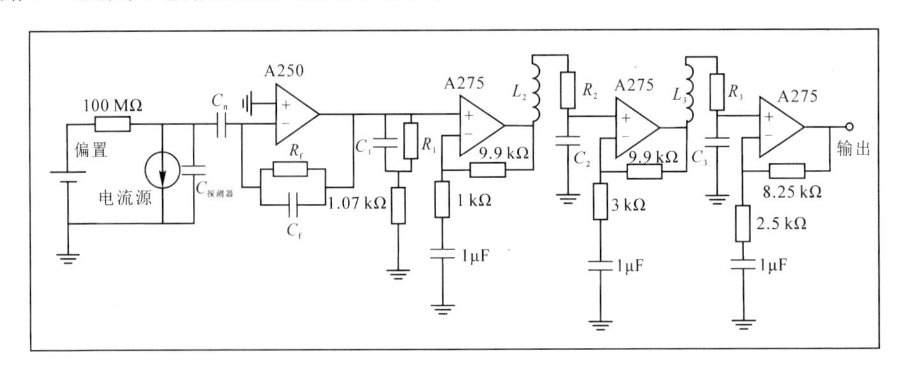

图 5.3　AMPTEK 提供的标准放大链电路模块

5.1.2　器件仿真模型与材料参数[6]

就半导体核辐射探测器而言，其核心部件为半导体二极管器件。二极管器件的结构参数将对探测器工作电压的选定、耗尽区宽度、耗尽区电场强度及峰值电场分布、结电容等关键参数产生影响，进而影响探测器的探测效率、CCE、能量分辨率、漏电流、响应时间等性能指标。因此，Sentaurus TCAD 器件仿真不仅是将能量沉积谱准确转化为脉冲幅度谱的关键环节，也将指导探测器器件的优化设计，决定着实际器件流片结构参数的选取。

半导体器件的计算机仿真必须基于数值计算，而采用 Sentaurus TCAD 软件进行的仿真模拟数值计算，又是基于一系列以十分成熟的半导体及固体物理的理论或者经验公式等为基础的物理模型及方程进行的。器件模拟可以想象为半导体器件电特性与物理特性的虚拟测试，软件所需要的信息量是非常巨大的，需将其离散化，即在进行网格划分的前提下进行计算。先将半导体结构用程序的形式写进软件内(SDE 模块)并进行合理的网格划分，而后器件特性仿真(SDEVICE)模块通过在自定义的网格处进行数值计算来模拟半导体器件的特性。故网格的划分至关重要，同时网格划分又影响着半导体器件仿真计算结果的速度、精确性及可靠性、收敛性。需根据不同要求，掌握好网格的划分精度。由于器件仿真的数值计算基于一系列的物理模型及方程进行，因此仿真的精确性与物理模型及相关参数的选取密切相关，在不同仿真目的前提下使用不同的方程及物理模型，才能得到精确的仿真值。

1. 漂移-扩散模型

在半导体器件的仿真中，最基本的任务就是求得载流子在半导体空间区域内的运动状态，在最简单的模型，即基本的漂移-扩散传输模型中，载流子的运动状态可以由三个基本方程联立求解得到。

(1) 泊松方程：

$$\nabla^2 \varphi = -\frac{q}{\varepsilon}(p - n + N_D^+ - N_A^-) \tag{5-2}$$

泊松方程表示了半导体内各处净电荷数与电场之间的对应关系。式(5-2)中，φ 为电势，ε 为材料的电容系数，q 为电子的带电量，n 与 p 分别为电子与空穴载流子密度，N_D^+ 为电离施主浓度，N_A^- 为电离受主浓度。

(2) 电流连续性方程：

$$\nabla \boldsymbol{J}_n = qR + q\frac{\partial n}{\partial t} \tag{5-3}$$

$$-\nabla \boldsymbol{J}_{\mathrm{p}}=qR+q\frac{\partial p}{\partial t} \tag{5-4}$$

电子与空穴的连续性方程表示了载流子在半导体某处净流出量与产生复合率和浓度随时间变化率之间守恒的关系式(5－3)和式(5－4)中，R 为净复合率，$\boldsymbol{J}_{\mathrm{n}}$ 为电子电流密度矢量，$\boldsymbol{J}_{\mathrm{p}}$ 为空穴电流密度矢量。

(3) 电流密度表达式：

$$\boldsymbol{J}_{\mathrm{n}}=nq\mu_{\mathrm{n}}\boldsymbol{E}+qD_{\mathrm{n}}\nabla n \tag{5-5}$$

$$\boldsymbol{J}_{\mathrm{p}}=nq\mu_{\mathrm{p}}\boldsymbol{E}+qD_{\mathrm{p}}\nabla p \tag{5-6}$$

其中，D_{n}与 D_{p}分别为电子与空穴扩散系数。

2. 不完全离化模型

考虑到 4H－SiC 材料具有较大的电离能，在高温下杂质也不能完全电离，因此在仿真中需加入杂质不完全电离模型，其模型公式如下：

$$N_{\mathrm{A}}^{-}=\frac{N_{\mathrm{A}}}{1+g_{\mathrm{A}}\dfrac{p}{p_{1}}},\ N_{\mathrm{D}}^{+}=\frac{N_{\mathrm{D}}}{1+g_{\mathrm{D}}\dfrac{n}{n_{1}}} \tag{5-7}$$

$$p_{1}=N_{\mathrm{v}}\exp\left(-\frac{E_{\mathrm{A}}-E_{\mathrm{v}}}{KT}\right),\ n_{1}=N_{\mathrm{c}}\exp\left(-\frac{E_{\mathrm{c}}-E_{\mathrm{D}}}{KT}\right) \tag{5-8}$$

$$E_{\mathrm{A}}-E_{\mathrm{v}}=E_{\mathrm{A},0}-E_{\mathrm{v},0}-a_{\mathrm{A}}(N_{\mathrm{A}}+N_{\mathrm{D}})^{1/3} \tag{5-9}$$

$$E_{\mathrm{c}}-E_{\mathrm{D}}=E_{\mathrm{c},0}-E_{\mathrm{D},0}-a_{\mathrm{D}}(N_{\mathrm{A}}+N_{\mathrm{D}})^{1/3} \tag{5-10}$$

$$p=\exp\left(\frac{E_{\mathrm{A}}-E_{\mathrm{Fp}}}{KT}\right) \tag{5-11}$$

$$n=\exp\left(\frac{E_{\mathrm{Fn}}-E_{\mathrm{D}}}{KT}\right) \tag{5-12}$$

其中，g_{A}与 g_{D}为杂质能级退化系数，a_{A}与 a_{D}为杂质能级掺杂依赖系数，N_{D}与 N_{A}分别代表有效施主和受主杂质浓度，E_{Fn}与 E_{Fp}分别代表电子和空穴准费米能级，E_{D}与 E_{A}分别代表施主和受主杂质能级，E_{c}与 E_{v}分别代表导带与价带能级，N_{c}与 N_{v}分别代表导带与价带的有效状态密度，K 为玻尔兹曼常数，T 为绝对温度。式(5－9)与式(5－10)分别表示受主和施主的活化能受半导体中总掺杂浓度的影响而降低，其中各参数值均在软件内置的 4H－SiC 参数文件中给出。

3. 复合模型

半导体的复合机理包括直接复合、间接(Shockley-Read-Hall，SRH)复合、俄歇(Auger)复合、表面复合等。由于 4H－SiC 是一种禁带宽度较大的间接带

隙半导体材料，电子与空穴的直接复合不容易发生，复合主要依赖于禁带中央附近的杂质或缺陷中心，因此仿真中使用了间接复合机制；此外，考虑到半导体二极管中存在掺杂浓度很高的区域(例如衬底区域和 PiN 二极管的 P 型区)，又引入了俄歇复合机制。综上，仿真中主要使用的复合模型为 SRH 复合和俄歇复合模型，其模型公式如下：

$$R_{\mathrm{SRH}}=\frac{np-n_{\mathrm{i}}^{2}}{\tau_{\mathrm{p}}\left[n+n_{\mathrm{i}}\exp\left(\frac{E_{\mathrm{t}}-E_{\mathrm{i}}}{KT}\right)\right]+\tau_{\mathrm{n}}\left[p+n_{\mathrm{i}}\exp\left(-\frac{E_{\mathrm{t}}-E_{\mathrm{i}}}{KT}\right)\right]} \tag{5-13}$$

$$R_{\mathrm{Auger}}=(C_{\mathrm{n}}n+C_{\mathrm{p}}p)(np-n_{\mathrm{i}}^{2}) \tag{5-14}$$

其中，n_{i}为本征载流子浓度，E_{t}为复合中心能级，E_{i}为本征能级，τ_{n} 和 τ_{p} 为电子和空穴载流子的寿命，C_{n}与 C_{p}为与载流子浓度有关的量。

4. 禁带变窄模型

禁带宽度与温度和掺杂浓度有关。半导体材料的禁带宽度具有负的温度系数，即随着温度的增加禁带宽度反而减小。使用以下公式来描述 4H－SiC 的禁带宽度 E_{g}随温度 T 的变化：

$$E_{\mathrm{g}}(T)=E_{\mathrm{g}}(0)-\frac{\alpha T^{2}}{T+\beta} \tag{5-15}$$

其中，α 与β 为相关的材料参数。在重掺杂的情况下，杂质浓度越大，半导体材料的禁带宽度反而越小，即禁带变窄效应：

$$\Delta E_{\mathrm{g}}=E_{\mathrm{ref}}\left\{\ln\left(\frac{N_{\mathrm{A}}+N_{\mathrm{D}}}{N_{\mathrm{ref}}}\right)+\sqrt{\left[\ln\left(\frac{N_{\mathrm{A}}+N_{\mathrm{D}}}{N_{\mathrm{ref}}}\right)\right]^{2}+0.5}\right\} \tag{5-16}$$

其中，E_{ref}与 N_{ref}为相关的材料参数，ΔE_{g}为 E_{g}的减小量。

5. 迁移率模型

迁移率是表征载流子导电能力大小的参数，它与载流子的有效质量和散射概率呈反比关系，同时受到掺杂浓度、温度以及外加偏压的影响。在低电场下，4H－SiC 材料中的主要散射机制为电离杂质散射和晶格振动散射，此时的迁移率通过 Masetti 模型描述。而在高电场下，载流子的漂移速度达到饱和，不再随着外加电场的增加而变化，此时的迁移率使用 Canali 模型表示。

(1) 常数迁移率(μ_{const})模型：此模型在使用迁移率模型时是默认被激活的，沟道自由电子在此模型中只与声子发生散射作用，因此迁移率只依赖于晶格温度，数值可以由下式给出：

$$\mu_{\mathrm{const}}=\mu_{\mathrm{L}}\left(\frac{T}{300\mathrm{K}}\right)^{-\delta} \tag{5-17}$$

其中，μ_L 为 300 K 下体迁移率的默认值。

(2) Masetti 模型：

$$\mu_{dop}=\mu_{min1}\exp\left(\frac{P_c}{N_A+N_D}\right)+\frac{\mu_{const}-\mu_{min2}}{1+[(N_A+N_D)/C_r]^{\alpha}}-\frac{\mu_1}{1+[C_s/(N_A+N_D)]^{\beta}} \tag{5-18}$$

其中，μ_{dop} 为掺杂影响下的迁移率，μ_{min1}、μ_{min2}、μ_1 为迁移率系数，P_c、C_r、C_s 为掺杂浓度系数，α 与 β 为指数系数，均为 4H－SiC 的材料参数。在软件默认材料参数下，式(5－18)可以表示为

$$\mu_n=40+\frac{950\times\left(\frac{T}{300K}\right)^{-2.4}-40}{1+[(N_A+N_D)/1.94\times10^{17}]^{0.61}} \tag{5-19}$$

$$\mu_p=15.9+\frac{125\times\left(\frac{T}{300K}\right)^{-2.15}-15.9}{1+[(N_A+N_D)/1.76\times10^{19}]^{0.34}} \tag{5-20}$$

(3) Canali 模型：

$$\mu_{highfield}=\frac{\mu_{low}}{\left[1+\left(\frac{\mu_{low}E}{v_{sat}}\right)^{\beta}\right]^{\frac{1}{\beta}}} \tag{5-21}$$

其中，$\mu_{highfield}$ 为受载流子漂移速度饱和影响的高电场下的迁移率；μ_{low} 为低电场下的迁移率，它依赖于已激活的其他迁移率模型的综合效应；E 表示电场强度；v_{sat} 表示载流子的饱和漂移速度。

6. 辐照下非平衡载流子产生的相关模型

在对能量沉积谱与脉冲高度谱转化的过程中，如何将特定能量沉积谱下对应的非平衡载流子产生的分布导入到 Sentaurus TCAD 器件仿真软件中是影响 SiC 核辐射探测器能谱仿真精确性的重要因素。现对 Sentaurus TCAD 器件仿真软件中非平衡载流子产生的相关模型做简要介绍，以供读者在具体的仿真研究中进行选取。

1) 常数载流子产生模型

此模型为计算常数载流子产生最简单的模型，其可以在半导体器件中进行全局使用，也可以在区域或物质上指定。

2) γ 辐照产生模型

可以指定辐照的总剂量(rad)或剂量率(rad/s)、辐照的时间段以及高斯上升沿与下降沿的标准差。

3）α粒子模型

α粒子辐照下载流子产生只能在瞬态模拟中使用，软件会将在初始瞬态时间之前产生的电子空穴对的数量加到模拟开始时的载流子密度中。模型可以设定入射粒子的能量、位置、方向以及角度，沿径迹方向的能量沉积满足Bragg曲线。

4）重离子模型

当一个重离子进入器件时，它会损失能量并且产生电子空穴对。重离子模型的主要因素为：粒子的能量和类型，粒子进入器件时的入射角度（参考方向垂直于粒子入射SiC时的平面），粒子在器件内的损耗能量（线性能量转移）与产生的电子空穴对的数目之间的关系。相较于α粒子模型，重离子模型在径迹上的能量沉积分布可以由用户自定义，因此它比α粒子模型更为灵活。在对带电粒子入射的仿真研究中，可以将MC模拟得到的特定能量与角度下的单粒子能量沉积统计分布较为拟合地导入到Sentaurus TCAD软件中。

关于重离子模型的使用，将在下一节对粒子辐照探测器脉冲幅度谱计算原理的介绍中进行更为详细的说明。由于TCAD软件仿真中模型的使用均较为复杂，具体使用时需读者阅读软件的用户手册进行详细的设置，本书仅简要罗列器件仿真中常用模型与可能涉及的模型供读者参考。另外，由于粒子辐照在半导体中的能量沉积可能较为复杂，例如图1.4所示的D－T中子（14 MeV）直接入射4H－SiC材料的能量淀积谱。此时将能量淀积谱导入Sentaurus TCAD软件进行脉冲幅度谱的仿真研究将非常复杂。同时可以观察到对于$^{12}C(n,\alpha)^{9}Be$和$^{28}Si(n,p)^{25}Mg$两个系列的核反应，脉冲幅度谱与仿真得到的能量淀积谱中的峰道址与计数基本吻合，因此通过入射D－T中子的能量淀积谱的仿真研究，一定程度上可以反映实际探测器脉冲幅度谱的特征。事实上，为了了解入射中子的能量并进行中子能谱的分析，实际使用SiC核辐射探测器进行快中子探测时也通常会对$^{28}Si(n,p)^{25}Mg$以及$^{12}C(n,\alpha)^{9}Be$这两个系列的核反应进行识别[7]。概括而言，能量淀积谱的仿真以及在能量淀积谱基础上进行的脉冲幅度谱的仿真都可以作为探测器输出特性仿真研究的手段，通过Sentaurus TCAD软件对脉冲幅度谱进行仿真，虽然进一步考虑了探测器器件本身的工作状态及性能变化，但同时也变得更为复杂。另外，抛开对脉冲幅度谱的仿真研究，Sentaurus TCAD软件仿真也是探测器二极管器件结构优化设计必不可少的工具。

5.1.3　粒子辐照探测器脉冲幅度谱计算原理

带电粒子从探测器外部入射的情况如图5.4所示，粒子辐照探测器能谱仿

真的流程如图 5.5 所示。

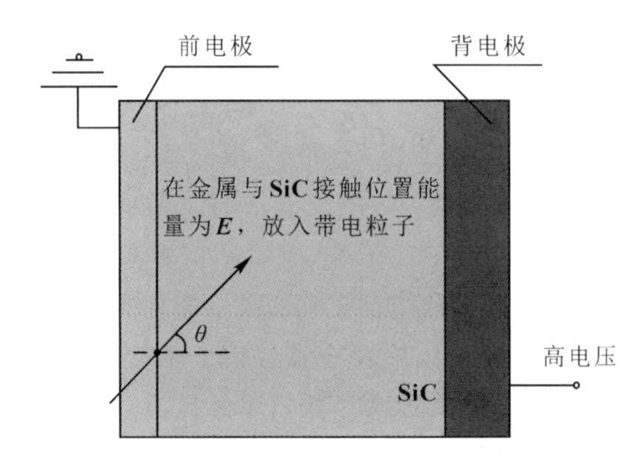

图 5.4　带电粒子携带能量 *E*，并以角度 *θ* 入射探测器的示意图

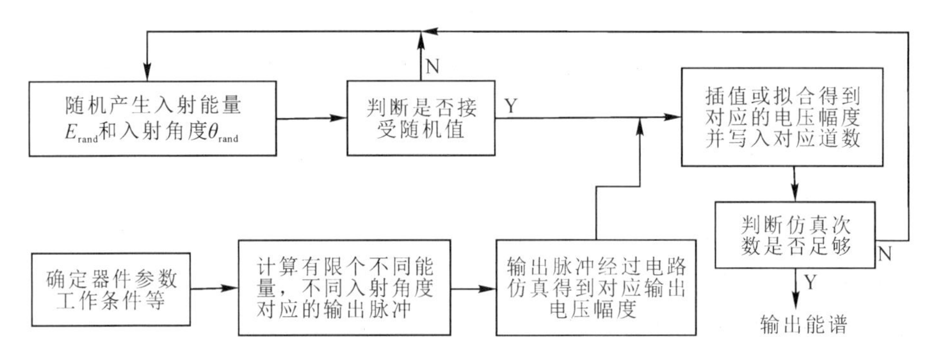

图 5.5　探测器脉冲幅度谱的仿真流程图

假设探测器每个输出脉冲对应一个入射粒子，则脉冲输出主要由粒子入射时的角度 θ 和能量 E、探测器的工作状态（主要是偏置电压的大小）、探测器的结构参数和材料性质三点决定。

脉冲幅度谱是通过对粒子入射探测器后产生的脉冲电压幅度 V 进行统计得到的，因此需要首先知道粒子到达器件表面金属层接触 Front contact 和 SiC 材料界面时（参考图 5.4 中红点位置）具有的能量 E 和入射角度 θ。当一个带电粒子入射时，对于单一种类带电粒子携带确定能量入射的简单情况，可直接产生一个 0～2π 之间的随机数 θ_{rand}，用于表示粒子的入射角度 θ，而粒子的入射能量 E 根据器件表面金属层厚度，存在与 θ 一一对应的关系；相对的，对于存在多种粒子并且粒子能量组成比较复杂的情况，需要利用 MC 软件随机产生所需粒子，并利用相关模块在 SiC 表面金属层与 SiC 体材料界面处统计入射粒子到达

时的 $E-\theta$ 分布，如图5.6所示。而后，依据所得的 $E-\theta$ 分布，利用蒙特卡罗方法产生一对随机数(E_{rand}，θ_{rand})，用以表征带电粒子在入射SiC材料时的状态，其中 E_{rand} 和 θ_{rand} 分别为粒子入射瞬间的能量和角度。

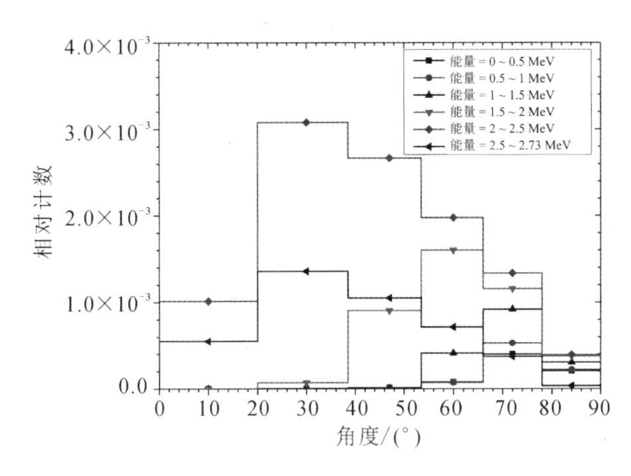

图5.6 入射带电粒子在不同能量与角度区间内的相对数量图

由于产生的(E_{rand}，θ_{rand})对数量巨大，针对每一对(E_{rand}，θ_{rand})进行一次器件及电路仿真是不现实的。因此这里假设探测器最终输出的电压幅度 V 随 E 和 θ 的变化是连续的，那么在已知了一定数量的(E, θ)及其对应的 V 之后，即可利用插值的方法，得到任意(E_{rand}，θ_{rand})对应的输出电压幅度 V_{rand}。每一个 V_{rand} 计数就相当于实验中一次有效的粒子入射。大量重复上述过程，即可得到所需的脉冲高度谱，如图5.7所示。

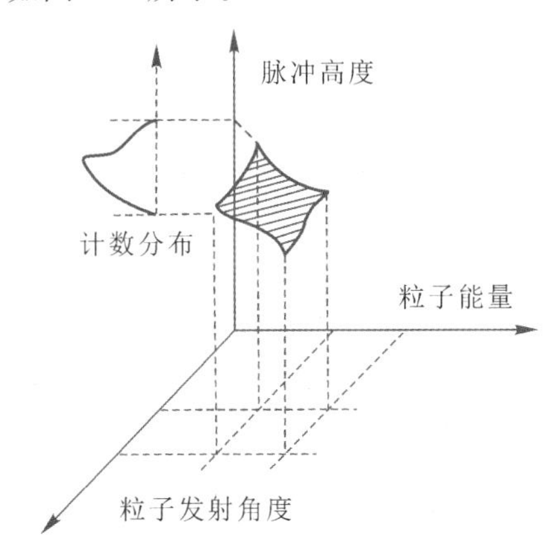

图5.7 脉冲高度谱计算示意图

(E, θ)可以根据计算精度的需要人为设定，为了计算与(E, θ)对应的V，根据 2.3.2 节中所述的能谱测量系统工作原理，需要得知此时带电粒子入射探测器产生的脉冲电流$I(t)$以及脉冲电流$I(t)$输入后续信号处理系统后产生的电压脉冲$V(t)$，而$V(t)$的幅度即是这里需要的V。

为了得到$I(t)$，需要利用 Sentaurus TCAD 中的 SDEVICE 模块进行瞬态电流计算。而计算带电粒子入射探测器时产生的脉冲电流，除了采用第 4 章中介绍的基本模型之外，还需要引入一个重离子(Heavy Ions)模型。

图 5.8 所示为 Sentaurus TCAD 中任意带电粒子的入射示意图，它可由这样一些模型参数描述：粒子在材料中笔直前进，方向不变，在其运动径迹的$L \sim L+\Delta L$范围内，产生了总量为Q的电荷；这些电荷以高斯分布或指数分布的形式分布在垂直于径迹的平面上，特征半径为R；当该粒子于时刻t入射探测器时，Sentaurus TCAD 将按照前述的各个参数，计算额外激发的载流子在器件中的分布情况，并于t时刻将求得的过剩载流子分布直接视作器件初始状态的一部分，添加到仿真计算中。

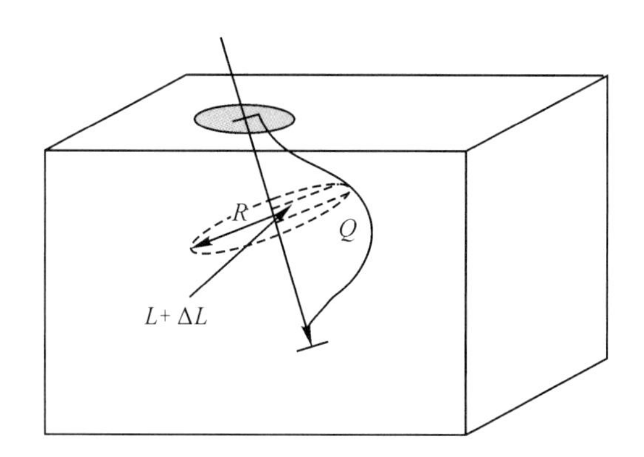

图 5.8　带电粒子入射半导体器件的描述参数

为了获得描述带电粒子所需的参数，可以利用 SRIM 软件的二维能量淀积进行分析。需要说明的是，虽然在实际情况中特征半径R应当为一个三维空间中的参数，但这里为了降低仿真计算的难度，在 Sentaurus TCAD 仿真中采用的将是二维仿真模型，SRIM 软件的二维能量淀积分析恰好给出了三维空间中能量淀积在二维平面上的投影；其次，尽管过去存在对特征半径R的研究[8-9]，但是这些研究基于 Si 材料并且给出的特征半径均为纳米级。纳米级特征半径将导致 Sentaurus TCAD 仿真中出现的激发载流子在某一极短的时间内大量集

中出现在一个极小的空间区域内，这将使仿真网格数量显著增加，同时网格划分不均匀并且在局部非常集中，严重影响仿真效率和仿真迭代过程的收敛性。因此，我们选择利用 SRIM 中大量粒子入射时在径迹周围产生的能量淀积的统计平均结果，提取 R 值在粒子运动径迹上的分布。

以 2.73 MeV 的 ^{3}H 粒子为例，利用 SRIM 软件仿真计算其垂直入射 SiC 靶材的能量淀积情况，结果如图 5.9(a)所示。图中左侧投影直接给出了径迹位

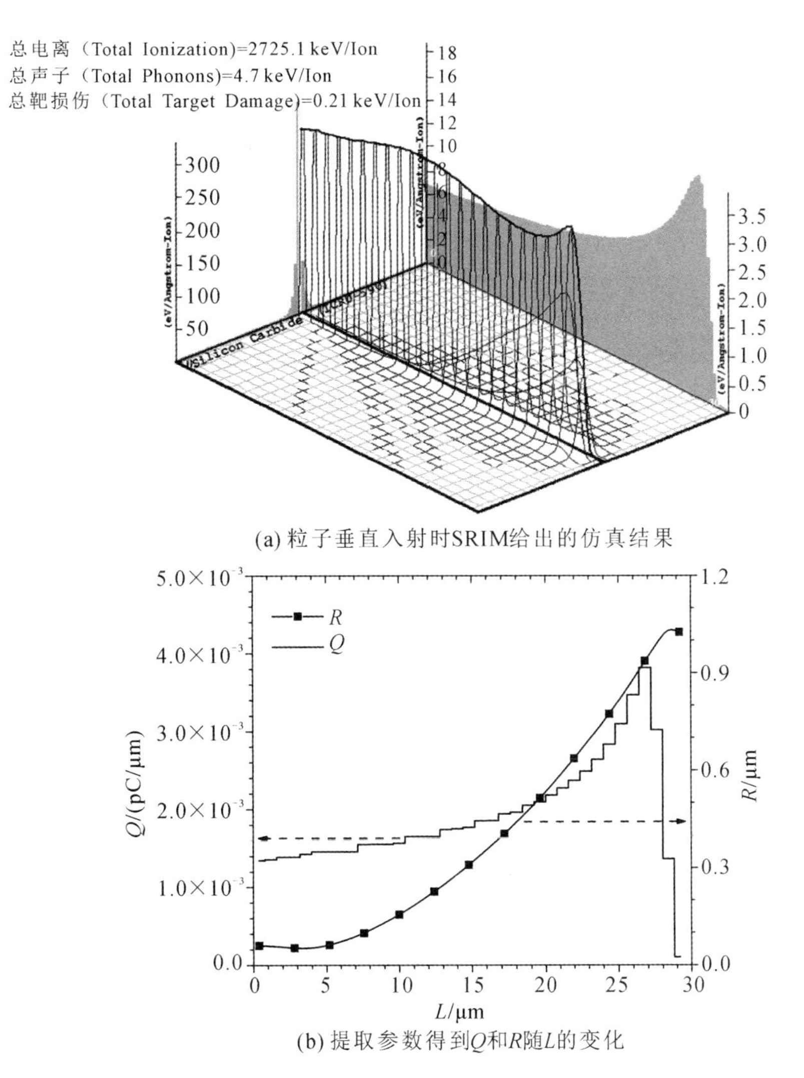

图 5.9　利用 SRIM 提取仿真所需的带电粒子参数，入射粒子为 2.73 MeV 的 ^{3}H 粒子

置 L 与电荷量 Q 的关系；底面的阴影部分则是大量粒子入射后粒子能量淀积的平均结果在二维平面上的投影。在 SRIM 仿真中，软件将靶材分割成若干区块，计算粒子通过某区块时在区块内的能量淀积，借此可以得到在径迹位置 L 附近，垂直于 L 方向的各区块内的粒子能量淀积情况[$E\perp(L)$]。根据需要选择过剩载流子的分布形式后，采用指数或是高斯拟合[这里我们观察到 $E\perp(L)$的变化趋势更近高斯分布，因而采用高斯拟合]，提取对应于径迹位置 L 的特征半径 R。最终通过提取参数得到 Q 以及 R 随 L 的变化，如图 5.9(b)所示。

另外，需要注意的是，观察图 5.9(a)中发生明显偏转的粒子能量淀积轨迹不难发现：在 SRIM 仿真中，单个入射粒子，其能量几乎只淀积在粒子经过的区块内。由于 SRIM 软件本身并未给出对特征半径 R 的描述，而缩小材料尺度后的仿真结果表明单个入射粒子的能量依然只淀积在粒子经过的区块内(SRIM 中区块的尺寸与材料尺寸呈固定比例)，这意味着 SRIM 软件并不关心特征半径 R，SRIM 中单粒子入射的能量淀积情况也无法用于提取特征半径 R。

获得以上参数后，针对给定的探测器结构(以第 4 章图 4.4 为例)，即可利用 Sentaurus TCAD 计算特定工作偏压下，带电粒子以不同能量 E、不同角度 θ 入射探测器时产生的脉冲电流 $I(t)$，如图 5.10 所示。图中入射粒子为 2.73 MeV 的 ^{3}H 粒子，器件反向偏压为 200 V。为了便于作图，将输出电流

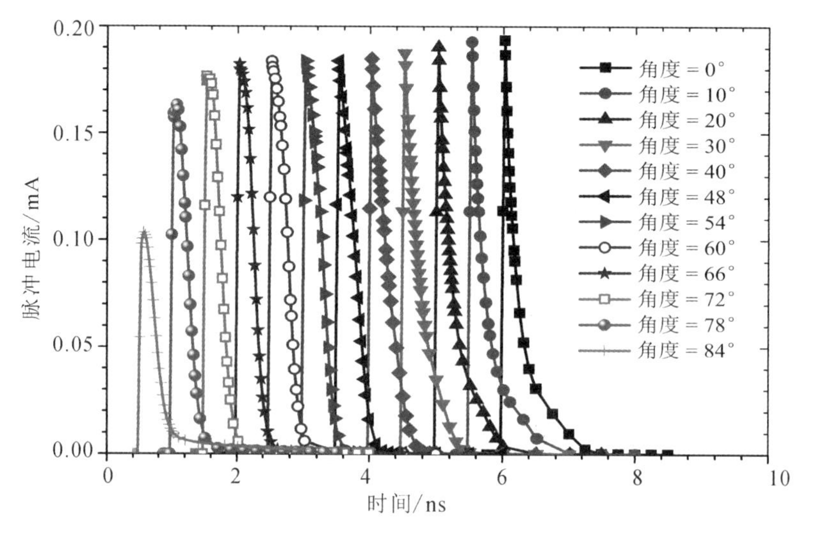

图 5.10 利用 Sentaurus TCAD 计算不同条件下的脉冲输出电流 $I(t)$

在时间轴上进行了适当平移。当器件结构、材料参数以及模型参数发生变化时，此处所得的 $I(t)$ 也会发生相应的变化，并最终反映为 V 的变化。

得到脉冲电流 $I(t)$ 后，需要继续计算与之对应的电压脉冲 $V(t)$。例如利用 Multisim 软件构建如图 5.3 所示的成形电路[10-11]模型。图中，探测器通常被简化为一个与探测器反偏电容 $C_{探测器}$ 相并联的脉冲电流源(current source)，并以 $I(t)$ 作为输入；放大器 A250 即是 2.3.2 节所述的电荷灵敏放大器，而 C_f 则是积分电容；R_1-C_1 完成高通滤波的功能，加速积分信号衰减；放大器 A275 及随后的 LRC 回路实现信号放大和低通滤波，最终在输出端产生脉冲电压信号 $V(t)$，结果如图 5.11(a)所示。对于所有已经选定的(E, θ)以及与之对应的 $I(t)$，

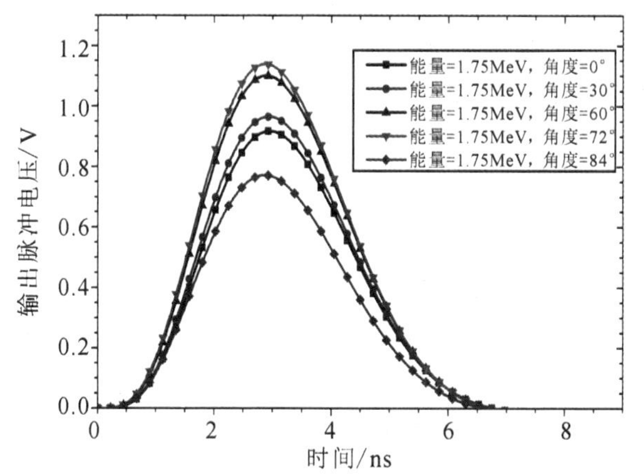

(a) 不同入射条件下，图5.3中输出端的脉冲电压，T_p=3μs

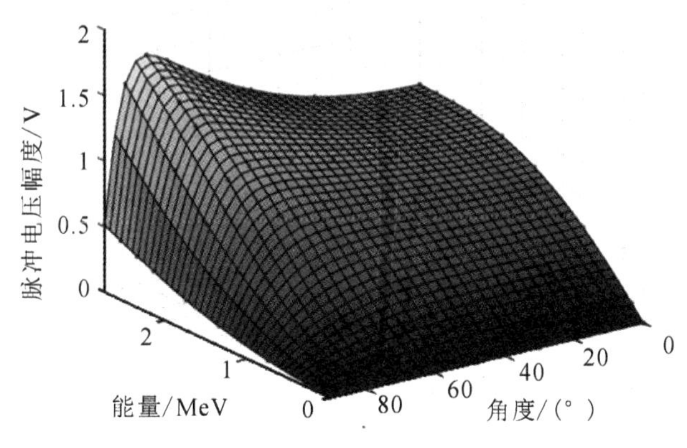

(b) 脉冲电压幅度随入射粒子能量及角度的变化

图 5.11　输出脉冲电压及其幅度提取

进行上述计算得到 $V(t)$，并提取峰值 V，即可得到所需的 V 随 E 和 θ 的变化，如图 5.11(b)所示。图中，入射粒子为 2.73 MeV 的 ^{3}H 粒子，器件反向偏压为 0 V。

这里需要注意的，如图 5.3 所示的常规成形电路在放大链路的前端和探测器的偏置电路之间存在隔直电容 C_n，该电容与探测器的反偏电容 $C_{探测器}$ 相并联，而 $C_{探测器}$ 随着器件的反偏电压变化而变化。因此，在需要计算脉冲幅度谱随器件偏压的变化时，特别是 $C_{探测器}$ 与 C_n 大小可比拟的情况下，需要明确上述两个电容的大小。此外，由于各类成形电路的基本工作原理相同，这里不考虑电路形式以及其中使用的放大器的相关参数，特别是频率参数(事实上，整个放大链路的频率特性主要由几个反馈回路决定)对计算结果的影响，仅根据对应文献确定电路输出脉冲的达峰时间 T_p，调整放大链路中相关元器件的数值大小。为了实现所需的达峰时间，图 5.3 中的电容、电感大小与 T_p 的关系如下：

$$C_1 = 360\ \text{pF} \times T_p；\ C_2 = 592\ \text{pF} \times T_p；\ L_2 = 150\ \mu\text{H} \times T_p；$$

$$C_3 = 564\ \text{pF} \times T_p；\ L_3 = 82\ \mu\text{H} \times T_p$$

其中，T_p 的单位为 μs。

最后，通过插值法，在电压脉冲幅度 V 随能量 E 和角度 θ 变化的曲面上[见图 5.11(b)]，计算(E_{rand}，θ_{rand})对应的输出脉冲 V_{rand} 并加以统计。此时，每一个 V_{rand} 计数就相当于实验中一次有效的带电粒子入射。对随机产生的大量(E_{rand}，θ_{rand})重复上述过程，即可得到所需的脉冲幅度谱。

事实上，上述计算原理对带电粒子在探测器内部产生并运动的情况同样适用，例如图 1.4 所示的情况，但是需要更多的参数用于描述一个脉冲的产生。由于带电粒子在探测器内部产生的情况通常涉及核反应，带电粒子产生的位置及其运动方向更为随机多变，并且需要考虑产生多种带电粒子的情况，这使得插值所需的脉冲幅度区间更加复杂；同时，若不同粒子的运动方向不在同一平面内，在 Sentaurus TCAD 仿真计算 $I(t)$ 时还需要构建三维模型，大大增加了仿真计算难度和计算量。以上几个因素导致仿真需要的时间呈指数上升，因此目前仅考虑单个粒子从探测器外部入射的简单情况，对于复杂情况还是推荐使用能量淀积谱对实际脉冲幅度谱进行近似。

5.1.4 器件层面的优化设计[12-14]

1. 外延层厚度与工作电压的选取

以 α 粒子 SiC 核辐射探测器的设计为例，图 5.12 为通过 SRIM 软件仿真

得到的能量为 5.05 MeV 的带电 α 粒子在 SiC 材料中的射程分布的软件截面图，从中可以得到此能量的 α 粒子的统计射程为 16.6 μm。图 5.13 显示了主要能量分别为 5.156 MeV 和 5.486 MeV 的 α 粒子垂直入射到 4H－SiC 材料中，

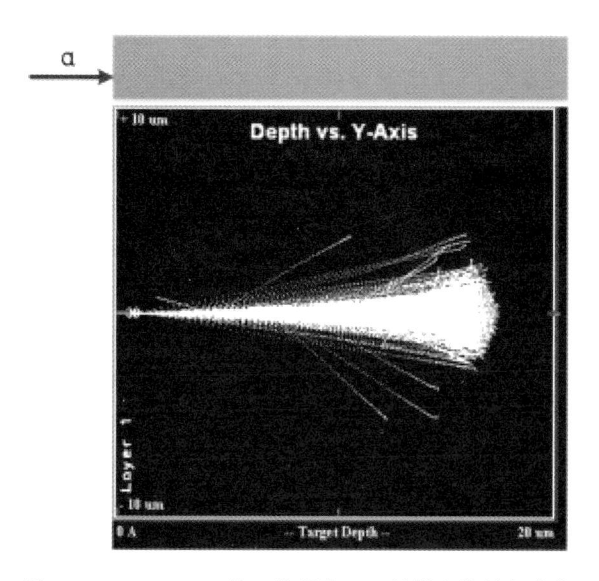

图 5.12　5.05 MeV 的 α 粒子在 SiC 材料中的射程分布

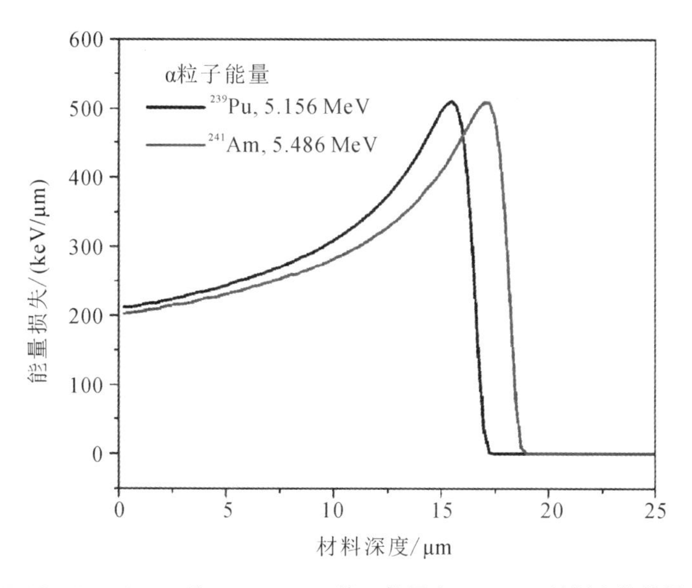

图 5.13　5.156 MeV 和 5.486 MeV 的 α 粒子在 4H－SiC 材料中的能量沉积

α 粒子的能量损失随其入射轨迹的变化。可以看到，α 粒子能量完全沉积时的最大射程分别为 17.25 μm 和 19.30 μm，并且能量沉积曲线与图 2.1 所示的 α 粒子的 Bragg 曲线相吻合。

为了提高探测器的性能，应确保 α 粒子能量全部沉积在灵敏区中。由于 SiC 衬底材料的质量达不到核辐射粒子探测的要求，因此作为探测灵敏区的高质量 SiC 外延层厚度，在工艺条件允许的前提下，应确保大于或尽可能接近 α 粒子在其中的射程。更进一步，为了使入射粒子在外延层中电离产生的电子空穴对快速分离以降低其复合，从而提高探测器的电荷收集效率，还应合理地设计空间电场区(耗尽区)厚度。以 PN 结二极管(外延层为 N 型区)为例，在外延层未发生全耗尽前，当 $N_A X_A$ 一定时，N_D 越小则 X_D 越大：

$$N_A X_A = N_D X_D \tag{5-22}$$

式中，N_A 和 X_A 分别为 P 型区的掺杂浓度和耗尽厚度，N_D 和 X_D 分别为外延层的掺杂浓度和耗尽厚度。

为获取尽可能小的反向漏电，器件应在尽可能低的反向偏置电压下使耗尽区厚度达到设计要求，或者说使外延层发生全耗尽，因为外延层的厚度设计往往是与入射粒子的最大射程相匹配的。因此外延层掺杂浓度的设定需尽可能低，根据当前的工艺水平，外延层的掺杂浓度最低可达到 $10^{13}\ \mathrm{cm^{-3}}$ 量级。结合非简并半导体内建电势的公式：

$$\varphi_{bi} = \frac{kT}{q}\ln\frac{N_A N_D}{n_i^2} \tag{5-23}$$

和单边突变结在外加反向偏置电压下的耗尽层宽度公式：

$$W_D = \sqrt{\frac{2\varepsilon_s\left(\varphi_{bi} - V - \dfrac{2kT}{q}\right)}{qN}} \tag{5-24}$$

可计算得到在特定外延层掺杂浓度下使外延层发生全耗尽的反向偏置电压值。其中，φ_{bi} 为 PN 结的内建电势，n_i 为 4H－SiC 器件在常温下的本征载流子浓度，ε_s 为 4H－SiC 材料的介电常数。

图 5.14 为文献中利用 TCAD 软件计算得到的不同掺杂浓度条件下肖特基结耗尽层厚度与反向电压的关系。对于肖特基结，式(5－24)同样适用。此外，在外延层全耗尽后，还可以进一步提高反向偏置电压，使载流子达到较高的漂移速度，从而提高探测器的响应时间。图 5.15 为 Sentaurus TCAD 仿真得到的不

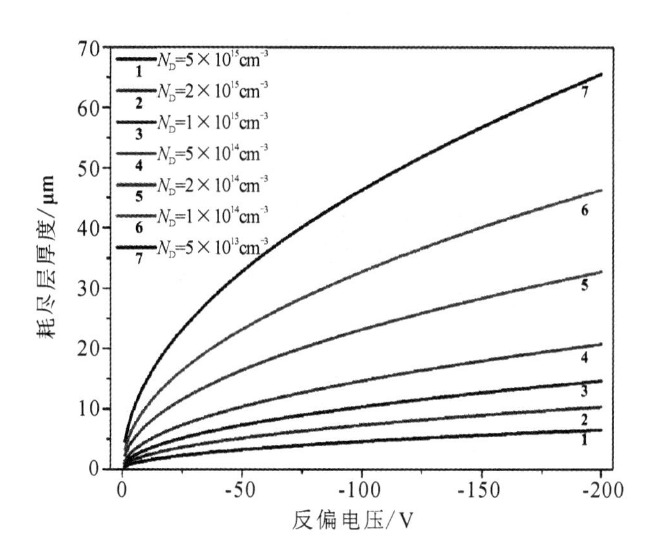

图 5.14　不同掺杂浓度条件下耗尽层厚度随反偏电压的变化[14]

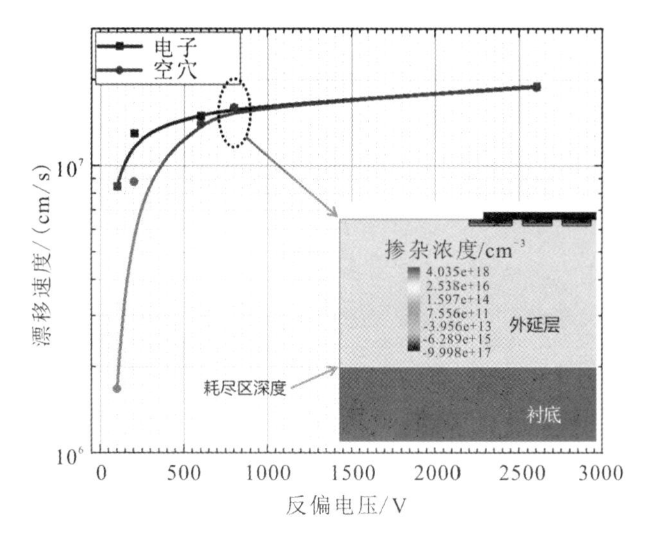

图 5.15　耗尽区载流子漂移速度

同反向偏置电压下载流子的漂移速度，可以看到在较低电压下，载流子漂移速度随着反偏电压的升高迅速提升，并且在低电压下空穴漂移速度远低于电子漂移速度，反映了空穴的低场迁移率远低于电子。随着反向偏压的升高，高场迁移率下降，对电子产生较大的影响，使空穴在高场下的漂移速度逐渐逼近电子，

如图 5.15 中，800 V 反偏电压下，电子与空穴漂移速度均为 1.6×10^{7} cm/s 左右，已达到饱和漂移速度的 80%，继续提高反偏电压直到雪崩击穿(2600 V)，载流子漂移速度提升缓慢。从图 5.15 的右下图可以看到，在 800 V 反偏电压下，器件主结下方外延层已处于全耗尽状态，满足探测器的工作要求，并且具有较高且相近的电子与空穴漂移速度，有利于辐生电子空穴对的分离与收集。

2. 结电容与本征反向漏电流控制[15]

图 5.16 为文献[15]中面向辐射探测应用的 4H－SiC SBD 器件的结构示意图。此探测器结构中，衬底材料为 4H－SiC，厚度为 370 μm 左右，掺杂浓度为 5×10^{18} cm^{-3}，0.5 μm 厚的 4H－SiC 缓冲层的掺杂浓度为 1×10^{18} cm^{-3}，外延层厚度为 21 μm。在 4H－SiC 外延层上制备肖特基接触电极，在重掺杂的衬底一侧制备欧姆接触电极，构成了 4H－SiC 肖特基二极管 α 粒子探测器的器件结构。

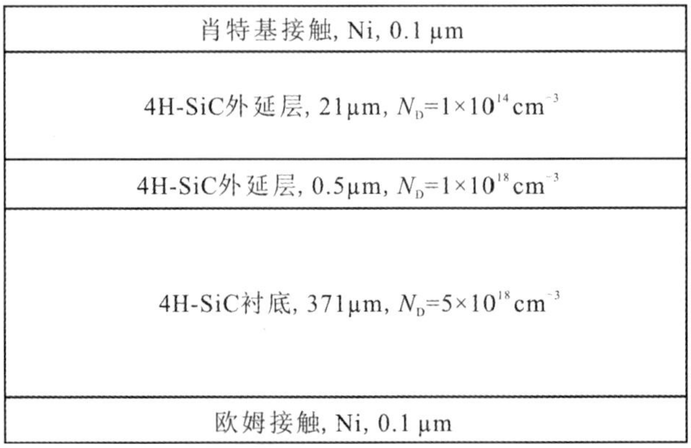

肖特基接触, Ni, 0.1 μm
4H-SiC外延层, 21μm, $N_D=1\times10^{14}cm^{-3}$
4H-SiC外延层, 0.5μm, $N_D=1\times10^{18}cm^{-3}$
4H-SiC衬底, 371μm, $N_D=5\times10^{18}cm^{-3}$
欧姆接触, Ni, 0.1 μm

图 5.16　4H－SiC 肖特基二极管探测器结构示意图

探测器外延层的掺杂浓度影响着器件的电学特性，文献[15]对于 4H－SiC 肖特基二极管核辐射探测器外延层掺杂浓度进行了仿真，依次取 1×10^{13} cm^{-3}、5×10^{13} cm^{-3}、1×10^{14} cm^{-3}、5×10^{14} cm^{-3}、1×10^{15} cm^{-3} 五个值，施加反向偏压－200 V，测得的 I－V 数据如图 5.17 所示。可以看到，随着掺杂浓度的增加，相同电压下反向漏电流随之增加。反向漏电流的增加会使得探测器的能量分辨率变大，影响器件性能。故外延层掺杂浓度越小，在高压情况下器件的反向漏电流越小，能量分辨率越好。

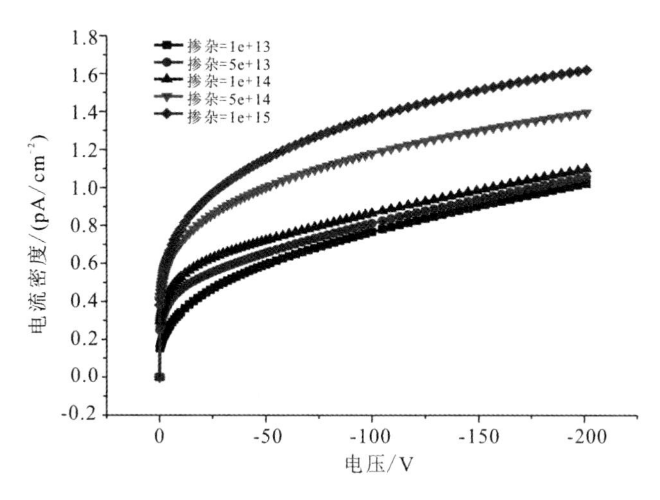

图 5.17 不同外延层掺杂浓度反向 I-V 比较[15]

现考虑结电容对探测器设计的影响。图 5.18 为半导体探测器的工作原理图。射线产生的输出脉冲信号幅度正比于入射射线在探测器灵敏区中损失的能量，即

$$V=\frac{Eq}{\omega C}=\frac{Q}{C} \tag{5-25}$$

式中，E 是入射射线的能量，q 是电子电荷，ω 是产生一电子空穴对所需的平均能量，Q 是入射射线在耗尽层中产生的总的电离电荷，C 是探测器的结电容(或势垒电容)C_d 和杂散电容 C_s 的和(其中杂散电容 C_s 的值可忽略不计，此时探测器电容 C 约等于势垒电容 C_d)。

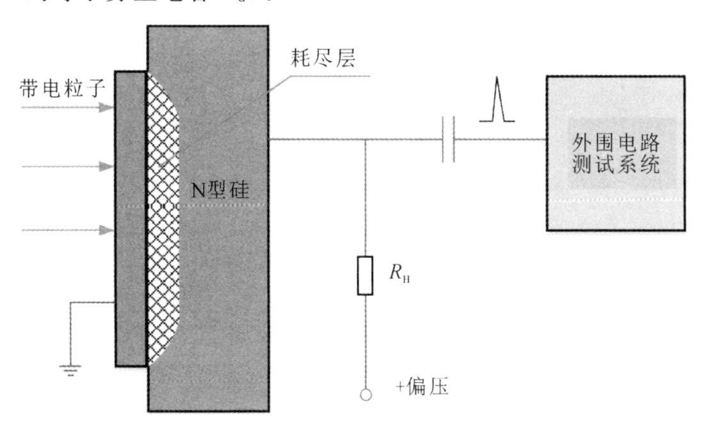

图 5.18 半导体探测器的工作原理图[16]

对半导体探测器的输出脉冲要采用电荷灵敏前置放大器来放大，其等效电路如图 5.19 所示。入射射线在探测器灵敏区中产生的总电离电荷为 Q，其中一部分电荷 Q_0 被电荷灵敏前置放大器收集，另一部分电荷 Q_d 仍然在探测器中，收集效率 η 为

$$\eta=\frac{Q_0}{Q}=\frac{Q_0}{Q_0+Q_d}=\frac{(1+A)C_f}{C_d+C_i+(1+A)C_f} \tag{5-26}$$

其中，C_f 为电荷灵敏前置放大器的反馈电容，A 为放大器开环增益，Q_0 为电荷灵敏前置放大器的输入电荷，C_d 为探测器的势垒电容，C_i 为电荷灵敏前置放大器的输入电容与输入端分布电容之和。此时电荷灵敏放大器的输出电压 u_0 为

$$u_0=\frac{AQ_0}{C_d+C_i+(1+A)C_f} \tag{5-27}$$

当放大器开环增益 $A\gg1$，且 $(1+A)C_f\gg(C_d+C_i)$ 时，有：

$$u_0=\frac{AQ_0}{(1+A)C_f}\approx\frac{Q_0}{C_f} \tag{5-28}$$

根据式(5-27)可知，在电压不变的情况下，电容的增大会降低探测器的收集效率，保留在探测器内部的电荷量 Q_d 增加，电荷灵敏前置放大器中的输入电荷量 Q_0 减少，导致前置放大器的输出脉冲幅度降低，因此输出脉冲幅度谱峰位将向低道址方向移动。另外 C_d 的增大也会使探测系统的时间响应性能下降。

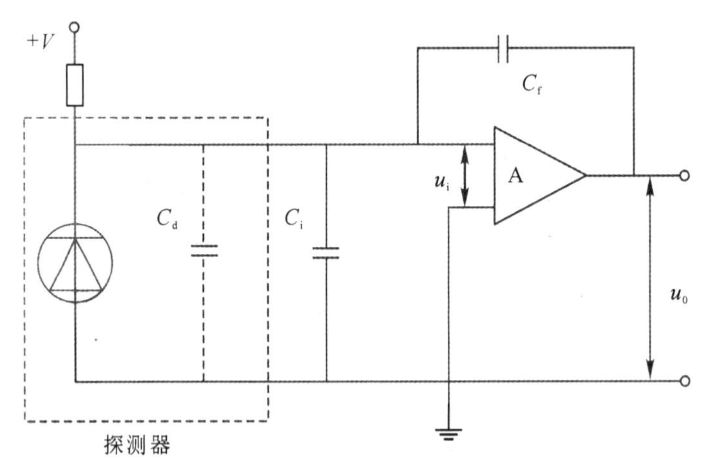

图 5.19 探测器和电荷灵敏前置放大器联结的等效电路图

文献[15]对于器件外延层不同掺杂浓度下的 C－V 特性也进行了仿真模拟，得到的数据如图 5.20 所示。由图 5.20 可知，在施加相同反向偏压－60 V 情况下，随着 4H－SiC 材料掺杂浓度的增加，相同偏压下，掺杂浓度越小，电容越小；且一定浓度下，电容随反向偏压的增大而减小，当反向偏压到达一定程度时，电容不再发生变化。故通过图 5.17 和图 5.20 的结果表明，当探测器外延层掺杂浓度越低时，器件的反向漏电流及电容值就相对越低，探测器的理想能量分辨率则越高。

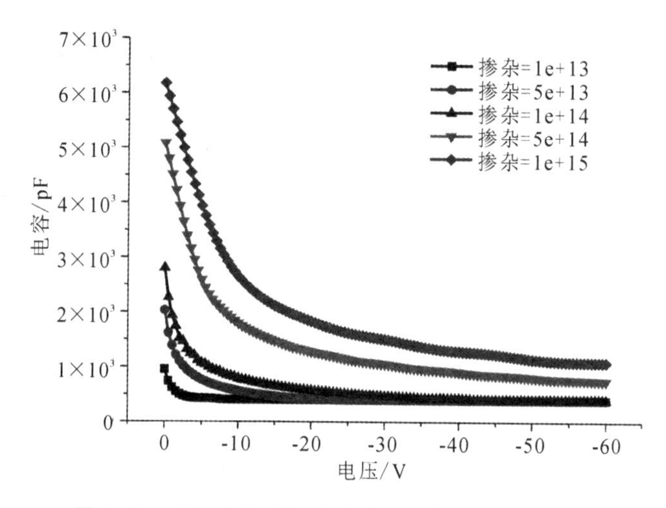

图 5.20　不同外延层掺杂浓度反向偏压下 C－V 比较

同样，对于 PiN 结构的探测器，也可以利用 TCAD 软件在不同结构参数，例如 P 型区厚度与浓度、i 区厚度与浓度等下，对器件的电学特性进行全方位的分析，以进行器件结构参数的选取。

3. 非理想反向漏电的控制[12]

1）4H－SiC 基二极管器件的漏电机制

器件反向漏电是 SiC 核辐射探测器工作于高反偏电压下需解决的关键问题之一。一般地，器件漏电主要包括两个方面：体漏电和表面漏电。对于二极管型器件，体漏电遵循 PN 结与肖特基结基本理论，即对于 PN 结型二极管，漏电流为反向扩散电流和耗尽区电流之和；对于肖特基型二极管，反向漏电则受热电子发射、载流子扩散、镜像力以及隧道效应的综合影响。而实际器件的漏电要远高于理论计算值，一方面是由于在反向高压条件下，探测器耗尽层中

的电场水平分布不均匀，在结区边缘处的电场线密集分布(称为电场集中效应)，造成了局部反向漏电流的增加和击穿电压的降低；另一方面则是由于实际器件材料存在各类缺陷(点缺陷、位错及层错等)，这些缺陷不仅通过复合中心"贡献"额外体漏电，还带来额外的表面效应。

对于SiC材料，理想情况下，PN型器件的反向电流很低，约为10^{-20} A/cm^2。而在实际的SiC器件中，其反向漏电流远高于上述理论值。这主要是因为SiC材料的晶体材料缺陷尚不能得到完善解决，由此带来的漏电体效应和表面效应格外显著。

对于SiC器件，体漏电主要由材料体缺陷决定，其具有显著的位错体效应，主要表现为：位错核附近的晶格化学键扭曲或者断裂，导致该处的电子能量状态或禁带宽度产生变化，在反向偏压下，高电场将激活这些位于深能级位的电子能态，使之成为漏电点，从而增大反向漏电。因此，能否克服器件体效应主要取决于材料缺陷的控制技术。通过衬底处理和优化外延生长等措施可以削弱体漏电效应。

表面漏电是实际SiC器件漏电的另一个重要组成部分，这与材料的表面延伸缺陷、工艺引起的表面缺陷以及高密度SiC/SiO_2界面态相关，其对器件反向漏电的"贡献"比体缺陷更为普遍和致命。但材料、工艺的复杂性增加了表面效应的优化难度，使得表面漏电成为目前SiC基器件反向漏电的主要成分。在众多的文献报道中，通过实验曲线拟合提取体漏电和表面漏电，都揭示了表面漏电的高占比。造成器件高表面漏电的主要因素有两个：① 制造工艺过程中产生的高表面态和表面损伤，这主要取决于工艺优化；② 器件本征高表面电场，这与器件结构的设计密切相关。因此，对器件设计者来说，要设计小漏电的二极管器件，应通过器件结构优化以达到消除器件高表面电场。

对于器件表面漏电，在表面效应主导的情况下，表面高电场集中将成为表面漏电的重要诱发因素，导致器件反向额外漏电显著，发生提前击穿甚至钝化介质层的击穿损毁，从而使得器件无法工作，以至于无法进行中子探测。此外，探测器所接收到的探测信号主要源于辐照粒子在耗尽区内激发的载流子，其形成的有限感应电荷量被外加电路系统收集放大，但与此同时器件的反向漏电也会随之被收集，从而对探测器的响应信号有贡献，该漏电会导致探测信号幅值与实际的信号幅值偏差增大。因此，探测器应用对器件表面漏电水平的要求比功率器件更为苛刻。

综上，制备 4H－SiC 基结型探测器，首先需要从设计上解决二极管器件结构中的电场集中现象，以减小单点高场引起的表面漏电与体漏电，从而降低探测器器件的本征噪声，确保可靠的反偏工作电学环境。但是表面缺陷和体材料缺陷受器件制备工艺和材料质量的制约，在器件仿真中难以给出准确的缺陷模型来反映实际器件的漏电流，因此在仿真研究中往往通过终端结构来优化边界的电场分布，以达到降低漏电流的目的。

2）低漏电 4H－SiC 基二极管器件的终端结构设计

此处以 4H－SiC 基 PiN 型探测器为例，介绍 TCAD 软件在 SiC 核辐射器件终端结构设计中的应用。对于实际器件，其边界总是存在的，器件边界处总是或多或少存在电场集中的现象。图 5.21 给出了典型的电场集中效应的示意

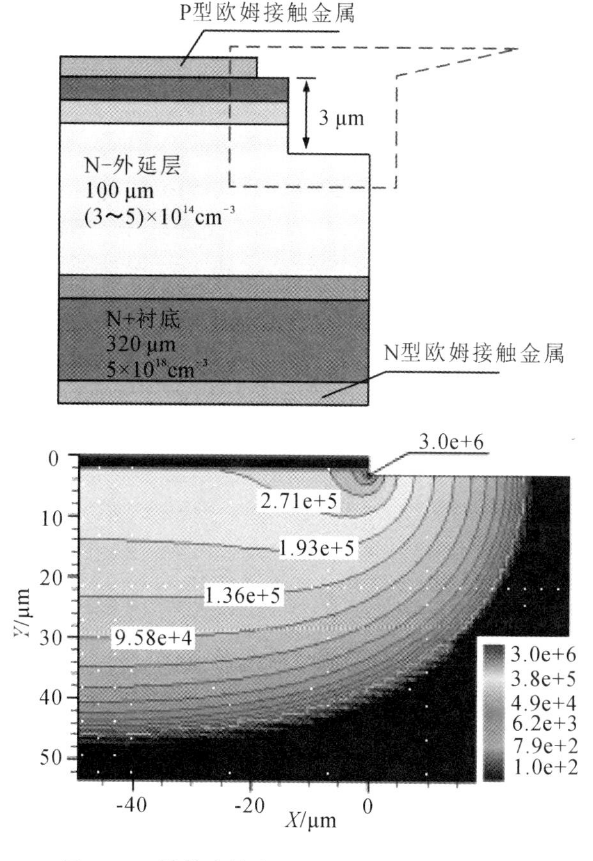

图 5.21　器件边缘台阶处的电场集中效应示意图

图：尽管探测器体内的场强仅为 9.58×10^{4} V·cm^{-1}，但刻蚀台阶拐角处的场强已经达到 3.0×10^{6} V·cm^{-1} 的 SiC 临界击穿场强。而此时器件的偏压仅为 483 V。为提高所设计器件的耐压和可靠性，需在 PiN 中引入终端保护结构。器件终端有平面结构和台面(Mesa)结构这两种器件主体结构，而 4H-SiC 材料具有高硬度、热扩散系数小的物理特点和稳定的化学性质，这导致杂质无法通过扩散进行有效的选择性掺杂，故在平面结构的 4H-SiC PiN 器件制备中，主结 P+区只能采用高能离子注入的方式形成，但高能离子注入这种方式形成的主结会存在比较严重的晶格损伤且离子退火激活概率低等问题，从而导致器件电导调制参数低。因此 4H-SiC 基 PiN 型探测器常常选用的是能够有效控制峰值体电场和表面电场的 Mesa 基 PiN 主体结构。

对单一 Mesa 终端结构的工艺优化可缓解表面棱角电场集中，但仍无法避免 PN 结边缘的单点高场。借助于可延伸耗尽区的扩展式终端结构，能够缓解主结边缘的这种单点高场问题，有效降低漏电。常见的终端保护技术主要有场板(Field Plate，FP)[18]、保护环(Guard Ring，GR)[19]和结终端扩展(Junction termination extension，JTE)[20-21]等，各结构分别如图 5.22 所示。SiC 探测器需要工作在高反偏压状态下，实现最大化的灵敏区，以提高能量沉积程度和电学信号输出。高反偏压需要厚钝化层以承担高表面电场，因此以薄氧为基础的场板技术不适合高压探测器的制备。保护环技术存在多个设计参数，如环间距、环宽度以及环个数等，其优化考虑较为复杂，且电场分布和耐压对靠近主结的若干个环间距非常敏感。因此考虑到优化设计的复杂度，工艺容错率以及提高耐压的效率，此处选择 JTE 技术为例对终端优化设计进行介绍。其中器件主结区域基本结构及参数如图 5.23 所示。

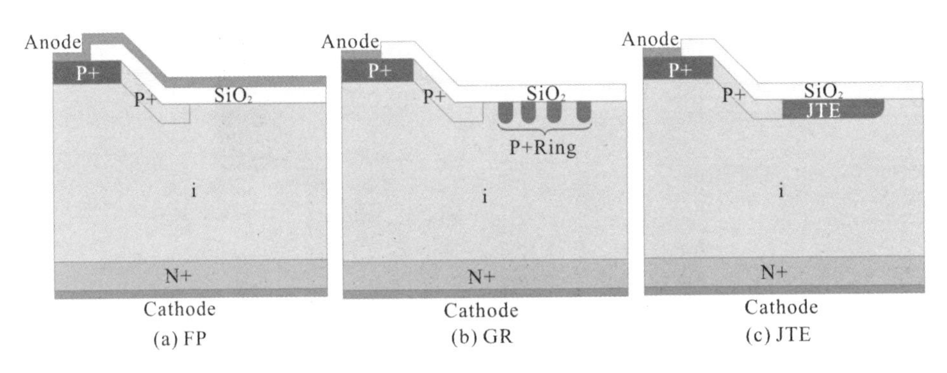

图 5.22 基于 PiN 器件的各终端结构剖面示意图

(Anode 表示阳极，Cathode 表示阴极)[17]

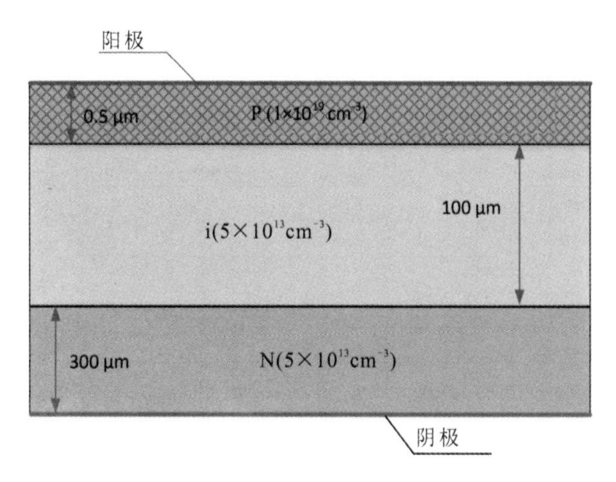

图 5.23　PiN 器件的基本结构及参数

3) JTE 终端长度的仿真

结终端扩展终端结构的长度对器件的最大电场峰值有一定的影响，为使探测器具有尽可能小的本征噪声，器件须具有尽可能小的最大电场峰值。对单区 JTE(Single-JTE)基 PiN[见图 5.22(c)]在不同掺杂浓度下，横向最大电场峰值随结终端扩展终端结构长度的变化趋势进行了仿真。由图 5.24 和图 5.25 的仿

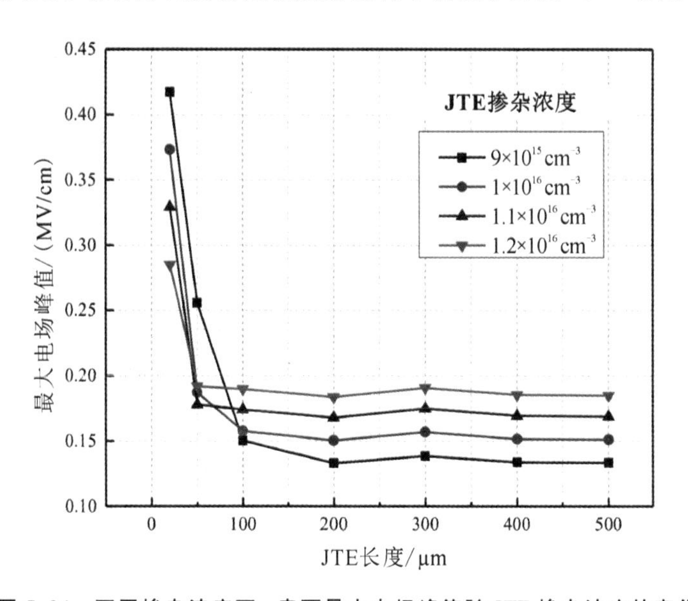

图 5.24　不同掺杂浓度下，表面最大电场峰值随 JTE 掺杂浓度的变化

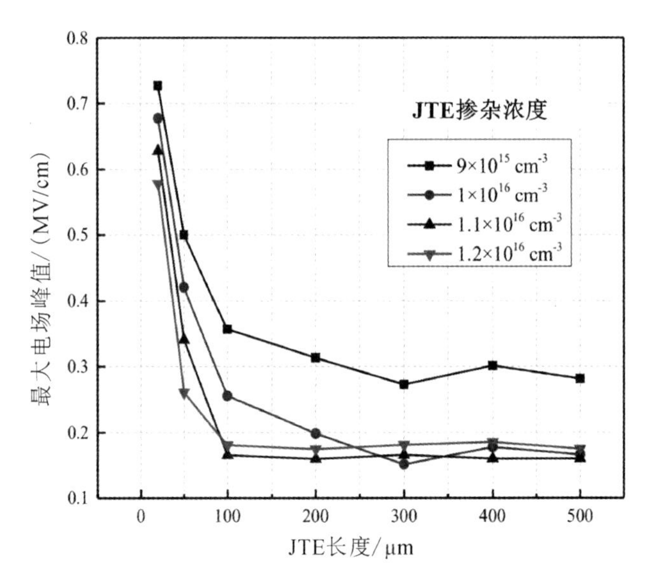

图 5.25　不同掺杂浓度下，体内最大电场峰值随 JTE 掺杂浓度的变化

真结果易得：在不同的掺杂浓度下，器件的表面最大电场峰值(主结表面截取的横向电场的最大值)和体内电场峰值(主结表面向下 0.5 μm 处截取的横向电场的最大值)随 JTE 长度的变化趋势基本一致，即随着 JTE 长度的增大而减小，最终达到饱和，这主要是因为 JTE 长度可以有效缓解主结边缘的单点电场集中效应，但当 JTE 长度达到一定值时，电场集中现象充分缓解，电场分布趋于稳定，此时横向电场分布的最大值也达到饱和，不再受 JTE 长度的影响。根据图 5.24 和图 5.25 的仿真结果和器件设计经验，将 JTE 总长度选定为 400 μm，这正好是 i 区厚度的 4 倍。

4) JTE 终端掺杂浓度的优化

在 JTE 总长度为 400 μm 条件下，对 Single-JTE 基 PiN 在 500 V 反向电压下表面最大电场峰值和体内最大电场峰值随 JTE 掺杂浓度的变化趋势进行仿真研究。根据图 5.26 的仿真易得：带有 Single-JTE 的 PiN 表面最大电场峰值和体内最大电场峰值随 JTE 掺杂浓度的变化趋势基本是一致的，均随着 JTE 掺杂浓度的增大先减小后增大，且在掺杂浓度小于最优掺杂浓度时，表面电场峰值的最大值显然小于体内电场峰值的最大值，当掺杂浓度大于最优掺杂浓度时，表面电场峰值最大值与体内电场峰值的最大值基本重合。理想情况下，JTE 的最优掺杂浓度为 $1\times10^{16}\ \mathrm{cm^{-3}}$。

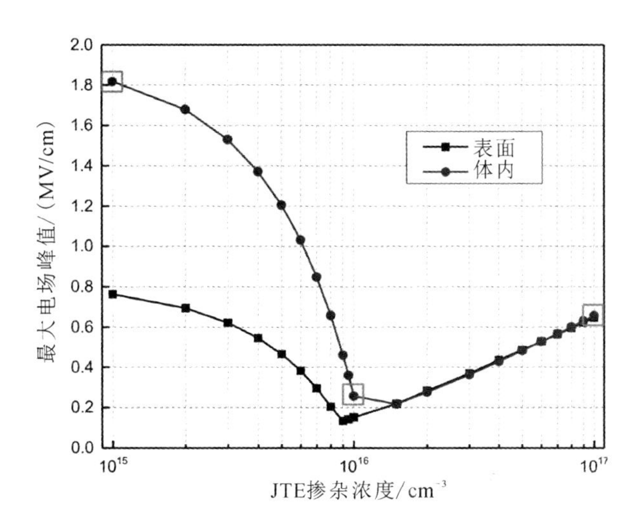

图 5.26　带有 Single-JTE 的 PiN 体内最大电场峰值随 JTE 掺杂浓度的变化

进一步，由于多区 JTE 对器件性能的提升更为有效，因此在 JTE 总长度为 400 μm 下，对双区 JTE[Double-JTE，Double-JTE 总长度为 400 μm，靠近主结的 JTE1 和远离主结的 JTE2 的长度均为 200 μm，即将如图 5.22(c)中的 JTE 区域分为掺杂浓度不同但长度相等的左右两部分]基 PiN 在 500 V 反向电压下表面最大电场峰值和体内最大电场峰值随 JTE 掺杂浓度的变化趋势也进行了仿真研究。其中，所述的 JTE 掺杂浓度对于 Double-JTE 是指 JTE1 区域的掺杂浓度，JTE2 区域的掺杂浓度均为 JTE1 区域的 1/2。图 5.27 与图 5.28 对

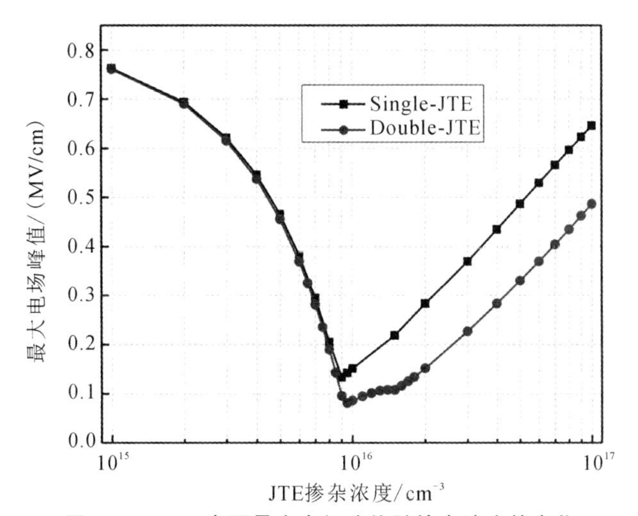

图 5.27　PiN 表面最大电场峰值随掺杂浓度的变化

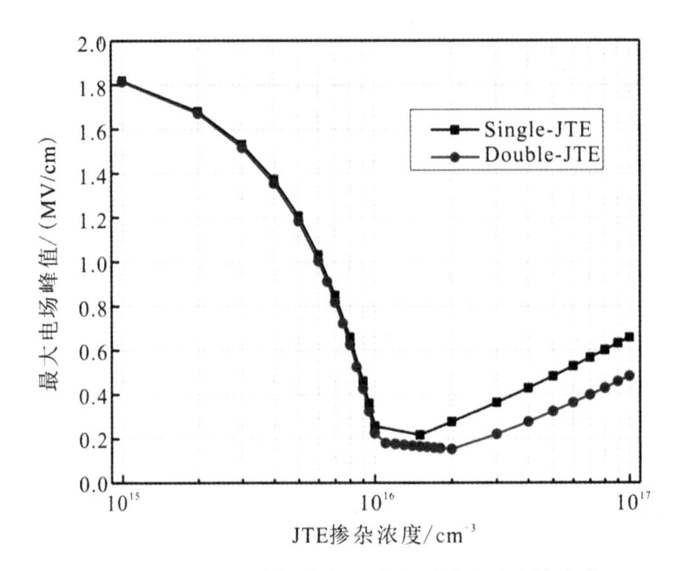

图 5.28　PiN 体内最大电场峰值随掺杂浓度的变化

比了带有 Single-JTE 和 Double-JTE 的 PiN 性能优劣，易得：在 JTE 掺杂浓度小于最优浓度时，带有 Single-JTE 和 Double-JTE 的 PiN 的表面最大电场峰值和体内最大电场峰值均重合，当掺杂浓度大于最优掺杂浓度时，带有 Double-JTE 的 PiN 表面电场强度峰值和体内电场峰值的最大值显然小于带有 Single-JTE 的 PiN，因此带有 Double-JTE 的 PiN 更有利于降低器件的反向漏电以减小探测器的噪声。

TCAD 器件仿真软件是强大的半导体器件仿真工具，除了前文叙述的仿真研究外，软件提供了完善的物理模型可供用户选择使用，用户可以对器件的特性进行全方位的模拟，以满足核辐射探测器应用的需求，这将为 SiC 核辐射探测器的结构设计与参数设定提供支持。

5.2　SiC 核辐射探测器对带电粒子的响应

5.2.1　带电粒子辐照响应仿真结果分析[22]

^{241}Am 源是最常用的放射源之一，常用其释放的 5.486 MeV α 粒子作为被

测粒子来检测探测器的脉冲幅度谱的探测性能。粒子进入 SiC 的距离越深，能量淀积就越多，产生的电子空穴对数目也就越多，也就是说不同能量的粒子在 SiC 产生的电子空穴对数目不同，相同能量的粒子以同一角度入射 SiC 时产生的电子空穴对数目相同。此外，探测器收集到的电子空穴对数目随着探测器灵敏区厚度的变化而改变。因此，探测器的输出特性与很多因素相关，包括粒子的入射角度、能量、偏置电压等。可利用 SRIM 软件得到次生粒子在 SiC 中的能量分布情况。

为了使得到的仿真结果可以与实验对比，使用文献[23]中的 4H－SiC 肖特基二极管探测器作为仿真研究的对象。结构如图 5.29 所示，其中衬底为 N＋型 4H－SiC，氮掺杂浓度为 1×10^{18} cm^{-3}，厚度为 360 μm；在衬底之上是 13 μm 厚的 N－型轻掺杂外延层，氮掺杂浓度为 1.5×10^{15} cm^{-3}，在施加的反偏电压下该层被耗尽成为探测器主要的灵敏区；阴极为 Ni/4H－SiC 肖特基接触，Ni 金属厚度为 0.1 μm，势垒高度约为 1.75 eV；阳极为 4H－SiC/Ni/Au 欧姆接触，Ni 金属厚度为 0.1 μm，Au 金属厚度为 6 μm。

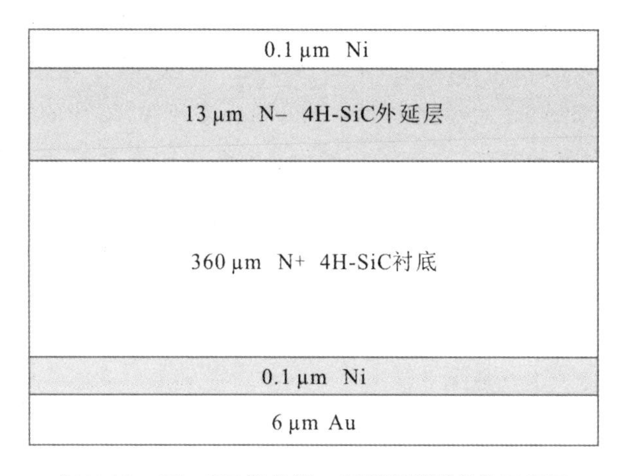

图 5.29　4H　SiC 肖特基二极管探测器结构示意图

5.486 MeV 的 α 粒子垂直入射 SiC 产生的能量分布如图 5.30 所示。由图 5.30 可知，α 粒子在 SiC 中的电离能随着入射距离的增大而增加，在增加至某一最大值后，电离能迅速减小至零。5.486 MeV α 粒子在 SiC 中的射程约为 18.26 μm，最大入射距离约为 19 μm。

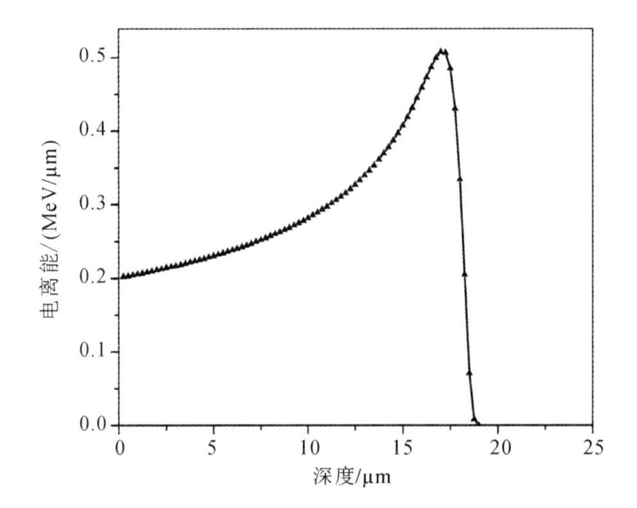

图 5.30　5.486 MeV 的 α 粒子在 SiC 中的能量淀积情况

器件偏压为 20 V 时，5.486 MeV 的 α 粒子以不同角度入射时探测器的输出电流脉冲如图 5.31 所示。在图 5.31 中，输出电流的脉冲高度和脉冲下降时间均随着入射角度的增大而增加。表 5.1 为通过 TCAD 软件仿真得到的不同偏压下 4H－SiC SBD 型探测器的灵敏区厚度。可以看到，偏压为 20 V 时，灵敏区厚度约为 3.56 μm，远远小于 5.486 MeV 的 α 粒子在 SiC 中的射程(18.26 μm)，因此随着入射角度的增加，α 粒子在探测器中淀积的能量越多，继而产生了更

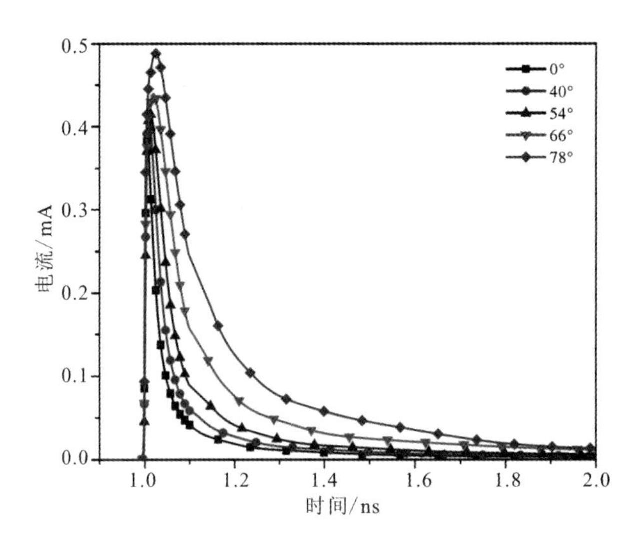

图 5.31　5.486 MeV 的 α 粒子在偏压为 20 V 时以不同角度入射的输出电流脉冲

多的电子空穴对，导致探测器的输出电流脉冲幅度增大。在偏压不变的情况下，电荷收集时间随着电子空穴对数目的增多而增加，因此脉冲下降时间随着入射角度的增大而增加。入射角度为0°时，峰值电流约为0.38 mA；入射角度为78°时，峰值电流约为0.49 mA。当灵敏区厚度远小于入射粒子的射程时，可以适当增大入射角度来提高探测电流。

表5.1　不同偏压下4H－SiC SBD型探测器的灵敏区厚度

反向偏压/V	灵敏区厚度/μm
20	3.56
80	7.18
140	9.74
240	12.75

不同偏置电压下，5.486 MeV 的 α 粒子垂直入射时探测器的输出电流脉冲如图5.32所示。随着施加的反偏电压的增大，探测器的输出电流脉冲高度明显增加。由表5.1可知，当施加的反向偏压为240 V时，耗尽层宽度约为12.75 μm，考虑到外延层的厚度为13 μm，因此可以认为，当偏压大于240 V时，耗尽层不再增大。当偏压小于240 V时，随着偏压的增加，肖特基二极管

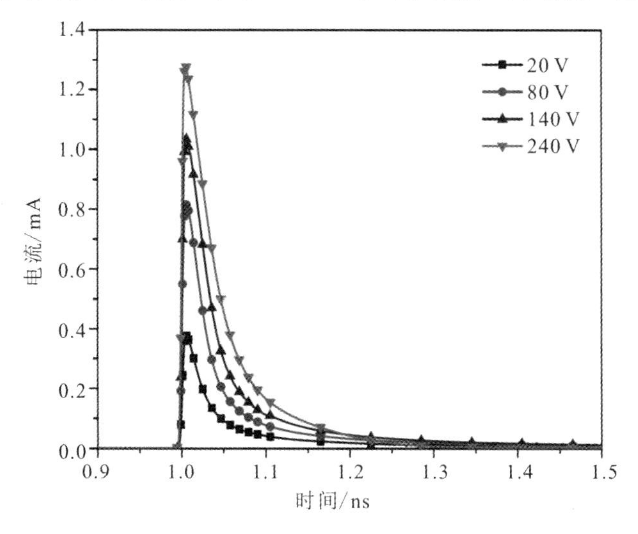

图5.32　5.486 MeV 的 α 粒子不同偏压下垂直入射时的输出电流脉冲

的耗尽区增大，即探测器的灵敏区厚度增加，产生了更多的电子空穴对，同时电场强度也增大，使得单位时间内收集到的电子空穴对数目也增多。综上，灵敏区的厚度和电场强度的增加，使得输出电流脉冲迅速增大。当偏压为 240 V 时，探测器的输出电流最大，约为 1.28 mA。这表明在耗尽层宽度小于外延层厚度时，提高工作电压可以增强探测器的输出电流。

理论上 α 粒子入射探测器时，在准直入射的情况下，即入射角度为 0°时产生的电子空穴对数目最多，因此根据 0°的输出电流脉冲计算所得的输出电压脉冲应该与 α 粒子能谱的峰值所在位置相互对应。根据准直条件下偏压分别为 20 V、80 V、140 V 和 240 V 的输出电流脉冲，计算得到不同偏压下探测器的输出电压脉冲，将其峰值电压与从实验测量能谱(见图 5.33)中提取的峰值所在沟道数绘制在同一图中，如图 5.34 所示。由图 5.34 可知，计算的不同偏压下的输出电压脉冲峰值与实验能谱峰值位置的走向一致，相对位置吻合较好。将 240 V 的输出电压脉冲峰值与实验能谱峰值所在沟道数对应，对其他输出电压进行处理，使其与沟道数保持一致，得到图 5.35。在图 5.35 中，可以发现输出电压脉冲峰值电压与能谱峰值位置稍有偏差，最大偏差量仅为 1.4%。考虑到噪声等因素的影响，偏差可忽略不计。

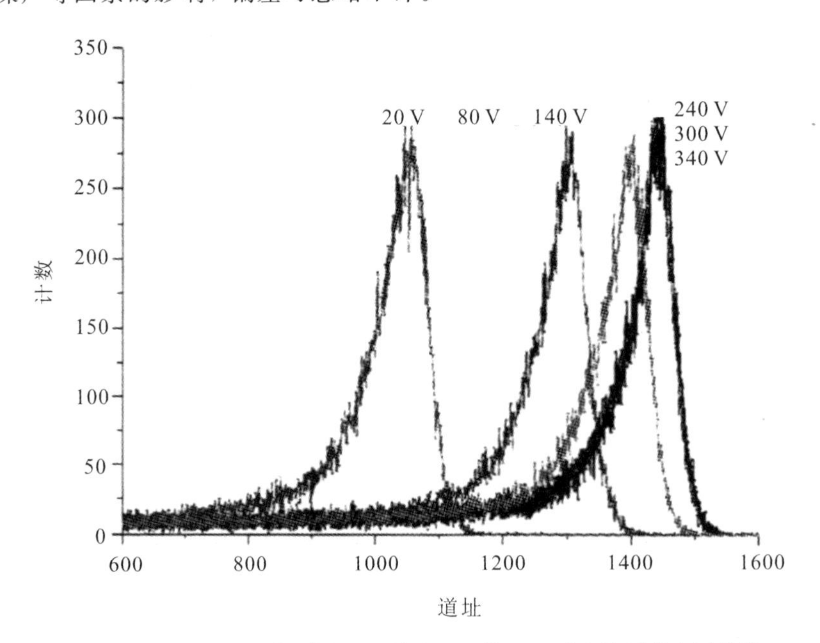

图 5.33　参考文献[23]中探测器在不同偏压下对 α 粒子的实测能谱

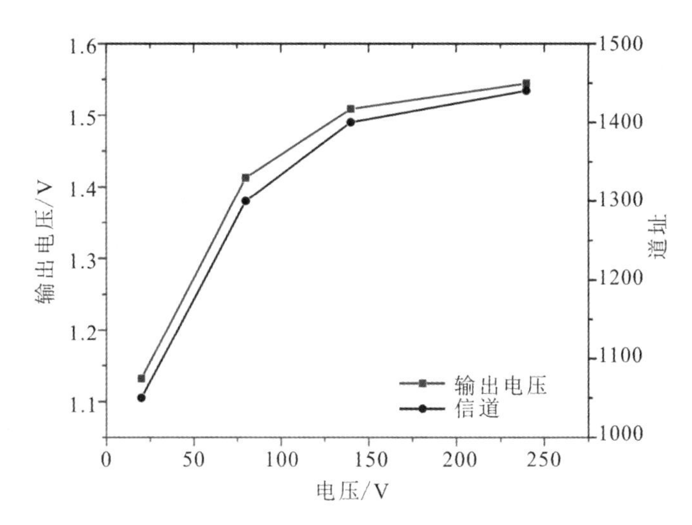

图 5.34　计算所得输出电压脉冲峰值与参考文献[23]报道的实验能谱峰值比较

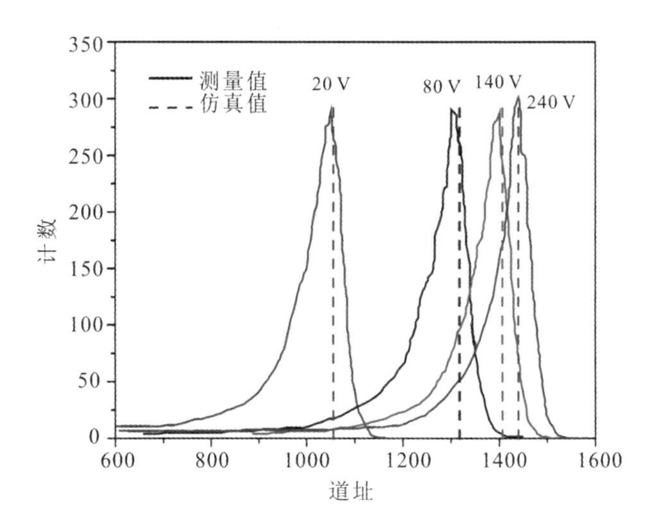

图 5.35　计算得到的峰值电压在参考文献[23]中的实验能谱上的位置

5.2.2　带电粒子辐照响应实验研究与分析

脉冲幅度谱测量实验平台如图 5.36 所示。脉冲幅度谱测量平台采用成套的 Ortec 电子学模块：高压电源通过 142 型前端放大器(142 前放)[24] 为探测器提供最高 1500 V 的偏压；探测器的输出电流脉冲首先通过电荷灵敏的 142 前放进行积分，而后经由 142 前放积分的信号输入 855 型成形放大器(855 主

放)[25]进行整形放大；经过成形的脉冲电压信号输入 927 型多道分析仪进行分析，并在电脑中输出能谱统计的结果；所有 Ortec 模块由专用的供电模块提供 12/24 V 的直流工作电压。这里选用 142 前放的“E 通道”(电流积分信号的衰减时间较长)；探测器和 142 前放之间的连接线应尽可能短(实验中约为 15 cm)，以保证获得良好的信噪比；在 α 粒子探测中，855 主放的成形时间设定为 1.5 μs，实际达峰时间应为 3.3 μs，实际成形脉冲的半宽为 4.95 μs。针对 ^{241}Am α 粒子，放大倍数为 50，以获得更好的信噪比并防止脉冲电压信号幅度超出量程；通过示波器可以观察 142 前放和 855 主放的输出情况，也可以将 855 主放的输出信号直接传输给 927 型多道分析仪进行脉冲幅度分析，进而统计形成所需的脉冲幅度谱。在测量 ^{241}Am α 粒子能谱时，^{241}Am 源与探测器一起置于大型铝合金屏蔽盒内。

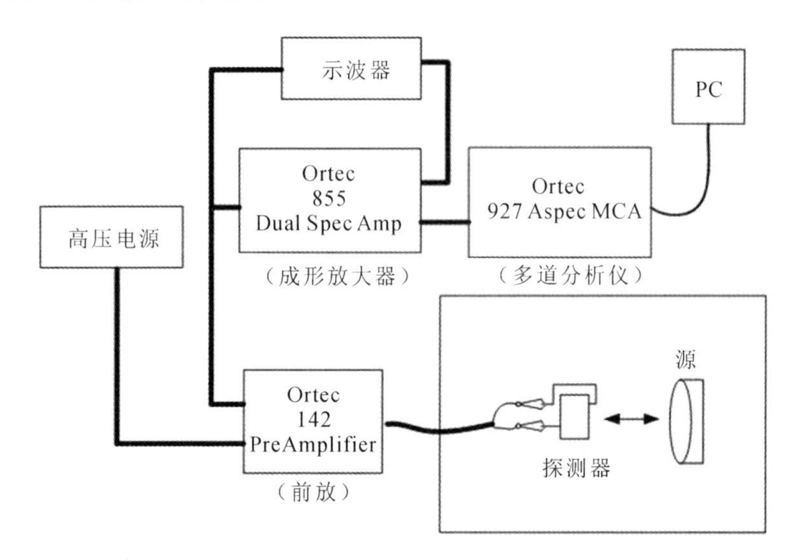

图 5.36 用于能谱测量的实验平台示意图

根据当前可实现的低掺杂厚外延水平，探测器的纵向结构如图 5.37 所示。实验前对探测器的 α 粒子辐照能谱进行仿真。采用 5.1.3 节中的方法计算器件的脉冲幅度谱，同时也将计算能量淀积谱进行对比。做一些简单的假设以便于计算：

(1) ^{241}Am 源的厚度较薄，即不考虑源自身对 α 粒子能量的消耗。

(2) 除了 Al 层 Pad 以外(2 μm)，尚有器件封装时用于连接欧姆接触与管壳铜面的 500 nm 左右的 Au 层。

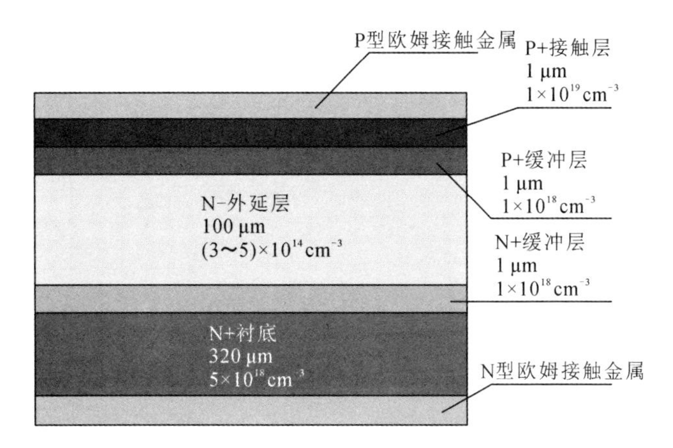

图 5.37　SiC - PiN 型辐照探测器的纵向结构示意图

(3) 经过摆放的源和探测器中心对齐，且源的发射面和探测器的接收面平行，如图 5.38 所示，与实际测量时的摆放条件相同。源可以近似为一个直径为 1 cm 的圆面，探测器接收面为边长 2 mm 的正方形，源和探测器间隔约 2 mm。

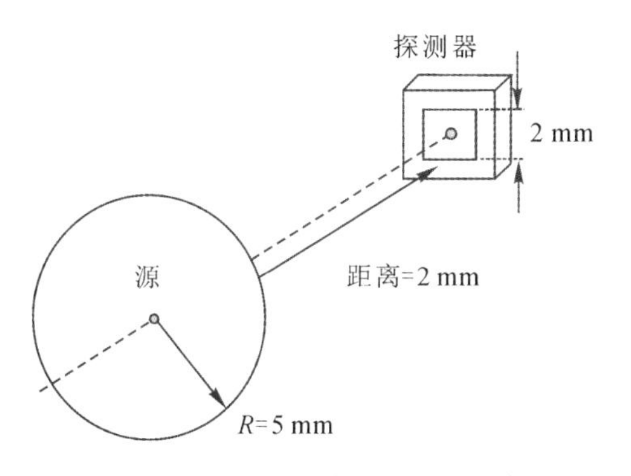

图 5.38　器件与源的相对位置示意图

根据上述条件，首先由 SRIM 软件计算 5.486 MeV 的 α 粒子以不同角度入射探测器时的能量淀积情况，如图 5.39(a)所示。根据图 5.39(a)所示的结果，结合插值以及蒙特卡罗方法，计算得到能量淀积谱，如图 5.39(b)所示。由于器件表面 2 μm 的 P＋欧姆接触层掺杂浓度达到 1×10^{18} cm^{-3}，即使在器件 3000 V 反偏的情况下也几乎没有空间电荷区，同时根据前述 SRH 模型中所示的载流子寿命与掺杂浓度的关系，P＋层中的载流子寿命极低。因此，这里同时给出忽略 P＋层内能量淀积时得到的能量淀积谱。

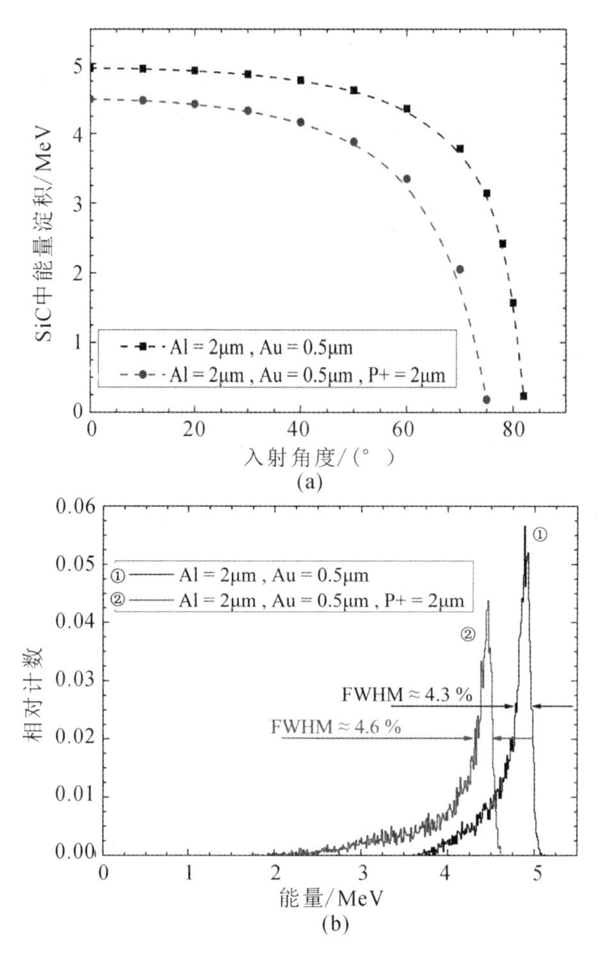

图 5.39　器件与源的相对位置示意图

图 5.39(b)中的能谱表现为单峰；同时，由于探测器表面存在一定厚度的金属，使得 α 粒子在 SiC 中淀积的能量较之理想的 5.486 MeV 偏低。考虑到放射源发射 α 粒子的方向是不确定的，不同角度入射时经由表面金属造成的能量衰减也是不同的，导致能量淀积谱向低能端发生畸离。在计入 P＋层损耗以及不考虑 P＋层能量损耗的情况，探测器针对 5.486 MeV α 粒子探测所得能谱的理论能量分辨率分别约为 4.6％和 4.3％。采用 5.1.3 节中的能谱计算方法，结合器件(记为 E1)实测外延层浓度参数与 SRIM 软件仿真计算得到的 α 粒子的能量沉积分布，可以重新计算探测器的脉冲幅度谱。将仿真及测试电压设为 30 V 和 200 V，分别对应于耗尽层厚度小于带电粒子射程以及耗尽层厚度大

于带电粒子射程的情况。仿真结果如图 5.40 所示，与图 5.39(b)所示的能量淀积谱的形状有所区别：由于器件的偏压发生了变化，30 V 时器件的耗尽层宽度约为 10 μm，而 200 V 时约为 26 μm，因此偏置电压为 30 V 时，谱线的最大电压小于 200 V。对于当前的器件设计，由器件结构及工作偏压引起的能谱展宽是有限的。由于能谱中的相对计数在脉冲电压幅度 2.6 V 以下时基本不发生变化，可以认为低电压情况下的更优能量分辨率是由电荷收集不完全导致的：以小角度入射的粒子理论上应该在 SiC 材料中淀积更多能量，进而产生更大的输出脉冲幅度，然而随着偏置电压的减小，小角度入射的粒子由更多的能量淀积在中性区，导致其实际的输出电压幅度有所下降，最终的计数在 3 V 附近产生了积累。

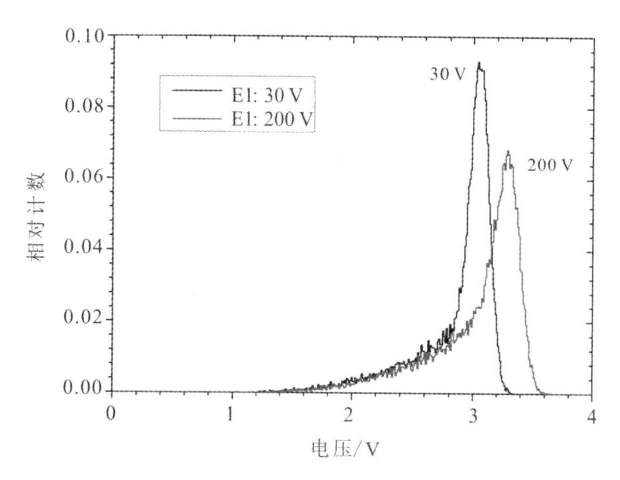

图 5.40　E1 号器件不同电压下的脉冲幅度谱仿真结果

测量 α 辐照能谱时，将 ^{241}Am 源和探测器一同置入铝合金屏蔽腔内，以防止空间中的电磁干扰噪声。探测器测得的脉冲幅度谱如图 5.41 所示，包括真空与非真空测量的对比以及真空条件下不同偏压的测量结果。非真空能谱中，器件在截断阈值以上，100 道以下，出现了具有一定统计特性的单峰，推测为外部供压线路引入的串扰，由于 142 前放以及探测器的偏置电压需要外部供压线路直接供电，因此此类噪声一旦出现就几乎无法避免。相较于真空中测量所得的脉冲幅度谱，非真空中测量的脉冲幅度谱存在显著的展宽现象，并且向低道址方向出现了明显漂移。真空能谱中，由于器件的最高工作电压为 350 V，可以发现当器件偏压达到 600 V 时能谱形状发生明显变化：低道数区域(100 道以下)出现了非常显著的噪声计数，特征单峰消失，出现一个计数量较少但

是向高能端畸离的小峰。正常工作的器件谱线线形与理想的能量淀积谱线形相近，有所展宽，不论在 30 V 还是 200 V 偏置条件下均为比较标准的单峰，对应的能量分辨率分别为 5.45%和 10%。脉冲幅度谱仿真结果基本与实验结果一致，由于仿真时并未考虑噪声可能引入的谱线扩展，仿真中 200 V 偏压的主峰较之实测值更尖锐。

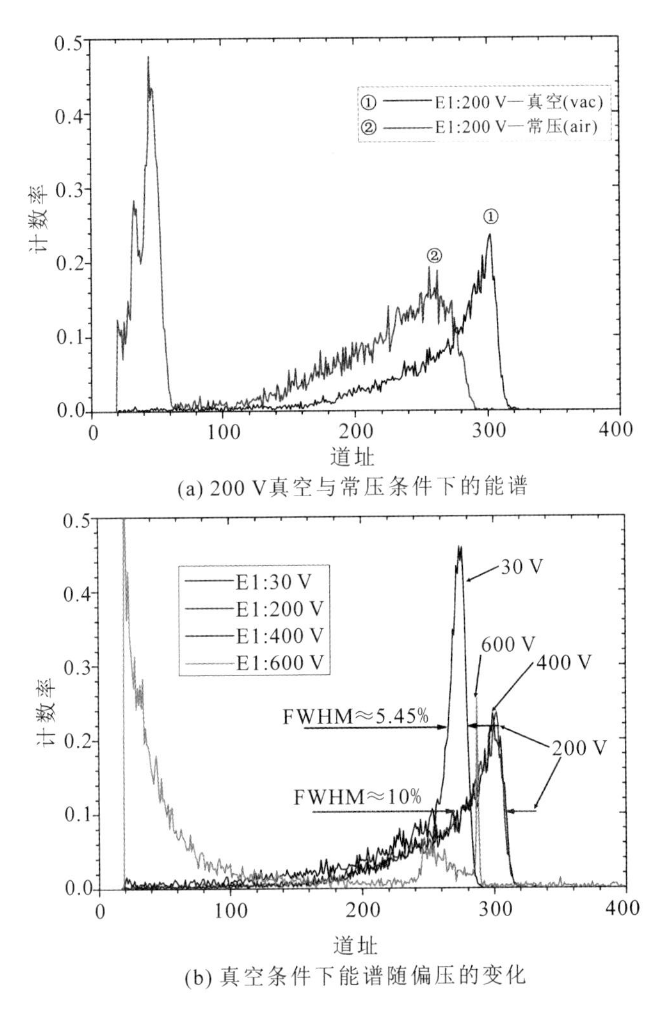

图 5.41　探测器 E1 测得的能谱

在其他国内研究方面，中国工程物理研究院的吴建、蒋勇研究团队[26-27]所制备的 SiC 核辐射探测器在 4.8～7.7 MeV 能量范围内 α 粒子的能量分辨率为 0.61%～0.90%，与国际上报道的高分辨 SiC α 粒子探测器的能量分辨

率相近。其研制的4H－SiC核辐射探测器为如图5.42所示的肖特基结构，外延层采用CVD同质外延工艺在4H－SiC单晶衬底上生长而成，欧姆接触采用电子束蒸发工艺并在1000℃下进行退火处理。同时，为减小保护层和电极构成探测器死层对入射带电粒子的能量损失和能量歧离，Si_3N_4和SiO_2保护层厚度均控制为0.1 μm，这使得6.0 MeV的α粒在探测器死层中的能损计算值仅为78.3 keV。4H－SiC器件灵敏区面积为25 mm^2，其余具体参数均在图5.42中标注。如图5.43所示，当外加反向偏压为200 V时，其漏电流仅为14.92 nA/cm^2。

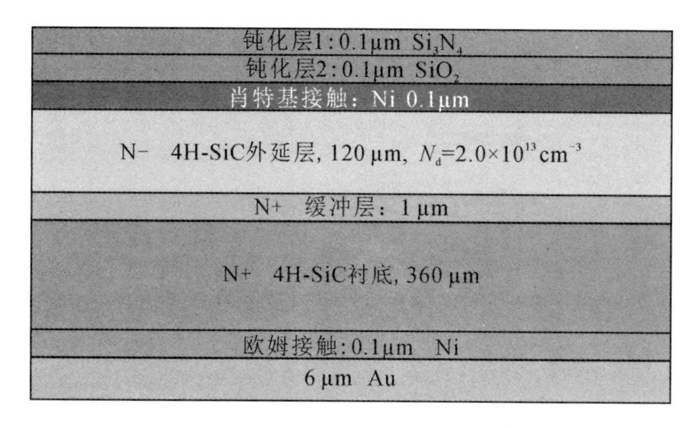

图5.42 4H－SiC肖特基二极管截面示意图

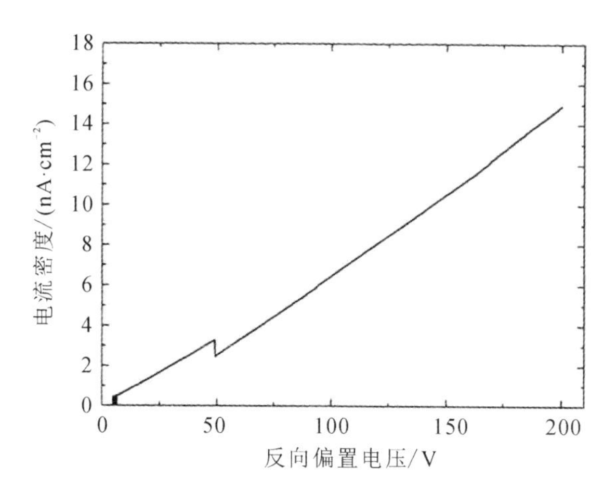

图5.43 4H－SiC漏电流密度随偏压的变化

实验布局如图5.44所示，与图5.36组成模块相同，但其在探测器与α源之间置入了准直器，对α粒子进行了简单准直。实验采用具有5种主要能量α

粒子的 ^{226}Ra 源进行实验，既可研究 4H－SiC 核辐射探测器对不同能量 α 粒子的能量分辨率，又可研究探测系统的能量线性，还可避免不同放射源之间因镀层厚度不一致带来的入射粒子能量误差，同时采用了 GM20VA 型金 Si 面垒型探测器在同条件下对 ^{226}Ra 源 α 粒子能谱进行测量，以便对比。

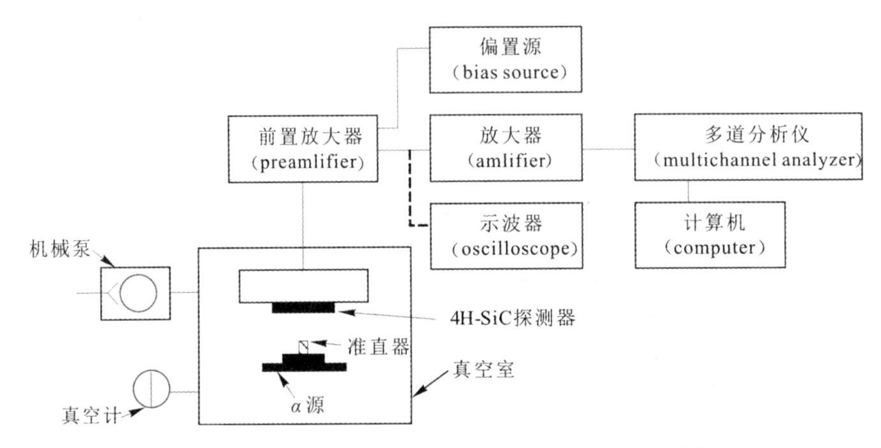

图 5.44　4H－SiC 核辐射探测器 α 粒子能谱测试实验布局

4H－SiC 核辐射探测器所得 ^{226}Ra 源的 α 粒子能谱如图 5.45 所示。表 5.2 是由图 5.45 所示能谱所得出的 4H－SiC 探测系统对 ^{226}Ra 源的 α 粒子能量分辨率。同时，对比 Si 探测系统测量结果(见表 5.2)可知，4H－SiC 探测系统的能量分辨率指标已经与目前十分成熟的 Si 探测系统分辨率指标相当。

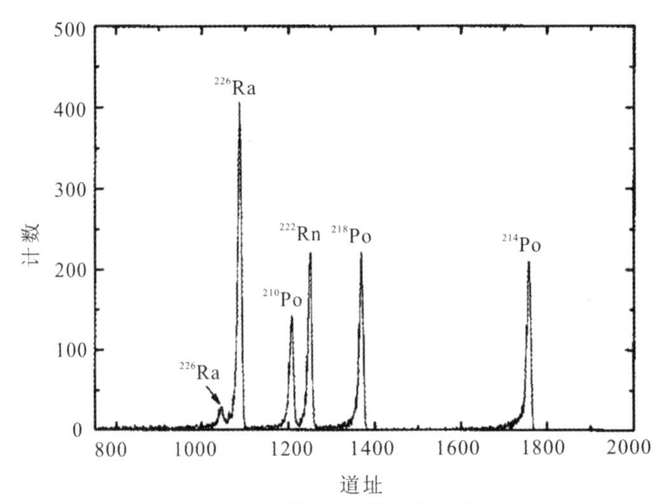

图 5.45　^{226}Ra 源的 α 粒子能谱

表 5.2　4H－SiC 探测系统对 ^{226}Ra 源的主要 5 种 α 粒子能量分辨率及与 Si 探测器比较

同位素	4H－SiC 中的能量分辨率/%	半高宽$_{SiC}$/keV	Si 中的能量分辨率/%	半高宽$_{Si}$/keV
^{226}Ra	0.90	42.41	1.55	77.97
^{210}Po	0.87	45.72	0.72	40.20
^{222}Rn	0.72	39.03	0.59	34.28
^{218}Po	0.61	36.34	0.60	37.88
^{214}Po	0.68	51.93	0.50	38.82

对于 4H－SiC 核辐射探测器构成的 α 粒子能谱测量系统，α 粒子能谱展宽由系统电子学噪声、探测器漏电流、载流子统计涨落、探测器死层、放射源 α 粒子能量展宽、α 粒子入射角度分布等因素造成，即 α 粒子能谱的半高宽(δ_{FWHM})有如下表达式[28]：

$$(\delta_{FWHM})^2=(\delta_{FWHM}^{e})^2+(\delta_{FWHM}^{l})^2+(\delta_{FWHM}^{s})^2+(\delta_{FWHM}^{d})^2+(\delta_{FWHM}^{a})^2 \tag{5-29}$$

其中，δ_{FWHM}^{e}是系统电子学噪声导致的能谱展宽；δ_{FWHM}^{l}是探测器漏电流导致的能谱展宽；δ_{FWHM}^{s}是 α 粒子在半导体中产生的载流子数目统计涨落导致的能谱展宽；δ_{FWHM}^{d}是 4H－SiC 的保护层和电极等构成的探测器死层导致的能谱展宽；δ_{FWHM}^{a}是放射源的 α 粒子能量分布和入射角度分布导致的能谱展宽。

吴建等人以表 5.2 中 ^{218}Po 核素发射 6 MeV 的 α 粒子为例，分析了各因素对能谱展宽的影响。采用精密脉冲发生器(Ortec 419)产生 6 MeV α 粒子的等效脉冲信号，注入图 5.44 所示系统中的前置放大器，从而可实验测得式(5－29)中前两项对能谱展宽的贡献，其均方根值为 13.02 keV。载流子统计涨落导致的能谱展宽[29]公式如下：

$$\delta_{FWHM}^{s}=2.35\sqrt{F\varepsilon E} \tag{5-30}$$

式中，F 为法诺因子，取 0.128[30]；ε 为 4H－SiC 中产生一对电子空穴对所需的平均能量，取 7.28 eV[30]；E 为入射 α 粒子的能量。由此，6 MeV α 粒子在 4H－SiC 核辐射探测器中的 δ_{FWHM}^{s}估计为 5.56 eV。由于测量系统中采用了准

直系统，式(5-29)中量 δ^{a}_{FWHM}项的贡献可忽略。因此，结合表5.2中的实验结果，4H-SiC核辐射探测器的保护层和电极等构成的探测器死层导致的能谱展宽 δ^{d}_{FWHM}可估计为33.47 keV。可见 Si_3N_4和 SiO_2保护层和Ni电极构成的探测器死层是造成4H-SiC核辐射探测器对α粒子所测能谱展宽的主要因素。此外，在图5.45的基础上，进一步研究该4H-SiC探测系统对4.8～7.7 MeV能量范围内α粒子的能量线性，结果如图5.46所示。由图5.46可见，该探测器构成的测量系统在上述能量范围内的线性度非常好(线性相关系数 R=0.99999)，这正是半导体探测器的优势之一。由吴建等人制备得到的高分辨率α探测器的实验结果及分析可以得到其极低能量分辨率的原因主要有如下几点：① 低掺杂的厚外延层：在较低偏压下达到了外延层的完全耗尽，α粒子射程小于耗尽区厚度，其在探测器中沉积的能量可被完全收集，进一步减小了能量歧离；② 能量准直系统的采用；③ 极低的漏电流；④ 薄死层厚度。

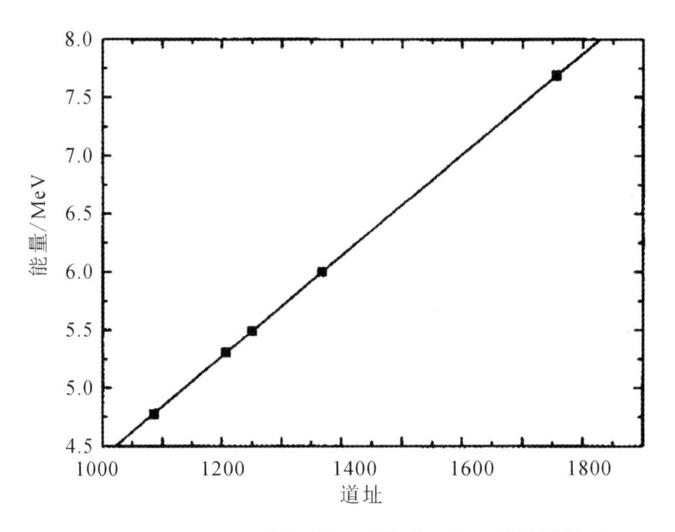

图5.46　4H-SiC核辐射探测器对α粒子的能量线性

国外研究方面，2015年，斯洛伐克学院的Zat′ko等人[31]制作并表征了作为α粒子探测器的4H-SiC肖特基二极管，采用仅为15 nm的Ni/Au肖特基薄接触层来减小其对α粒子能量歧离的影响。该探测器的电流-电压特性显示其在室温下的反向漏电流密度在700 V偏置下仅为0.3 nA/cm²。最佳能谱性能分析表明，在反向偏压为200 V的脉冲高度谱中，对于 ^{241}Am 发射的5.486 MeV α粒子的能量分辨率仅为0.25%。对比前述吴建等人的研究，

进一步证明了探测器死层是造成 4H－SiC 核辐射探测器对 α 粒子所测能谱展宽的主要因素。

5.3　SiC 核辐射探测器对 X 射线的响应

5.3.1　脉冲 X 射线瞬态响应实验

随着科技的不断进步，诸如散裂中子源、脉冲反应堆等新型设备不断投入运行。这些设备的一项重要特点即是在极短的时间内产生大量粒子[32]。这种情况下，正如第 2.3.2 节所述，我们需要探测器的输出信号能够准确地反应被测粒子群整体的时间过程。现代脉冲辐照探测对探测器时间性能的要求已经达到纳秒甚至亚纳秒量级[33]。脉冲 X 射线瞬态响应实验使用如图 5.37 所示的探测器结构，实验装置如图 5.47 所示。

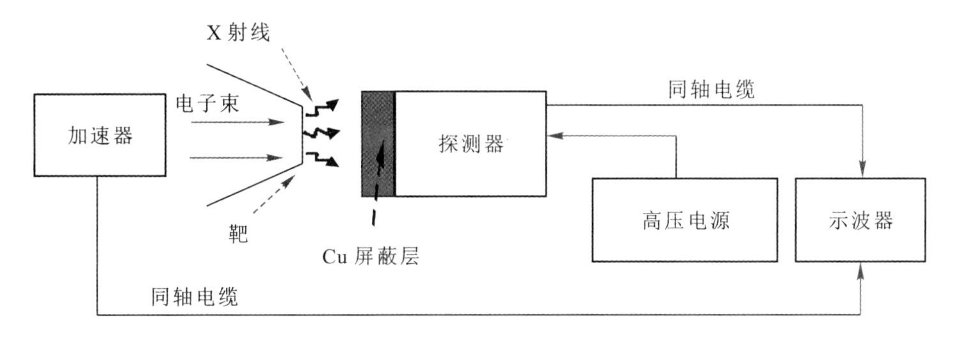

图 5.47　脉冲 X 射线实验装置示意图

加速器产生的高能电子束轰击 Be 靶，形成一个近似 2π 方向的 X 射线放射源，射线能量约为 60～70 keV；SiC 核辐射探测器及用于提供探测器偏置回路的电学元器件置于屏蔽盒内，盒前方开口并覆盖多层薄 Cu 片，以隔绝其他高能带电粒子的干扰；加速器触发信号以及探测器输出脉冲经由不同的同轴电缆输出示波器。探测器外电路如图 5.48 所示。如前所述，测量脉冲辐射时，瞬间产生的探测器信号强度极大，因此通常在高压电源两端连接一个额外的电容作为电荷缓存，以保证探测器两端电压稳定。探测器产生的电流脉冲流经示波器的 50 Ω 电阻 R_s 转变为示波器上显示的电压脉冲。测试过程中传输信号的导线较长，故在电路模型中引入电感 L。

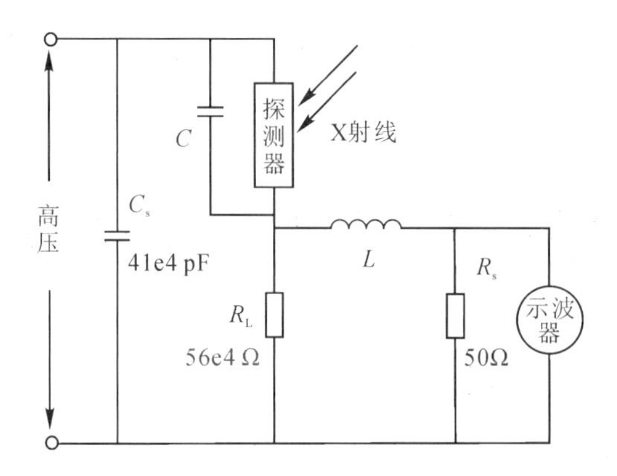

图 5.48　测量脉冲 X 射线时，器件外接电路示意

由于存在工艺波动，实验分别对编号为 E1、G 与 F 的器件进行了测试，C－V 测试得到的器件平均掺杂浓度 N_D与内建电势 φ_{bi}的关系如表 5.3 所示。

表 5.3　线性拟合 $V-1/C^2$ 曲线提取 N_D和 φ_{bi}

器件编号	$N_D/(\times10^{14}\,cm^{-3})$	φ_{bi}/eV
E1	3.544	3.734
G	3.098	3.145
F	2.641	2.893

图 5.49(a)给出了 E1 号器件的脉冲响应，偏置电压为 400 V。该脉冲反映了这批器件的一般特性：探测器输出脉冲峰值附近存在明显波动；主脉冲响应约为 15 ns，脉冲半高宽约为 7.5 ns；脉冲上升沿约为 3 ns；下降沿约为 10 ns，并且存

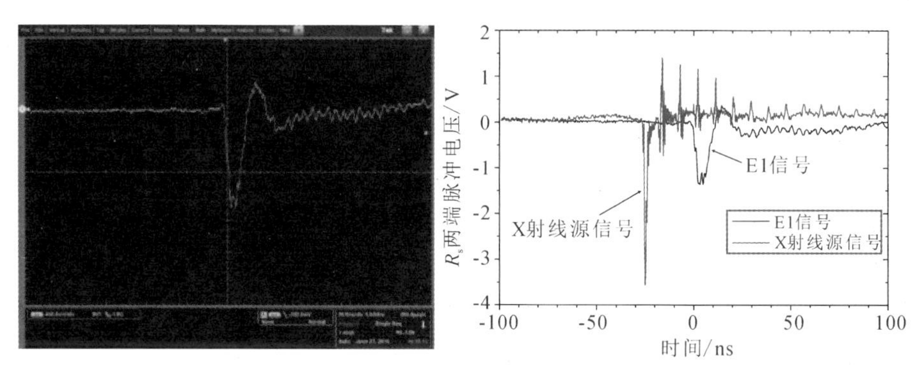

图 5.49　E1 器件在 400 V 偏置时测量的脉冲 X 射线响应

在一定过冲现象；脉冲结束后，尽管信号能够较快地回归基线，但是信号在基线附近仍然存在较长时间的震荡，震荡持续约 200～300 ns。作为参考，在图 5.49(b)中同时画出加速器的触发监控信号和对应的 E1 号器件输出脉冲：触发信号的上升沿约为 0.75 ns，下降沿约为 2 ns，脉冲半高宽约为 1 ns。探测器信号与触发信号之间存在约 25 ns 的延时，这是因为传输探测器信号的同轴电缆较长。触发信号的主脉冲结束后可以观察到明显的信号抖动，原因是设备接口老化，对探测实验不会造成影响。

为了方便比较，以监控信号脉冲的幅度作为归一化标准，不同器件在反向偏置 400 V 时的输出脉冲信号的相对幅度如图 5.50 所示。G 号器件的相对脉冲幅度最高而 F 号器件的相对脉冲幅度最低，该结果与以上 3 个器件的平均掺杂浓度并不存在对应关系。通常随着有效载流子浓度降低，空间电荷区展宽，更有利于电子空穴对的分离收集，从而形成了更大的输出脉冲。推测可能和每次电子束脉冲的激发效率波动及器件本身的载流子寿命有关。图 5.51 给出了 F 号器件在不同偏置下的输出电压脉冲。随着 F 号器件偏压增加，输出脉冲幅度也出现了显著增加，但上升时间、下降时间、半高宽等参数并未显著变化；同时后续的信号振荡幅度，特别是在反偏 600 V 的情况下，出现了增加。这意味着，减小器件电容可能导致了进一步的阻抗不匹配。作为对比，图 5.52 给出了产品级 Si－PiN 探测器的输出脉冲信号，需要注意的是，该脉冲信号经过 1/10 衰减。Si－PiN 探测器的输出脉冲强度明显强于 SiC 器件，原因可归结为以下主要几点：Si 原子对 X 射线的吸收能力强于 C 原子，同时 Si－PiN 的面积更大，半绝缘 i 层更厚，掺杂也更低，使得其有效的 X 射线吸收体积大于 SiC 核辐射探测器；此外，Si 作为窄禁带半导体，其激发一对电子空穴对所需的平均能量(约 3.6 eV)小于宽禁带半导体的 SiC(约 7.8 eV)，单个 X 射线光子在 Si 中可以激发出更多电子空穴对，形成更大的脉冲电流。Si－PiN 探测器的脉冲波形近乎三角形，主脉冲本身几乎没有抖动；上升沿和下降沿基本对称；上升时间为 3 ns，脉冲半高宽为 4 ns，主脉冲响应约为 7 ns；相较于 SiC 核辐射探测器在主脉冲过后的过冲振荡以及长时间基线偏离，Si－PiN 探测器的输出在主脉冲结束后仅出现轻微振荡，随即迅速恢复到基线水平。这里由于 SiC 器件使用的外电路为匹配 Si－PiN 探测器的外电路，进一步针对 SiC 器件的电路优化应当可以在很大程度上消除信号振荡并加速信号回归基线。此外为了进一步提高 SiC 基探测器的探测效率，提高 SiC 基探测器的输出脉冲信号强

度，需要制备面积更大的 SiC 基探测器，同时，由于器件面积增加，导致器件电容增大，可能影响脉冲的时间特性，增加器件的上升时间和下降时间，进而需要进一步降低外延层的掺杂浓度，外延材料质量需要进一步提高，位错密度需要进一步降低。

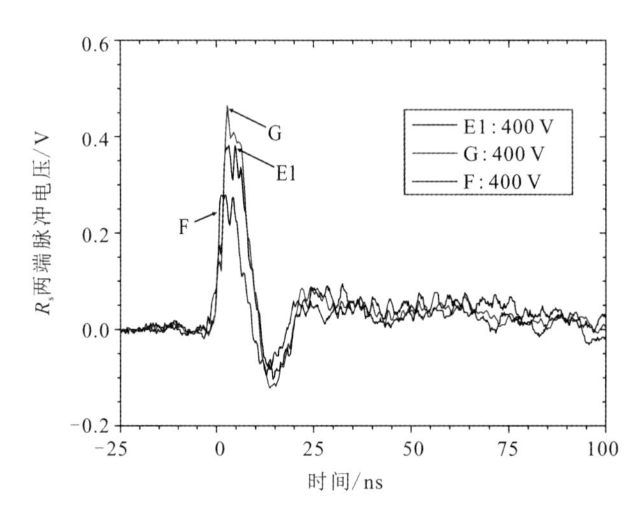

图 5.50　以触发监控信号脉冲的峰值为标准的归一化脉冲信号

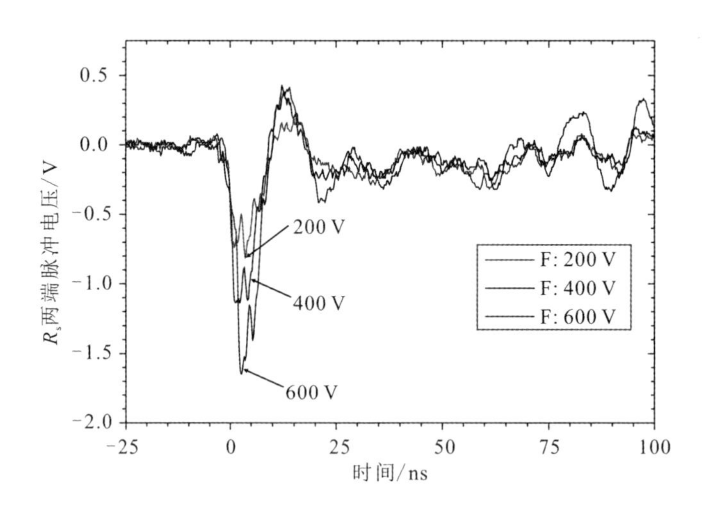

图 5.51　F 号器件在不同偏压下探测所得的脉冲信号

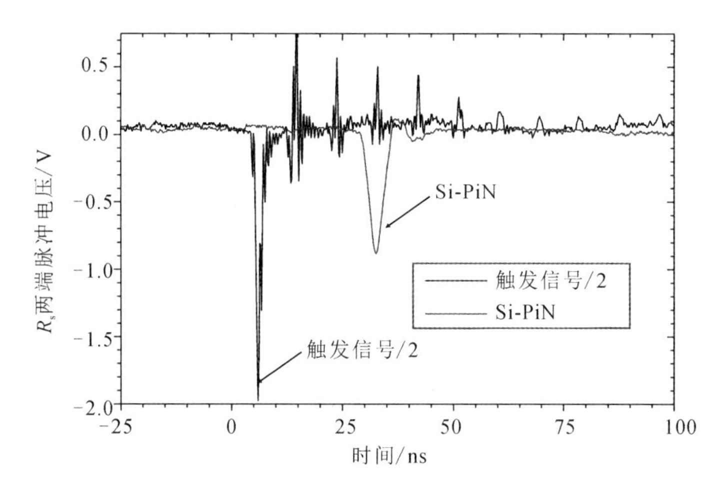

图 5.52　产品级 Si - PiN 探测器，经过 1/10 衰减的输出脉冲信号

5.3.2　脉冲 X 射线瞬态响应仿真分析

由于触发监控信号与实际脉冲强度的关系未知，而脉冲电压的输出幅度远小于探测器的偏置电压，因此在 Sentaurus TCAD 仿真中不考虑器件两端偏置电压对输出信号产生的影响；加入激励信号后，我们只关心输出脉冲电流信号的波形变化，不考虑信号绝对值的大小。首先由于监控信号中存在周期性的噪声，采用 Matlab 的快速傅里叶变换函数 FFT 分析图 5.53(a)所示的触发监控信号，其在不同时间区间的频谱如图 5.53(b)所示。

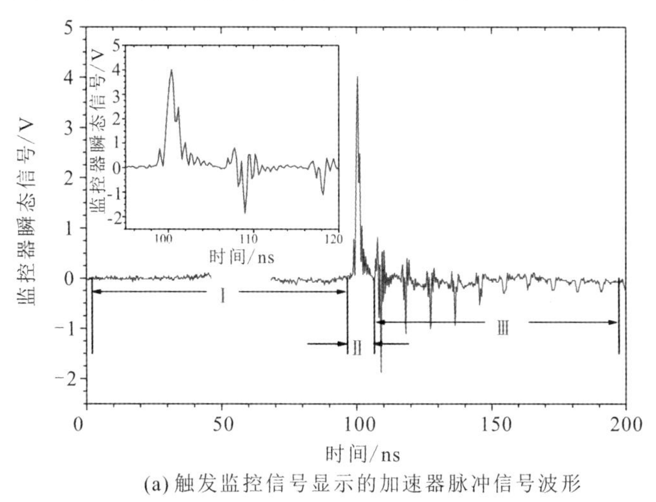

(a) 触发监控信号显示的加速器脉冲信号波形

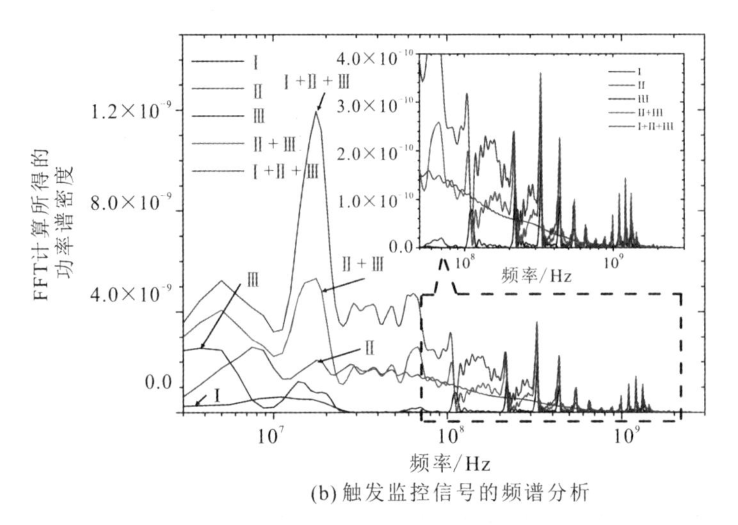

(b) 触发监控信号的频谱分析

图 5.53　加速器触发脉冲信号分析

适当滤去一部分噪声后，用

$$V=\begin{cases} 0, & t<0 \\ 5.24\mathrm{e}^{-0.85\times 10^{9}t}, & t\geqslant 0 \end{cases} \tag{5-31}$$

表示监控信号的脉冲信号波形，如图 5.54 所示。而 Sentaurus TCAD 输入的 X 射线脉冲信号波形与该波形保持一致。由于 Sentaurus TCAD 将 X 射线辐照描述为一段时间内的载流子均匀产生，这里需要将脉冲波形进行量化。在 Multisim 软件中搭建如图 5.48 所示的回路，将其中的探测器视作一个电流源，

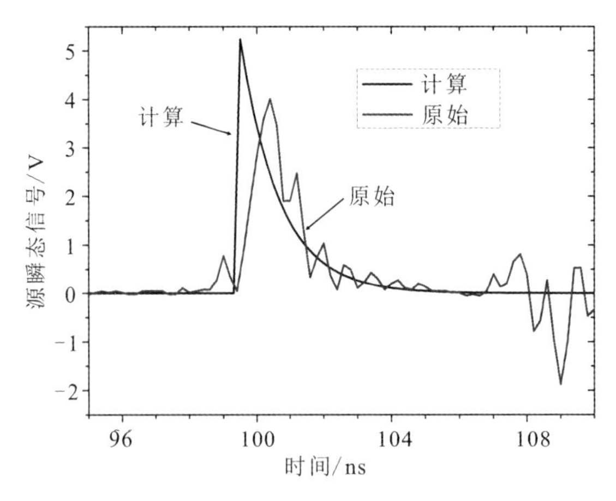

图 5.54　滤波拟合后的监控脉冲波形

通过 Sentaurus TCAD 软件计算对应的输出电流脉冲(如图 5.55 所示)，并代入其中。用于实验信号传输的同轴电缆，其寄生电感 L 约为 250 nH，仿真计算所得的探测器的电容在偏置电压为 400 V 时约为 29 pF，仿真所得的电压脉冲波形如图 5.55 中所示。信号的振荡周期略小于实测信号。当 Multisim 仿真中的电容达到 40 pF 时，仿真结果与实验结果基本一致，其间的差距可能是由封装管壳或是同轴电缆的寄生电容引起的。

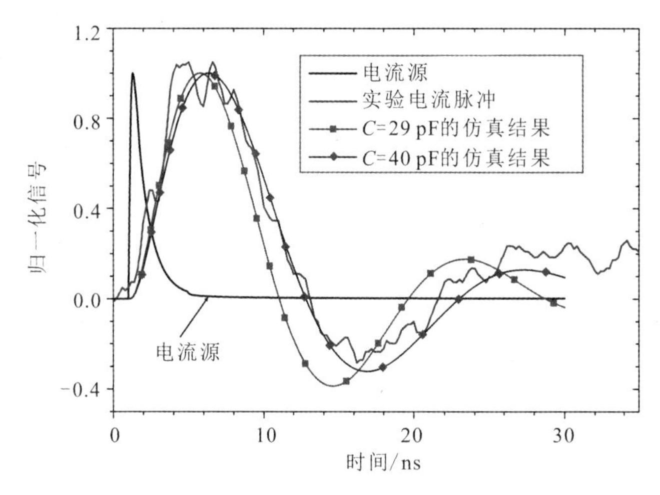

图 5.55　X 射线输出脉冲波形的实验与仿真结果比较

5.4　SiC 核辐射探测器对不同能量中子的响应

因为新型中子探测器具有更低的工作电压、更快的电荷收集速度以及尺寸紧凑的优点，近年来对半导体中子探测器的需求不断增加，已成为其他类型探测器的替代品，被用于核反应堆功率控制，核武器或裂变材料探测以及药物检查等应用[34]。由于 SiC 具有宽带隙(4H - SiC，3.26 eV)、优异的导热系数(1.3 cm^{-1} • K)、高移位阈能(E_{dsi}=35 eV，E_{dc}=25 eV)以及辐照耐受性[35]的特点，它在中子探测中被认为是一种很有前途的材料，特别是在恶劣的环境中；SiC 核辐射探测器被用于热中子、超热中子、快中子通量率和光谱分析测量。此外，薄中子转换器层(例如，^{6}LiF 或 ^{10}B)也被用来提高 SiC 核辐射探测器的探测效率[36-39]。

5.4.1 热中子探测性能研究

作为核辐射探测器的重要应用，以往对半导体中子探测器的研究大多集中在结构设计上，以提高探测效率[40]，少数集中在单带电粒子入射探测器的脉冲输出上[35]。正如前文所描述的，虽然可以通过计算能量沉积谱对脉冲输出进行近似，但却未考虑器件工作条件的影响，也很少对脉冲幅度谱进行仿真计算。接下来将利用5.1.3节中叙述的方法，以中子俘获反应生成的带电粒子在探测器中产生的单粒子脉冲输出为基础，对SiC热中子探测器脉冲幅度谱的计算过程进行详细介绍。

因为中子本身不带电，无法直接激发载流子，因而需要首先发生核反应产生次级带电粒子，再通过这些次级带电粒子电离激发大量电子空穴对，进而通过收集这些电子空穴对完成中子探测。由于Si原子和C原子与热中子的反应截面都较低，因而需要借助^{6}Li、^{10}B之类热中子俘获截面较大的原子首先俘获中子并发生核反应，放出带电的次生粒子，进而完成热中子探测。这么做可以极大地提高探测器针对热中子的探测效率。作为参考的数据源于文献报道[2]，器件结构如图5.56所示，P+层厚度为2.5 μm，对应掺杂浓度大于1×10^{18} cm^{-3}；i层厚度约为30 μm，对应掺杂浓度为1×10^{14} cm^{-3}；P型欧姆接触金属为Ni(30 nm)和Au(200 nm)；外置9 μm的^{6}LiF转换层。探测器在零偏条件下工作，其能谱已在图5.1(a)中给出。

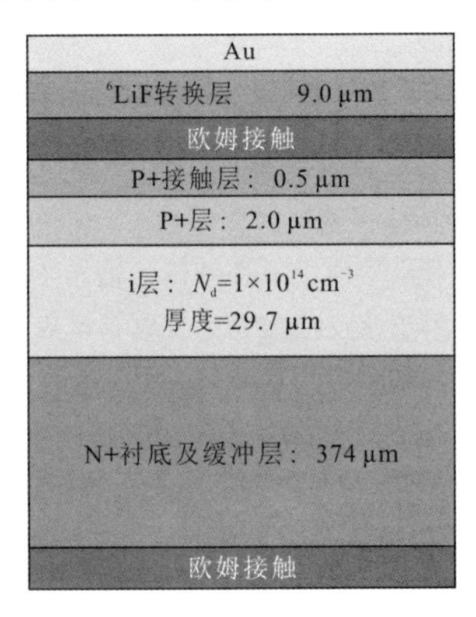

图5.56 PiN结型SiC热中子探测器结构示意图[2]

热中子与^{6}Li原子发生核反应，产生两个带电粒子，反应公式如下：

$$^{6}\mathrm{Li}+\mathrm{n}\rightarrow\alpha(2.05\ \mathrm{MeV})+{}^{3}\mathrm{H}(2.73\ \mathrm{MeV})\quad(Q=4.78\ \mathrm{MeV})$$

(5-32)

由于热中子(0.0253 eV)能量较之于反应产生的能量极小，根据动量守恒基本可以认为核反应产生的α粒子和^{3}H粒子的发射方向随机且二者的发射方向完全相反，其示意图如图5.57所示。因此满足一次仅有一个带电粒子由探测器外部入射的条件。通过分别计算α粒子和^{3}H粒子对应的脉冲幅度谱而后相加即可得到所需的脉冲幅度谱仿真结果。考虑到转换层的厚度相较于这两种带电粒子在其中的射程不可忽略，为了获得α粒子和^{3}H粒子各自的能量E-角度θ分布，为(E_{rand}，θ_{rand})的产生提供依据，这里需要根据文献中[2]提供的器件大小和转换层厚度，在FLUKA(MC软件的一种)中绘制仿真所需的靶材(Target)。随后利用材料(Material)和化合物(Compound)模块定义所需的^{6}LiF、接触金属和SiC材料，并引用低能中子反应截面(Low-Mat)模块修正各种靶材的中子俘获截面大小。随后在SiC与接触金属的界面设置统计区域，并利用URSBDX模块统计两种带电粒子通过预设统计区域瞬间持有的粒子能量以及发射方向。作为对比，图5.1(b)为利用FLUKA代码计算得到的各种能量与角度(E_{rand}，θ_{rand})的带电粒子入射SiC材料得到的能量淀积谱，在图5.1(a)中可以观察到具有两个峰的脉冲高度谱，但是在计算得到的能量淀积谱中却没有找到。结果表明偏置条件是影响输出能谱形状的一个重要因素。

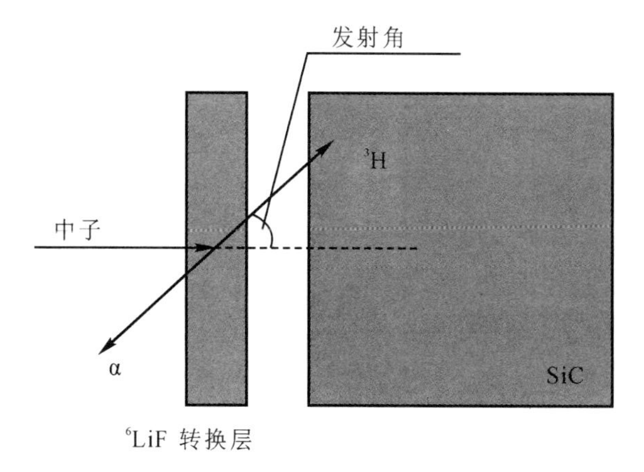

图5.57 使用^{6}LiF转换层的热中子检测示意图

1. 计数计算

首先，分析相对中子灵敏度，其定义为在 SiC 中计算得到的反应产物总数除以入射中子的总数，它是 ^{6}LiF 中子转换器层厚度的函数。计算从 ^{6}LiF 逸出到 SiC 的 ^{3}H 和 α 粒子，并将其归一化到每个中子。这两个计数的总和即为相对中子灵敏度。结果如图 5.58(a)所示，与参考文献[42]中的结果几乎相同。灵敏度在 25 μm 和 30 μm 之间达到峰值，几乎与 ^{3}H 计数相同，然后灵敏度随着转换层厚度增加而降低。该结果表明 2.73 MeV ^{3}H 在 ^{6}LiF 中具有约 30 μm 的射程。在垂直入射的情况下，在 ^{6}LiF 中的2.73 MeV ^{3}H的通量如图 5.58(b)所示。将 ^{6}LiF 层的厚度设定为 25 μm，以确保足够高的灵敏度，绘制基于发射角的带电粒子的相应图谱。FLUKA 仿真获得的带电粒子在金属电极与 SiC 界面的能谱如图 5.59 所示。α 粒子从 0.15 MeV 到 2.05 MeV 计数，能量小于 0.15 MeV 的粒子被忽略，这是因为它们的射程与 P+层的厚度相当，因而产生的脉冲高度可忽略不计。^{3}H 粒子从 0.15 MeV 到 2.75 MeV 计数，与 α 粒子相同的原因，能量小于 0.15 MeV 的粒子也被忽略。对于 α 或 ^{3}H 粒子，计数随角度范围而变化的趋势是完全相同的。可以推测，计数会随着角度的增加而增加，并在 20°和 40°之间达到峰值，然后减小。对于能量范围在 0.15 MeV 到 0.35 MeV 的 ^{3}H 粒子观察到一个例外，峰值在 40°和 54°之间出现。这种趋势可能是两个因素导致的：对于具有特定能量沉积的带电粒子，发射角 θ 的增加是指从反应点到 ^{6}LiF/SiC 边界的距离 L 减小，因此计数减少。另一方面，θ 附近的立体角可写作 $\sin(\theta)\,d\theta$，因此 θ 附近的立体角随 θ 增大，导致计数增加。结果，观察到随角度范围变化的计数趋势。计数的趋势随能量沉积而变化，

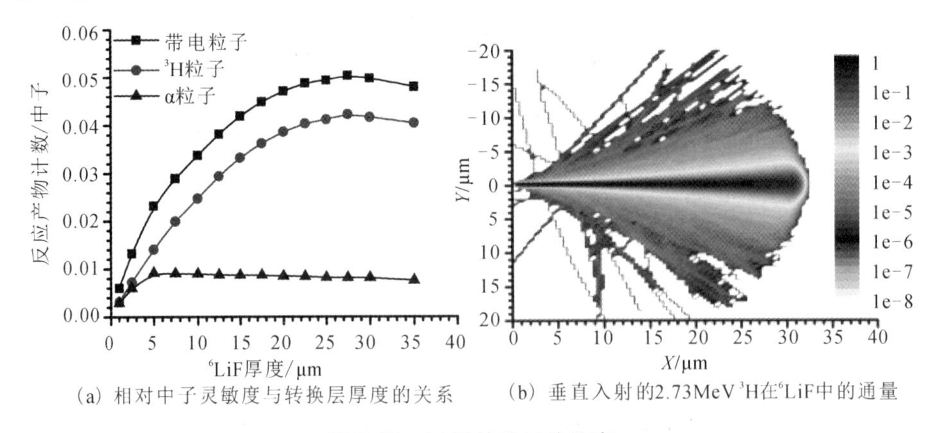

(a) 相对中子灵敏度与转换层厚度的关系　(b) 垂直入射的2.73MeV ^{3}H在^{6}LiF中的通量

图 5.58 ^{6}LiF 转换层的仿真

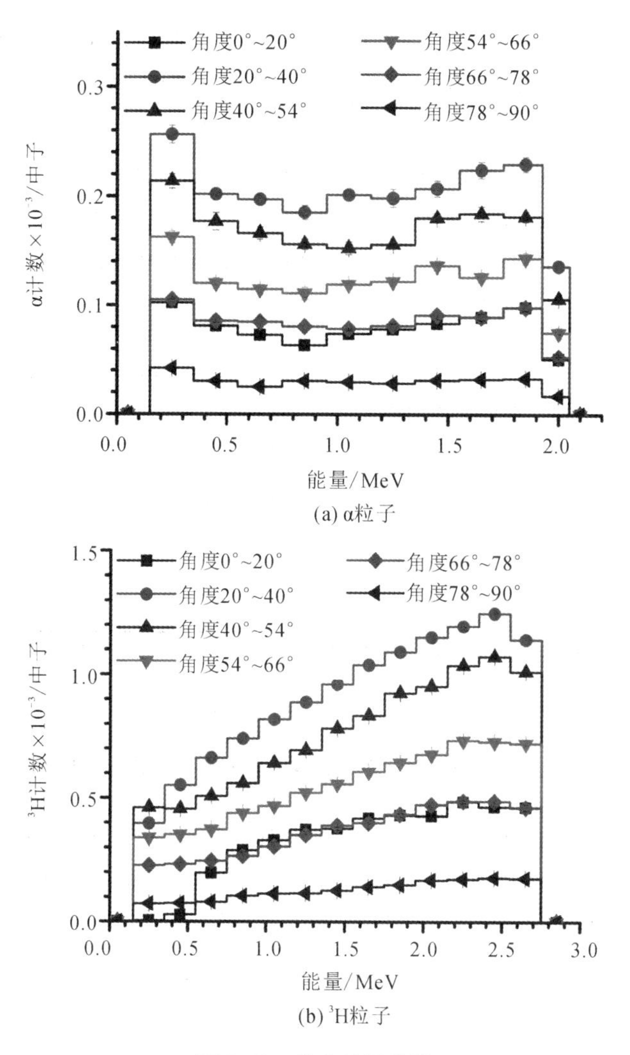

图 5.59 带电粒子能谱

并且被认为与沿着粒子射程的每单位长度的能量沉积的变化有关(Bragg 曲线)。模拟中 ^{6}LiF 的厚度小于 ^{6}LiF 中的 ^{3}H 射程，因此低能量计数较低，而 2.05 MeV α 粒子在 ^{6}LiF 中的射程仅为 7 μm，因而低能量计数较高。

2. 脉冲高度计算

如 FLUKA 和 SRIM 所预测的，2.73 MeV ^{3}H 在 SiC 中的范围超过 30 μm，表明需要大于 30 μm 的有源层厚度来达到电荷的完全收集。在 Ni 掺杂浓度为 2×10^{14} cm^{-3}的情况下，需要 200 V 的反向偏压来制造这种耗尽层。使用基于

2D 结构的 TCAD 平台模拟图 5.60(a)中所示的 4H－SiC PiN 二极管。P 层为 Al 掺杂，i 层和 N 层均为 N 掺杂。每层的掺杂浓度为：P＋＝1×10^{19} cm^{-3}，i＝2×10^{14} cm^{-3}，N＋＝5×10^{18} cm^{-3}。静态和瞬态分析中使用了几种基本模型，例如：① Shockley-Read-Hall(SRH)和 Auger 复合模型；② 高场饱和，掺杂依赖和载流子散射迁移率模型。然后求解泊松方程和电子、空穴连续性方程。在反向电压为 200 V 的 i 层中的空间电荷分布如图 5.60(b)所示，获得了厚度接近 33 μm 的有源层。

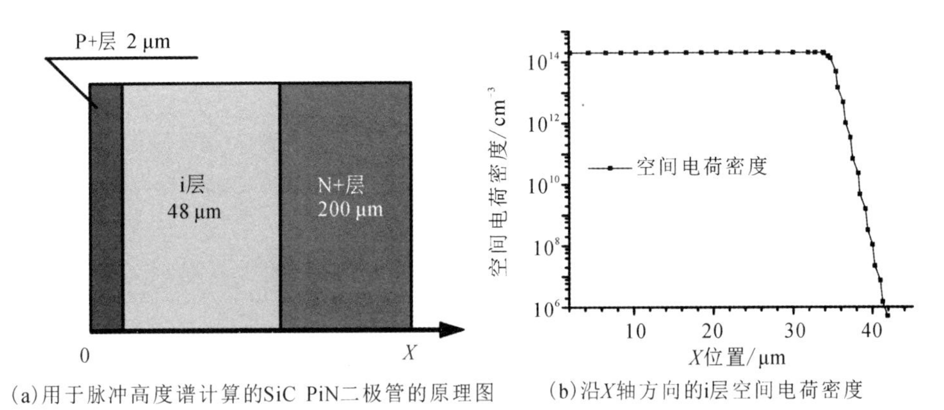

(a)用于脉冲高度谱计算的SiC PiN二极管的原理图　(b)沿X轴方向的i层空间电荷密度

图 5.60　用于 TCAD 仿真的 4H－SiC PiN 二极管的特性

将具有不同能量的 ^{3}H 和 α 粒子以不同的角度注入反偏压 4H－SiC PiN 二极管的 P 区一侧表面。在－200 V 偏置下，2.05 MeV α 粒子和 2.73 MeV ^{3}H 粒子注入对应的二极管输出脉冲，如图 5.61(a)与图 5.61(b)所示。每个脉冲对

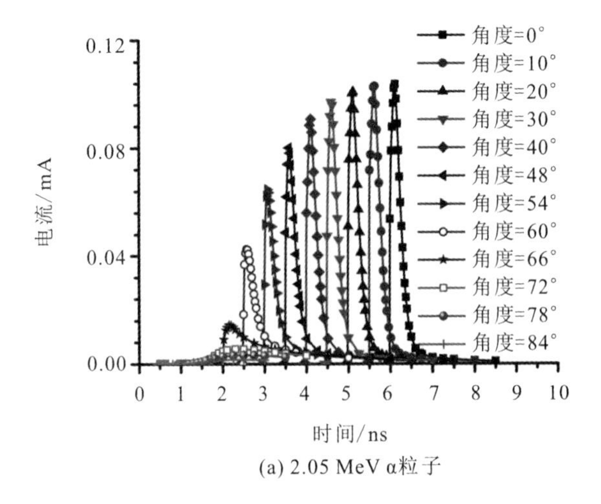

(a) 2.05 MeV α粒子

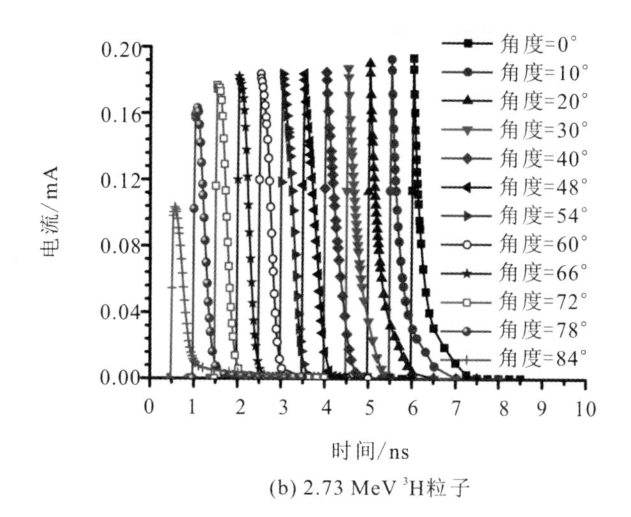

(b) 2.73 MeV ^{3}H粒子

图 5.61　不同入射角下的单个电荷粒子产生的输出脉冲

应一次粒子入射，并且每个脉冲的起始点被加以不同的偏移量，使每个脉冲分离从而便于观察。图 5.61(a)表示脉冲高度随着发射角的增加而减小。这种现象应该是由于 SiC 中的 α 粒子的短射程引起的。由于存在 P+死层，较大的入射角度导致有效体积中能量沉积减少，从而产生较低的脉冲高度。在图 5.61(b)中观察到了不同的现象，最初，脉冲高度随入射角度增大略微降低，然后在 40°和 66°之间几乎保持恒定，随后迅速降低。这可能是由于当前偏压下灵敏区厚度仅略大于 SiC 中 2.73 MeV ^{3}H 粒子的射程所致的。根据计算，一个带电粒子的大部分能量将沉积在其射程的末端，因此，当入射角很小时，在电场强度较低的区域内将产生最多的电子空穴对。然而，尽管大的入射角度意味着更多的无效能量沉积，但是在高电场强度区域中产生了更多的电子空穴对，其造成了如图 5.61(b)所示的结果。实际上，如果施加 400 V 的反向偏压(对应于 48 μm 厚的灵敏区)，具有不同入射角的 2.73 MeV ^{3}H 粒子产生的脉冲高度的趋势将与图 5.61(a)中相同。

在计算瞬态电流响应后，输出电荷(理想条件下与输出电压脉冲高度成正比)由电流乘以时间的积分得到：

$$V \propto Q = \int I \mathrm{d}t \tag{5-33}$$

将积分时间设置为 1 μs，使大多数瞬态电流降低到泄漏电流量级(<1 pA)；200 V 反偏电压下的结果如图 5.62 所示(未使用 5.1.3 节中叙述的电路仿真软件，直接用积分电荷比较输出脉冲的相对高度)。

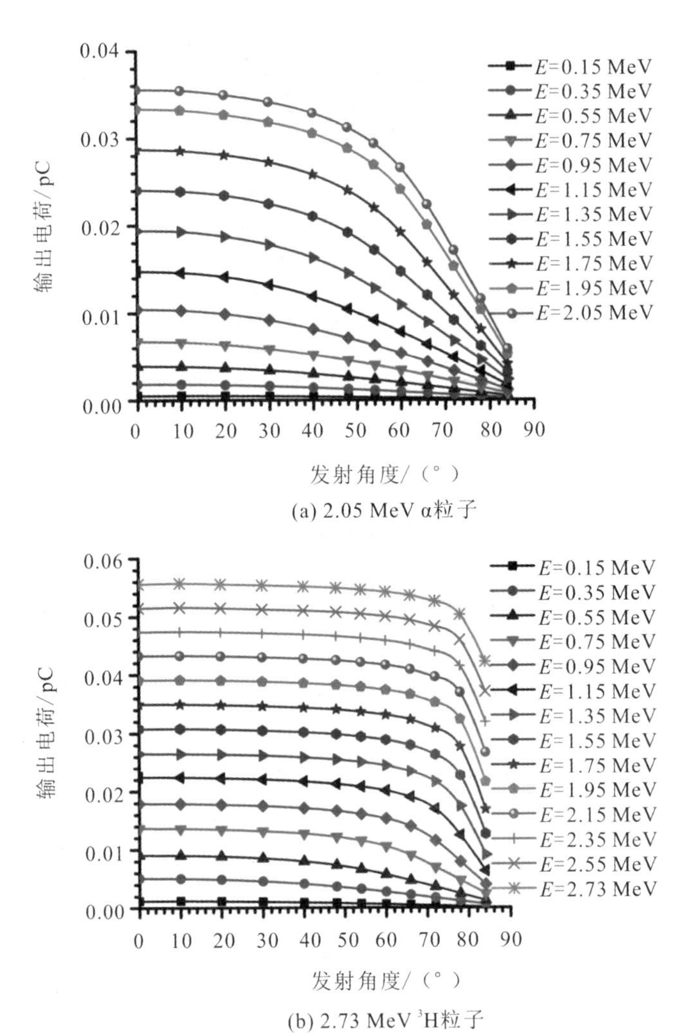

图 5.62　不同粒子能量下发射角与输出电荷的关系(积分时间为 1 μs)

3. 脉冲高度谱计算

根据 5.1.3 中叙述的计算方法，结合图 5.59 与图 5.62 即可得到图 5.60(a)所示器件的脉冲高度谱。在这之前，为了验证仿真的正确性，使用如图 5.56 所示器件的实验测试结果进行了比较。对图 5.56 中绘制的器件重复以上仿真过程(偏置为 0 V)，同样利用 FLUKA 软件计算次生粒子的角度-能量分布，如图 5.63 所示(插值处理后)。随后重复上述计算流程，考虑到高道数的计数受噪声影响较小，以次高特征峰所在的道址作为比较的标准，对仿真结果在 X 轴上进

行等比例放大，令仿真给出的次高峰与实验给出的次高峰位于相同道址，而后以主峰的计数为标准进行归一化，结果如图 5.64 所示。仿真结果的主峰所在道数略高于实验报道的结果，同时仿真所得的次峰的相对计数量略高于实验值。考虑到实验给出的次峰较为平滑，而仿真结果在主峰和次峰之间尚存在一个小峰，我们认为仿真和实验在次峰相对高度上的差别可能是噪声引起的，而

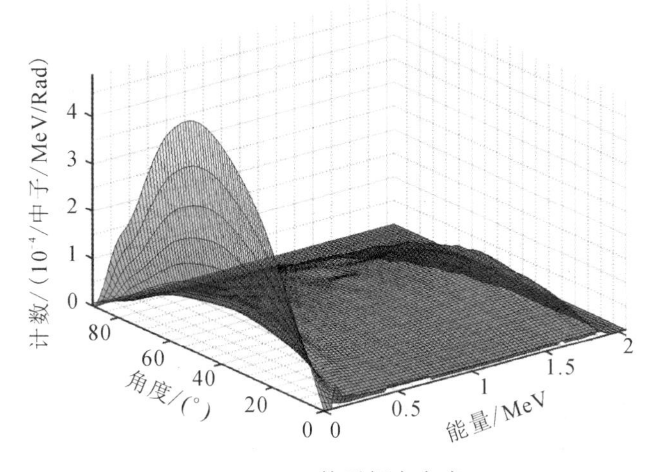

(a) α粒子概率密度

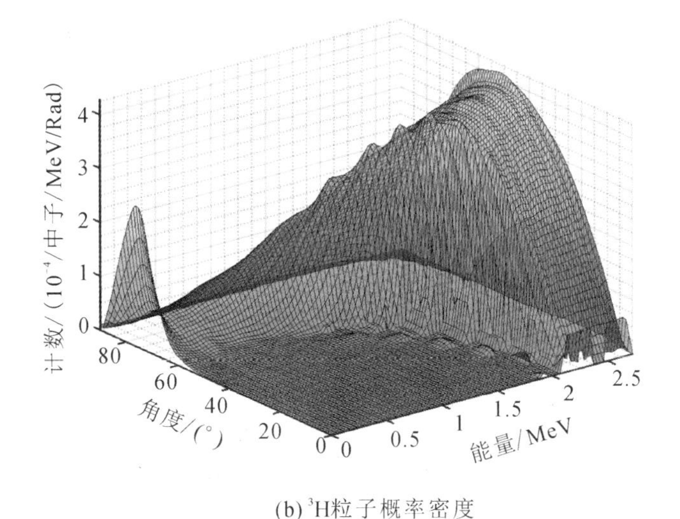

(b) ^{3}H粒子概率密度

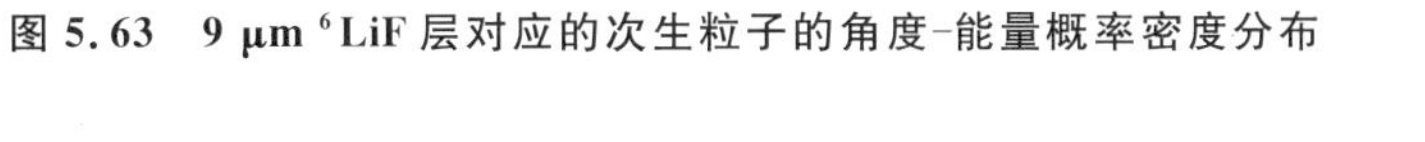

图 5.63　9 μm ^{6}LiF 层对应的次生粒子的角度-能量概率密度分布

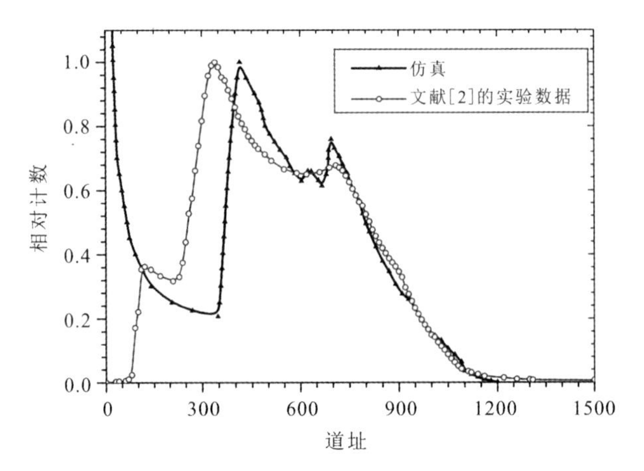

图 5.64　仿真结果与参考文献中报道的实验结果之间的脉冲高度谱的比较[2]

小峰则可能源于插值法计算，特别是在 ^{3}H 粒子分布概率密度 0 值区域边缘的计算误差。由于仿真中并未设定阈值，100 道以下的仿真计数随道数减小而迅速增加；其他特征基本一致。

经仿真与实验比对验证后，对图 5.60(a)中的设计结构进行脉冲高度谱的计算。将其在不同的反向偏压(0 V、15 V、45 V、200 V、400 V)下探测热中子(0.026 eV)的能谱绘制在图 5.65(a)中，相应的能量沉积谱如图 5.65(b)所示。其中 200 V 反偏压和 400 V 反偏压下的灵敏区厚度均大于 SiC 中 2.73 MeV ^{3}H 粒子的射程。200 V 反偏压情况的能谱细节与其 α 和 ^{3}H 能谱一起绘制在图 5.65(c)中，其值为 α 和 ^{3}H 能谱之和。

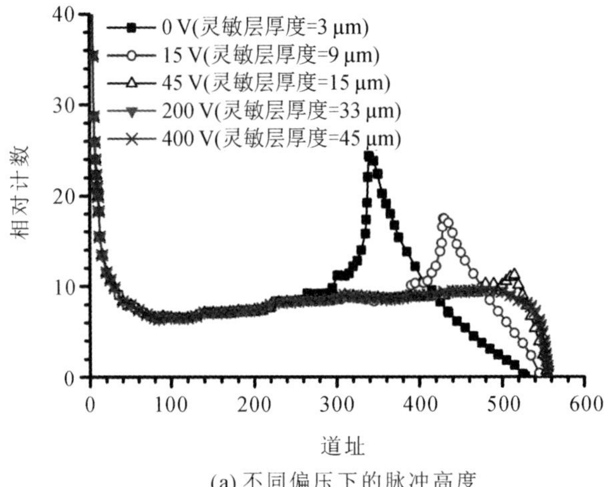

(a) 不同偏压下的脉冲高度

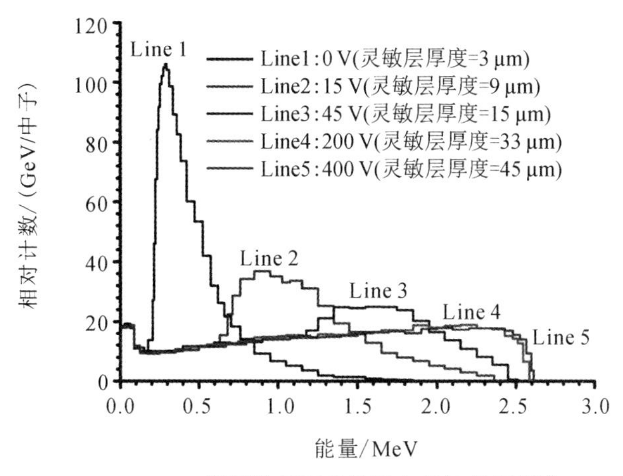

(b) 不同偏压下灵敏区内的能量沉积谱

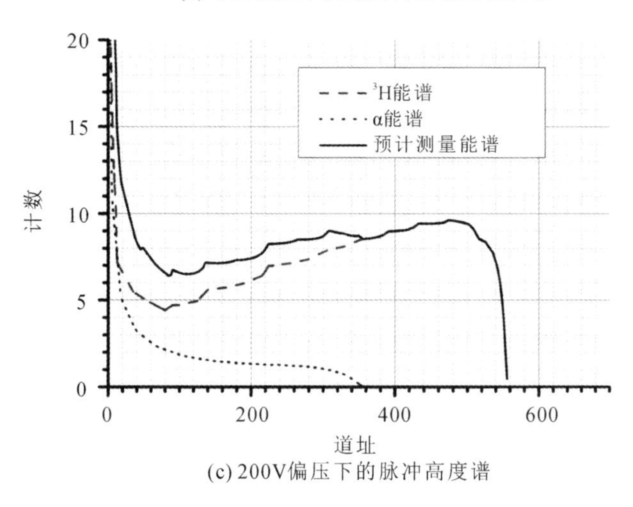

(c) 200V偏压下的脉冲高度谱

图 5.65　通过计算得到的 4H-SiC PiN 热中子探测器的光谱

在反向偏压不低于 200 V 的情况下，能谱显示了与具有足够大灵敏体积的探测器类似的形状，表明使用常见模拟工具进行能谱计算或能谱形状分析的可能性。仿真模拟很好地体现了能量沉积谱与实际脉冲高度谱之间的差异，预测了探测器结构变化与工作状态变化的能谱变化，对探测器的设计具有指导意义。

5.4.2　14.1 MeV D-T 中子探测性能研究

D-T 中子的探测及监控是未来 ITER 核反应堆功率监控的重要组成部分。通过对 D-T 中子的监控反映氚粒子在反应堆中的增殖速度，从而可了解反应堆的工作情况[41]。使用SiC核辐射探测器进行快中子探测主要依赖快中子与C原子和Si原子发生核反应产生的带电粒子。尽管中子的弹性和非弹性散射也可以产生诸如Si^+和C^+这样的带电粒子，然而这种情况下产生的带电粒子能量不唯一，其能量淀积谱表现为广范围的计数，难以用于识别入射中子的能量；类似的，中子与C原子反应产生3个α粒子的情况也对应于广范围内的连续能谱。因此，为了了解入射中子的能量并进行中子能谱的分析，通常会尝试识别$^{28}Si(n, p)^{25}Mg$以及$^{12}C(n, \alpha)^9Be$这两个系列的核反应。这两个系列中各个核反应产生的产物保持不变，但是不同的产物处于不同的激发态，携带不同的能量；同时，每种核反应的产物总能量都是确定的，仅与入射中子的能量有关。于是，理论上这些核反应表现在脉冲高度谱上应当是一系列分立的峰[7]。

1. D-T中子探测实验

实验所用的探测器为西安电子科技大学张玉明课题组所制备，结构如图5.37所示。实验用中子源近似为4π方向的点源，探测器距离源约80 cm，中子流量约为3×10^{10}/s。实验摆放如图5.66所示。选用表5.3中的F号器件，反向偏压为600 V，此时对应的耗尽区宽度约为45 μm左右。测试时器件置于小屏蔽盒中，并用铜丝网包裹屏蔽盒。

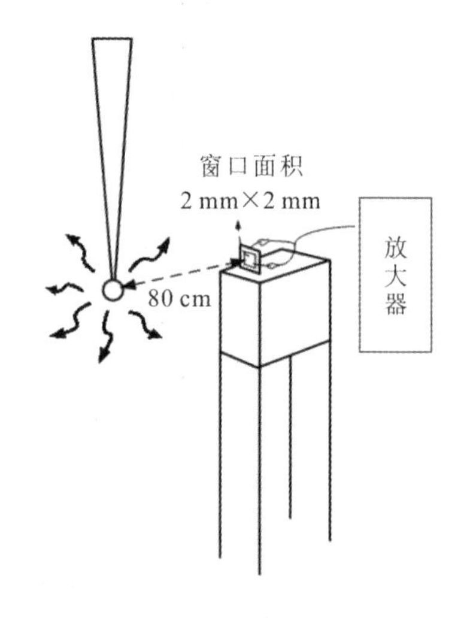

图5.66　D-T中子辐照实验示意图

图5.67给出了不同测量时长时F号器件测得的能谱，包括辐照前环境噪声本底222 s、辐照开始后累计414 s/932 s/1479 s/1981 s/2503 s以及辐照结束后427 s合计7条谱线。首先，中子辐照结束后探测器产生的信号，应为实验室内各类金属支架经过中子辐照活化而释放的各类X-γ射线；实验前本底所在的道数明显高于实验后本底的道数(图中实验前本底的截止道数较高)，且在加速器开始释放中子束流前的一段时间就停止了计数，初步判定为加速器工作前预热引起的电噪声串扰。其次，将中子辐照开始后获得的谱线，按数据采集时间归一化后几乎重合，如图5.67(b)所示，说明器件和加速器的工作状态均比较稳定，没有巨大波动。同时也是由于器件接收的中子总量约为4.244×10^7，尚远低于器

件损伤所需的中子辐照量(所需计量通常为 $10^{14}/cm^2$)。

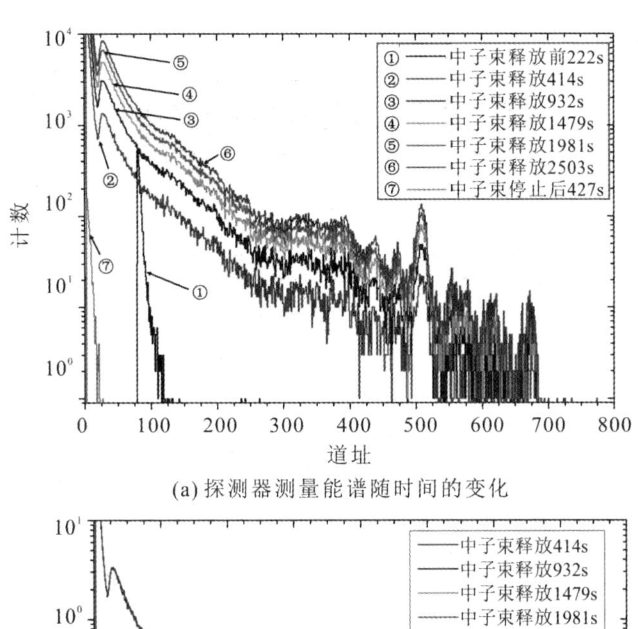

(a) 探测器测量能谱随时间的变化

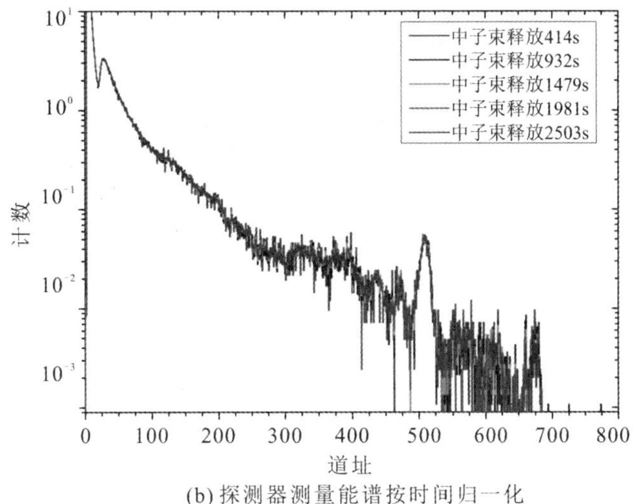

(b) 探测器测量能谱按时间归一化

图 5.67　不同时长统计所得的中子辐照能谱

2. D-T 中子探测结果分析

将实验结果与国外 Ruddy 等人[41-42]以及 Szalkai 等人[40]的研究结果进行对比。在对比文献报道数据和本次测量结果之前需要说明的是，在 Ruddy 发表的文章中，即便是相同的器件结构，在能谱末端出现的若干特征峰的相对高度也是不一致的，如图 5.68 所示(图 5.68(b)和图 5.68(c)为 Ruddy 等人利用图 5.68(a)所示的器件结构得到的不同的实验结果)。

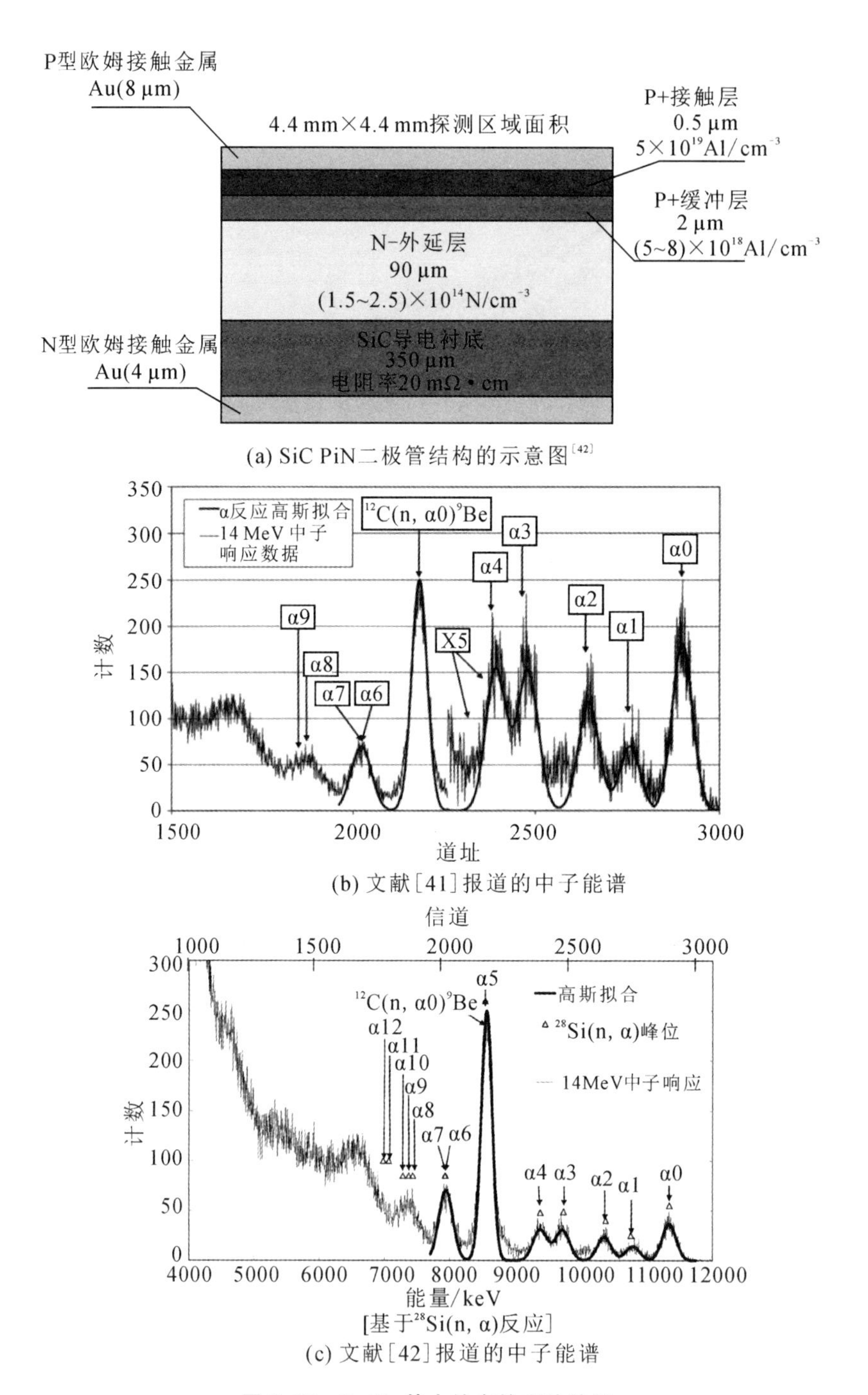

(a) SiC PiN二极管结构的示意图[42]

(b) 文献[41]报道的中子能谱

(c) 文献[42]报道的中子能谱

图 5.68 Ruddy 等人给出的实验结果

另一方面，对比 Ruddy 等人给出的脉冲幅度谱线，以及如图 5.69(a)和图 5.69(b)所示的 Szalkai 等人报道的基于 Geant4 所得的能量淀积谱及相关实验结果，可以认为图 5.68(c)所示的能谱更加贴近理想情况，后续比较也将使用该能谱进行。

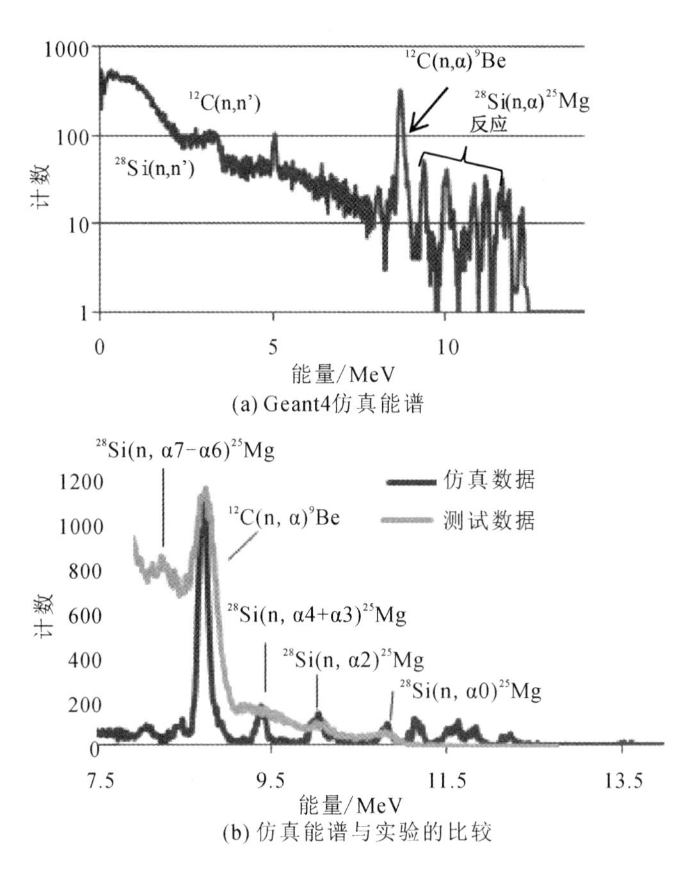

(a) Geant4仿真能谱

(b) 仿真能谱与实验的比较

图 5.69　Szalkai 等人实验所得的能谱图[40]

考虑到原本高道址的计数(对应于能量较大的入射带电粒子)可能会因为载流子收集不完全等因素而成为低道址计数，而低道址计数(对应于能量较小的入射带电粒子)通常不会因为噪声成为高道址计数，不妨假设 670 道附近的 ^{28}Si(n，α0)^{25}Mg 反应特征峰是“干净”的。于是，以 ^{28}Si(n，α0)^{25}Mg 反应特征峰的计数作为计数归一化标准(记作 α0 -高斯拟合)，同时以 ^{12}C(n，α)^{9}Be 反应特征峰所在道址作为道址归一化标准(记作 α5 -高斯拟合)，结果如图 5.70(a)所示。此时，几个主要特征峰的计数均为报道值的 2 倍左右。若完全

以$^{12}C(n, \alpha)^9Be$反应特征峰作为归一化标准，则结果如图5.70(b)所示，除$^{28}Si(n, \alpha 0)^{25}Mg$反应特征峰的计数外，其他特征峰所在的道址和对应的计数量与Ruddy等人报道的结果几乎完全一致。图中线①为实测所得的脉冲幅度谱，线②为$^{12}C(n, \alpha)^9Be$反应特征峰的高斯拟合，线③为$^{28}Si(n, \alpha 0)^{25}Mg$反应特征峰的高斯拟合，线④为文献报道结果。这里需要加以说明的是，需要首先对上述特征峰进行高斯拟合，拟合结果给出的道址和对应计数才会被用作归一化的标准。

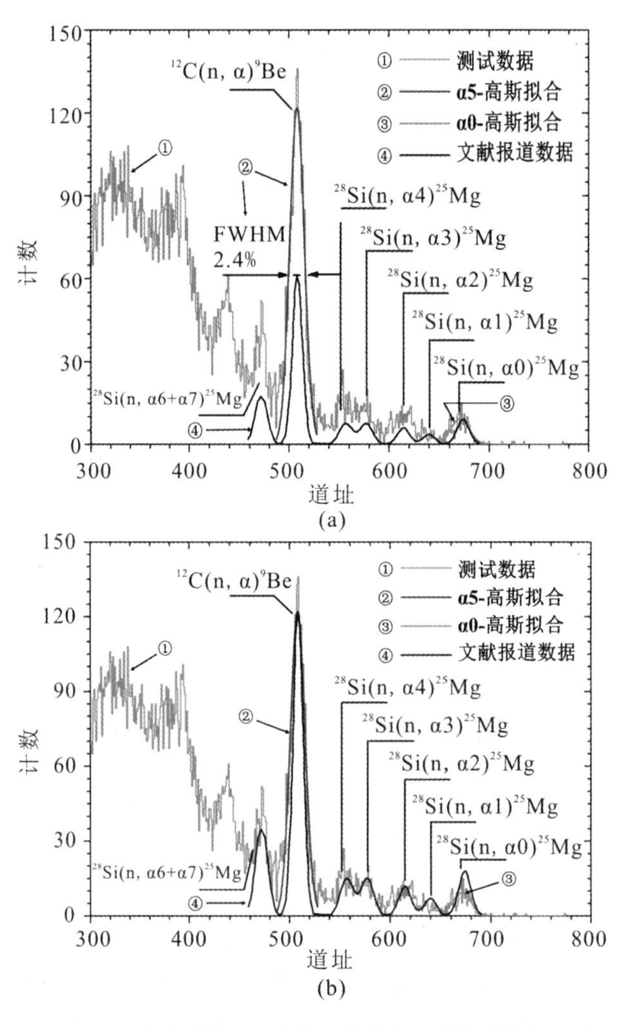

图5.70　实验所得D-T中子能谱与文献报道结果对比

本次实验结果和报道值的吻合度相当高。实验所得的 $^{12}C(n, \alpha)^{9}Be$ 峰的FWHM约为2.4%，略差于报道值2.2%[41]；其他特征峰均可分辨，但由于探测器在对应道数中的计数量较少，统计特征不够明显，难以拟合分析。最大的原因可能是器件离放射源较远，导致接收到的中子总量偏少。考虑到实验结束后背景能谱的最大道数未超过20，而一般认为此处下凹正对应 $^{12}C(n, n')^{12}C$ 产生的能量边界，以20道附近的下凹处为参考，假设道数大于20道的计数都是真实可信的，则探测器的效率约为0.095%，该值大约为理论最大吸收效率的75%[43]。由于此时的器件偏压仅为600 V，通过进一步优化探测器结构参数、外延材料质量以及封装工艺以使器件达到更高的工作电压，探测器完全可能达到100%的理论值，并且特征峰分辨率也有望得到进一步提升。

参考文献

[1] 黄海栗. SiC粒子辐照探测器性能及其性能退化的研究［D］. 西安：西安电子科技大学，2019.

[2] KIM H S, HA J H, PARK S H, et al. Characteristics of Fabricated Neutron Detectors Based on a SiC Semiconductor［J］. Journal of Nuclear Science and Technology, 2011, 48(10): 1343-1347.

[3] GIUDICE A L, FASOLO F, DURISI E, et al. Performances of 4H-SiC Schottky diodes as neutron detectors［J］. Nuclear Instruments & Methods in Physics Research, 2007, 583(1): 177-180.

[4] X-5 Monte Carlo Team. MCNP-A General Monte Carlo N-Particle Transport Code, Version 5［Z］. Los Alamos National Laboratory, 2000.

[5] 杨森. 4H-SiC PiN二极管α探测器研究［D］. 西安：西安电子科技大学，2014.

[6] TCAD Sentaurus, Version H-2013.03［Z］. Synopsys Inc, 2013.

[7] FRANCESCHINI F, RUDDY F H, PETROVIĆ B. Simulation of the Response of Silicon Carbide Fast Neutron Detectors［C］// Reactor Dosimetry State of the Art 2008. WORLD SCIENTIFIC, 2009: 128-135.

[8] FAGEEHA O, HOWARD J, BLOCK R C. Distribution of radial energy deposition around the track of energetic charged particles in silicon［J］. Journal of Applied Physics, 1994, 75(5): 2317-0.

[9] QUINN T, BATES R, BRUZZI M, et al. Comparison of bulk and epitaxial 4H-SiC detectors for radiation hard particle tracking［C］// Nuclear Science Symposium Conference

Record. IEEE，2004(2)：1028－1033.

[10] A275 Pulse Amplifier [EB/OL]. [2021－4－6]. http：//amptek.com/products/a275-pulse-amplifier.

[11] A250 Charge Sensitive Preamplifier [EB/OL]. [2021－4－6]. http：//amptek.com/products/a250-charge-sensitive-preamplifier.

[12] 王莎. 4H－SiC PiN 二极管中子探测器的研究 [D]. 西安：西安电子科技大学，2018.

[13] 王伟. 宽带隙半导体 4H－SiC 核辐射探测器的设计与仿真 [D]. 大连：大连理工大学，2017.

[14] 叶鑫. 4H－SiC 肖特基结型 α 粒子探测器的制备与性能研究 [D]. 大连：大连理工大学，2018.

[15] 王伟，夏晓川，梁红伟，等. 面向辐射探测应用的 4H－SiC SBD 器件电学性能仿真与优化 [EB/OL]. 北京：中国科技论文在线，[2017－05－16]. http：//www.paper.edu.cn/releasepaper/content/201705－l054.

[16] 丁洪林. 核辐射探测器[M]. 哈尔滨：哈尔滨工程大学出版社 [等]，2010.

[17] 韩超. 4H－SiC PiN 功率二极管研制及其关键技术研究 [D]. 西安：西安电子科技大学，2016.

[18] GROVE A S，LEISTIKO O，HOOPER W W. Effect of Surface Fields on the Breakdown Voltage of Planar Silicon p-n Junctions [J]. IEEE Transactions on Electron Devices，1967，14(3)：157－162.

[19] KAO Y C，WOLLEY E D. High-voltage planar p-n junctions [J]. Proceedings of the IEEE，1967，55(8)：1409－1414.

[20] TEMPLE V A K. Junction termination extension (JTE)，A new technique for increasing avalanche breakdown voltage and controlling surface electric fields in P-N junctions [C]//International Electron Devices Meeting. IEEE，1977：423－426.

[21] TEMPLE V A K. Increased avalanche breakdown voltage and controlled surface electric fields using a junction termination extension (JTE) technique [J]. IEEE Transactions on Electron Devices，1983，30(8)：954－957.

[22] 姜倩. Z_(1/2)缺陷对 SiC 核辐射探测器性能的影响研究 [D]. 西安：西安电子科技大学，2019.

[23] 陈雨，蒋勇，吴健，等. SiC 基中子探测器对热中子的响应 [J]. 强激光与粒子束，2013，25(10)：2711－2716.

[24] 142A/B/C Preamplifiers [EB/OL]. [2021－4－6]. https：//www.ortec-online.com/products/electronics/preamplifiers/142a-b-c.

[25] 855 DualAmplifier [EB/OL]. [2021－4－6]. https：//www.ortec-online.com/

products/electronics/amplifiers/855.

[26] 陈雨，范晓强，蒋勇，等. 4H－SiC肖特基二极管α探测器研究［J］. 核电子学与探测技术，2013，33(01)：57－61.

[27] 吴健，蒋勇，甘雷，等. 基于4H－SiC的高能量分辨率α粒子探测器［J］. 强激光与粒子束，2015(1)：151－154.

[28] RUDDY，F H，SEIDEL J G，CHEN H，et al. High-Resolution Alpha-Particle Spectrometry Using 4H Silicon Carbide Semiconductor Detectors［J］. IEEE Transactions on Nuclear Science，2006，53(3)：1713－1718.

[29] KNOLL G F. Radiation Detection and Measurement［M］. John Wiley&Sons，2010.

[30] CHAUDHURI S K，ZAVALLA K J，MANDAL K C. Experimental determination of electron-hole pair creation energy in 4H－SiC epitaxial layer：An absolute calibration approach［J］. Applied Physics Letters，2013，102(3)：1713.

[31] ZAT'KO B，DUBECKÝ F，ŠAGÁTOVÁ A，et al. High resolution alpha particle detectors based on 4H－SiC epitaxial layer［J］. Journal of Instrumentation，2015，10(04)：C04009－C04009.

[32] 欧阳晓平. 脉冲辐射探测技术［J］. 中国工程科学，2008，10(4)：44－55.

[33] 王兰. 电流型CVD金刚石探测器研制［D］. 北京：清华大学，2008.

[34] SESHADRI S，DULLOO A R. Demonstration of an SiC neutron detector for high-radiation environments［J］. IEEE Transactions on Electron Devices，1999，46(3)：567－571.

[35] DAS A，DUTTAGUPTA S P. TCAD simulation for alpha-particle spectroscopy using SiC Schottky diode［J］. Radiation Protection Dosimetry，2015，167(4)：443.

[36] DULLOO A，RUDDY F，SEIDEL J，et al. The neutron response of miniature silicon carbide semiconductor detectors-ScienceDirect［J］. Nuclear Instruments and Methods in Physics Research Section A：Accelerators，Spectrometers，Detectors and Associated Equipment，1999，422(1－3)：47－48.

[37] DULLOO A R，RUDDY F H，SEIDELJ G，et al. The thermal neutron response of miniature silicon carbide semiconductor detectors［J］. Nuclear Instruments and Methods in Physics Research Section A：Accelerators，Spectrometers，Detectors and Associated Equipment，2003，498(1－3)：415－423.

[38] HA J H，KANG S M，PARK S H，et al. A self-biased neutron detector based on an SiC semiconductor for a harsh environment［J］. Applied Radiation & Isotopes，2009，67(7－8)：1204－1207.

[39] MANFREDOTTI C，GIUDICE A L，FASOLO F，et al. SiC detectors for neutron monitoring［J］. Nuclear Instruments and Methods in Physics Research Section A：Accelerators，Spectrometers，Detectors and Associated Equipment，2005，552(1－2)：

131 - 137.

[40] SZALKAI D, ISSA F, KLIX A, et al. First tests of Silicon-Carbide semiconductors as candidate neutron detector for the ITER Test Blanket Modules. [C] // International Conference on Advancements in Nuclear Instrumentation Measurement Methods and Their Applications. IEEE, 2013: 1 - 4.

[41] RUDDY F H, SEIDEL J G, DULLOO A R. Fast Neutron Dosimetry and Spectrometry Using Silicon Carbide Semiconductor Detectors [J]. Journal of ASTM International, 2006, 3(3): 8.

[42] RUDDY F H, DULLOO A R, SEIDEL J G, et al. The fast neutron response of 4H silicon carbide semiconductor radiation detectors [J]. IEEE Transactions on Nuclear Science, 2006, 53(3): 1666 - 1670.

[43] SEIDEL K, ANGELONE M, BATISTONI P, et al. Measurement and analysis of neutron and gamma-ray flux spectra in SiC [J]. Fusion Engineering and Design, 2003, 69(1 - 4): 379 - 383.

第 6 章

SiC 材料辐照损伤对辐射响应的影响

如固体物理相关书籍中描述的，具有完美晶格结构的晶体在自然界中是非常罕见的[1]。例如杂质、空位、断裂键、晶格应变和应力等，都是造成晶体缺陷的原因。对于半导体而言，由于杂质的引入而引起的晶体结构的不完美常常是被期望的，因为以可控的方式引入杂质(掺杂)而形成P型区以及N型区对于器件的成功制备是非常重要的。除此之外，在大多数情况下，杂质以及其他缺陷的存在将在不被人们期望的方面影响半导体的特性，这对于半导体核辐射探测器的性能是不利的。辐照的位移效应指的是入射粒子将部分能量交付给晶格原子，使之在晶格内产生位移，这将使半导体的缺陷性质与浓度发生改变，从而使半导体核辐射探测器的性能发生退化。虽然 SiC 有着高的临界位移能，从而具有高的辐射抗性，但是只要经过辐照，SiC 材料中必然会产生一些影响探测器性能的缺陷，这些缺陷将随着辐照剂量的增大慢慢积累，最终造成器件性能的退化。并且，SiC 核辐射探测器的期望应用环境为包括核反应堆的高温高辐射场，长时间辐照下探测器性能的评估将变得非常重要。本章将对 SiC 材料的辐照损伤以及与之相应的探测器辐照响应进行介绍。

6.1 SiC 材料缺陷对核辐射探测器性能的影响

结合 2.3.1 节中所述的探测器工作原理、电荷输运机制以及关键性能参数，可以得到缺陷对探测器性能的影响主要体现在缺陷对器件击穿电压、漏电流以及载流子寿命(缺陷提供复合中心)的恶化上：

(1) 高击穿电压要求：一方面，探测器的响应时间主要取决于脉冲上升时间 $t_{上升}$ 以及电路的时间常数 RC，假定电路的时间常数 RC 足够小，则只需要考虑脉冲上升时间，而半导体探测器的输出脉冲上升时间主要取决于灵敏层厚度 W 以及空穴在此区域内的平均速度 v_h，即

$$t_{上升} \propto \frac{W}{v_h} = \frac{W}{\mu_h E} \tag{6-1}$$

因此需要灵敏区域内的电场足够高。图 5.15 显示了在 800 V 高反偏电压下，灵敏区内的电场可以使 4H-SiC 的空穴速度达到饱和速度的 80%。若用于辐射探测的二极管反向击穿电压过低则无法适用于高压的工作条件，从而无法满

足相应的技术指标要求。另一方面，高能核辐射粒子在 SiC 外延层中往往具有非常大的射程，高性能的半导体结型核辐射探测器要求其耗尽层宽度尽可能地贴近所探测粒子在其中的射程，因此往往需要非常高的反偏电压来提供所需的耗尽层宽度。图 6.1 显示了外延层浓度分别为3×10^{14}与5×10^{14} cm^{-3}的 PiN 4H－SiC 二极管的耗尽区厚度与反偏电压之间的关系。

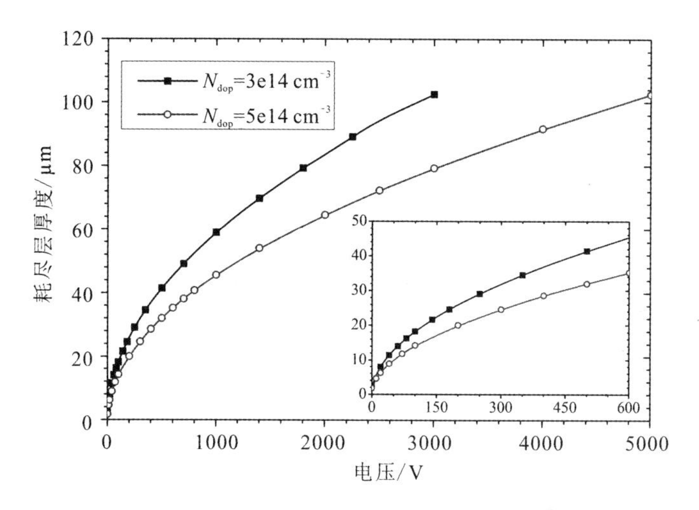

图 6.1　P 型 4H－SiC 外延层 DLTS 能谱[2]

（2）低漏电要求：如式(5－29)所示，漏电流是探测器噪声的重要来源，它直接影响着探测器能量分辨率和探测效率。

（3）高载流子寿命要求：缺陷的存在会在半导体材料的复合中心能级（如前述的深能级）降低载流子寿命，从而使得部分粒子辐照产生的电子空穴对在到达电极（被收集）之前被俘获复合，这样就使载流子收集不完全，导致 CCE 下降，并引起能量分辨率下降、脉冲幅度减小。另外，低的载流子寿命还可能引起输出脉冲幅度谱形状的畸变。对于图 5.64 的仿真结果与实验结果的拟合过程中发生双峰现象的原因推测为较低的载流子寿命。若在仿真过程中提高少子空穴的寿命，双峰现象将消失，如图 6.2(b)所示，其中图 6.2(a)为图 5.64 中的仿真结果。从图 6.2 中发现，仅^{3}H 粒子输出能谱形状发生畸变，而 α 粒子输出能谱基本不变，其原因为 α 粒子射程小于耗尽区厚度，而^{3}H 粒子射程大于耗尽区厚度，少子寿命提高导致入射于中性区的^{3}H 粒子产生的载流子的少子扩散长度显著减小。

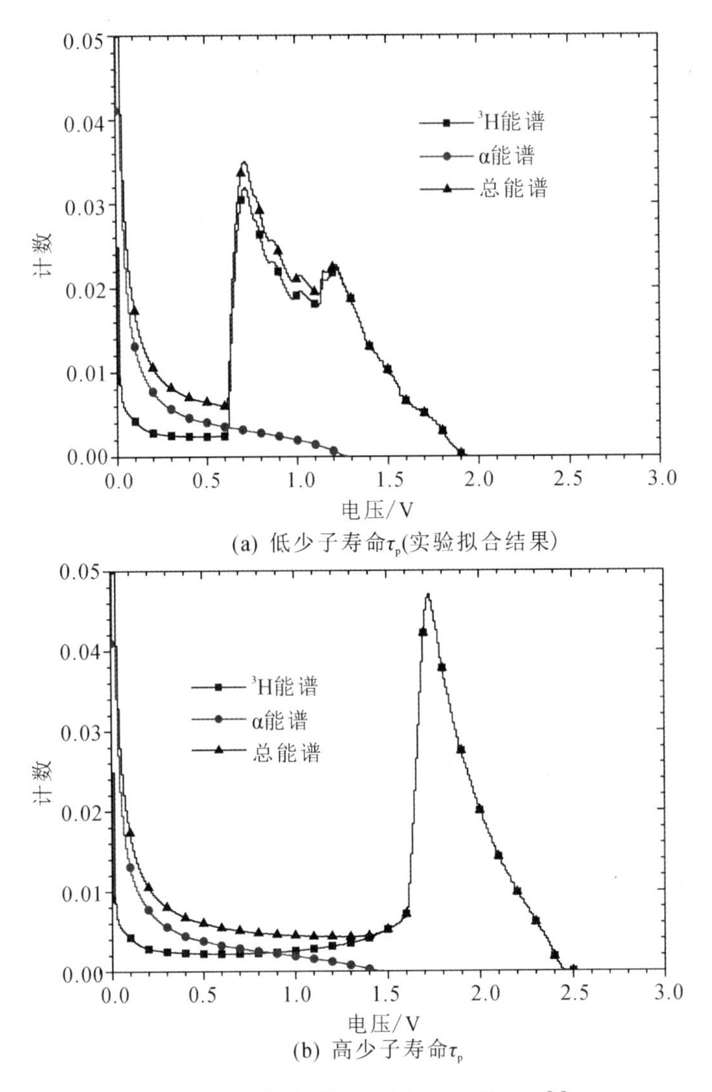

(a) 低少子寿命τ_p(实验拟合结果)

(b) 高少子寿命τ_p

图 6.2 仿真能谱随少子寿命 τ_p 的变化[2]

下面将主要介绍不同缺陷对 4H－SiC 二极管击穿电压、漏电流以及载流子寿命的影响。

1. 扩展缺陷的影响

根据 4.3.2 节中的介绍，SiC 外延材料中主要的扩展缺陷有微管(micropipes)、螺型位错(TSD)、刃型位错(TED)、基面位错(BPD)、堆垛层错(SF)、三角形缺陷、胡萝卜缺陷(根据缺陷形状与结构的不同，有时为彗星缺陷，彗星缺陷

和胡萝卜缺陷的主要区别是：彗星缺陷可以明显观察到是由一个内核和一个波纹状的拖尾组成，而胡萝卜缺陷没有明显的内核）、生长坑（growth pits）以及颗粒沉降（down-falls）。

三角形缺陷、胡萝卜缺陷以及颗粒沉降这些外延生长时产生的表面宏观缺陷均会导致漏电流与击穿电压不同程度的恶化。另一种外延生长表面缺陷——生长坑，则被认为是一种对器件相对无害的缺陷。西安电子科技大学就以上 4 种缺陷对器件反向偏置漏电与击穿特性的影响进行了实验研究，研究对象为 4H－SiC JBS 二极管（一种兼具肖特基与 PiN 二极管特性的二极管结构）[3]。

1）彗星缺陷对器件反向特性的影响

图 6.3 为不同区域存在彗星缺陷的 4H－SiC JBS 反向 I－V 特性图。从图中可以看出，当 4H－SiC JBS 金属接触区中存在彗星缺陷时，器件反向击穿电压非常低。然而，当金属接触区只有彗星缺陷的尾部存在时，器件的反向击穿电压相对较高。上述实验现象可能是由于从彗星缺陷尾部流向彗核的漏电流相对较小，且同直接流经彗核的漏电流相比，从彗星缺陷尾部流向彗核的漏电流随反向电压增加得较慢。在一定反向偏压范围内，金属接触区中只有彗星缺陷尾部存在的器件漏电流几乎不变。上述结果也表明彗核部分是 4H－SiC JBS 器件特性影响的主要因素。有研究表明，彗星缺陷与微管对 4H－SiC JBS 器件

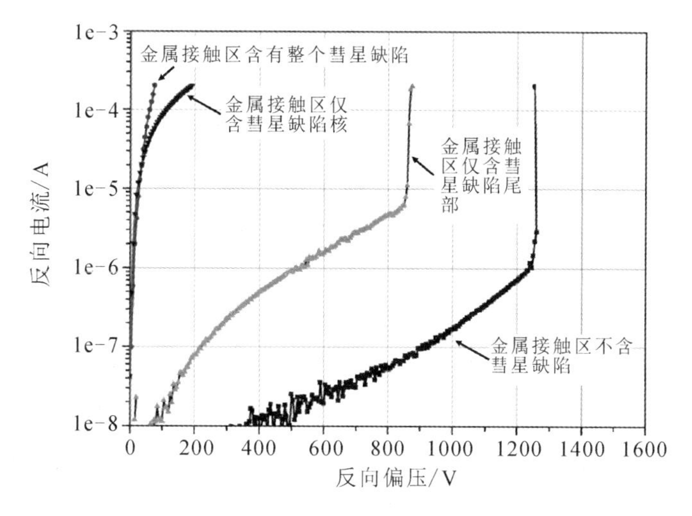

图 6.3　不同区域存在彗星缺陷的 4H－SiC JBS 反向 I－V 特性图[3]

特性的影响相似，相比较而言，金属接触区含有彗星缺陷的器件的反向击穿电压相对较高。目前，金属接触区所包含的彗星缺陷的数量对器件特性的影响尚不清楚。但根据实验测试结果，即使金属接触中包含一个彗星缺陷或缺陷的彗核部分都会对器件特性带来极大的影响。

2）胡萝卜缺陷对器件反向特性的影响

图 6.4 是有源区存在胡萝卜缺陷的 4H－SiC JBS 二极管的反向 I－V 特性测试结果。从图中可以看出，胡萝卜缺陷对 JBS 二极管的反向击穿电压影响不大。因此，有源区存在胡萝卜缺陷的 JBS 二极管的反向击穿电压仍然可以超过 1200 V。然而，通过与有源区无缺陷的 JBS 二极管反向I－V特性比较，可以发现，当 JBS 二极管的有源区存在胡萝卜缺陷时，反向漏电流会增大。同金属接触区无胡萝卜缺陷的器件相比，漏电流增大约两个数量级。

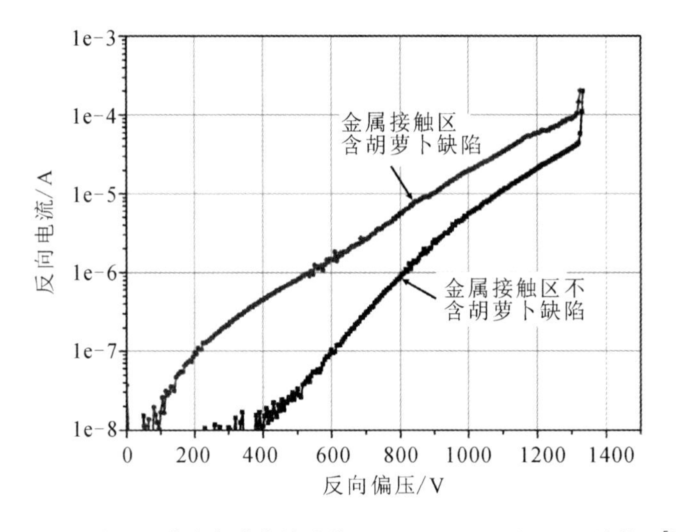

图 6.4 有源区存在胡萝卜缺陷的 4H－SiC JBS 反向 I－V 特性图[3]

3）生长坑对器件反向特性的影响

图 6.5 是金属接触区存在生长坑的 4H－SiC JBS 二极管的反向 I－V 特性测试结果。从图中可以看出，与金属接触区没有缺陷存在的器件相比，生长坑的出现并没有对反向电压造成太大的影响。这说明在存在该缺陷的区域并没有局部电场的增加。从图中还可以看出，生长坑对器件的漏电流影响较小。通过上述实验结果可以看出，生长坑是一种对器件相对无害的缺陷。

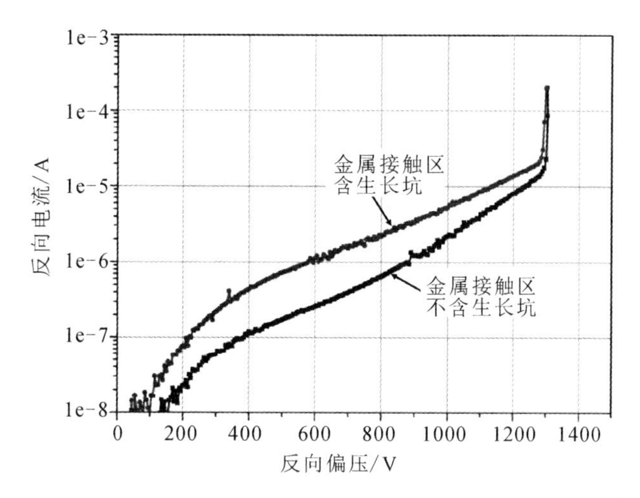

图 6.5　有源区存在生长坑的 4H-SiC JBS 反向 I-V 特性图[3]

4）三角形缺陷对器件反向特性的影响

图 6.6 是金属接触区存在三角形缺陷的 4H-SiC JBS 的反向 I-V 特性测试结果。从图中可以看出，金属接触区内含有三角形缺陷的器件不仅反向击穿电压较低，漏电流也较大。与有源区无缺陷器件的特性相比，金属接触区内含有三角形缺陷器件的击穿电压降低了约 50%，反向漏电流增大了 4 个数量级。由上述器件特性测试结果可以看出，三角形缺陷是对 4H-SiC JBS 器件特性影响较大的一种缺陷。

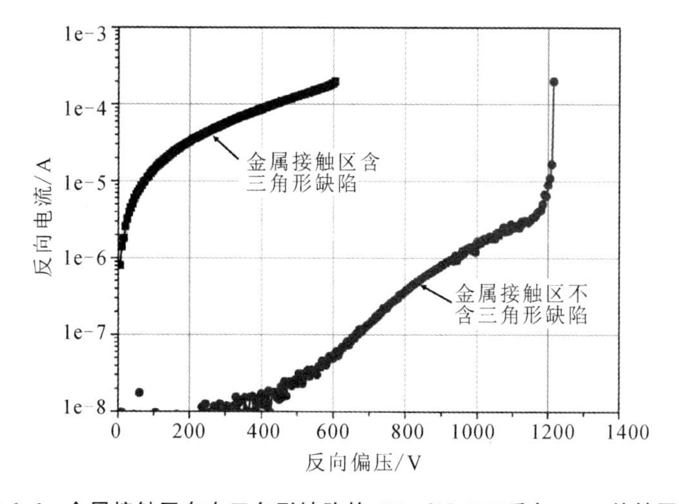

图 6.6　金属接触区存在三角形缺陷的 4H-SiC JBS 反向 I-V 特性图[3]

外延生长过程中的堆垛层错会造成二极管漏电流的增加与击穿电压的下降。据理论预测，带隙在堆垛层错处会局部减小[4]。当SiC肖特基势垒二极管包含堆垛层错时，势垒高度局部降低，从而导致漏电流增加[5]。微管虽然是典型的器件性能“杀手”[6]，但现在这种缺陷几乎已经在高质量外延层中被消除。BPD在少数载流子注入和复合时将充当肖特基堆垛层错(SSF)的成核位点。扩展的堆垛层错会导致载流子寿命的显著降低和泄漏电流的严重增加。TSD与TED在其位错附近会产生电子态的变化，可能会产生深能级[7]，这会导致外延层局部载流子寿命的下降，并且这些能态在高场下若变得活跃则会使器件漏电流有所增加。但是在目前高质量的SiC外延材料中，TSD与TED对泄漏电流的贡献并不总是一个主要因素，因为这些晶片中的位错数量相对较少，除非施加接近击穿场的非常高的电场。换句话说，每个位错(TSD或TED)都会在漏电流中增加一小部分产生电流，但这些位错由于密度相对较低，不会对SiC器件产生有害影响。随着器件面积的增大，SiC器件的漏电流密度显著增大，击穿电压急剧下降。虽然一个较大的器件包含更多的位错(TSD或TED)，但位错对漏电流密度的相对贡献并没有太大变化，因为位错密度几乎保持不变。大面积器件中含有的外延生长产生的宏观缺陷(三角形缺陷、胡萝卜缺陷、颗粒沉降、堆垛层错)的概率增大才是随着器件面积的增大，器件呈现出高泄漏电流密度和低击穿电压的主要原因，这也是SiC核辐射探测器面积远小于Si基探测器面积的主要原因。综上所述，目前高质量SiC外延晶片所制得的核辐射探测器中的主要器件“杀手”缺陷可以被认为是外延表面宏观缺陷(包括三角形缺陷、胡萝卜缺陷、颗粒沉降)、堆垛层错以及BPD。

虽然上述缺陷的确切形成机制尚不明确，但它们通常都是由技术因素造成的，例如衬底抛光损伤的去除不完全或者未经优化的生长过程，因此，目前减少外延表面宏观缺陷、堆垛层错以及位错主要是通过衬底预刻蚀技术、缓冲层技术及优化的外延工艺实现的。

2. 深能级缺陷的影响

半导体中的深能级缺陷在禁带中形成一定的能级，其对非平衡载流子的寿命将产生很大的影响。南卡罗来纳大学的Mandal等人[8]对探测器性能与深能级缺陷的相关性开展了研究，图6.7为其制备的SiC肖特基核辐射探测器的结构示意图。他们对制备于同一4H-SiC外延片的3个不同探测器(编号分别为AS1、AS2和AS3)的外延层进行了深能级瞬态谱(deep-level transient spectroscopy, DLTS)测试，同时对这些探测器的辐射探测性能进行了研究。

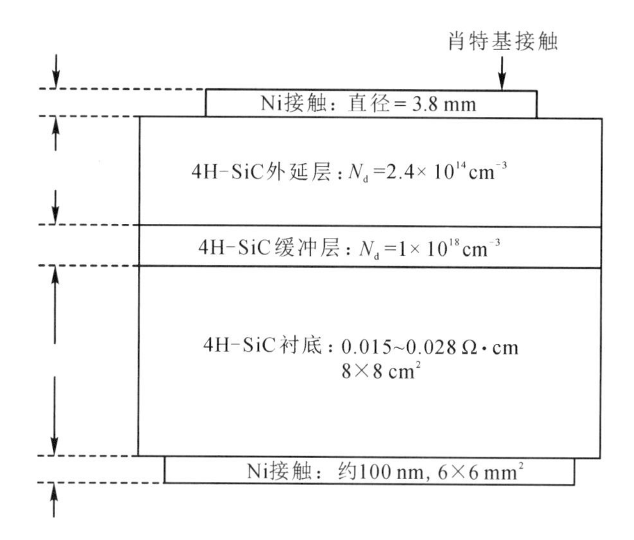

图 6.7　SiC 肖特基核辐射探测器的结构示意图[8]

DLTS 测试在－2 V 的反向偏置电压下进行，脉冲宽度为 1 ms，相关器的延迟分别为 100 ms、50 ms、20 ms 与 10 ms，温度范围为 230～790 K。图 6.8 显示了 AS1、AS2 和 AS3 三个探测器样品的 DLTS，其对应的 Arrhenius 拟合曲线如图 6.9 所示。从图 6.9 可以计算得到三个探测器 AS1、AS2、AS3 的缺陷参数，即活化能、俘获截面与缺陷浓度，由表 6.1、表 6.2 与表 6.3 分别列出。

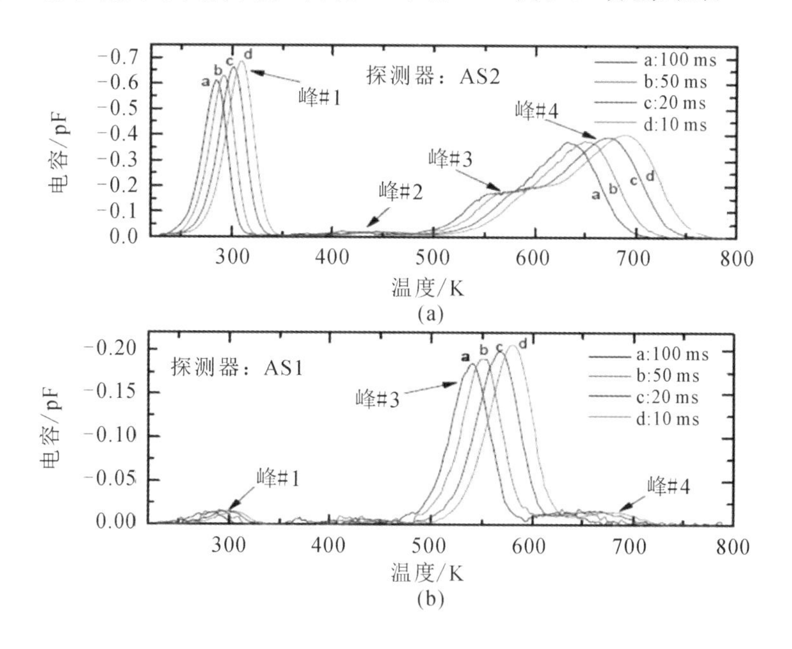

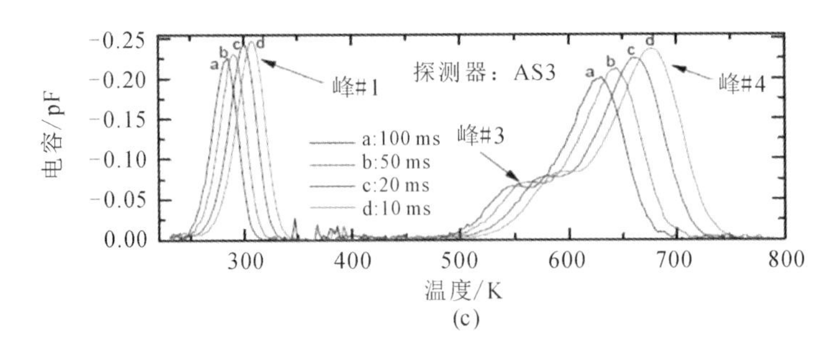

(c)

图 6.8 AS2、AS1 和 AS3 探测器经 DLTS 扫描显示的 4H－SiC 核辐射探测器外延层中存在与电子缺陷相关的负峰[8]

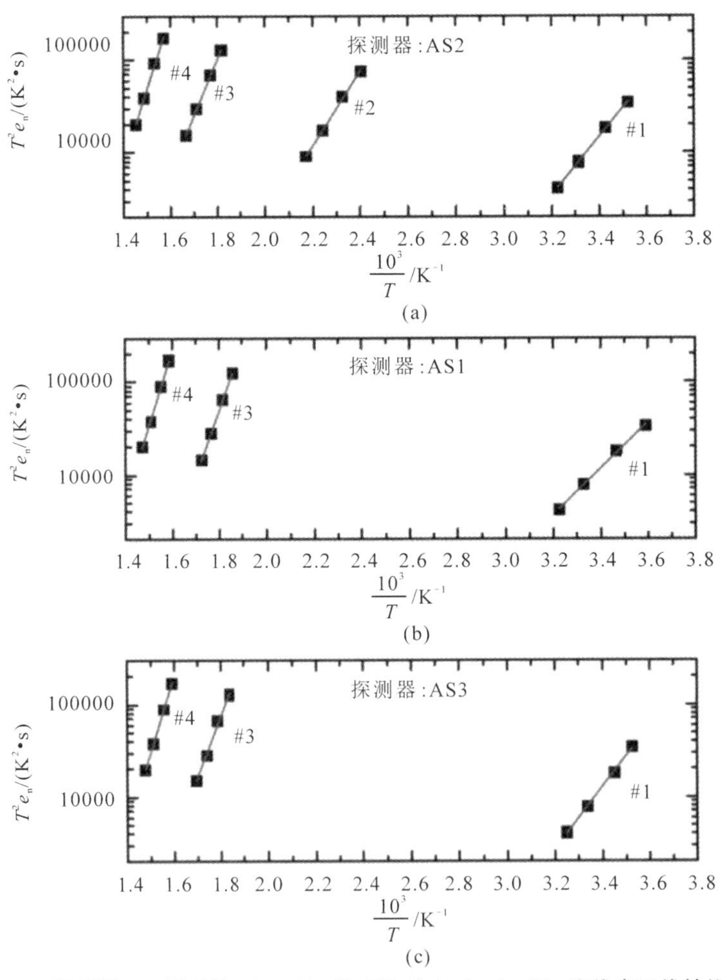

图 6.9 根据图 6.8 得到的 AS2、AS1 和 AS3 的 Arrhenius 图，实线表示线性拟合[8]

表 6.1　由 DLTS 扫描获得的探测器 AS1 的缺陷参数[8]

峰编号	俘获截面 σ_n/cm^2	能级位置/eV	缺陷浓度/cm^{-3}	可能的缺陷种类
#1	0.05×10^{-16}	$E_c-0.60$	0.09×10^{12}	Z1/Z2
#3	575×10^{-16}	$E_c-1.45$	1.27×10^{12}	Ci1
#4	68.8×10^{-16}	$E_c-1.6$	0.1×10^{12}	EH6/EH7

表 6.2　由 DLTS 扫描获得的探测器 AS2 的缺陷参数[8]

峰编号	俘获截面 σ_n/cm^2	能级位置/eV	缺陷浓度/cm^{-3}	可能的缺陷种类
#1	1.9×10^{-16}	$E_c-0.62$	3.2×10^{12}	Z1/Z2
#2	0.1×10^{-16}	$E_c-0.80$	0.09×10^{12}	V_{Si}^{+}
#3	1.7×10^{-16}	$E_c-1.31$	0.93×10^{12}	Ci1
#4	28.2×10^{-16}	$E_c-1.6$	1.9×10^{12}	EH6/EH7

表 6.3　由 DLTS 扫描获得的探测器 AS3 的缺陷参数[8]

峰编号	俘获截面 σ_n/cm^2	能级位置/eV	缺陷浓度/cm^{-3}	可能的缺陷种类
#1	28.8×10^{-16}	$E_c-0.66$	1.9×10^{12}	Z1/Z2
#3	22.6×10^{-16}	$E_c-1.3$	65×10^{12}	Ci1
#4	158×10^{-16}	$E_c-1.6$	1.8×10^{12}	EH6/EH7

为了确定缺陷对器件性能的影响，需要将探测器性能与电活性缺陷相关联，图 6.10 显示了上述探测器对 α 粒子的脉冲幅度谱。可以看到，尽管 AS1、AS2 和 AS3 三个探测器是在同一外延片上批量制备得到的，但是它们之间的能量分辨率却有一定的差距。对于 5486 keV 的 α 粒子，探测器 AS1 的分辨率最高，为 0.29%，其次为 AS2(0.38%)和 AS3(0.96%)。从 DLTS 测试结果中可以明显看出，最好的 AS1 探测器几乎不显示与 Z1/Z2 缺陷有关的峰(#1)。与 AS2 和 AS3 相比，AS1 中与其他峰值相关的缺陷浓度也总体低了一个数量级。在 AS2 和 AS3 之间，AS2 表现出更好的检测性能，这也证实了一个事实，即 AS2 探测器中 Z1/Z2、Ci1 和 EH6/EH7 缺陷的俘获截面比 AS3 探测器的至少低一个数量级。Ci1 缺陷的存在似乎不会影响探测器的性能，因为探测器 AS3 的

Ci1 缺陷的浓度和截面比其他两个样品的大得多。另一方面，Z1/Z2 与 EH6/EH7 均与碳空位有关，分别位于导带边缘以下 0.6 eV 与 1.6 eV 左右处，将明显降低探测器的性能。因此，虽然探测器是由来自同一母晶片的优质 4H－SiC 外延片制成，并在完全相同的条件下批量加工的，但它们作为辐射探测器的性能差异很大。性能上的相对差异被认为与缺陷的存在有关，这表明这些缺陷在母晶圆片中的分布不均匀。

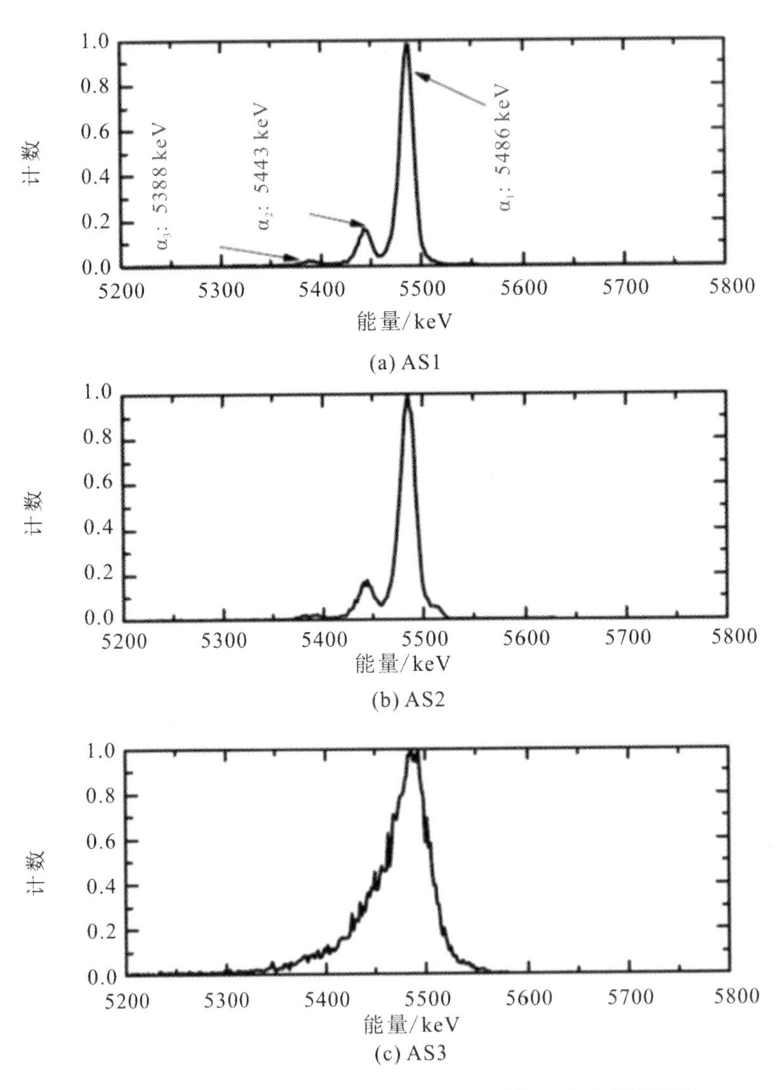

图 6.10　使用^{241}Am 源测试得到的探测器的 α 脉冲幅度谱[1]

6.2　SiC 材料的辐照损伤及探测性能退化

6.2.1　辐照对 SiC 材料缺陷的影响机理

1. 晶体缺陷

晶体缺陷根据其几何特征可以分为点缺陷、线缺陷和面缺陷[9-11]。

晶体中的点缺陷为在三维空间各方向尺寸都很小的缺陷，如 6.1.1 节中所述的能级缺陷，其主要由空位、间隙原子、置换原子等构成，如图 6.11 所示。

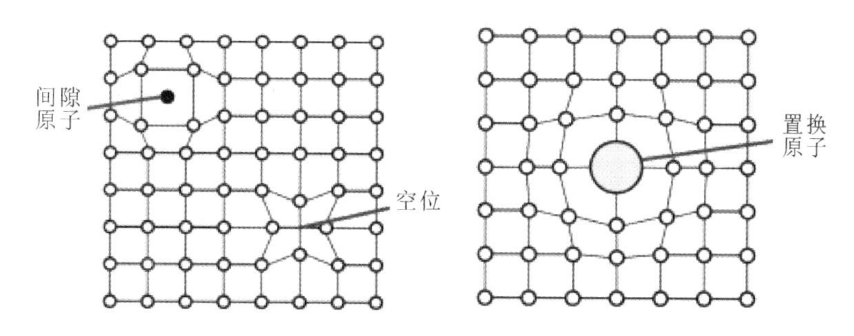

图 6.11　晶体中的点缺陷[9]

(1) 空位(vacancy)：在理想晶体中，某个晶格位置原来有一个原子，但现在这个位置是空的。通常用字母 V 表示空位。空位分为肖特基(Schottky)空位和弗兰克尔(Frenkel)空位。在肖特基空位中，离开平衡位置的原子迁移到晶体表面或内表面的正常结点位置，在晶体中仅留下空位；在弗兰克尔空位中，离开平衡位置的原子挤入点阵的间隙位置，从而在晶体中同时形成数目相等的空位和间隙原子。

(2) 间隙原子(interstitial atom)：在理想晶体中，原子脱离其平衡位置进入原子间隙。通常用字母 i 表示间隙原子(填隙原子)。间隙原子分为自间隙原子和异类间隙原子。

(3) 置换原子(substitution atom)：在理想晶体中，占据在原来基体原子平衡位置上的异类原子。换句话说，即所研究晶体晶格上基体原子和异类原子的交换使得某 B 原子置换溶解到某 A 原子的晶格中，这种 B 原子叫作置换原子。

置换原子、空位和间隙原子虽然主要由材料内部原子热运动引起，但高能

粒子辐照材料也会产生很多点缺陷。这是由于高能粒子与材料中的原子发生弹性碰撞并发生卢瑟福散射，原子发生位移，或者由于高能粒子进入到材料中产生间隙原子造成的。点缺陷一旦在晶体中产生，就破坏了原来晶体结构的有序性和完整性，会导致晶格肿胀或缩小，密度发生变化，从而影响材料的物理和电学特性，如密度、电阻率等。对于半导体材料，点缺陷的产生将对载流子的迁移率和带隙宽度等电学参数产生很大影响，这些电学参数的改变可能导致半导体材料的禁带区产生若干附加的能级，造成相关电子器件的退化，甚至失效。弗兰克尔(Frenkel)缺陷对是射线辐照位移损伤产生的主要点缺陷。晶体内部原子由于碰撞离开原来的点阵位置，并在原子的间隙位置停下来，形成的由空位和产生的间隙原子组成的缺陷对即为弗兰克尔缺陷对。这一类点缺陷在中子辐照位移损伤中起着非常重要的作用。

晶体中的线缺陷，也就是4.3.2节中所描述的位错，主要有TSD和TED两种形式(4.3.2节中描述的BPD与TED具有相同的基本性质，它的名称取决于位错方向，TED与BPD之间可以相互转换)，如图6.12所示。位错是材料中普遍存在的缺陷，可视为晶体中已滑移面与未滑移面的分界线。若一个晶面在晶体内部突然终止于某一条线，则这种不规则排列称为刃型位错；把规则排列的晶面看作一叠间距固定的纸，从上到下剪开一个缺口，在剪开处的两侧，一侧上移半层，一侧下移半层，则在缺口的末端附近的原子将形成类似于螺纹盘旋上升的排列结构，这种原子的不规则排列称为螺型位错。

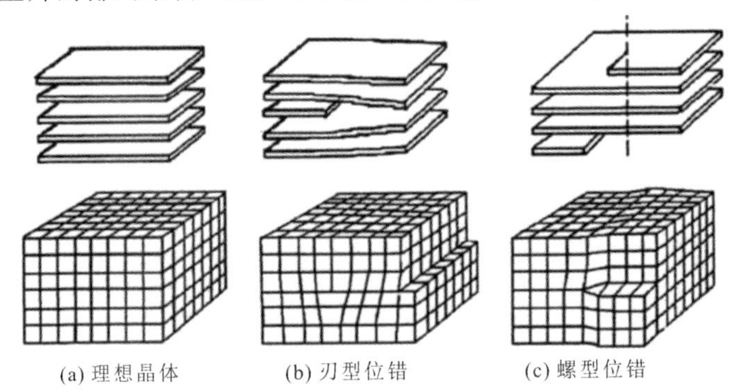

图6.12　理想晶体及晶体中的主要位错[12]

晶体中的面缺陷，其特征是晶体某一个方向上的尺寸很小，另外两个方向的尺寸很大，即是一个面的，是二维缺陷，例如晶界、晶体层错和晶体表面等，4.3.2节中所描述的堆垛层错就属于面缺陷。堆垛层错是广义的层状结构晶格中常见的面缺陷，晶体结构层的正常周期性重复堆垛顺序在两层之间出现了错

误，以致沿该层间平面(层错层)两侧附近的原子产生错误排列，这种错误排列即为堆垛层错。

2. 材料辐照损伤

在核辐射探测过程中，辐照损伤主要表现为半导体材料受到中子、电子和各类射线辐照造成的位移损伤。当这些高能粒子(如中子、质子、电子等)照射在半导体材料上时，材料中晶格原子与入射载能粒子会发生碰撞，辐照产生的碰撞过程是引起位移损伤效应最原始的过程。射线辐照引起的碰撞可以分为两类：非弹性碰撞和弹性碰撞。非弹性碰撞是入射粒子的大部分能量转移到晶格原子的外围电子上，导致电子激发，使晶格原子电离。弹性碰撞是入射载能粒子通过碰撞将能量传递到晶格原子，这些被碰撞的晶格原子即为初级碰撞原子(primary knock-on atom，PKA)，当被碰撞原子获得的能量超过其离位阈值 E_d 时，将离开其正常的点阵位置，变成离位原子(displacement atom)并产生空位。当核辐射粒子能量足够高时，这些离开原来位置的初级碰撞原子又可以去碰撞其他的晶格原子，并使其他点阵原子离位，形成二级碰撞。同理，具有相当能量的二级碰撞原子又能撞击出三级离位的碰撞原子，这样一代一代延续下去，直到各个级次的碰撞原子静止下来，从而形成了一个碰撞级联(collision cascade)过程。当碰撞中产生的原子的能量不能再引起另外一个点阵原子离位时，该原子可能会留在点阵原子的间隙中，形成一个间隙原子；其也可能与其邻近的空位发生复合，若处于原空位位置的原子种类与该原子种类不同，则该种原子为反位原子；若两者原子种类相同，则发生缺陷复合，缺陷数目减少。因此，核辐射粒子可能导致 SiC 晶体内部产生点缺陷和其他复杂结构的缺陷，这些缺陷(反位原子、间隙原子、空位、位错、复合体和空洞等)能够改变 SiC 的宏观性质。入射粒子导致 SiC 材料内部缺陷扩散、复合或聚集成空位团，或导致外围间隙原子和空位逸出并扩散到位错、晶界、空洞等位置，由于不同种类的缺陷阱吸收逸出间隙原子和空位的效率不同，导致到达不同种类缺陷阱的间隙原子和空位流量不平衡，进而产生辐照蠕变和空洞肿胀等现象。当入射粒子达到一定限度时，还可能在粒子沉积区域附近形成一个较多辐照损伤积累的损伤层，损伤层内晶格发生非晶化变化，形成无定形区。离位阈值反映了材料的位移辐照特性，如果一种材料的离位阈值很大，那么在一定能量和剂量的粒子辐照下它产生位移缺陷的可能性就小。表 1.1 显示了 SiC 的离位阈值相对比较大，仅次于金刚石，因此 SiC 材料具有很强的抗辐照特性，目前对于 SiC 核辐射探测器的辐照退化研究主要集中于辐照下 SiC 材料深能级缺陷的增殖与引入以及相应探测器性能的退化。

6.2.2 探测器辐照退化的仿真拟合方法[13-14]

SiC辐射探测器目前主要应用于高能粒子探测，如α、β、X射线和中子等，这些都可能会降低器件的性能。为了定量表征探测器的退化，从基本的漂移-扩散方程出发，需要得知有效载流子浓度、载流子迁移率以及载流子寿命的退化，因此通常在照射前后提取少数载流子寿命、缺陷浓度和有效掺杂浓度(N_{eff})的变化。考虑到有效载流子浓度可以通过测量获得，并且在TCAD的迁移率模型中，电荷中心大于$1\times10^{16}\ \mathrm{cm}^{-3}$后才会逐渐对迁移率造成显著影响，而SiC材料中缺陷与载流子寿命的关系已有相对明确的结论，并且载流子寿命与缺陷浓度直接相关，因此，西安电子科技大学张玉明研究团队考虑分析载流子寿命退化对器件性能的影响，提出了直接在TCAD仿真中引入缺陷以取代直接修改材料寿命参数的方法，并结合相关实验，较为系统地研究了探测器辐照退化的仿真拟合方法。

1. 探测器性能退化的双能级缺陷模型及验证

为了对中子辐照后的器件性能进行仿真分析，我们首先考察半导体探测器的漂移-扩散理论。探测器性能最直观的反映即CCE。通常采用漂移-扩散理论对电荷收集效率描述[15, 16]如下：

$$\mathrm{CCE}=\frac{1}{N_{\mathrm{n,\,p}}}\int_{0}^{W}G(x)\mathrm{d}x+\frac{1}{N_{\mathrm{n,\,p}}}\int_{w}^{R_{\mathrm{ng}}}G(x)\exp\left(\frac{W-x}{L_{\mathrm{p}}}\right)\mathrm{d}x \tag{6-2}$$

其中，$N_{\mathrm{n,\,p}}$为产生的电子空穴对总量，$G(x)$为电子空穴对在入射路径上的分布函数，W为空间电荷区的宽度，R_{ng}为带电粒子在材料中的射程，L_{p}为少子的扩散长度。根据式(6-2)，当器件受到辐照损伤时可将损伤效果分为3类：① 辐照损伤导致有效掺杂浓度发生变化；② 辐照损伤影响材料中的载流子迁移率；③ 辐照损伤影响材料中的载流子寿命。其中①将主要影响空间电荷区宽度W的变化，而②、③同时对少子扩散长度L_{p}造成影响。

通常，有效掺杂浓度的变化和迁移率的变化可以直接测量；载流子寿命的变化尽管可以直接测量，但其测试结果与测试的条件，特别是产生过剩载流子的多寡有关[17]。由于L_{p}是关于空穴寿命(τ_{p})的函数，因而CCE在给定器件工作条件与入射粒子下也是τ_{p}的函数。根据Shockley-Read-Hall(SRH)理论，τ_{p}值为

$$\tau_{\mathrm{p}}=\frac{1}{r_{\mathrm{p}}N_{\mathrm{t}}} \tag{6-3}$$

$$r_{\mathrm{p}}=\sigma_{\mathrm{p}}v_{\mathrm{th,\,p}} \tag{6-4}$$

其中，N_{t}为缺陷浓度，r_{p}为空穴俘获系数，σ_{p}为空穴俘获截面，$v_{\mathrm{th,\,p}}$为空穴平均热速度。但这里的τ_{p}只是一个等效值，因为表达式(6-3)的前提条件为平衡电

子密度(其近似于净掺杂浓度 N_d)远大于过剩空穴密度 p。图 6.13 显示了 2 MeV α 粒子垂直入射进一个反偏电压为 −10 V 的 SiC 肖特基型探测器时的仿真结果。在轰击后 4.22 ns 时，输出电流脉冲的积分电荷达到最大值的 90%，轰击后不同时刻的电子密度和空穴密度分布图如图 6.13(b)所示。显然，即使经过 4 ns，也不满足 N_d 远大于 p 的条件，因此类似于根据式(6-2)提取 τ_p 测量值的方法，难以将其载流子寿命测试结果直接用于仿真，因为这容易使脉冲幅度谱的仿真产生误差。

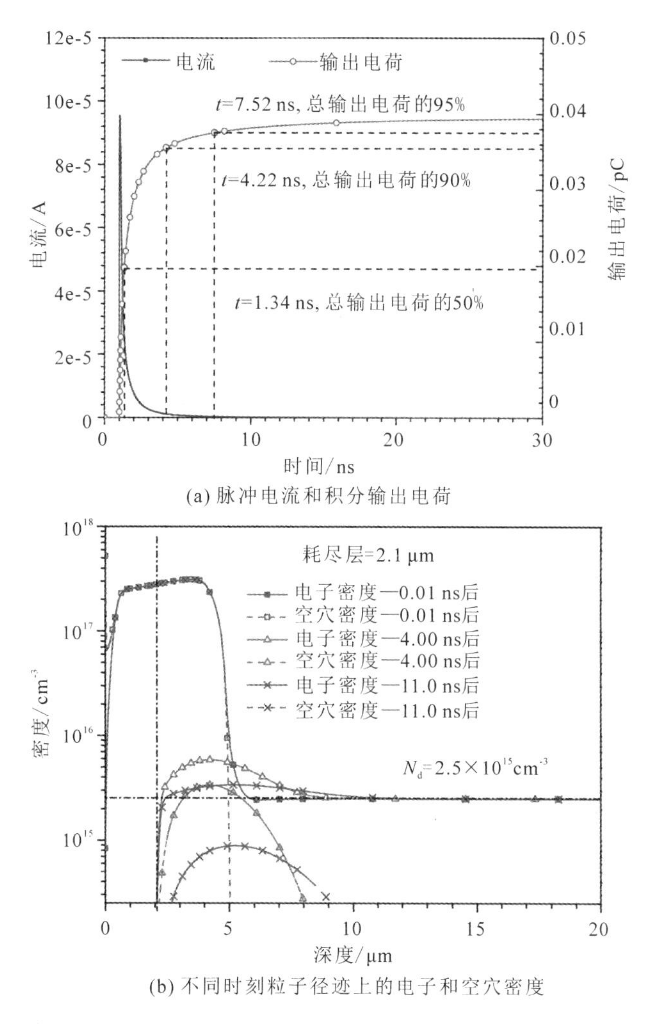

(a) 脉冲电流和积分输出电荷

(b) 不同时刻粒子径迹上的电子和空穴密度

图 6.13　在 1 ns 时，2 MeV α 粒子垂直入射进一个反偏电压为 −10 V 的 SiC 肖特基型探测器[14]

尽管目前有一些关于辐照剂量与载流子迁移率之间关系的研究[18]，然而目前尚无法确定每种缺陷各自带来的影响，并且根据式(5-18)～式(5-20)，只有当带电中心总量超过 $1\times10^{16}\ \mathrm{cm}^{-3}$ 后载流子迁移率才会逐渐发生显著变化；相较之下，SiC 材料中缺陷与载流子寿命的关系得到了较为广泛的研究，且已有相对明确的结论。对于 SiC 而言，目前研究已经确认，影响其载流子寿命的最关键缺陷为 Z1/Z2 缺陷[19]。该缺陷与碳空位有关，拥有三种荷电状态，图 6.14 所示分别是不携带电荷时表现出正电性的 Z^+ 态，俘获一个电子时不表现带电性的 Z^0 态以及俘获两个电子时表现出负电性的 Z^- 态。缺陷在 Z^0 与 Z^- 态之间的转化表现为位于 $E_c-0.65$ eV 处的类受主能级，而在 Z^0 与 Z^+ 态之间的转化则表现为位于 $E_c-0.4$ eV 处的类施主能级。300 K 时，Z1/Z2 缺陷的俘获截面在表 6.4 中给出。由于载流子寿命与缺陷浓度直接相关，因此考虑在仿真模型中直接加入缺陷模型，而非直接修改 SiC 材料的寿命参数。

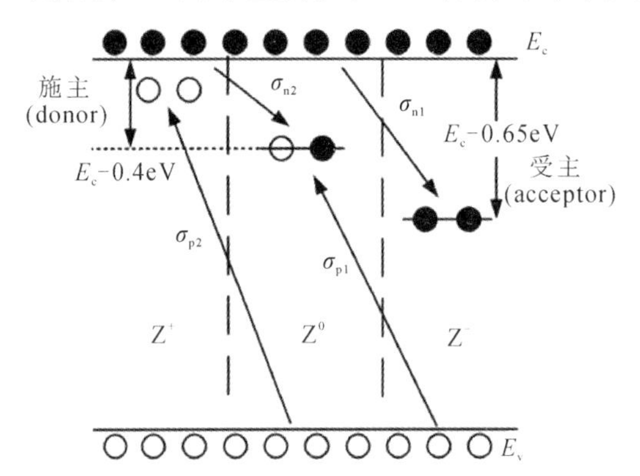

图 6.14　Z1/Z2 能级与其荷电状态变化示意图[2]

表 6.4　300 K 时，Z1/Z2 缺陷对应的能级及俘获截面参数[19]

能级位置	缺陷类型	电子俘获截面	空穴俘获截面
$E_c-0.40$ eV	施主	$\sigma_{n2}=5.494\times10^{-15}\ \mathrm{cm}^2$	$\sigma_{p2}=1.986\times10^{-14}\ \mathrm{cm}^2$
$E_c-0.65$ eV	受主	$\sigma_{n1}=0.945\times10^{-16}\ \mathrm{cm}^2$	$\sigma_{p1}=1.1\times10^{-13}\ \mathrm{cm}^2$

为了处理 Z1/Z2 缺陷中两个能级之间的相互关系，根据文献[20]中的研究，当两个非独立的缺陷能级满足：

$$\exp\left(\frac{\Delta E}{kT}\right)\gg\frac{\sigma_{n2}}{\sigma_{n1}},\ \frac{\sigma_{p1}}{\sigma_{p2}}\gg1 \tag{6-5}$$

时，将这两个能级视作相互独立的能级。式(6-5)中，ΔE 为两个能级的间距，这里为 0.25 eV；仅 $\sigma_{p1} \gg \sigma_{p2}$ 不成立($\sigma_{p1} \approx 5.5\sigma_{p2}$)，因此，我们考虑将 Z1/Z2 能级以两个独立的缺陷能级形式引入仿真。在 TCAD 仿真中，单个独立缺陷能级引入的载流子复合率在形式上依旧遵循式(5-13)给出的 SRH 复合模型，但是需要根据缺陷能级的位置、缺陷浓度及其俘获截面，重新给定 τ_n、τ_p 以及 E_t。此时 τ_n 和 τ_p 将不再由 4H-SiC 材料参数文件中的默认值给出，根据 SRH 复合模型中对 τ_n 和 τ_p 的定义，写作

$$\tau_n = \frac{1}{\sigma_n v_{th,n} N_t} \tag{6-6}$$

$$\tau_p = \frac{1}{\sigma_p v_{th,p} N_t} \tag{6-7}$$

其中，σ_n 和 σ_p 分别是当前缺陷能级对应的电子和空穴俘获截面，N_t 为缺陷浓度，$v_{th,n}$ 和 $v_{th,p}$ 分别为电子和空穴的平均热速度。

为了验证上述模型的可行性，我们首先对已有的文献报道数据[21]进行仿真。Nava 等人对如图 6.15 所示的 SBD 型探测器分别进行了高能质子、电子和 γ 射线辐照，并给出了探测器在辐照前后基本特性(如有效掺杂浓度、势垒高度)以及 CCE 的变化。辐照前后的有效掺杂浓度 N_{eff}、肖特基势垒高度 φ_b 以及理想因子 n 在表 6.5 中列出。

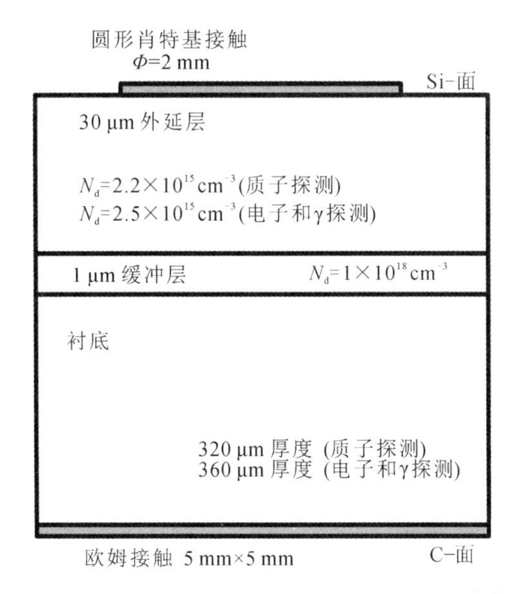

图 6.15 Nava 等人报道的探测器截面示意图[21]

表 6.5 Nava 等人报道的探测器辐照前后参数变化[21]

入射粒子	剂量	N_{eff}/cm^{-3}	φ_b/eV	n
24 GeV 质子	未辐照	2.18×10^{15}	1.70	1.19
24 GeV 质子	9.37×10^{13} cm^{-2}	1.43×10^{15}	1.72	1.18
8.2 MeV 电子	未辐照	2.49×10^{15}	1.03	1.034
8.2 MeV 电子	20 Mrad	1.67×10^{15}	1.13	1.036
8.2 MeV 电子	40 Mrad	6.89×10^{14}	1.54	1.032
^{60}Co γ	未辐照	2.49×10^{15}	1.03	1.034
^{60}Co γ	20 Mrad	2.28×10^{15}	1.03	1.033
^{60}Co γ	40 Mrad	2.21×10^{15}	1.03	1.034

为了找出经电子辐照器件的 N_t 值，可以使用蒙特卡罗仿真软件对电子在 390 μm 厚的 SiC 层中的能量沉积进行计算。仿真结果如图 6.16 所示，可以看到能量沉积分布均匀，近 99%的透射电子仍保持有 7.95 MeV 的能量。因此，40 Mrad 的剂量相当于 1.33×10^{15} cm^{-2} 的通量。根据相关参考文献的研究报道[22]，8.2 MeV 电子在 SiC 中的 Z1/Z2 缺陷引入率约为 0.57 cm^{-1}，因此可以得到 N_t 值约为 7.63×10^{14} cm^{-3}。考虑到 24 GeV 质子和 8.2 MeV 电子都很容易透过 390 μm 厚的 SiC 层，并且被质子照射(9.37×10^{13} cm^{-2})的器件提取的 τ_p 为 3.3 ns，几乎与 40 Mrad 电子照射的器件相同，因此，可以假设经质子照射器件的 N_t 值近似于经电子照射器件的 N_t 值，并且 N_t 均匀分布。对于 γ 射线，由于 4H - SiC 被归类为高辐射耐受材料，γ 射线对 SiC 外延层的缺陷引入

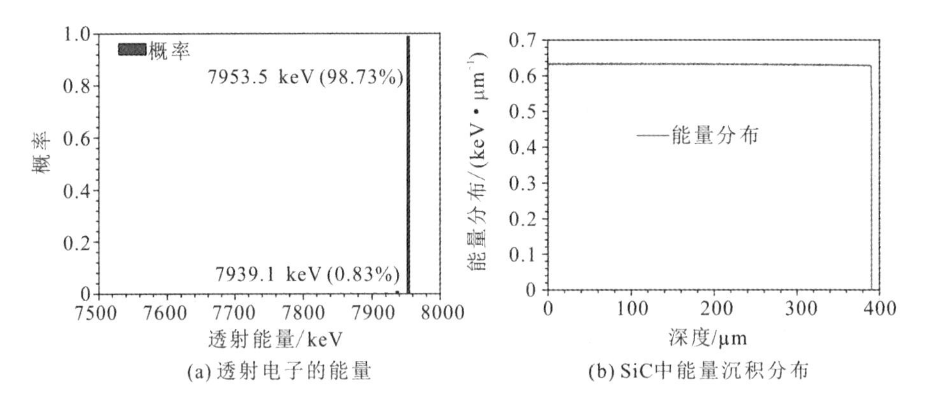

(a) 透射电子的能量　　(b) SiC中能量沉积分布

图 6.16 8.2 MeV 电子垂直入射 390 μm 的 SiC 层的蒙特卡洛仿真结果[14]

率也少有报道。这里，根据文献中[21]对不同辐照条件提取的 τ_p，经 40 Mrad 剂量的 γ 射线辐照后器件的 N_t 值确定为 3.82×10^{14} cm^{-3}。

当未受辐照的 SiC 肖特基型探测器偏置在 −1000 V 下时，CCE 可以视为 1。因为此时，器件耗尽层厚度为 22 μm，而 5.486 MeV α 粒子在 SiC 中的穿透深度约为 10 μm，其激发的电子空穴对完全位于空间电荷区中。下文中 CCE 的仿真与实验结果均由不同能量 α 粒子入射探测器得到（CCE_{sim} 与 CCE_{exp} 分别代表报道的仿真数据与实验数据）。此外，对于未受辐照因而未添加缺陷的器件，将通过校准 τ_p 与 τ_n 参数来确保 CCE_{sim} 和 CCE_{exp} 在辐照前高度拟合。

1）特定 τ_p 与 τ_n 下 CCE 的计算

图 6.17 显示了在 τ_p 保持与文献中相同值时 τ_n 对 CCE 的影响。CCE 在固定偏压下随着 τ_n 的降低而降低。从图 6.17 可以看出，只有当 τ_n 等于或小于 1 ns 时，CCE_{sim} 才能与 CCE_{exp} 完全一致。

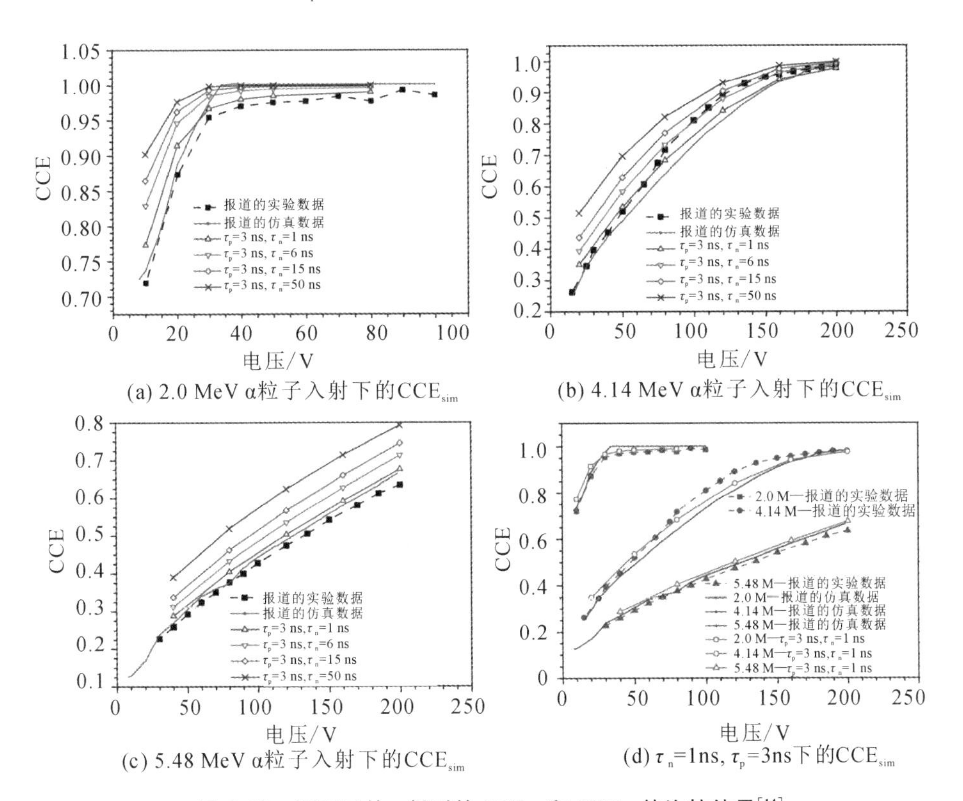

图 6.17　用不同的 τ_n 得到的 CCE_{exp} 和 CCE_{sim} 的比较结果[14]

2）双能级缺陷模型不同粒子辐照下探测器的 CCE 拟合结果

根据文献[21]提供的数据进行仿真，结果如图 6.18 所示。图中，τ_p与τ_n分别设置为 0.3 μs 与 0.6 μs。

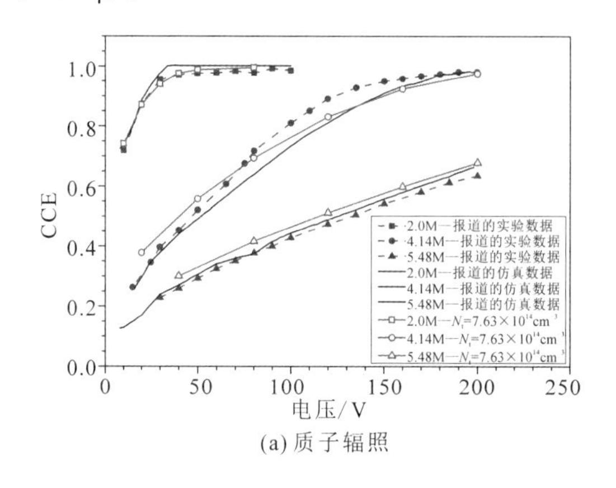

(a) 质子辐照

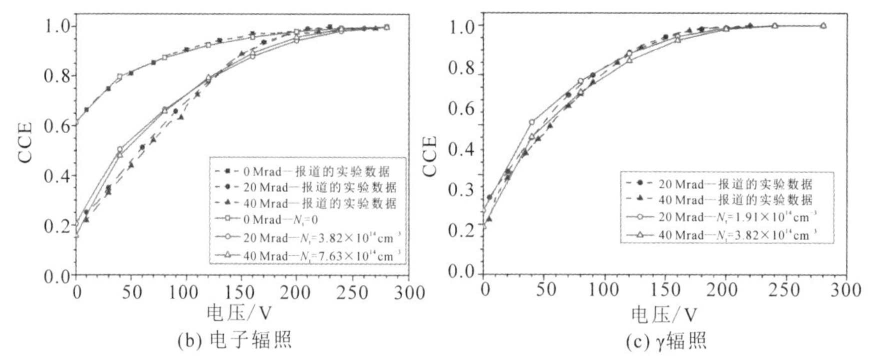

(b) 电子辐照　　(c) γ辐照

图 6.18　仿真所得 CCE 与文献报道结果对比[2]

对于质子辐照的样品，2 MeV α 粒子入射的仿真结果拟合度最好；4.14 MeV α 粒子入射的 CCE 拟合度则相对较差，可能是因为该能量的 α 粒子是由 5.48 MeV α 粒子穿过空气得到的，该过程会存在一定的不确定性；5.48 MeV α 粒子入射的仿真曲线与实验曲线基本保持平行，其值略大于实验曲线，两者相差约 0.04。

对于电子辐照的样品，器件未辐照时，仿真结果与实验值基本重合。对于 20 Mrad 和 40 Mrad 的情况，在相同的 4.14 MeV 的 α 入射粒子下，CCE 仿真结果与实验结果的整体拟合度较好。仿真结果在 0～120 V 的偏压范围内大于对应的实验值，特别是在 40 V 附近的差距比较明显，达到了 0.1；而在 120～

200 V 的偏压范围内略小于实验值；同时，20 Mrad 和 40 Mrad 的仿真曲线基本重合，这一特性与实验结果一致。造成差别的原因，可能是外延层的掺杂不均匀。

对于 $^{60}Co-\gamma$ 射线辐照的样品，在偏压小于 100 V 的情况下，两条仿真值均略大于实验值，两条仿真值的差距约为 0.05，与实验结果基本一致。20 Mrad 的仿真曲线在偏压大于 100 V 时与实验结果较为吻合，而 40 Mrad 的仿真曲线在偏压小于 100 V 时与实验结果较为吻合。与之前电子的仿真结果相似，40 V 附近的拟合度较差。

另外，为了比较单一能级模型和双能级模型之间的区别，分别将两个缺陷能级单独加入仿真中，结果如图 6.19 所示。对比图 6.18(a)和图 6.19 即可发现，双能级模型的精度明显优于单能级模型。同时也可以从侧面反映出，在高能带电粒子入射探测器产生极大量电子空穴对的情况下，位于导带以下 $E_c-0.4$ eV 的类施主能级起到的作用大于导带以下 $E_c-0.65$ eV 的类受主能级。这是因为当大量电子空穴对产生时，几乎所有的缺陷能级都将被占据，载流子的复合将主要发生在 Z^0 与 Z^+ 态之间的转化上。

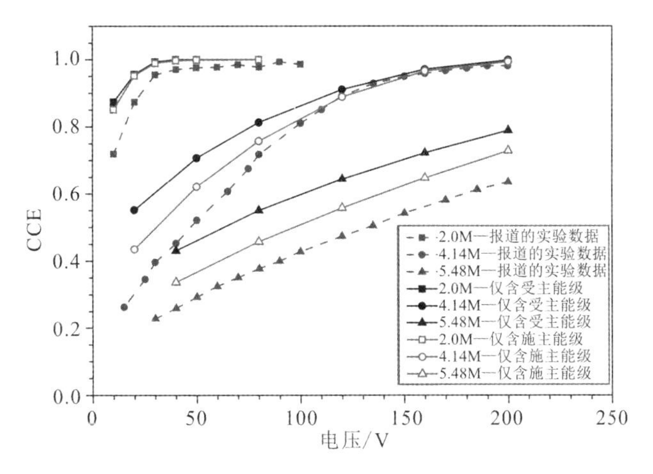

图 6.19　针对质子辐照器件，仅采用单能级缺陷模型得到的仿真结果[2]

尽管仿真结果与实验结果存在一定差距，但二者整体上基本一致，其中的差别有极大可能是由载流子迁移率变动造成的。因此认为可以在仿真中采用两个独立能级表示 Z1/Z2 缺陷，验证了双能级缺陷模型。我们将在后续器件性能退化、α 能谱畸变的分析中沿用该模型。

2. 探测器性能参数退化研究

西安电子科技大学研究团队对图 5.37 所示的器件(记作 A 型)及采用相同工艺但 i 层参数不同的器件(记作 B 型)进行了辐照损伤试验。B 型器件表面 Al 层厚度约为 2 μm；P 层由离子注入形成，厚度约为 0.5 μm，掺杂浓度约为 5×10^{18} cm^{-3}；i 层厚度为 30 μm，对应的 N 型掺杂浓度为 5×10^{15} cm^{-3}。A 型器件(分别编号为 A-1 和 A-2)和 B 型器件(编号为 B-1 和 B-2)累计的中子辐照剂量达到 1×10^{15} cm^{-2}。

1) *有效载流子浓度退化*

A 型器件和 B 型器件在辐照前后的 C-V 曲线分别如图 6.20(a)和(b)所示，经过线性拟合提取的净掺杂浓度 N_{dop} 和内建电势 V_{bi} 如表 6.6 所示。经过辐照的 A 型器件电容已基本不变，且电容值较小。参考 B 型器件在辐照前后 i 层掺杂浓度的变化，判断此时 A 型器件出现了较为严重的杂质补偿现象。

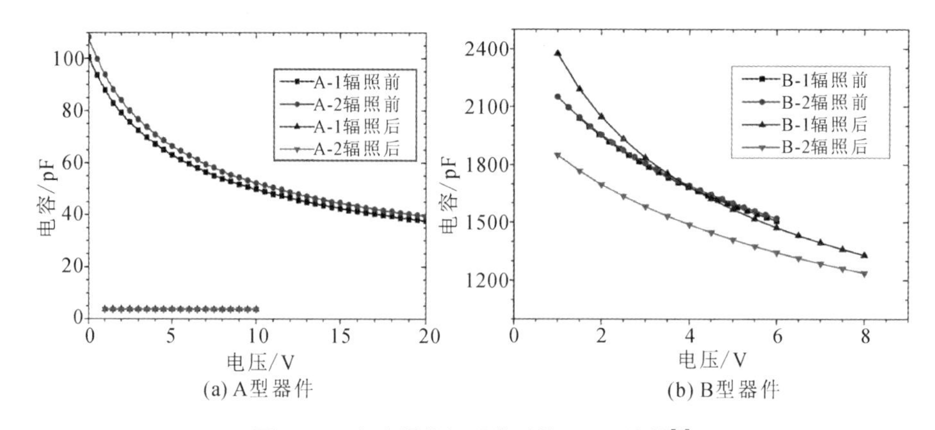

图 6.20 实验器件辐照前后的 C-V 特性[2]

表 6.6 辐照前后的有效掺杂浓度及内建电势[2]

器件编号	N_{dop}(辐照前)/cm^{-3}	V_{bi}(辐照前)/V	N_{dop}(辐照后)/cm^{-3}	V_{bi}(辐照后)/V
A-1	2.99×10^{14}	3.24	—	—
A-2	3.23×10^{14}	3.03	—	—
B-1	5.13×10^{15}	4.12	3.66×10^{15}	4.73
B-2	4.74×10^{15}	4.92	3.55×10^{15}	5.37

2）缺陷识别

由于A型器件的杂质补偿效应过强，器件电容已经基本不随器件的偏压发生改变，可以断定经过反应堆辐照处理的A型器件无法采用DLTS测量其缺陷浓度。因此这里只给出B型器件在辐照后的DLTS测试结果。这里只关心Z1/Z2缺陷的浓度，而后续仿真分析中，其俘获截面及能级位置依旧参照表6.4，这是因为通常的DLTS测试，除了给出缺陷能级位置E_c-E_t的大小以及对应的缺陷能级浓度N_t外，对于SBD这类单极器件只能给出缺陷的单一俘获截面，而对于PiN二极管等双极器件则给出一个单一俘获截面的等效值，并不能同时给出缺陷的电子俘获截面和空穴俘获截面。对于分析SBD器件的静态特性而言，单一俘获截面是足够的，但是对于分析计算辐照探测器，特别是重带电粒子探测过程中载流子的动态复合与输运过程显然是不足的。这是因为重带电粒子入射半导体时激发产生的电子空穴对的数量极大，在入射后的极短时间内甚至远远超过外延层本身的掺杂浓度。根据SRH模型理论[如式(5-13)]，此时载流子的复合率将同时受到电子浓度、空穴浓度、电子俘获率(表现为理想条件下的电子寿命)以及空穴俘获率(表现为理想条件下的空穴寿命)的影响，显然单一截面并不足以描述以上的复杂过程。

根据文献[1]和[23]给出的SiC缺陷能级DLTS结果，将测试温度设为100～400 K。器件的静态偏压$-U_{ss}$设定为-10 V，脉冲电压$-U_p$设定为-1 V(超过-0.5 V的偏压容易导致系统不稳定)，脉冲电压$-U_p$对应的充电时间设为1 s，大于通常设定的1 ms，以确保器件中的缺陷能级被充分填充。为了防止电压突变的瞬间对探测结果造成影响，电容脉冲测量从电压恢复$-U_{ss}$后的117 ms开始，总的电容测量时间为10 s。通常情况下，为了便于数据保存，电容脉冲的采样点仅保留33个，并预先进行傅里叶变换，保留4阶系数，而后在数据分析时通过傅里叶逆变换以及插值法还原电容脉冲。本次实验将保留所有1025个采样点以提高后续分析的准确度。

在100～400 K的范围内，经过辐照的B-1和B-2器件的DLTS能谱如图6.21所示(剔除某些明显的坏点，如ΔC达到上百皮法的测量点)。图中纵坐标的b_1表示当前所示ΔC为系统对DLTS脉冲信号进行傅里叶分解后得到的一阶分量的系数。通过该系数可以大致判断缺陷是否存在，并为后续的参数提取提供参考。B-1和B-2对应的谱形大体一致，存在三个可以明确分辨的特征峰。观察DLTS谱线，发现存在以下问题：

(1) B-1的谱形，特别是低温时的谱形异常杂乱。

(2) B－1谱形和B－2谱形在温度轴上存在明显漂移，该漂移可能是由测试系统自动生成率窗大小不同所致的。

(3) 与文献[1]和[24]所报道的单一峰不同，这里在200～300 K之间存在两个明显分立的峰。

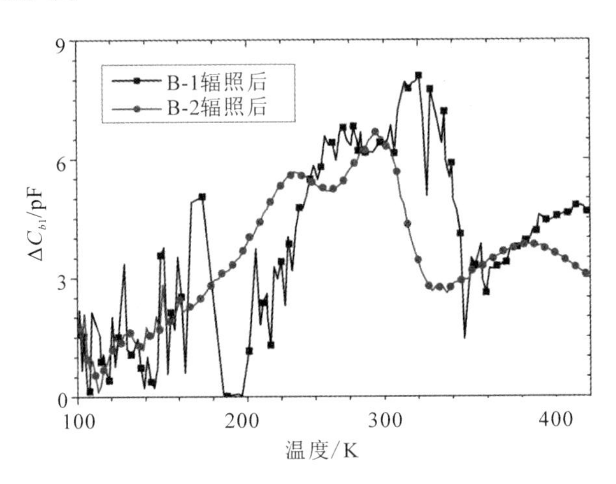

图 6.21 实验器件辐照后的 C－V 特性[2]

有相关研究[25]表明，B－2谱形中位于230℃的峰，对应缺陷能级 Level1，将随着高温退火明显降低乃至几乎消失，而位于280℃附近的峰，对应缺陷能级 Level2，大体判断为 Z1/Z2 缺陷。测量经过辐照的 B－1 和B－2器件的反偏电流，结果如图 6.22 所示。尽管在 0～10 V 的范围内两个器件的反偏漏电依旧保持在一个较低的水平，但随着器件偏压的逐渐增加，B－1器件的漏

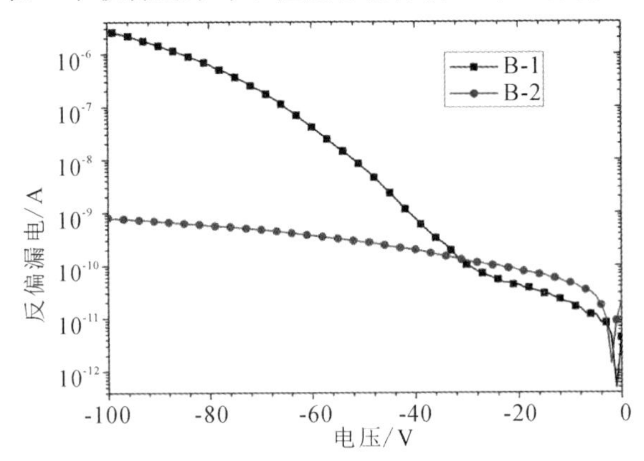

图 6.22 经过辐照的 B 型器件的反偏漏电[2]

电流出现显著增加，这可能意味着器件本身存在某种内在的损坏或者封装过程对器件造成了轻微的损伤，也可以部分解释图中 B－1 号器件 DLTS 谱线杂乱无章的现象。

利用 DLTS 谱线极值提取的方法对深能级瞬态信号进行拟合分析，其 Arrhenius 线性拟合的结果如图 6.23(a)所示。根据 Arrhenius 线性拟合结果以及缺陷浓度 N_t 的实验计算值，理论计算得到的 DLTS 谱线如图 6.23(b)所示。理论值[图 6.23(b)“计算”曲线]与实测值[图 6.23(b)“实验”曲线]在峰的位置以及相对高度上大体一致，其间的差别可能是探测系统充放电导致的。

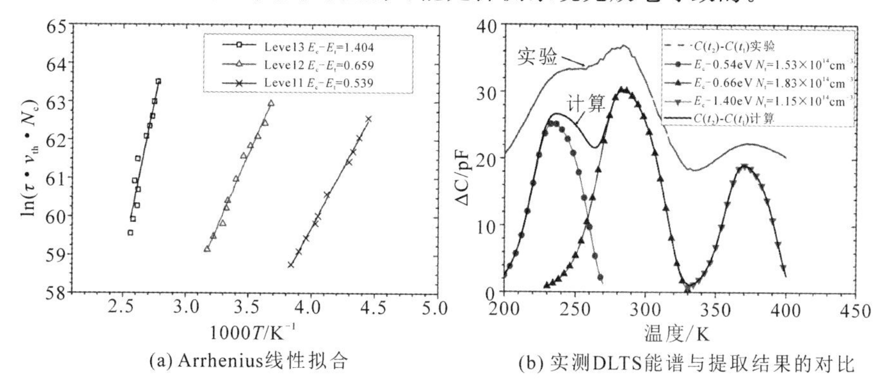

(a) Arrhenius线性拟合　　(b) 实测DLTS能谱与提取结果的对比

图 6.23　B－2 号器件缺陷分析结果[2]

各个缺陷的具体参数在表 6.7 中列出：Level1 的线性拟合度最好，缺陷能级位于导带 E_c 以下 0.54 eV 的位置，对应的俘获截面为 8.67×10^{-16} cm²，缺陷浓度为 1.53×10^{14} cm⁻³；Level2 的缺陷能级位于导带 E_c 以下 0.66 eV 的位置，对应的俘获截面为 7.34×10^{-16} cm²，缺陷浓度为 1.83×10^{14} cm⁻³；Level3 的缺陷能级位于导带 E_c 以下 1.4 eV 的位置，对应的俘获截面为 1.2×10^{-8} cm²，缺陷浓度为 1.15×10^{14} cm⁻³。

表 6.7　DLTS 提取所得的缺陷参数[2]

能级	能级位置	缺陷浓度 N_t/cm⁻³	俘获截面 σ_n/cm²
Level1	E_c－0.539 eV	1.53×10^{14}	8.67×10^{-16}
Level2(Z1/Z2)	E_c－0.659 eV	1.83×10^{14}	7.34×10^{-16}
Level3	E_c－1.404 eV	1.15×10^{14}	1.20×10^{-8}

3. α 粒子辐照能谱的劣化及仿真分析

采用 ^{241}Am 作为放射源，探测器与源间距约 2 mm，探测器偏压分别设为

100 V、400 V 和 800 V，B-2 器件辐照前能谱随偏压变化的实验结果与仿真结果分别如图 6.24(a)和图 6.24(b)所示。考虑到实测值在 150 道以下存在明显的噪声计数及展宽现象，因此在仿真计算中对通过插值得到的电压值进行高斯随机扩展，即针对第 5.1.3 节中的 V_{rand}，这里将重新生成一个随机数 V_{rand_2} 代替 V_{rand}。V_{rand_2} 满足正态分布：

$$V_{rand\_2}=N(V_{rand},(\sigma\times V_{rand})^2) \tag{6-8}$$

其中，σ 为比例系数，由图 6.24(a)中 800 V 能谱高道址次峰谱线右侧部分进行高斯拟合，确定为 0.15。以 800 V 能谱的峰值所在位置作为标准，对仿真结果的横坐标进行等比例放大。对比实验值[见图 6.24(a)]和仿真值[见图 6.24(b)]：实测谱存在较为明显的向低道展宽的现象，可能是因为探测器与源的实际间距小于 2 mm；实验值和仿真值对应峰的位置和相对高度基本一致；100 V 能谱的仿真结果较之实验结果略微向高道址偏移，并且在 500～600 道之间更加平滑。

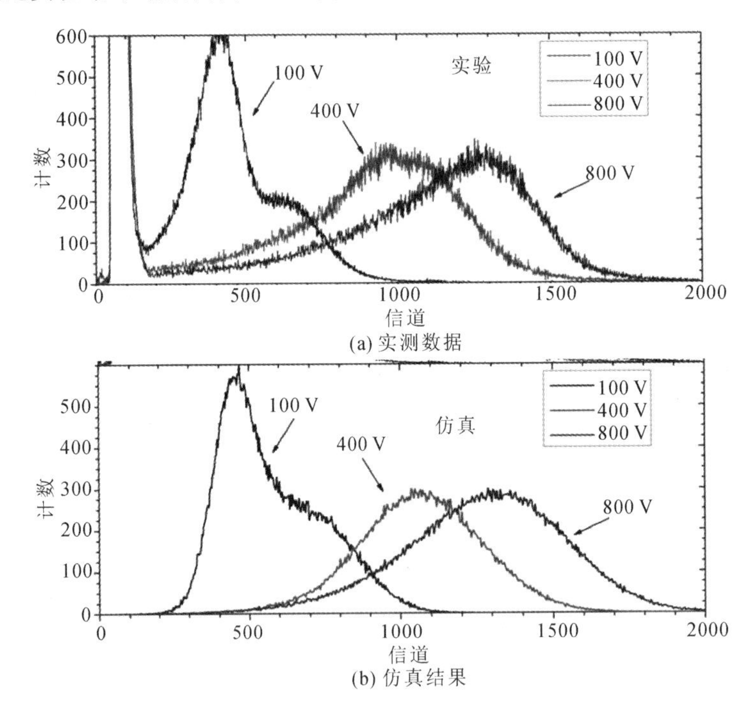

图 6.24　B 型器件辐照前能谱的仿真值与实测数据对比[2]

辐照前后，相同测试条件所测得的能谱如图 6.25(a)和图 6.25(b)所示，仿真所得的辐照前后能谱比较如图 6.25(c)和图 6.25(d)所示。对比图 6.25(a)和图 6.25(b)，100 V 偏压的条件下，器件形状能谱发生了变化，由于辐照后的

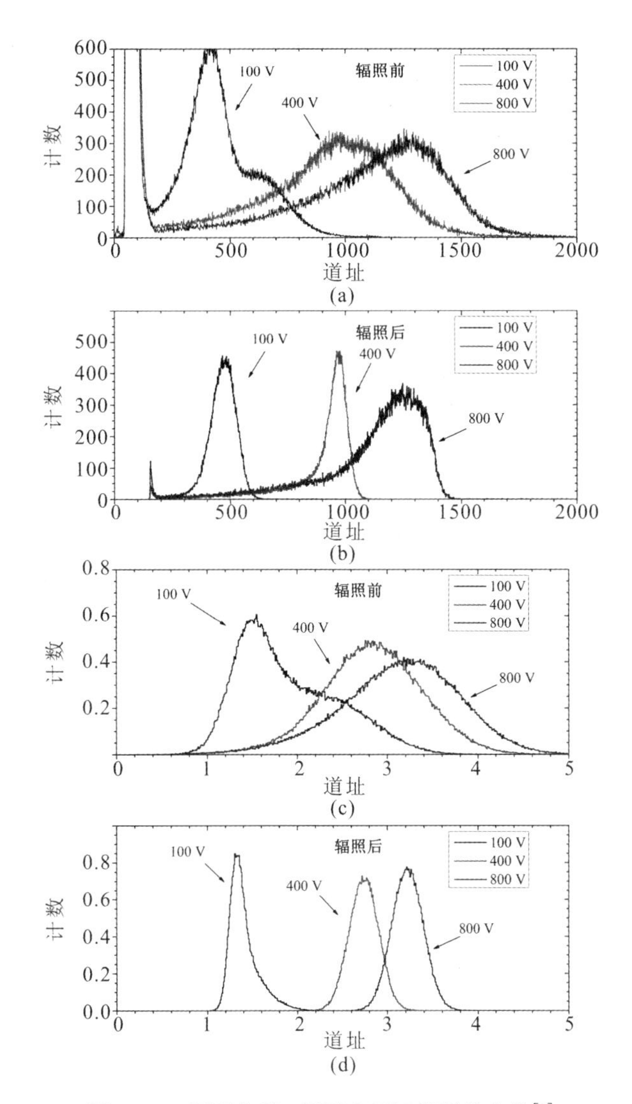

图 6.25　辐照前后，不同电压下能谱的变化[2]

器件测试时的噪声较小，能谱扩展相对较少，推测是原先位于 600～700 道之间的平台处的计数向下偏移并入了 500 道附近的峰。若未辐照时，800 V 能谱中峰值道数为 CCE＝1，则辐照前后的 CCE 如图6.26所示。对于未辐照的器件，仿真结果与实验结果拟合度较好，能谱形状也基本一致；对于辐照后的器件，仿真结果和实验结果在 CCE 上存在一定差别；在能谱形状方面，尽管存在差距，但本次仿真可以有效反映其能谱形状的变化。其中偏差最有可能的原因

是掺杂浓度不均匀以及未考虑迁移率随辐照的变化情况；由于探测器为PN结型探测器，测得的缺陷浓度可能较之实际浓度低，这也是个可能的因素。

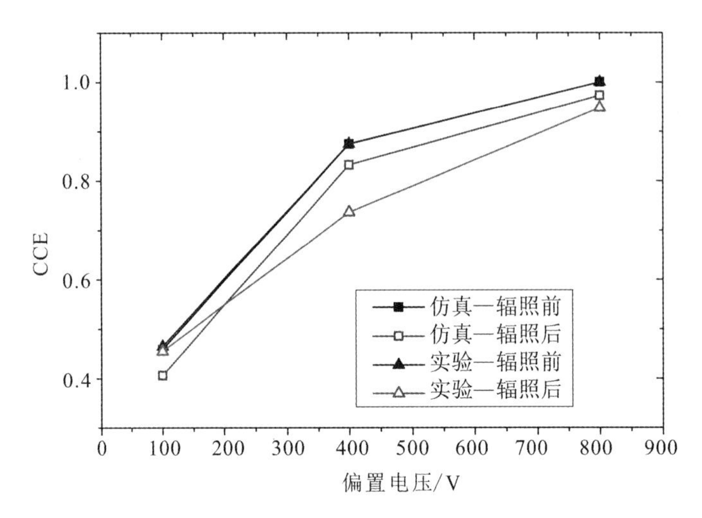

图 6.26 以高道址次峰的峰值道数为 CCE=1，辐照前后的 CCE 随电压的变化[2]

在不考虑迁移率退化的情况下，仅引入 Z1/Z2 缺陷，对辐照后的 A 型器件的输出电压进行仿真计算，并将之与辐照前的仿真结果进行比较，辐照后的器件，外延层掺杂浓度设为 $1\times10^{12}\ cm^{-3}$，以确保在 30 V 偏压的条件下器件完全耗尽。由于对 ^{241}Am 辐照而言，入射角度 θ 和入射能量 E 基本保持一一对应的关系，因此横坐标仅为粒子入射的能量 E。结果如图 6.27 所示。

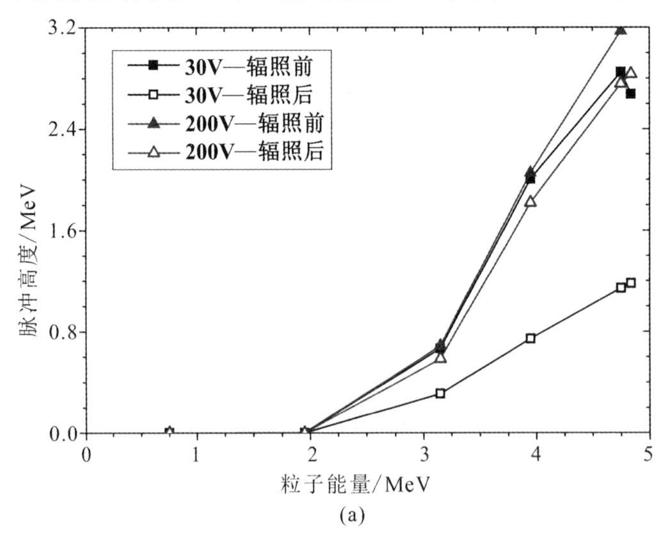

(a)

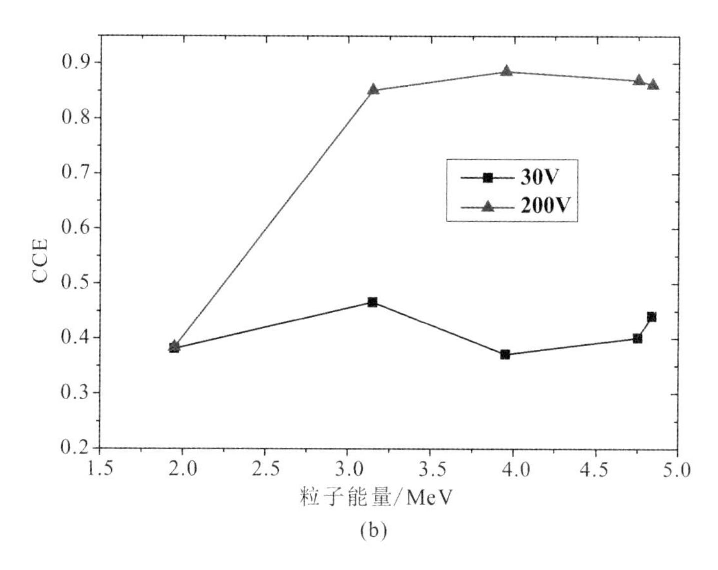

图 6.27　仅引入 Z1/Z2 缺陷能级对重掺杂补偿器件进行仿真[2]

对比辐照前后的仿真数据：30 V 偏压条件下，辐照后的仿真输出电压出现显著下降，CCE 仅约为辐照前的 40%；200 V 偏压条件下，辐照后的仿真结果出现了一定退化，除了能量为 1.95 MeV 的情况下 CCE 仅为仿真前的 40% 外，其他大能量 α 粒子入射对应的 CCE 均在 90% 左右。考虑到 1.95 MeV α 粒子入射时对应的粒子入射角度约为 77°，而实际的输出脉冲幅度已经极小(毫伏量级)，此时计算结果的参考意义不大。对比已有报道的实验数据，重掺杂补偿的探测器的电荷收集效率较之辐照前出现了明显的降低[26]，对比其中中子辐照剂量达到 $8\times10^{14}\ cm^{-2}$ 的情况，器件全耗尽对应的 CCE 不足 80%，这就说明了，对于此类器件，单纯引入 Z1/Z2 缺陷进行器件性能退化的仿真不足以反映器件特性的退化，必然需要进一步考虑迁移率的退化。

对于出现了严重掺杂补偿现象的探测器，材料外延层的有效掺杂浓度极低，导致器件在极低偏压的情况下就已经完全耗尽，此时分析探测器的 CCE 需要利用 Hecht 公式[27-28]：

$$\mathrm{CCE}=\frac{1}{N_{\mathrm{n,\,p}}}\int_0^{R_{\mathrm{ng}}}\frac{G(x)}{W}\left\{\lambda_{\mathrm{p}}\left[1-\exp\left(\frac{-x}{\lambda_{\mathrm{p}}}\right)\right]+\lambda_{\mathrm{n}}\left[1-\exp\left(\frac{W-x}{\lambda_{\mathrm{n}}}\right)\right]\right\}\mathrm{d}x \tag{6-9}$$

此时迁移率的变化对 CCE 理论计算值的影响程度将远大于式(6-2)的漂移-扩散方程，并且需要同时关注材料电子迁移率 μ_{n} 和空穴迁移率 μ_{p} 的变化。

上式中，积分零点应为耗尽层边缘，W 为耗尽层厚度，等于材料外延层厚度，λ_p 和 λ_n 由下式给出：

$$\begin{cases}\lambda_n=\mu_n\tau_n E\\ \lambda_p=\mu_p\tau_p E\end{cases} \tag{6-10}$$

其中，E 为外延层内的电场强度。

6.2.3 探测器性能退化研究

目前对 SiC 核辐射探测器性能退化的研究主要集中于 γ 射线、β 射线、质子和中子方面，而对于 α 粒子，由于其对 SiC 器件的影响有限，文献普遍认为 α 辐照对器件的影响有限。由于 ^{237}Np 裂变靶自发衰变将产生大量的 α 粒子，西安交通大学的刘林月等人[29]在研制基于 SiC 核辐射探测器和 ^{237}Np 裂变靶的快中子探测器系统的同时，研究了 SiC 核辐射探测器对 α 粒子的辐照抗性。使用 ^{235}U 源发射的 α 粒子(含 4.396 MeV α 粒子、4.366 MeV α 粒子和 4.597 MeV α 粒子)对 SiC 核辐射探测器进行辐照，入射探测器的最大 α 粒子数量为 1.03×10^{10}，研究结果显示，探测器暗电流比辐照前增大了 4 倍(300V 反偏电压下暗电流仍非常小，约为 6.25 nA/cm^2)，α 粒子能谱峰值位置与能量分辨率退化均在 3%以内，这说明探测器在受到总剂量为 1.03×10^{10} cm^{-2} 的 α 粒子辐照后仍能正常工作。然而基于 ^{237}Np 裂变靶的快中子探测器系统的自发衰变 α 粒子通量率仅为 10 cm^{-2} · s^{-1}左右，也就是说 SiC 核辐射探测器即使连续暴露于快中子探测系统 10 年以上也仍能正常工作。因此探测器实际工作中，α 粒子对其造成的性能退化并非主要因素，对于 ^{237}Np 裂变靶的快中子探测器系统，裂变碎片的辐射损伤才可能是影响探测系统寿命的关键因素[30]。在辐射损伤研究中，SiC 核辐射探测器在经辐照前后对 α 粒子探测性能的降低往往作为探测器性能退化的依据。

1. γ 射线辐照下的性能退化研究

琦玉大学的 Miyazaki 等人[31]使用 ^{60}Co 源以剂量率 1 kGy/h 和 10 kGy/h 对 SiC 器件进行了总剂量为 1 MGy 量级的 γ 射线辐照，并通过光致发光(PL)成像和深能级瞬态谱(DLTS)研究了 γ 射线辐照对 4H－SiC 器件工艺缺陷的影响。在不同辐照剂量下，根据对外延层同一区域的 PL 成像图片进行观察发现，在辐照剂量增加后，一些 BPD 缺陷慢慢消失，并且 PL 图像整体亮度逐渐下降，其原因解释为 γ 辐照产生了点缺陷并表现为非辐射复合中心。图 6.28 显示了 BPD 面密度与线密度对吸收剂量的依赖性，表明了 γ 射线具有降低 BPD 的作

用。图6.29显示了不同吸收剂量下的DLTS能谱，图6.30则显示了12 MGy剂量下相应DLTS能谱的峰分解。如图所示，DLTS能谱分为200 K、390 K、470 K与570 K四个峰，从相应的Arrhenius图中可以计算得到这些峰对应的能级分别为导带下0.29 eV、0.83 eV、1.15 eV与1.50 eV。在200 K（E_c－0.29 eV）处的峰目前没有明确，但可能为P3缺陷[32]。RD系列峰的来源目前尚不确定，其可能来源为复杂的点缺陷，例如碳空位-Si反位对（$V_C C_{Si}$）。最后，由于4H－SiC主要的深能级缺陷为Z1/Z2中心（对应300 K的峰），

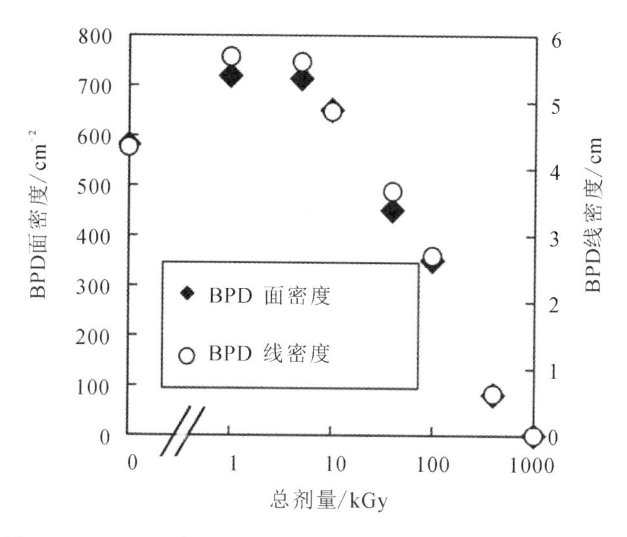

图6.28 BPD面密度和线密度对γ射线吸收剂量的依赖性[31]

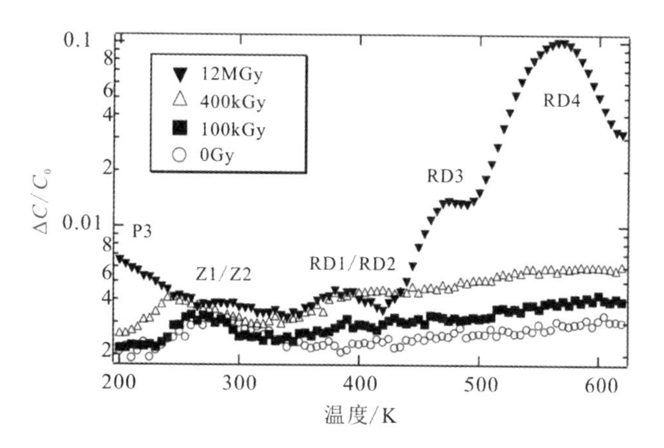

图6.29 4H－SiC外延层DLTS能谱的吸收剂量依赖性[31]

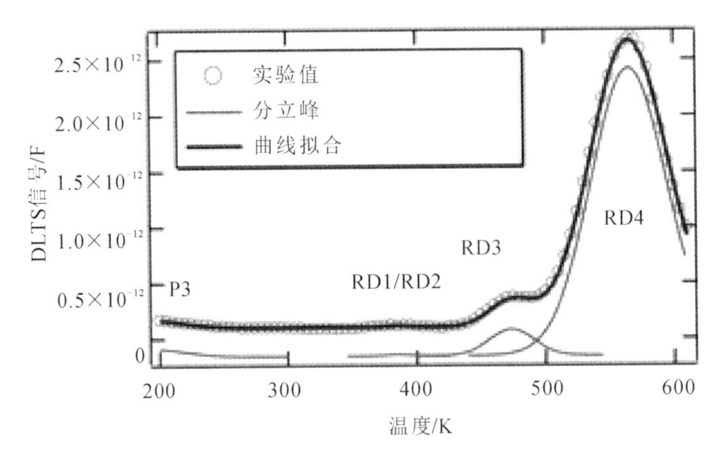

图 6.30　12 MGy 剂量下相应 DLTS 能谱的峰分解[31]

因此根据实验结果，γ 射线剂量的增加并没有导致碳空位的产生。由 Miyazaki 等人的研究可以预测 4H－SiC 材料对 γ 射线具有优秀的辐射抗性。

2019 年，长春理工大学的韩冲等人[33]和中国工程物理研究院的李正等人[34]先后发表了 4H－SiC 肖特基型探测器经高剂量 γ 射线辐照后性能退化的实验研究结果。在肖特基二极管的 I－V 特性方面，韩冲等人的研究表明，利用 ^{60}Co 源的 γ 射线对 4H－SiC 肖特基二极管探测器进行总剂量为 1000 kGy 的 γ 射线辐照后，探测器的正向电流相较于辐照前减小了三个数量级，其原因解释为辐照产生的位移损伤缺陷引起有效掺杂浓度降低，进而导致串联电阻增加；反向电流值在 0～120 V 偏压下相较于辐照前没有明显变化，当反向偏压高于 120 V 时，相较于辐照前，反向电流值变化明显，其原因解释为当反向偏压逐渐接近并高于肖特基二极管的阻断电压时，肖特基势垒降低，此时电场强度将施加到界面处，使得电流明显变大，同时辐照在肖特基界面引入界面态缺陷，使该处的界面复合速度增加，载流子还未到达原来的扩散长度就被复合掉，复合速率的增加造成表面、界面漏电流增加，从而导致探测器漏电流增加。而李正等人得到的辐照前后肖特基二极管 I－V 特性变化与韩冲等人相反，利用 ^{60}Co 源的 γ 射线对 4H－SiC 肖特基二极管探测器进行最高总剂量为 1000 kGy 的 γ 射线辐照后，随着累积辐照剂量增加，4H－SiC 核辐射探测器的正向电流增大，经过测量，其原因解释为由肖特基势垒降低导致；4H－SiC 核辐射探测器的反向电流则在高剂量辐照后减小，其可能的原因一方面为 γ 辐照会在半导体内引入点缺陷，在受到高剂量的 γ 辐照后，足够多的点缺陷形成时，会使得载流子的寿命减小，从而导致 4H－SiC 核辐射探测器的反向电流在

受到辐照后减小，另一方面为辐照的电离效应造成器件表面的负界面电荷增加，导致了反向电流减小[35]，虽然不同研究中 γ 射线辐照对 4H－SiC 肖特基器件电学特性的影响不同，其形成机理还有待验证，但韩冲与李正在 γ 射线辐照后探测性能退化的研究中得到了一致的结果。韩冲等人的研究表明，辐照后，4H－SiC 核辐射探测器对 ^{241}Am 源产生的 α 粒子进行探测时，探测器的电荷收集率从 95.65％退化到 93.55％，测得能谱的能量分辨率由1.81％退化到 2.32％；4H－SiC 核辐射探测器在受到 1000 kGy 的 γ 辐照后，与未受到辐照时相比，在探测能量为 5.486 MeV 的 α 粒子时能量分辨率和电荷收集率仅退化了 28.18％和 2.2％，仍具备优良的探测性能。李正等人的研究则表明，探测器在辐照前后对 α 粒子响应能谱的分辨率几乎没有变化，但是由于位移损伤的影响，辐照后全能峰的低能端出现的拖尾现象稍有增加，探测器的电荷收集效率降低。另外，Ruddy 等人[36]利用^{137}Cs 源的 γ 射线对 SiC 肖特基二极管探测器进行总剂量为 22.7MGy 的 γ 射线辐照实验，图 6.31 显示了探测器在辐照前对^{238}Pu 源 α 粒子的响应能谱，在 22.7 MGy 剂量的 γ 射线辐照后，600V 反偏电压下^{238}Pu 源 α 粒子的响应能谱如图 6.32 所示，可以看到峰半高宽的退化很小。在 γ 射线辐照后峰值的质心位置将随着辐照剂量的增加而降低，如图 6.33 所示，并且在较低反偏电压下峰值质心下降较多，随着反偏电压的上升偏差逐渐减小。研究表明，即使在极端剂量的 γ 射线辐照后，探测器仍可以良好运行，CCE 仅退化为 84％。

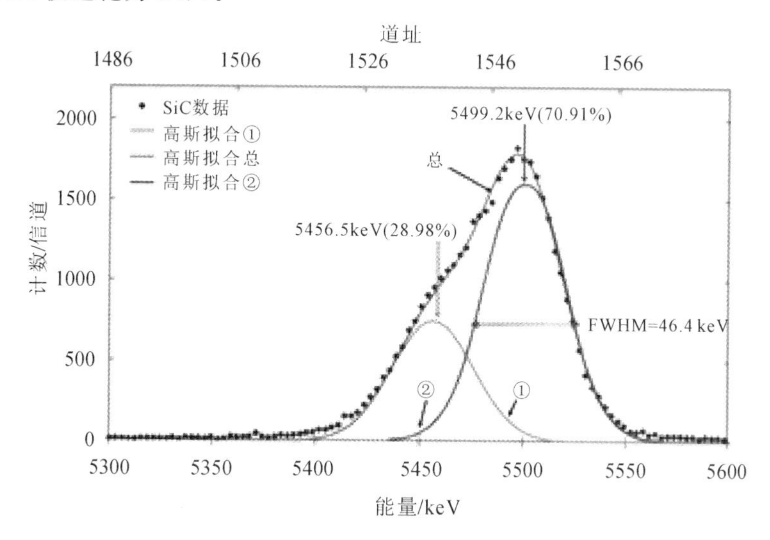

图 6.31　辐照前探测器对^{238}Pu 源 α 粒子的响应能谱[36]

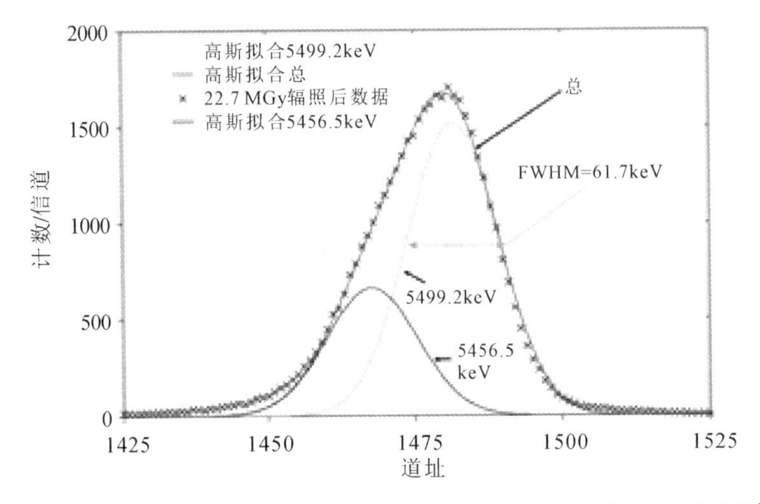

图 6.32　22.7 MGy 剂量的 γ 射线辐照后探测器对 ^{238}Pu 源 α 粒子的响应能谱[36]

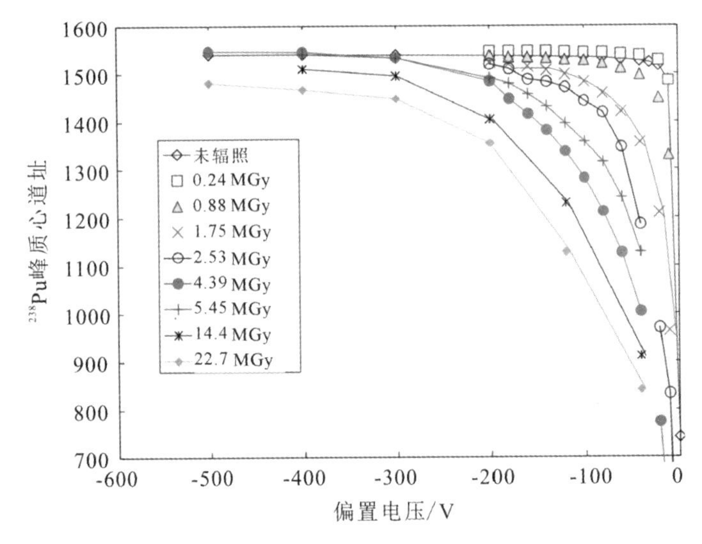

图 6.33　^{238}Pu 峰值质心位置与 γ 射线剂量的关系[36]

2. 电子辐照下的性能退化研究

图 6.34 显示了捷克工业大学 Hazdra 等人[37]研究报道的 4.5 MeV 高能电子辐照前后低掺杂浓度(约 5×10^{15} cm^{-3})4H－SiC N 型外延层中的深能级缺陷的变化，其辐照剂量为 5×10^{14} cm^{-2}，辐照后的退火条件为 325℃下 60 min。辐照后的 DLTS 能谱表明，电子辐照产生不同的缺陷，标记为 E1 与 E2 的宽

峰很可能为具有相近活化能的几个缺陷峰叠加而成。图 6.34 中缺陷的相关参数及缺陷识别如表 6.8 所示。在这些缺陷中，E1 与 E2 的缺陷引入率 η 相对较高，分别为 0.24 cm^{-1} 与 0.65 cm^{-1}，其中引入率 η 定义为缺陷浓度与辐射通量之比，且温度相关的 C－V 测试表明两种能级均表现为受体特征，因此随着电子辐照剂量的增加，N 型外延层的有效掺杂浓度将逐渐下降，在加量达到 1×10^{15} cm^{-2} 后外延层电子开始完全耗尽。E1 与 E2 能级分别与 8.6 MeV 电子辐照实验研究中的 S2 与 S3 能级相对应[38]，E1(S2)能级的退火特性表明其可能与碳间隙有关。另外文献报道的 S2 与 S3 能级的引入率分别为 0.42 cm^{-1} 与 0.44 cm^{-1}，这与 E1 与 E2 能级的总引入率非常接近，表明这两个能级应该与同一个亚稳态缺陷有关[39]。能级的退火特性表明了室温下电子辐照产生的损伤是不稳定的，当温度升高到 50℃以上时，E1 峰会迅速退火，E2 峰也将逐渐改变其峰位，并逐渐转化为与 Z1/Z2 缺陷对应的 EA1 峰。

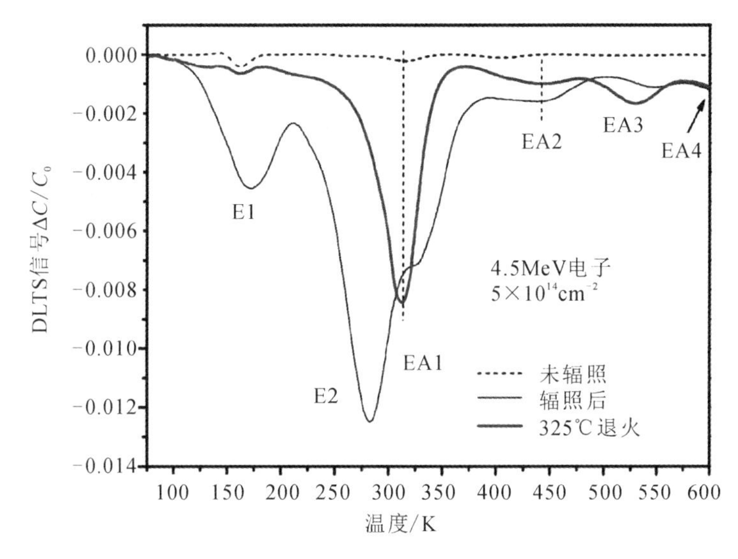

图 6.34　4H－SiC N 型外延层辐照前后及辐照退火后的 DLTS 能谱，率窗为 56 s^{-1}[37]

表 6.8　4.5 MeV 电子辐照及退火后，N 型 4H－SiC 外延层中的深能级参数与缺陷识别[37]

峰位	能级位置/eV	俘获截面/cm^2	缺陷识别
E1	$E_c-0.39$	6×10^{-13}	S2[37]
E2	$E_c-0.60$	4×10^{-14}	S3[37]

续表

峰位	能级位置/eV	俘获截面/cm^2	缺陷识别
EA1	$E_c-0.68$	6×10^{-14}	Z1/Z2
EA2	$E_c-1.03$	1×10^{-13}	EH4
EA3	$E_c-1.08$	5×10^{-15}	EH5
EA4	$E_c-1.58$	8×10^{-13}	EH6/EH7

雪林平大学的 Storasta 等人[40] 主要研究了在 80～250 keV 的低能电子辐照下低掺杂浓度 N 型 4H－SiC 外延层中与碳原子初始位移相关的缺陷能级，其原因在于，若取原子从晶格位置移动的能量约为 20 eV，根据硅碳质量比 2.33，在正碰撞的条件下，电子能量最小分别需达到 100 keV 与 220 keV 时才能使 C 原子与 Si 原子发生位移。高能电子辐照由于会产生 Si 和 C 的亚晶格，将会产生相当复杂的缺陷谱，经 9 MeV 电子辐照，退火前后的 4H－SiC 外延层的缺陷 DLTS 与 MCTS 能谱分别如图 6.35 中的(a)、(b)曲线所示，可以看到 DLTS

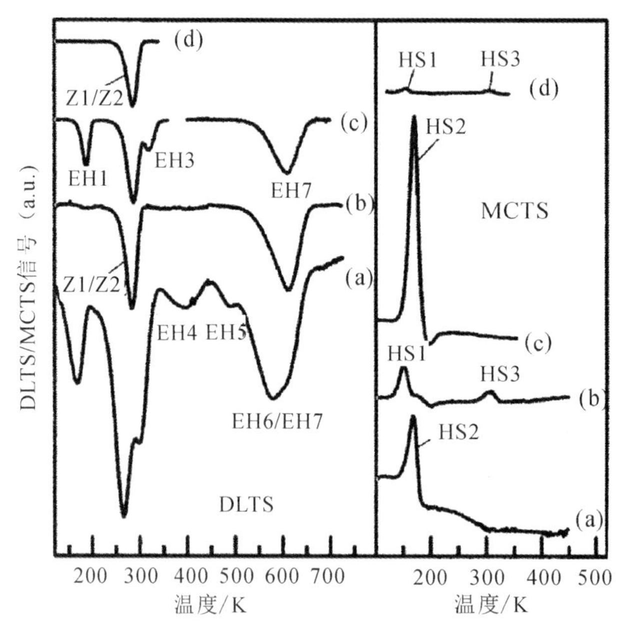

(a)—9MeV电子辐照；(b)—9MeV电子辐照，950℃退火1h；
(c)—210keV电子辐照；(d)—210keV电子辐照，950℃退火1h

图 6.35　电子辐照样品的 DLTS 和 MCTS 能谱[40]

能谱显示的受主能级与图 6.34 中的研究结果相吻合。对于低能电子辐照，在低于位移阈值的 80 keV 电子辐照下，4H－SiC 外延层辐照前后的缺陷能谱没有变化，仅显示低掺杂浓度的 Z1/Z2 与 EH7 缺陷中心密度(低于 $1\times10^{13}\ cm^{-3}$)；图 6.35 中的(c)、(d)曲线则显示了 210 keV 电子辐照下，退火前后的缺陷能谱，可以看到受主能级主要有 EH1、EH3、EH7 和 Z1/Z2。从高能电子与低能电子引入的缺陷能级对比中可以看到，EH6/EH7 缺陷中的 EH6 能级主要与高阶团簇有关，而 EH7 能级则涉及更多的基本缺陷，因为在 210 keV 电子辐照下只产生 EH7 缺陷。影响载流子寿命的主要缺陷 Z1/Z2，由于与碳空位相关，在低能电子辐照与高能电子辐照下均会被引入，却具有极高的热稳定性。图 6.36 显示了低能电子辐照下缺陷浓度与辐照剂量关系实验测试数据。

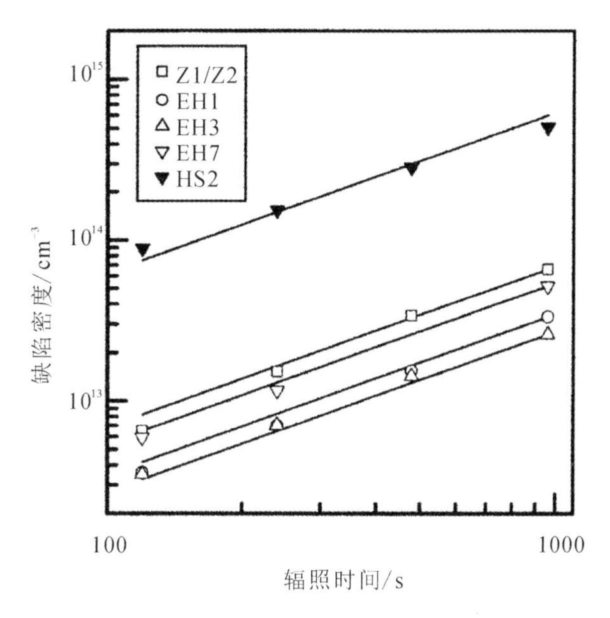

图 6.36 160 keV 电子辐照后缺陷浓度的剂量依赖性，实线为拟合曲线[40]

在探测器辐照性能退化方面，摩纳哥大学的 Nava 等人[21]使用如图 6.37 所示的肖特基二极管探测器进行了相关研究，电子能量为 8.2 MeV。图 6.38(a)和(b)分别显示了电子辐照前后肖特基二极管室温下正向与反向 I－V 特性，表 6.9 显示了不同剂量辐照下的特性参数退化情况。可以看到，理想因子不受辐照剂量的影响，这表明热离子发射对越过势垒电流的贡献是最显著的；有效掺杂浓度与反向电流随剂量增大而减小，肖特基势垒则随剂量增大而上升。

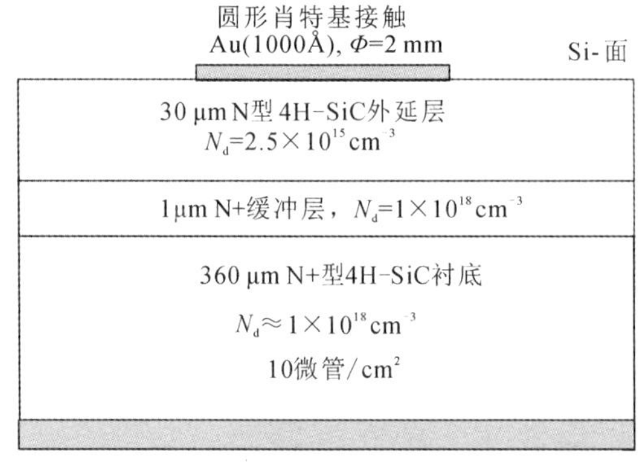

图 6.37　160 keV 电子辐照后缺陷浓度的剂量依赖性，实线为拟合曲线[21]

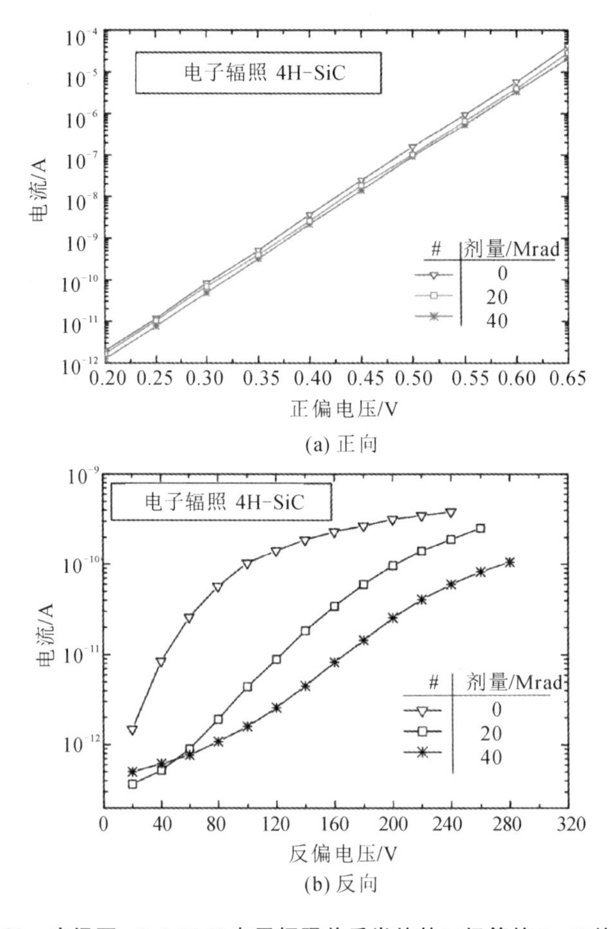

图 6.38　室温下，8.2 MeV 电子辐照前后肖特基二极管的 I－V 特性[21]

表 6.9　不同剂量辐照下的特性参数退化情况[21]

剂量/Mrad	N_{eff}/cm^{-3}	φ_b/eV	理想因子 n
0	2.49×10^{15}	1.03	1.034
20	1.67×10^{15}	1.13	1.036
40	6.89×10^{14}	1.54	1.032

对辐照前后的肖特基二极管探测器进行 4.14 MeV α 粒子辐照测试，图 6.39 显示了不同辐照剂量下探测器 CCE 的变化。可以看到，CCE 随电子辐照剂量加大而降低，并在 2 Mrad 剂量时快速下降，在较高剂量时降低较慢；当反偏电压升高而导致耗尽层厚度大于 α 粒子射程时，CCE 不随剂量变化并几乎等于 100%，这是由于辐照产生的载流子全部位于漂移区并且电子辐照的缺陷密度相对来说是较低的(约 10^{14} cm^{-3})，这使得载流子漂移时间小于载流子寿命，从而使 CCE 达到 100%。另外，一般来说，只有在能量达到 8 MeV 且注入剂量达到 $9.5\times10^{14}/cm^2$ 时，才能观察到显著的载流子补偿现象，而这种补偿现象源于电子辐照引入的深能级缺陷。

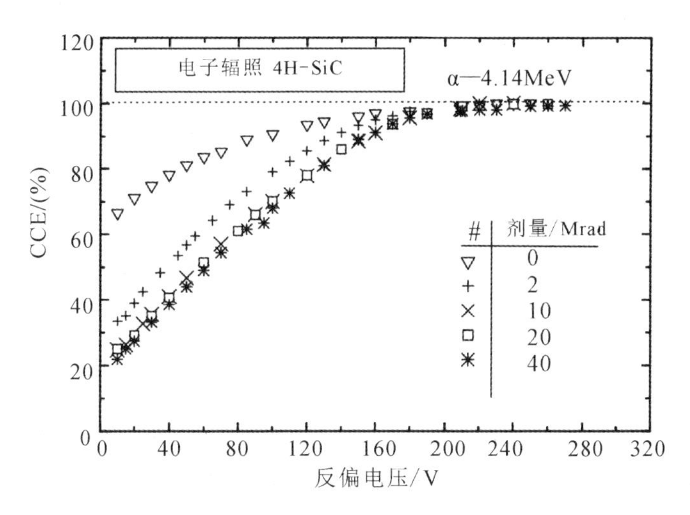

图 6.39　不同剂量辐照后，室温下 4.14 MeV α 粒子辐照测试得到的 CCE[21]

3. 质子辐照下的性能退化研究

对于质子辐照的情况，目前研究的能量范围从 6.5 MeV 到 24 GeV，辐照剂量范围从 10^{11} 到 1.4×10^{16} cm^{-2}，摩纳哥大学的 Nava 等人[41]在分析了大量

文献数据后，对质子辐照下 SiC 核辐射探测器的损伤进行了总结，得出了如下结论：

（1）质子辐照在 SiC 材料中产生的缺陷参数，例如电离能、俘获截面及缺陷结构等，与电子辐照在 SiC 材料中产生的缺陷参数相近[34, 42]，表 6.10 显示了 4H-SiC 经剂量为 3.2×10^{13} cm^{-2}的 6.5 MeV 质子辐照后测试得到的相关缺陷参数与缺陷识别。

（2）质子能量对产生的辐照缺陷的结构影响很小[22, 43]，但对深能级缺陷的引入率有至关重要的影响，质子能量增大，Si 原子和 C 原子的俘获截面变小[44]，缺陷引入率降低。

（3）不论质子能量大小，任何质子注量 Φ_p都会显著影响各种相关参数，例如深能级中心浓度 N_t上升，有效掺杂浓度 N_d下降，少子扩散长度 L_p减小等，从而使 CCE 发生退化。

表 6.10　4H-SiC 经剂量为 3.2×10^{13} cm^{-2}的 6.5 MeV 质子辐照后测试得到的相关缺陷参数与缺陷识别[22]

缺陷标签	能级位置/eV	缺陷浓度/cm^{-3}	表观俘获截面面积/cm^2	引入率/cm^{-1}	缺陷识别
S0	$E_c-0.18$	1.0×10^{13}	2×10^{-14}	~0	Ti[32] P1/P2[42]
S1	$E_c-0.20$	6.3×10^{13}	7×10^{-18}	3.2	—
S2	$E_c-0.40$	1.3×10^{14}	1×10^{-15}	4.1	EH1[45]
S3	$E_c-0.72$	3.5×10^{14}	2×10^{-14}	11.0	Z1/Z2[32, 42] EH2[45]
S4	$E_c-0.76$	1.1×10^{14}	1×10^{-14}	3.5	EH3[45]
S5	$E_c-1.09$	7.7×10^{13}	5×10^{-13}	2.4	RD1/RD2[32] EH5[45]

莱斯特大学的 Lees 等人[46]研究了质子辐照下 SiC X 射线探测器的退化情况，探测器结构如图 6.40 所示，外延层掺杂浓度为 4×10^{14} cm^{-3}。器件具有超薄(18 nm Ni/Ti)肖特基接触以及金环形覆盖层，X 射线源为^{109}Cd，其具有能量分别为 22.16 keV 与 24.95 keV 的两个 Ag-K 峰。在辐照退化研究中，对器件进行两个阶段的质子辐照：第一阶段将器件暴露于能量为 63 MeV 的质子束下，持续时间为 884 s，总剂量为 10^{11} cm^{-2}；第二阶段将器件暴露于能量为 50 MeV 的质子束下。器件暴露于质子束的总时间为 13351 s，累计剂量为 9.92×10^{12} cm^{-2}。

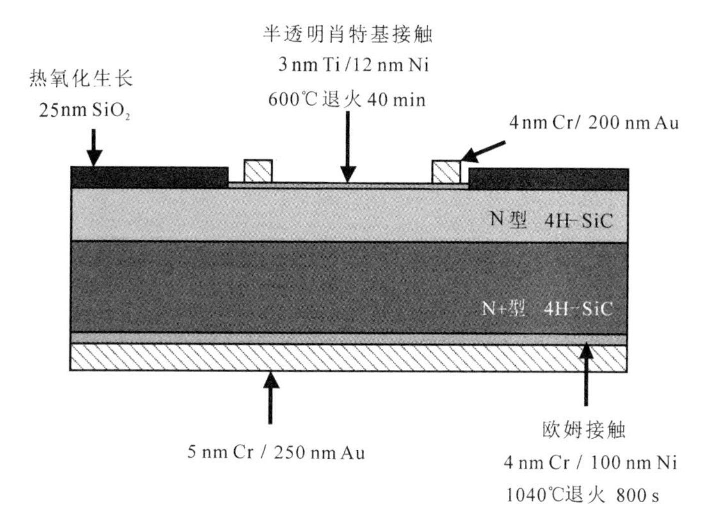

图 6.40　具有半透明肖特基接触的 4H－SiC 二极管截面，外延层厚度为 20 μm，N+层厚度为 370 μm[46]

图 6.41 显示了质子辐照前后探测器漏电流的变化。由反向 I－V 特性曲线可看出，辐照前与第一阶段辐照后的漏电流基本没有变化，微小差异可能来自测量装置的重复性；在第二阶段辐照后，漏电流相比于辐照前，在 100 V 反向偏压下增加了 3 个数量级。后续研究表明，即使高剂量的质子辐照使漏电流显著增加，但该器件仍然可以作为 X 射线光子计数探测器使用，尽管此时的能谱响应较差(见图 6.42)。表 6.11 显示了辐照前后器件的参数退化情况。表中数据显示，辐照后器件缺陷浓度升高(这可能是造成载流子浓度下降的原因)，进而导致器件串联电阻 R_s 提高；理想因子 n 与肖特基势垒高度差 φ_b 在辐照前后基

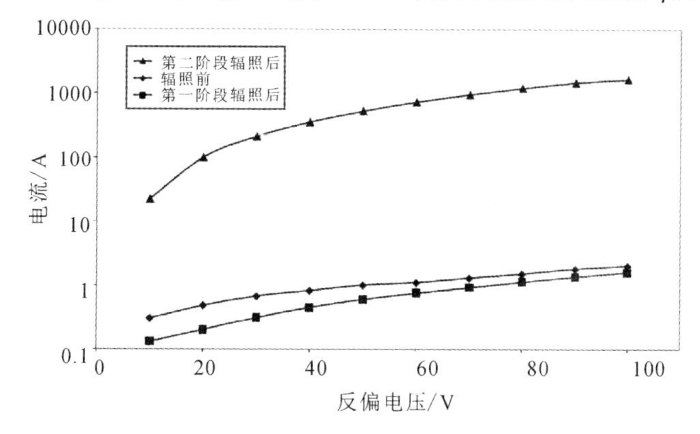

图 6.41　半透明 4H－SiC 肖特基二极管辐照前后的反向 I－V 特性[46]

表 6.11　辐照前后二极管参数比较[46]

参数	辐照前样品	辐照后样品
N_d/cm^{-3}	9.24×10^{14}	6.52×10^{14}
I-V 测试提取 φ_b/eV	1.21	1.25
C-V 测试提取 φ_b/eV	1.49	1.52
n	1.06	1.05
R_s/Ω	37	65
Z1/Z2 浓度 N_t/cm^{-3}	3.5×10^{10}	2.9×10^{14}

本不变，表明肖特基界面没有受到辐照的影响，因此反向漏电流升高可能是通过势垒的缺陷辅助导电造成的。对辐照后样品的 DLTS 测试表明质子辐照主要产生的缺陷能级，分别为 EH1、Z1/Z2、EH3、EH4 以及 EH5，这与前述 Nava 等人[41]的报道相吻合。

图 6.42 显示了辐照前、第一阶段辐照后与第二阶段辐照后探测器对^{109}Cd源 X 射线的探测性能变化情况。位于 22.16 keV 与 24.95 keV 的两个 Ag-K 峰在辐照前与第一阶段辐照后均有良好的分辨率，这表明探测器的能谱响应不受低剂量(10^{11} cm^{-2})质子辐照的影响。然而在第二阶段辐照后(约 10^{13} cm^{-2})，探测器输出能谱的峰开始变得不明显，表明探测器能谱特性下降，并且曲线中

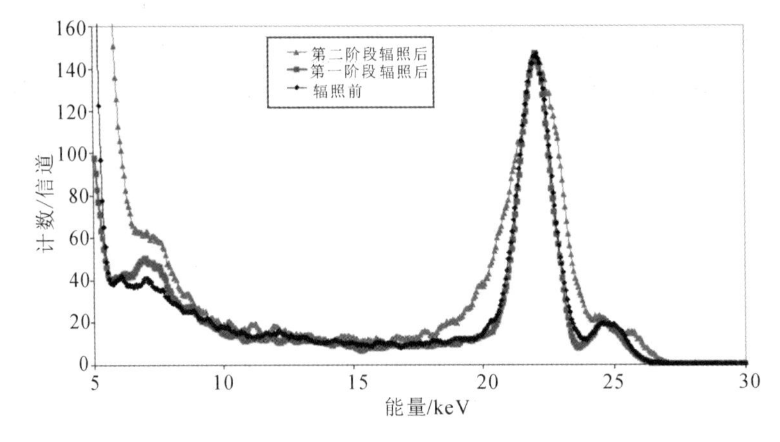

图 6.42　半透明 4H-SiC 肖特基二极管辐照前后对^{109}Cd源 X 射线的响应能谱，每条曲线的累计探测时间均为 72 h，探测器反向偏压为 60 V[46]

表现出了明显的低能级(小于5 keV)噪声。经高斯拟合计算，22.16 keV能量峰的FWHM在辐照前、第一阶段辐照后与第二阶段辐照后分别为1.36 keV、1.4 keV与1.7 keV。

4. 中子辐照下的性能退化研究

摩纳哥大学的Nava等人在对SiC核辐射探测器的综述[41]中表明，中子辐照对制备于4H-SiC外延层的探测器造成的主要宏观效应为CCE的显著退化，图6.43显示了探测器CCE随中子剂量的变化。CCE随中子剂量的增加而减小，并且存在两个不同的阶段。第一个阶段，中子剂量从10^{13} cm^{-2}上升到10^{15} cm^{-2}，CCE降低了约30%；第二个阶段，中子剂量从10^{15} cm^{-2}上升到10^{16} cm^{-2}，CCE从70%下降到20%。这表明探测器(SiC肖特基二极管探测器)性能的退化存在一个阈值，其值为10^{15} cm^{-2}左右，超过阈值后，探测器的退化将变得非常明显，从而导致电子和空穴漂移长度大幅度降低。为了对中子辐照诱导的缺陷进行表征，一般在低中子剂量时选择进行DLTS测试，因为此时的漏电流与半导体电阻率满足DLTS测试条件，并且其能谱分析也相对更为直接；在高中子剂量时，由于半导体可能因为有效掺杂浓度下降而出现半绝缘特性，因此需要使用光生电流瞬态谱(PICTS)进行测试。研究表明，在4×10^{14} cm^{-2}的中子剂量下，材料将出现半绝缘特性，因而DLTS方法不再可靠。

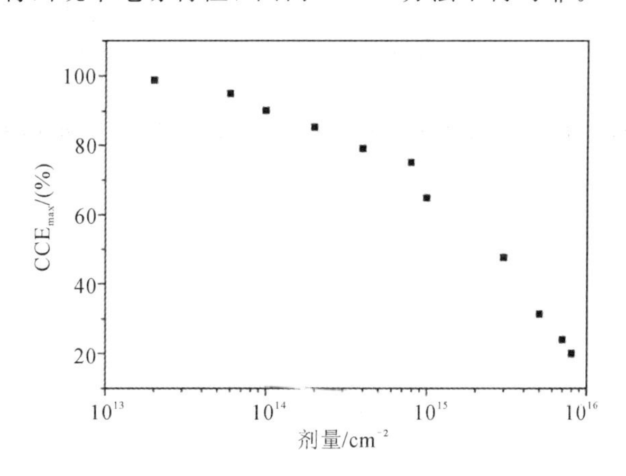

图6.43　最大反向偏置电压下，5.48 MeV α粒子从肖特基接触入射时，探测器CCE随1 MeV中子通量的变化[47]

根据图6.44所示的PICTS能谱，1 MeV中子将在4H-SiC外延层中产生8个缺陷能级，并且随着中子通量的增加，能谱中三个宽峰(分别对应于标记为SN5、SN6与SN7的深能级中心)将以其他峰为代价显著增加。当中子通

量高于 $3\times10^{15}\ cm^{-2}$时，SN6 所代表的深能级缺陷浓度与俘获截面将占主导地位。SN6 作为电子俘获中心，其电离能为 1.16 eV($E_c-1.16$ eV)，电子寿命 τ_e 与探测器漂移区的电子渡越时间相当，并且去俘获时间 t_d达 0.1 s，远高于信号处理电子设备典型的时间常数 τ_{sh}(约为 0.5～10 μs)。在这种情况下，很多在探测过程中产生的载流子会在向收集电极漂移过程中被俘获，从而不会对感应电荷信号产生贡献[49]。探测器退化与上述深能级缺陷之间的相关性在图 6.45 中得到了很好的描述：在探测器受到高于 $8\times10^{14}\ cm^{-2}$的中子剂量辐照时，深能级中心浓度显著增加，CCE 显著降低；在探测器受到高于 $10^{15}\ cm^{-2}$的中子剂量辐照时，SN6 所代表的深能级缺陷将占主导地位，CCE 将显著降低。表 6.12 显示了高剂量中子辐照后 4H-SiC 材料中产生的缺陷参数。

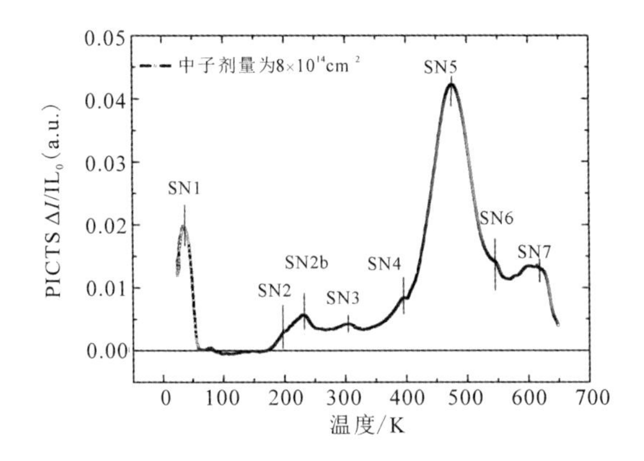

图 6.44　样品经剂量为 $8\times10^{14}\ cm^{-2}$ 中子辐照后获得的 PICTS 能谱[48]

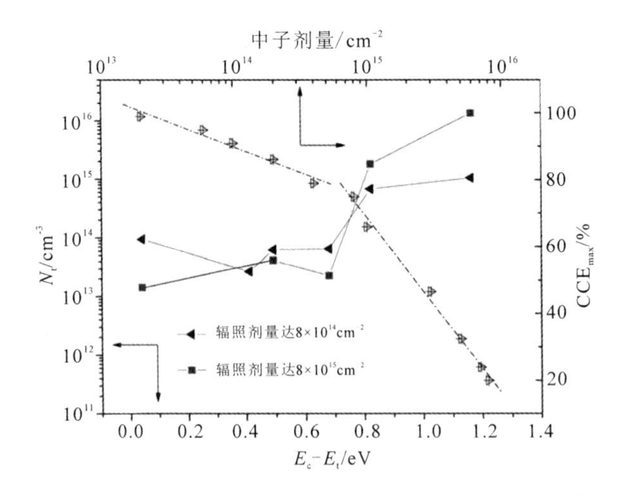

图 6.45　图 6.24 中 CCE_{max}与缺陷中心浓度 N_t的关系[41]

表 6.12　4H－SiC 样品受到通量为 $8\times10^{15}\ cm^{-2}$ 的 1 MeV 中子辐照后的缺陷参数[41, 48]

缺陷标记	E_c-E_t/eV	N_t/cm^{-3}	σ/cm^2	t_d/s	τ_e/s	缺陷识别
SN1	0.05	9×10^{13}	8.8×10^{-20}	5.97×10^{-2}	1.26×10^{-2}	Nhs[50-52]
SN2	0.41	1.1×10^{14}	3.7×10^{-15}	5.47×10^{-2}	2.45×10^{-7}	EH1[38]，$Z_2^{0/+}$[53]
SN2b	0.49	7×10^{13}	4.0×10^{-15}	6.82×10^{-2}	3.57×10^{-7}	RD5，ID8[32, 54]，$Z_1^{0/+}$[55]
SN3	0.68	8×10^{13}	7.0×10^{-15}	1.17×10^{-1}	1.78×10^{-7}	Z1/Z2[55-56]
SN4	0.68	—	6.0×10^{-15}	—	—	M2[57]，EH3[40]
SN5	0.82	3×10^{15}	3.0×10^{-16}	3.94×10^{-3}	1.11×10^{-7}	RD1/RD2[32, 54]，SI5[58]
SN6	1.16	3×10^{16}	3.8×10^{-25}	1.02×10^{-1}	8.77×10^{-10}	EH5[40]，IL4/IL5[59]
SN7	1.50	—	3.0×10^{-15}	—	—	EH6/EH7[40, 60]

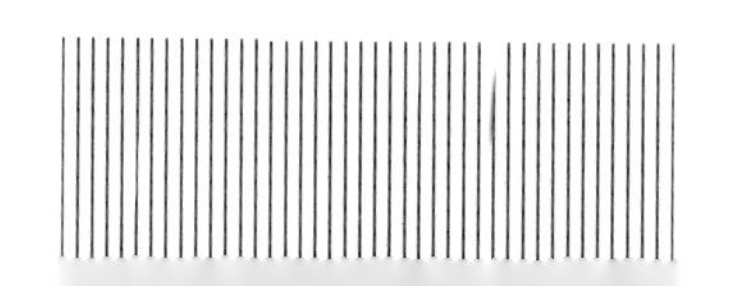

在器件电学特性与能谱退化方面，西安交通大学的刘林月等人[61]对不同剂量中子辐照下 4H－SiC PiN 二极管探测器的相关特性进行了对比研究。PiN 型 4H－SiC 核辐射探测器制备于高质量的轻掺杂 4H－SiC 外延层上(厚度为 20～30 μm，氮掺杂浓度低于 $1\times10^{14}\,cm^{-3}$)，外延层由在 4 英寸 4H－SiC 衬底(厚度为 350 μm，氮掺杂浓度为 $10^{19}\,cm^{-3}$)上进行 CVD 外延生长得到。前电极(欧姆接触)制备于掺杂浓度为 $3\times10^{18}\,cm^{-3}$ 的 Al 离子注入层(P 型区)上，其中 Al 离子能量低于 200 keV，退火温度为 1650℃，前电极金属材料为 Ni/Au(100 nm/2 μm)。背电极(欧姆接触)金属材料为 Ni/Au(100 nm/3 μm)，退火温度为 900℃。最终制备得到的 PiN 二极管结构如图 6.46 所示。实验使用了两种中子辐照源：① K600 中子发生器(中子平均能量为 14MeV，中子通量率为$(4\sim12)\times10^{9}\,cm^{-2}\cdot s^{-1}$)；② 脉冲反应堆(31％的热中子与 69％的快中子)。表 6.13 所示为用两种中子源分别对 5 个探测器样品进行辐照的参数。能谱退化研究使用 ^{239}Pu α 源(含 5.157 MeV α 粒子、5.144 MeV α 粒子和 5.105 MeV α 粒子)在真空环境下进行。

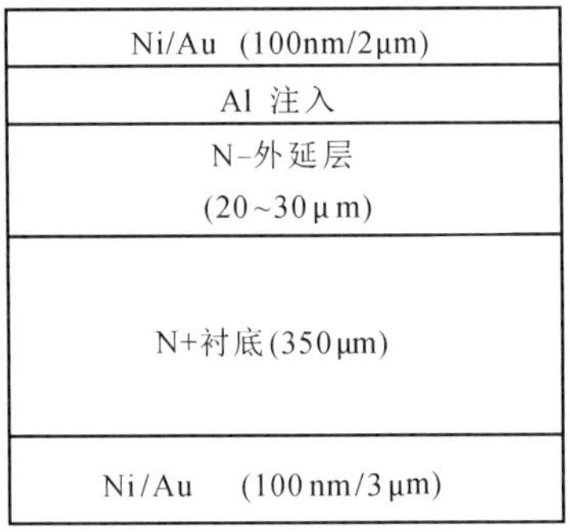

图 6.46 PiN 型 4H－SiC 核辐射探测器原理图[61]

表 6.13 不同辐照源下探测器样品的结构参数与辐照剂量[61]

中子源	样品编号	探测器外延层厚度/μm	剂量/cm^{-2}
K600 中子源	＃25	20	0
	＃23	20	1×10^{14}
	＃22	20	7×10^{14}
脉冲反应堆	＃6	30	0
	R201601	30	7×10^{14}
	R201603	30	7×10^{15}
	＃24	20	2×10^{16}

图 6.47 与图 6.48 分别显示了未经辐照与辐照后器件的正向与反向I－V特性。图 6.47 显示了未经辐照的二极管具有整流特性，阈值电压为 2.1 V，而在中子辐照后，二极管在 5 V 的正偏电压以内失去了整流特性。图 6.48 显示了中子辐照后二极管的暗电流(反向电流)很小(小于 20 pA)，未经辐照的二极管(＃25)在低反向偏压下(50～250 V)，暗电流相比于辐照后的二极管更小，但

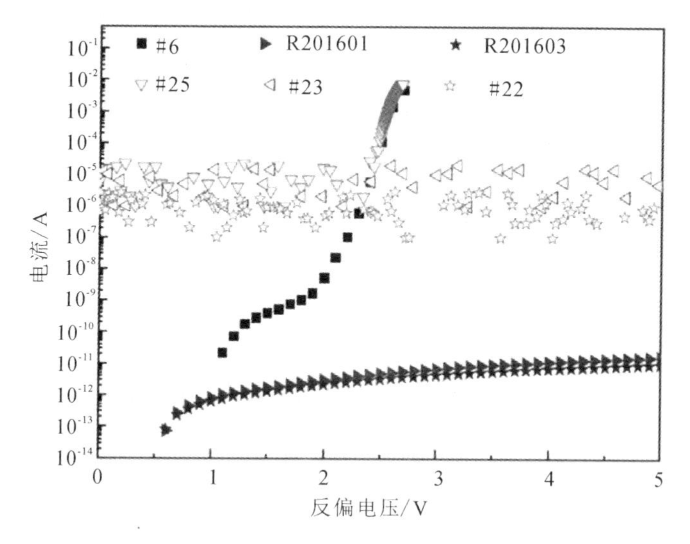

图 6.47　不同样品的正向 I－V 特性[61]

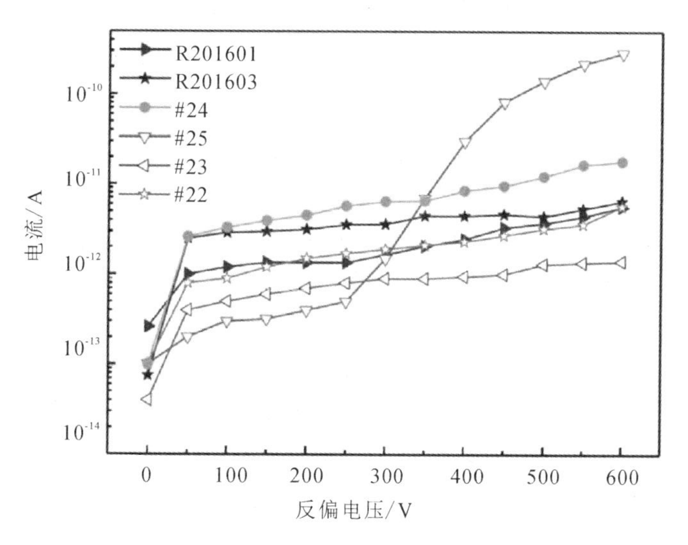

图 6.48　不同样品的反向 I－V 特性[61]

在 400～600 V 的高反向偏压下却具有更高的暗电流。经 14 MeV 中子辐照后的两个样品(♯22 和♯23)的暗电流随中子剂量的增加而显著增加，这在经脉冲反应堆辐照后的样品中(R201601、R201603 和♯24)也得到了相同的结论，中子通量相似的样品之间(♯22 与 R201601)的暗电流则无显著差异。

图 6.49 显示了 1 MHz 频率下测得的 C－V 曲线，可以发现 5 个经中子辐照后的样品均失去了 C－V 特性。根据 C－V 法测试得到了未经辐照的样品外延层掺杂浓度分别为 1.4×10^{13} cm^{-3}(♯25)与 8.24×10^{12} cm^{-3}(♯6)。

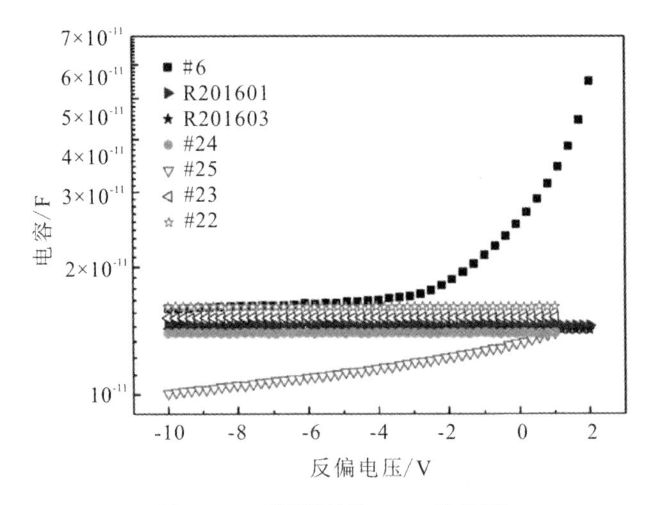

图 6.49　不同样品的 C－V 特性[61]

对图 6.46 中的器件进行^{239}Pu 源 α 粒子能谱探测，根据 SRIM 仿真计算，前电极可以吸收 1 MeV 左右的 α 粒子能量，因而进入外延层的 α 粒子能量最大约为 4.16 MeV，其射程约为 12.2 μm，因此根据 1.4×10^{13} cm^{-3}的外延层掺杂浓度，反偏电压大于 10 V 即可使外延层全耗尽，α 粒子也将全部沉积于耗尽区。图 6.50 给出了经不同中子源辐照的探测器样品在 300 V 反偏电压下的 α 粒子能谱，可以得到中子剂量越大，能谱中峰质心所在的道址数越低的结论。经 K600 发生器中子源辐照后，峰宽变化不大，说明 14 MeV 中子通量的增加对峰宽没有产生影响；经脉冲反应堆中子源辐照后，下峰的形状反而变得更尖锐。对图 6.50 中的能谱进行高斯拟合，得到相应峰的半高宽，然后减去电子噪声、统计展宽以及死层能量歧离引起的半高宽增量，就可以通过计算得到如图 6.51 所示的辐照引起的探测器分辨率的退化情况。从图 6.51 中可以看到，中子剂量越高，探测器退化越严重，中子剂量在 7×10^{14} cm^{-2}以内，探测器会有轻微的退化，而中子剂量在 2×10^{16} cm^{-2}以上时，探测器将发生显著的退化。

虽然辐照退化是不可避免的，但考虑到 Si 探测器性能(在中子剂量达 10^{13} cm^{-2} 量级时就将发生严重退化[62])，因此，SiC 核辐射探测器在强辐射场中具有比 Si 探测器更优秀的探测性能。加之 SiC 半导体探测器能够在比 Si 半导体探测器高得多的温度下工作，因而其可以取代传统 Si 探测器应用在高温、长时间监测和高剂量电离辐射等恶劣环境条件下。

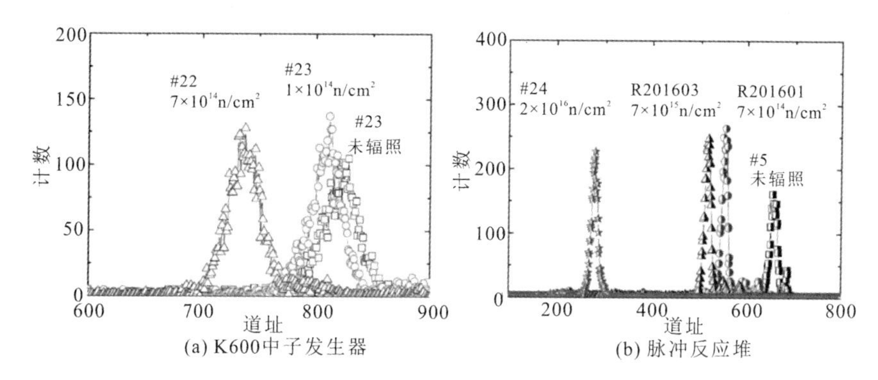

图 6.50　不同探测器样品对 α 粒子的响应能谱[61]

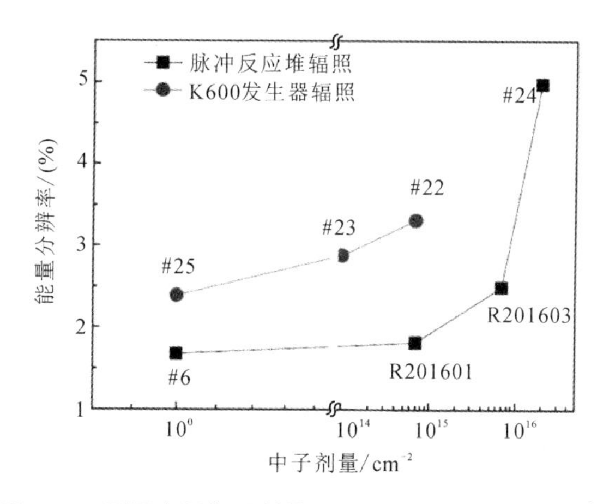

图 6.51　不同中子辐照剂量下不同样品的能量分辨率[61]

参考文献

[1] MANNAN M A. Defect Characterization of 4H－SiC by Deep Level Transient Spectroscopy (DLTS) and Influence of Defects on Device Performance [D]. South Carolina: University of South Carolina-Columbia, 2015.

[2] 黄海栗. SiC 粒子辐照探测器性能及其性能退化的研究 [D]. 西安：西安电子科技大学，2019.

[3] 胡继超. 4H－SiC 低压同质外延生长和器件验证 [D]. 西安：西安电子科技大学，2017.

[4] LINDEFELT U, IWATA H. Electronic Properties of Stacking Faults and Thin Cubic Inclusions in SiC Polytypes [G]//Choyke W J, Choyke H, Pensl G. Silicon Carbide. Springer Berlin Heidelberg, 2004: 89－118.

[5] FUJIWARA H, KIMOTOT, TOJO T, et al. Characterization of in-grown stacking faults in 4H－SiC (0001) epitaxial layers and its impacts on high-voltage Schottky barrier diodes [J]. Applied Physics Letters, 2005, 87(5): 051912.

[6] CHUNG S, BERECHMAN R A, MCCARTNEY M R, et al. Electronic structure analysis of threading screw dislocations in 4H－SiC using electron holography [J]. Journal of Applied Physics, 2011, 109(3): 273.

[7] 舒尔，鲁缅采夫，莱文施泰因. 碳化硅半导体材料与器件 [M]. 北京：电子工业出版社，2012.

[8] MANDAL K C, KLEPPINGER J W, CHAUDHURI S K. Advances in High-Resolution Radiation Detection Using 4H－SiC Epitaxial Layer Devices [J]. Micromachines, 2020, 11(3): 254.

[9] 韩驿. 单晶 4H－SiC 离子辐照损伤效应研究 [D]. 北京：中国科学院大学(中国科学院近代物理研究所)，2017.

[10] 何涛. 4H－SiC 材料辐照位移损伤的分子动力学模拟 [D]. 衡阳：南华大学，2018.

[11] 韩苗苗. 4H－SiC 辐照损伤分子动力学模拟初步研究 [D]. 哈尔滨：哈尔滨工程大学，2013.

[12] 盖庆丰. 4H－SiC 外延材料缺陷的检测与分析 [D]. 西安：西安电子科技大学，2010.

[13] Schroder D. 半导体材料与器件表征技术 [M]. 大连：大连理工大学出版社，2008.

[14] HUANG H L, TANG X Y, GUO H, et al. Simulation of SiC radiation detector degradation [J]. Chinese Physics B, 2019, 28(1): 010701.

[15] JAKSIC M, BOSNJAK Z, GRACIN D, et al. Characterisation of SiC by IBIC and other IBA techniques [J]. Nuclear Instruments & Methods in Physics Research B, 2002, 188(1): 130－134.

[16] VITTONE E, FIZZOTTI F, GIUDICE A L, et al. Theory of ion beam induced charge collection in detectors based on the extended Shockley-Ramo theorem [J]. Nuclear Instruments & Methods in Physics Research B, 2000, 161(1): 446－451.

[17] KLEIN P B. Carrier lifetime measurement in n－4H－SiC epilayers [J]. Journal of

Applied Physics, 2008, 103(3): 033702.

[18] SEIBT W, SUNDSTRÖM K E, TOVE P A. Charge collection in silicon detectors for strongly ionizing particles [J]. Nuclear Instruments and Methods, 1973, 113(3): 317 - 324.

[19] NIGAM S. Carrier lifetimes in Silicon Carbide [D]. Pittsburgh: Carnegie Mellon University, 2008.

[20] CHOO S C. Carrier Lifetimes in Semiconductors with Two Interacting or Two Independent Recombination Levels [J]. Physical Review B, 1970, 1(2): 687 - 696.

[21] NAVA F, VITTONE E, VANNI P, et al. Radiation tolerance of epitaxial silicon carbide detectors for electrons, protons and gamma-rays [J]. Nuclear Instruments & Methods in Physics Research A, 2003, 514(1 - 3): 126 - 134.

[22] CASTALDINI A, CAVALLINI A, RIGUTTI L, et al. Deep levels by proton and electron irradiation in 4H - SiC [J]. Journal of Applied Physics, 2005, 98(5): 19 - 247.

[23] DOBACZEWSKI L, KACZOR P, HAWKINS I D, et al. Laplace transform deep-level transient spectroscopic studies of defects in semiconductors [J]. Journal of Applied Physics, 1994, 76(1): 194 - 198.

[24] OKUSHI H, TOKUMARU Y. Isothermal Capacitance Transient Spectroscopy [J]. Japanese Journal of Applied Physics, 1981, 20(S1): 261.

[25] ALFIERI G, MONAKHOV E V, SVENSSON B G, et al. Defect energy levels in hydrogen-implanted and electron-irradiated n-type 4H silicon carbide[J]. Journal of Applied Physics, 2005, 98(11): 113524.

[26] SCIORTINO S, HARTJES F, LAGOMARSINO S, et al. Effect of heavy proton and neutron irradiations on epitaxial 4H - SiC Schottky diodes [J]. Nuclear Instruments and Methods in Physics Research A, 2005, 552(1 - 2): 138 - 145.

[27] BREESE M B H, VITTONE E, VIZKELETHY G, et al. A review of ion beam induced charge microscopy [J]. Nuclear Instruments. and Methods in Physics Research B, 2007, 264(2): 345 - 360.

[28] ZAK'KO B, SAGÁTOVÁ A, SEDLACKOVÁ K, et al. Radiation detector based on 4H - SiC used for thermal neutron detection[J]. Journal of Instrumentation, 2016, 11 (11): C11022 - C11022.

[29] LIU L Y, OUYANG X P, ZHANG X P, et al. A 4H silicon carbide based fast-Neutron detection system with a neutron threshold of 0. 4 MeV [J]. Sensors and Actuators A: Physical, 2017, 267: 547 - 551.

[30] TIKHOMIROVA V A, FEDOSEEVA O P, BOL'SHAKOV V V. Silicon carbide detectors as fission-fragment counters in reactors [J]. Measurement Techniques, 1973, 16(6): 900 - 901.

[31] MIYAZAKI T, MAKINO T, TAKEYAMA A, et al. Effect of gamma-ray irradiation on the device process-induced defects in 4H－SiC epilayers [J]. Superlattices and Microstructures, 2016, 99: 197.

[32] DALIBOR T, PENSL G, MATSUNAMIH, et al. Deep Defect Centers in Silicon Carbide Monitored with Deep Level Transient Spectroscopy [J]. physica status solidi (a), 1997, 162(1): 199－225.

[33] 韩冲，崔兴柱，梁晓华，等. 辐照后4H－SiC带电粒子探测器的特性研究 [J]. 核技术，2019，42(5)：050501.

[34] 李正，吴健，白忠雄，等. 4H－SiC核辐射探测器的γ辐照影响研究 [J]. 强激光与粒子束，2019，31(08)：086002.

[35] 张林，张义门，张玉明，等. Ni/4H－SiC肖特基势垒二极管的γ射线辐照效应 [J]. 物理学报，2009，58(4)：2737－2741.

[36] RUDDY F H, SIEDEL J G. Effects of Gamma Irradiation on Silicon Carbide Semiconductor Radiation Detectors [C] // Nuclear Science Symposium Conference Record. IEEE, 2007: 583－587.

[37] HAZDRA P, ZÁHLAVA, VÍT, VOBECK J. Point Defects in 4H－SiC Epilayers Introduced by 4.5 MeV Electron Irradiation and their Effect on Power JBS SiC Diode Characteristics [J]. Solid State Phenomena, 2014, 205－206: 451－456.

[38] CASTALDINI A, CAVALLINI A, RIGUTTI L, et al. Low temperature annealing of electron irradiation induced defects in 4H－SiC [J]. Applied Physics Letters, 2004, 85 (17): 3780－3782.

[39] NIELSEN H K, MARTIN D M, LÉVÊQUEP, et al. Annealing study of a bistable defect in proton-implanted n-type 4H－SiC [J]. Physica B Physics of Condensed Matter, 2003, 340－342: 743－747.

[40] STORASTA L, BERGMAN J P, JANZÉN E, et al. Deep levels created by low energy electron Irradiation in 4H－SiC [J]. Journal of Applied Physics, 2004, 96(9): 4909－4915.

[41] NAVA F, BERTUCCIO G, CAVALLINI A, et al. Silicon carbide and its use as a radiation detector material [J]. Measurement Science & Technology, 2008, 19(10): 102001.

[42] LEBEDEV A A, VEINGER A I, DAVYDOV D V, et al. DoPiNg of n-type 6H-SiC and 4H－SiC with defects created with a proton beam [J]. Journal of Applied Physics, 2000, 88(11): 6265－6271.

[43] IVANOV A M, STROKAN N B, DAVYDOV D V, et al. Radiation hardness of SiC ion detectors under relativistic protons [J]. Semiconductors, 2001, 35(4): 481－484.

[44] ARUTYUNOV N Y, EMTSEV V V, MIKHAILIN A V, et al. Positron annihilation in

AlN and GaN [J]. Physica B Physics of Condensed Matter, 2001, 308: 110 - 113.

[45] HEMMINGSSON C, SON N T, KORDINA O, et al. Deep level defects in electron-irradiated 4H SiC epitaxial layers [J]. Journal of Applied Physics, 1997, 81(9): 6155 - 6159.

[46] LEES J E, BARNETT A M, BASSFORD D J, et al. SiC X-ray detectors for harsh environments [J]. Journal of Instrumentation, 2011, 6(01): 171 - 171.

[47] NAVA F, VANNI P, BRUZZI M, et al. Minimum Ionizing and Alpha Particles Detectors Based on Epitaxial Semiconductor Silicon Carbide [J]. IEEE Transactions on Nuclear Science, 2004, 51(1): 238 - 244.

[48] NAVA F, CASTALDINI A, CAVALLINI A, et al. Radiation Detection Properties of 4H - SiC Schottky Diodes Irradiated Up to 10^{16} n/cm^2 by 1 MeV Neutrons [J]. IEEE Transactions on Nuclear Science, 2006, 53(5): 2977 - 2982.

[49] MARTINI M, MAYER J W, ZANIO K R. Drift Velocity and Trapping in Semiconductors-Transient Charge Technique[G]// Applied Solid State Science. Elsevier, 1972, 3: 181 - 261.

[50] EVWARAYE A O, SMITH S R, MITCHEL W C. Shallow and deep levels in n-type 4H - SiC [J]. Journal of Applied Physics, 1996, 79(10): 7726.

[51] KIMOTO, T, ITOH A, MATSUNAMI H, et al. Nitrogen donors and deep levels in high-quality 4H - SiC epilayers grown by chemical vapor deposition. [J]. Applied Physics Letters, 1995, 67(19): 2833 - 2835.

[52] LEBEDEV A A. Deep level centers in silicon carbide: A review [J]. Semiconductors, 1999, 33(2): 107 - 130.

[53] ZHANG J, STORASTA L, BERGMAN J P, et al. Electrically active defects in n-type 4H - silicon carbide grown in a vertical hot-wall reactor [J]. Journal of Applied Physics, 2003, 93(8): 4708 - 4714.

[54] STORASTA L, CARLSSON F H C, SRIDHARA S G, et al. Proton Irradiation Induced Defects in 4H - SiC [J]. Materials Science Forum, 2001, 353 - 356: 431 - 434.

[55] HEMMINGSSON C G, SON N T, ELLISON A, et al. Negative-Ucenters in 4Hsilicon carbide [J]. Physical Review B, 1998, 58(16): R10119 - R10122.

[56] CASTALDINI A, CAVALLINI A, RIGUTTI L. Assessment of the intrinsic nature of deep level Z1/Z2 by compensation effects in proton-irradiated 4H - SiC [J]. Semiconductor Science & Technology, 2006, 21(6): 724.

[57] MARTIN D M, KORTEGAARD NIELSEN H, LÉVÊQUE P, et al. Bistable defect in mega-electron-volt proton implanted 4H silicon carbide [J]. Applied Physics Letters, 2004, 84(10): 1704.

[58] SON N T, ZOLNAI Z, MAGNUSSON B, et al. Defects in Semi-Insulating SiC Substrates [J]. Muterials Science Forum, 2003, 433 - 436: 45 - 50.

[59] MÜLLER, STEPHAN G, BRADY M F, et al. Sublimation-Grown Semi-Insulating SiC for High Frequency Devices [J]. Materials Science Forum, 2003, 433 - 436: 39 - 44.

[60] NEGORO Y, KIMOTO T, MATSUNAMI H. Stability of deep centers in 4H - SiC epitaxial layers during thermal annealing [J]. Applied Physics Letters, 2004, 85(10): 1716 - 1718.

[61] LIU, L Y, LI F P, BAI S, et al. Silicon carbide PiN diode detectors used in harsh neutron irradiation [J]. Sensors and Actuators A: Physical, 2018, 280: 245 - 251.

[62] LIU L Y, OUYANG X P, RUAN J L, et al. Performance Comparison Between SiC and Si Neutron Detectors in Deuterium-Tritium Fusion Neutron Irradiation[J]. IEEE Transactions on Nuclear Science, 2019, 66(4): 737 - 741.

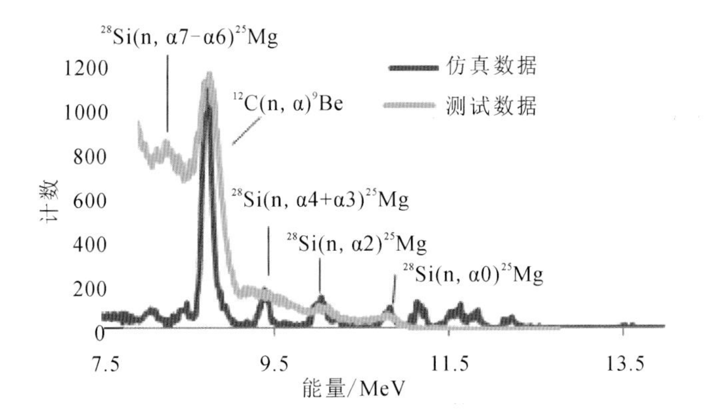

图 1.4　仿真结果和实测结果在几个特征峰位置的比较

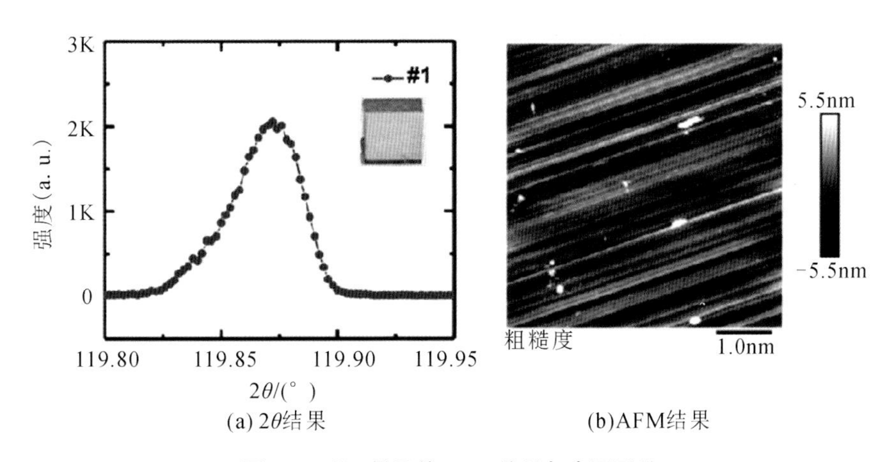

(a) 2θ结果　　(b)AFM结果

图 3.4　♯1 样品的 XRD 结果与表面形貌

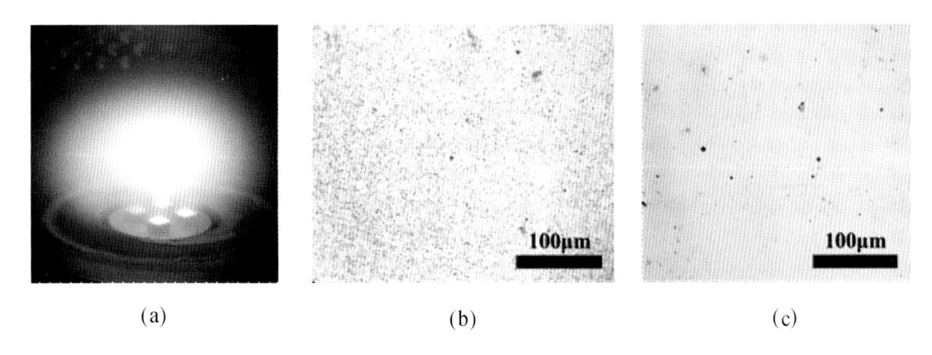

(a)　　(b)　　(c)

图 3.5　衬底表面的刻蚀过程与不同衬底的表面光学显微镜照片

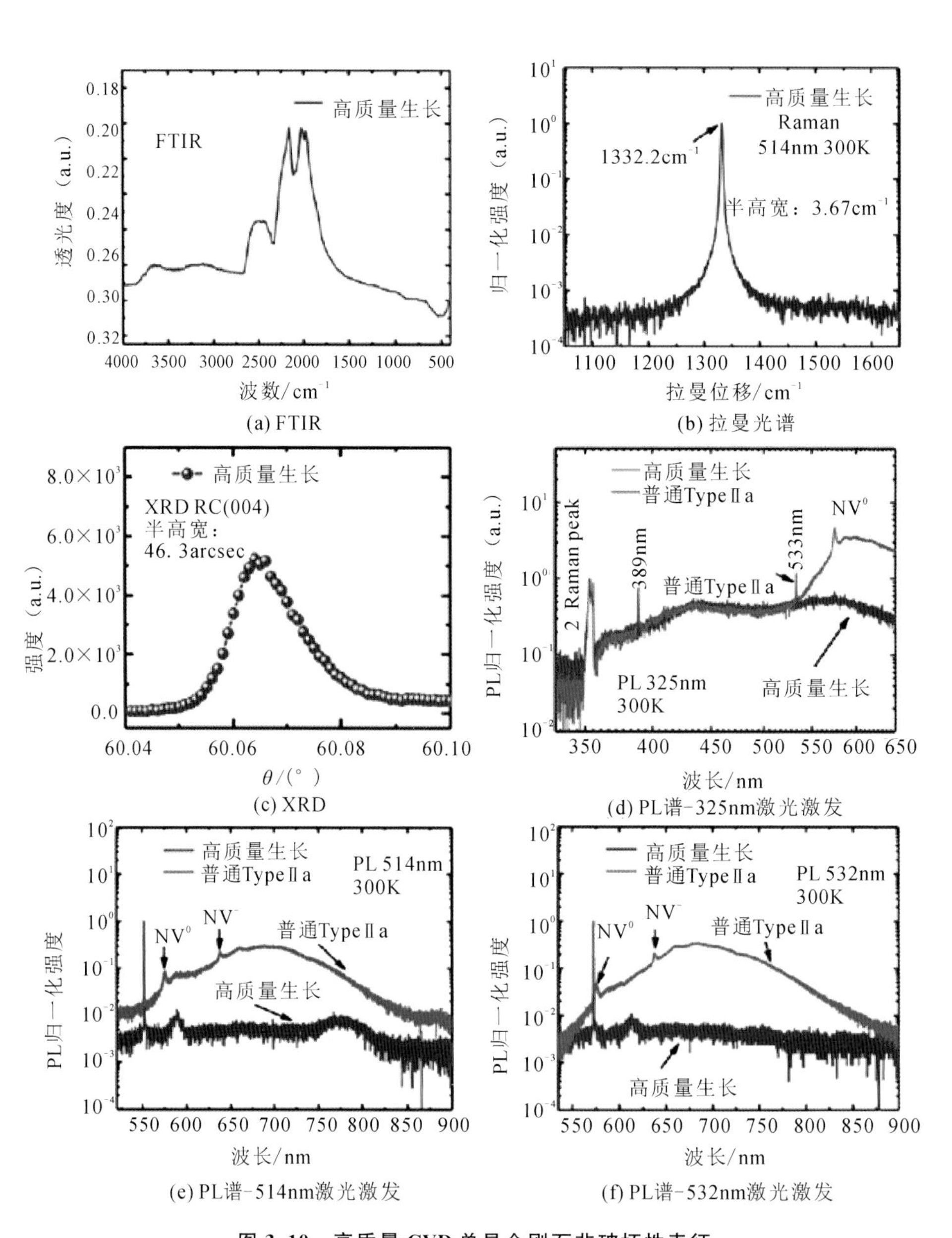

图 3.10　高质量 CVD 单晶金刚石非破坏性表征

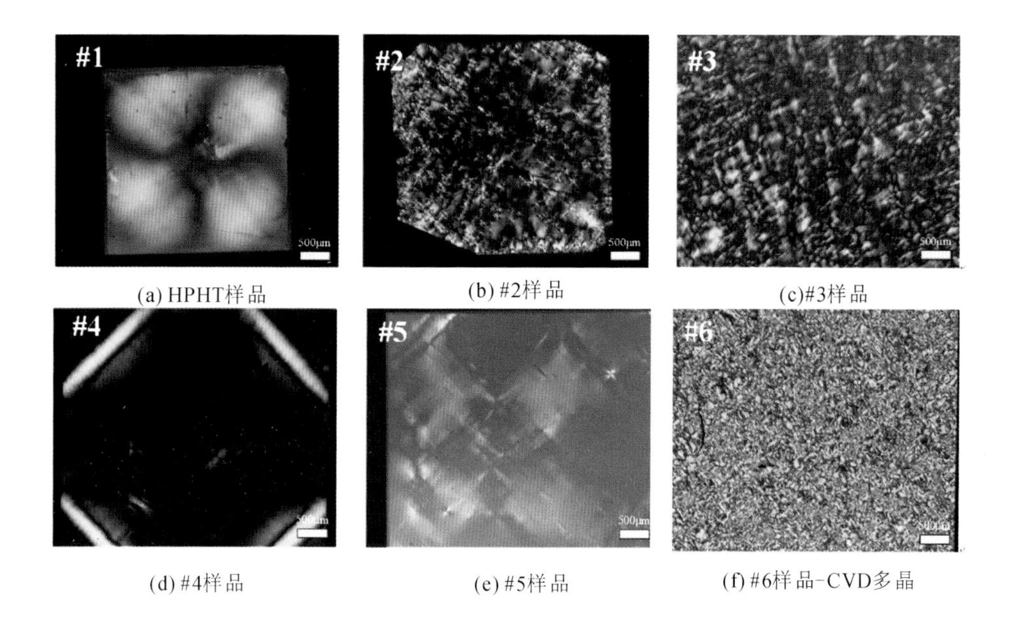

(a) HPHT样品　(b) #2样品　(c)#3样品

(d) #4样品　(e) #5样品　(f) #6样品-CVD多晶

图 3.23　金刚石异常双射线形貌图

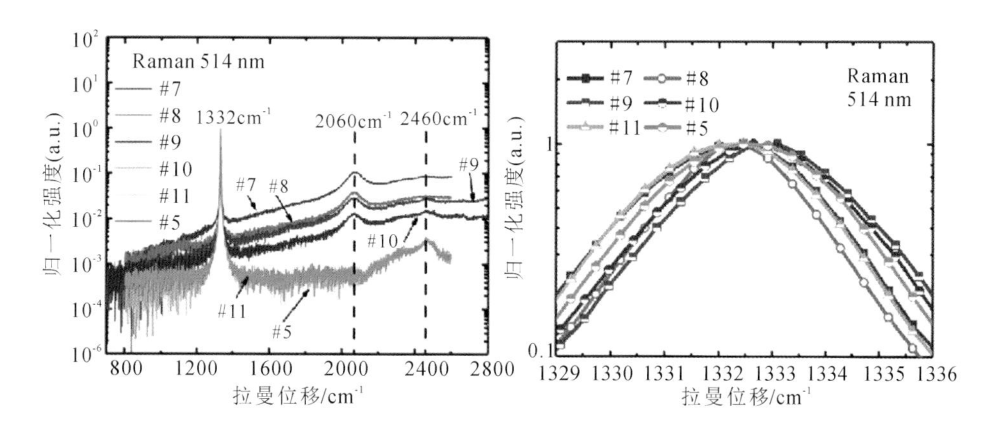

图 3.60　室温下金刚石单晶样品的拉曼光谱对比(514 nm 激光)

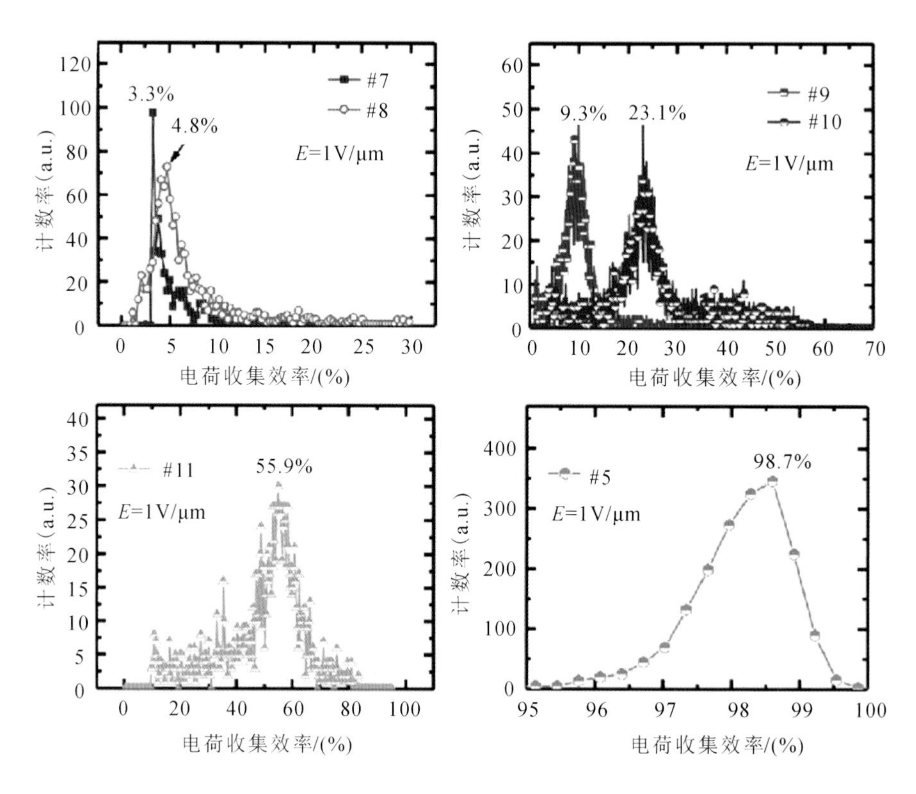

图 3.65　电场强度为 1 V/μm 时的能谱特性曲线

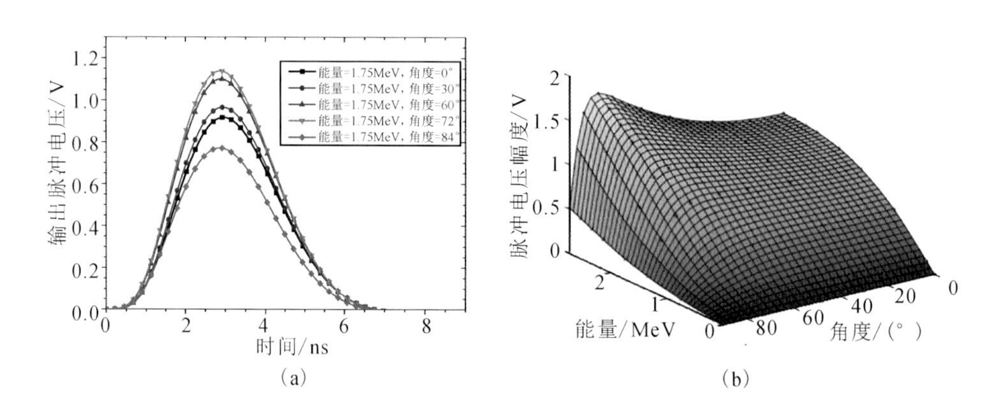

图 5.11　输出脉冲电压及其幅度提取